Rupert Riedl
Die Strategie der Genesis

# SERIE PIPER
Band 290

*Zu diesem Buch*

Der Wiener Biologe und Systemtheoretiker Rupert Riedl verfolgt in diesem bereits zum Standardwerk gewordenen Buch die Gesetzmäßigkeiten des Stufenweges der Evolution – parallel zu den Schöpfungstagen des Alten Testaments und kontrapunktiert durch die Weltweisheit des Goetheschen Mephisto. Allen evolutionären Prozessen – von der kosmischen und chemischen Evolution über die Entstehung der Organismen, die Entwicklung vom Regelkreis zum Denken bis hin zur Entwicklung der Sozialstrukturen und der Kultur – liegen ambivalente, universelle Systembedingungen zugrunde.
Rupert Riedl ist an der mittlerweile weithin anerkannten evolutionären Erkenntnistheorie maßgeblich beteiligt. Ihre wichtigste und revolutionärste These: Denken ist eine Konsequenz des Lebendigen, Logik und Vernunft sind nicht die Grundlage, sondern die Folge des Denkens.
»... auffallend ist die Selbstverständlichkeit der Erhellung von Zusammenhängen, die noch vor kurzem jedem Erklärungsversuch trotzten... Das ganze Gebäude strebt dem Rang einer ›abgeschlossenen Theorie‹ entgegen...«
Die Weltwoche

*Rupert Riedl*, geboren 1925 in Wien, Studium der Medizin, Anthropologie und Biologie. 1948-53 Leitung von Meeresexpeditionen. 1960 Professor für Zoologie in Wien, 1965 Professor an der University of North Carolina, USA, seit 1971 Professor für Zoologie in Wien. Hauptarbeitsgebiete: Systematik, vergleichende Anatomie, Ökologie und Meereskunde, Evolutionsforschung, theoretische Biologie, Erkenntnislehre. Zahlreiche Veröffentlichungen.

Rupert Riedl

# Die Strategie
# der Genesis

Naturgeschichte der realen Welt

Mit 106 Zeichnungen von Smoky Riedl

R. Piper & Co. Verlag
München Zürich

Von Rupert Riedl liegt in der Serie Piper außerdem vor:
Evolution und Erkenntnis (378)

ISBN 3-492-10290-5
Neuausgabe 1984
6. Auflage, 21.–24. Tausend Oktober 1986
(2. Ausgabe, 11.–14. Tausend dieser Ausgabe)
© R. Piper & Co. Verlag, München 1976, 1984
Umschlag: Disegno,
unter Verwendung einer Zeichnung von Smoky Riedl
Gesamtherstellung: Clausen & Bosse, Leck
Printed in Germany

Für Harald

# Inhaltsverzeichnis

VORWORT .. .. .. .. .. .. .. .. .. .. .. 9

PRÄAMBEL: ÜBER SUCHEN UND IRREN .. .. .. .. .. 13

*1: In des Teufels Küche* .. .. .. .. .. .. .. .. .. 15
Kampf und Chaos .. .. .. .. .. .. .. .. .. 16
Die düsteren Theorien .. .. .. .. .. .. .. .. 21
Das Debakel der Tüchtigkeit .. .. .. .. .. .. 28

*2: Hoffnung in den Widersprüchen* .. .. .. .. .. 31
Die Rätsel des Gestaltens .. .. .. .. .. .. .. 32
Die Rätsel der Harmonie .. .. .. .. .. .. .. 37
Die Rätsel des Erkennens .. .. .. .. .. .. .. 41

GENESIS: ÜBER WEG UND STRATEGIE .. .. .. .. .. 47

*3: Vom Nichts zum Erkennen* .. .. .. .. .. .. .. 49
Welt aus Zufall und Notwendigkeit .. .. .. .. .. 52
Information über Gesetz und Ordnung .. .. .. .. 81
Ursache und Wirkung, Erkennen und Erklären .. .. 89

*4: Vom Urknall zum Kosmos* .. .. .. .. .. .. .. 103
Kosmische Präludien der Ordnung .. .. .. .. .. 105
Herkunft und Wandel der Ordnung .. .. .. .. .. 111
Schöpfung zwischen Zufall und Bestimmung .. .. .. 119

*5: Vom Molekül zum Keim* .. .. .. .. .. .. .. 123
Erfolge in UREYs heißer Suppe .. .. .. .. .. .. 124
Über Einsätze, Bank und Spieler .. .. .. .. .. 129
Die Rückzahlung an die Konten des Zufalls .. .. .. 138

*6: Vom Biomolekül zum Leben* .. .. .. .. .. .. 142
Der Erfolg des Glasperlenspiels .. .. .. .. .. 144
Der Wettstreit der Moleküle .. .. .. .. .. .. 149
Ei oder Henne .. .. .. .. .. .. .. .. .. .. 157

*7: Von der Struktur zur Gestalt* .. .. .. .. .. 164
Der Erfolg der Massen .. .. .. .. .. .. .. .. 166
Die Chancen der Baupläne .. .. .. .. .. .. .. 173
Planloses, Planendes oder Geplantes .. .. .. .. 186

*8: Vom Regelkreis zum Denken* .. .. .. .. .. 195
Die Vorurteile der Moleküle .. .. .. .. .. .. 198
Die Vorurteile der Schaltungen .. .. .. .. .. .. 210
Die Vorurteile der Vorstellung .. .. .. .. .. .. 220

*9: Von der Herde zur Technokratie* .. .. .. .. 244
Kollektiv für Individualität .. .. .. .. .. .. 247
Kontrolle für Kontrolleure .. .. .. .. .. .. .. 263
Sicherheit für Freiheit .. .. .. .. .. .. .. .. 273

*10: Vom Erkennen zur Kultur* .. .. .. .. .. .. 286
Die Kosten von Glauben, Deuten und Wissen .. .. 291
Die Kosten von Idealismus und Materialismus .. .. 304
Die Kosten von Sinn und Freiheit .. .. .. .. .. 312

ANMERKUNGEN .. .. .. .. .. .. .. .. .. .. .. 323

LITERATURVERZEICHNIS .. .. .. .. .. .. .. .. 342

AUTORENREGISTER .. .. .. .. .. .. .. .. .. 354

SACHREGISTER .. .. .. .. .. .. .. .. .. .. .. 358

# Vorwort

Wir haben die reale Welt simplifiziert. Wir trieben, sagt NICOLAI HARTMANN, zu leichtes Spiel. Die Wissenschaften erkannten nicht die Rückwirkungen der Wirkungen auf ihre Ursachen, nicht die Kreisläufe der Systembedingungen zwischen den Schichten komplexer Organisation; und wir enden schließlich zwischen halben Evolutionstheorien, halben Wahrheiten, in den Widersprüchen von Idealismus und Materialismus, Natur und Kultur oder Leib und Seele, die, alle zusammen, für das Dilemma unserer Zivilisation die Verantwortung tragen. Ein entmutigendes Urteil, gewiß; doch illustriert bereits von dem entmutigenden Zustand unserer Zeit. Die ›Evolution der Systembedingungen‹ darzulegen ist das Ziel dieses Buches.

*Die Systembedingungen* bestehen aus Kreisläufen von Wirkungen, wie sie schon LUDWIG VON BERTALANFFY verstand. Sie sind aber erst an den Enden des Schichtenbaues der realen Welt, in den anorganischen und sozialen Wissenschaften allgemein anerkannt. In den breiten Zwischenschichten des Organischen dagegen beginnt sich die Einsicht erst langsam durchzusetzen, wenngleich bekämpft aus den Hinterhalten der Weltanschauungen; im Bereich der Moleküle und Funktionen vor allem durch MANFRED EIGEN und PAUL WEISS, in Wahrnehmung, Verhalten und Erkenntnis durch BERNHARD HASSENSTEIN, KONRAD LORENZ und KARL POPPER. Und für deren weitere Zwischenschicht, das Werden der Gestalten, habe ich jüngst selbst die ›Systembedingungen der Evolution‹ für die »Ordnung des Lebendigen« nachgewiesen. Die Strategie der Schichten fügt sich zum Ganzen.

*Die Strategie* dieser Genesis beruht dabei stets auf der Wechselwirkung zwischen den Schichten sich türmend komplexer Organisation. Wie etwa die Ziegel eines Hauses aufwärts das Material der Mauern bestimmen, die Mauern aber abwärts die Form der zu wählenden Ziegel; wie der Bauantrieb aufwärts die Mauern zu Räumen fügt, der

Zweck derselben Mauern sich aber gleichzeitig abwärts aus den Räumen des Hauses begründet. Zwar hat alle Genesis nur eine Ursache, aber im Wachsen der Ordnung ihrer Systeme erscheinen uns ihre verschiedenen Wirkungsweisen, kommen sie von unten, wie Antriebs- und Materialursachen, von oben, wie Zweck und Formursachen. Schon die klassische Philosophie hat das gekannt. Aber von der Scholastik bis zum Idealismus besteht man darauf, die Welt nur aus ihren Zwecken, von der Renaissance bis zum Materialismus, sie nur aus ihren Antrieben zu erklären. Erst das Denken in Systemen läßt die Strategie der Genesis erkennen. Riesige Systeme hierarchisch organisierter Binnen- und Außenursachen wirken ineinander.

*Die Genesis* operiert dabei mit jenem höchst ambivalenten Antagonismus zwischen notwendigem Zufall und zufälliger Notwendigkeit. Durch all ihre Schichten erhält sie sich, was als Zufall, als Indetermination beginnt, aber als das Schöpferische, als Freiheit endet. Und stetig wächst, was als Notwendigkeit, als Determination entsteht, aber als Gesetz und Ordnung endet, als Richtungssinn, als Sinn möglicher Entwicklung. Bis uns zuletzt ein Sinn ohne Freiheit so sinnlos ist, wie eine Freiheit ohne Sinn keine Freiheit wäre. Zwar entsteht aus der Zufallsbegegnung notwendiger Abläufe in der neuen Schicht immer wieder neue schöpferische Freiheit. Doch führt sie die Strategie dieser Genesis in ihre eigene Falle neu entstehender Notwendigkeit, weil mit dem wachsenden Spielraum des Zufalls die Chancen zufälligen Erfolgs verschwinden.

Damit baut die Genesis stets von niederen zu den höheren Graden und Formen der Ordnung. Sie setzt Stockwerk für Stockwerk dem Zufall neue Grenzen und türmt Gesetz auf Gesetz; und sie läßt mit fortschreitender Verengung des möglichen Erfolges jene Hypotheken zurückzahlen, die vordem den Konten des Zufalls so großzügig entnommen wurden. Wo sie ohne Vorhersehbares begann, wird das Zielfeld des Möglichen immer deutlicher, und die Voraussicht des auch uns von der Evolution Eingeräumten wird immer weiter. Und wir können fragen, ob die Evolution im Sinne unserer Hoffnungen wirkt oder ihr entgegen. Wir können fragen, ob sich ihr Zielfeld für den Menschen mit dem unseren deckt.

*Eine Welt* aus dieser Strategie ist nun weder ein reines Produkt des Zufalls, noch ist sie vorgeplant; der Mensch ist weder sinnlos, wie Jacques Monod mit den Existentialisten behauptet, noch war er angestrebt, wie Teilhard de Chardin mit den Vitalisten meint. Weder hat er durch die Freiheit der Evolution keinen Sinn gewonnen, noch durch das Wachsen der Gesetze seine Freiheit verloren. Und die Harmonie der Welt ist weder eine Fiktion, noch ist sie prästabilisiert. Ihre Harmonie ist poststabilisiert, sie ist eine Konsequenz ihrer wachsenden Systeme. Ihr Sinn ist, wo er entsteht, eine Konsequenz der Schichten ihrer Formbedingungen.

Diese Welt ist weder deterministisch noch indeterministisch, weder materialistisch noch idealistisch. Und folglich kann weder der Materialismus den Idealismus kurieren, noch der Idealismus den Materialismus. Halbe Wahrheiten, die sie sind, konnten sie nicht mehr, als sich in der Unverträglichkeit der Ideologien verschanzen, die Welt mittendurch teilen und in den Zustand bringen, in dem sie heute ist.

Nur in der sogenannten Vernunft werden all diese Widersprüche geduldet: Da nun die Genesis die Entscheidung ihrem Zauberlehrling, der Reflexion des Menschen, überläßt; der jüngsten und noch am wenigsten bewährten ihrer ambivalenten Kreationen; der anfälligsten wie der hoffnungsvollsten.

*Eine ›Naturgeschichte‹ der realen Welt‹* mag uns helfen, unseren Platz in ihr besser zu verstehen und den Weg, den ›die Strategie der Genesis‹ unseren Chancen gelassen wie eröffnet hat.

Freilich zeigt solch ein Thema auch die Grenzen des Verstehbaren. Doch soll in der Diskussion um ein vollständigeres Weltbild ein Anfang gemacht sein. Denn offenbar ist es vonnöten. Und die Biologie, die die breite Mitte des Problems enthält, mag der rechte Ansatz sein; reicht ihr Gebiet doch schon vom Molekül bis zum Menschen. Denn, sagt ERWIN SCHRÖDINGER, in seinem Vorwort zu »Was ist Leben«: »Wenn wir unser wahres Ziel nicht für immer aufgeben wollen, dann dürfte es nur einen Ausweg aus dem Dilemma geben: Daß einige von uns sich an die Zusammenschau wagen – auch wenn sie Gefahr laufen, sich lächerlich zu machen.«

Dankbar bin ich meiner Frau, die die Abbildungen fertigte, Fräulein Herma Troglauer, die die Texte betreute, und Herrn Klaus Piper mit seinen Mitarbeitern, der den Band in seinen Verlag aufgenommen hat. Meinen wissenschaftlichen Freunden danke ich allen ungenannt. Keiner hätte es verdient, für mein Produkt verantwortlich gemacht zu werden.

Wien, im Juni 1976        Rupert Riedl

# Präambel
# Über Suchen und Irren

# 1
# In des Teufels Küche

> Wenn sich der Mensch, die kleine Narrenwelt,
> gewöhnlich für ein Ganzes hält –
> Ich bin ein Teil des Teils, der anfangs alles war,
> Ein Teil der Finsternis, die sich das Licht gebar.
>
> (*Mephistopheles*, Faust I 1347)

Will ich versuchen, mich gleich verständlich zu machen, so muß ich mit der Frage beginnen, was von der Genesis schlechthin zu halten sei. Welch dreifach betrübliche Frage! Betrüblich für den Gläubigen, weil sie längst beantwortet, betrüblich für den Naturwissenschaftler, weil sie unbeantwortbar scheint, und betrüblich für den, der sie dennoch stellt, der Antwort wegen, die wohl vorauszusehen. die dreifach betrübliche Frage
Kann, oder soll, die Frage also überhaupt gestellt werden? Nun, sie ist jedenfalls immer wieder gestellt worden. Schon im Garten Eden wirbt die Schlange vom Baum der Erkenntnis mit Erfolg und schlechtem Ende. Denn: »Im Schweiße deines Angesichtes sollst du nun dein Brot essen, bis daß du wieder Erde werdest.«[1] Ja, sie ist immer mehr zur Frage der menschlichen Werte schlechthin geworden – gleich, ob nun diese Welt nach LEIBNIZ[2] die beste oder nach VOLTAIRE[3] die schlechteste aller denkbaren wäre oder ob wir nach GOETHES[4] mittelnder Weisheit den Teufel als gern gesehenen Gesellen im Gefolge des Herrn finden. Gut: Kann sie aber der Wissenschaftler stellen? Das ist hier wichtig. Wo sind die objektiven Maßstäbe?
Unsere Maßstäbe sind zunächst subjektiv. Sie liegen im Menschen; denn worum kann es in den Wissenschaften gehen, solange es überhaupt um etwas geht, wenn nicht um den Menschen: um die Bestimmung seines Wesens, seines Weges, seiner Möglichkeiten? Und anerkennt man das, dann können wir objektiv fragen, ob nun wohl die Mechanismen dieser Evolution, soweit wir sie verstehen, unsere Aussichten auf eine humane Welt förderten oder ihnen entgegenwirkten.
Aber wissen wir dafür schon genug? Das ist freilich die Frage. Wir wissen jedenfalls, für menschliches Fassungsvermögen, ziemlich viel. Und all dieses Wissen synthetisierte, wie

wir finden werden, in den beiden umfassenden Evolutions-Theoremen der Naturwissenschaften: im Entropie-Theorem der anorganischen und im Neodarwinismus-Theorem der organischen Wissenschaften. Und dieses Wissen wiederum wirkt zurück auf unser Bild von der Welt. Schon deshalb müssen wir zusehen, wie uns diese Theoreme das, was wir zu wissen meinen, lesen lassen. Aber tun wir's mit kritischem Sinn, kritisch jeweils gegenüber der Lesart der Ereignisse, der Theorien selbst wie auch ihrer Konsequenzen!

die Evolution kritisieren
Was berechtigt uns, die kleine Narrenwelt, die Evolution zu kritisieren, uns in Prometheus-Gebärde zu Urteilen über die Schöpfung aufzuschwingen? Dreierlei: Die Ansicht, daß diese Welt der besten eine nicht sein dürfte. Die Beobachtung, daß wir uns, mit unserer Vernunft zum Zauberlehrling der Genesis geworden, in ihrer Küche allmählich allein befinden[5]. Und der Verdacht, daß der Teufel tatsächlich, neben allen Segnungen, im Spiele sei. Ob uns die Vernunft wieder in den Garten Eden führt, ist freilich ungewiß. Aber die Frage, ist sie einmal aufgetaucht, besteht auf einer Antwort. Sie ist, wie wir sehen werden, selbst ein Kind der Genesis.

## Kampf und Chaos

> Ich bin der Geist, der stets verneint,
> Und das mit Recht; denn alles, was entsteht,
> Ist wert, daß es zugrunde geht.
> (*Mephistopheles*, Faust I 1338)

Beginnen wir unsere Klagen gleich im Offensichtlichsten; dort wo wir, wie wir überzeugt sind, gut Bescheid wissen: bei den Fakten.
Erste Jeremiade: Erbarmen mit der Kreatur. Warum, in des Teufels Namen, braucht diese Evolution das Chaos des ›Kampfes ums Dasein‹? Über 500 000 ihrer Gewächse beweisen, daß mit Wasser, Salzen und Photonen allein eine vornehme, stille Ordnung aufzubauen ist, die mit einer Bescheidung ihrer Produktion das gegenseitige Vertilgen überhaupt hätte vermeiden lassen. Doch damit war's nicht genug. Schon vor einer Jahrmilliarde, am fünften Schöpfungstag, wurde die Tierwelt erschaffen; eine Welt von einundhalb Millionen Arten, die ausschließlich dadurch zu existieren vermag, daß sie stetig andere vertilgt. Das Töten hat früh begonnen. Nun ist wohl von keinem Leser zu erwarten, daß er die nächste Dose Spinat mit Ergriffenheit verzehren

wird, nicht einmal ein gewisses Grausen, wenn er angesichts tümpelnder Enten daran denkt, daß sie Würmer zu Tode malmen. Aber ich erinnere daran, daß die Schlachthäuser unserer großen Städte so entsetzliche Bilder bieten, daß ihnen sogar die Erwachsenen, ja die Journalisten, ferngehalten werden. Von welcher Stelle an den einen oder den anderen das Grauen packt, sei dahingestellt. Der Unterschied ist jedenfalls nur ein gradueller.
Ganz entsprechend ist das mit den Regulativen, die diese Evolution gegen zu tüchtige Populationen vorgesehen hat. Das Entsetzen faßt uns angesichts unserer Gaskammern und zerbombten Großstädte, das Gruseln angesichts der Knochenmeiler, unserer Pest-Katakomben oder der Aufdeckung der Kannibalenmahlzeiten unserer vorälteren Neandertaler[6]. Wo aber ist die Grenze gegen die Massenschlachten, etwa der Ameisen, und was sonst alles dieses tödliche Getriebe in Gang hält, das wir als die ›Wahl des Tüchtigeren‹ oder den ›Haushalt der Natur‹ zu objektivieren pflegen. Der Tüchtigere ist eine fürchterliche Sache. Wir werden das noch in einem Maße kennenlernen, daß wir jetzt schon fragen müssen, ob mit »Mehret euch, und füllet die Erde, und macht sie euch untertan«[7] die beste Auslegung gefunden wurde.

das tödliche Getriebe

Zweite Jeremiade: Wieder Erbarmen mit der Kreatur. Möge der Leser Nachsicht haben, wenn er voraussieht, was ihm da zugemutet wird. Wir müssen uns aber in allen wichtigen Dingen verstehen; und die Verständigung ist hier erschwert. Einmal, weil wir das Grausige verdrängen, ein andermal, weil wir ein Jahrhundert der Erziehung hinter uns haben, die auf der Bewunderung der Anpassung, im Sinne einer Bewunderung für unsere eigene Tüchtigkeit, beruht, und diese Bewunderung wird zudem auch noch durch die Wissenschaft gefördert. Seit der WEISMANN-Doktrin – fortgesetzt im ›Dogma‹ der Genetiker heute[8] – wird nämlich das unbezweifelbare Abstammungs- und Selektionsprinzip DARWINS als Neodarwinismus dahingehend erweitert, daß alle Wunder der Anpassung, vom Delphin bis zum Wandelnden Blatt, allein auf einer Auslese wahlloser Druckfehler in der Übersetzung des Ererbten beruhen soll; und dieses wäre – das wird uns noch ausführlich beschäftigen – gewiß wunderlich genug.
Es ist darum nützlich, wenn wir uns klarmachen, daß diese Segnung des Angepaßtseins in Wahrheit nur ein nicht endendes Dahinschleppen des niemals ganz Angepaßten bedeutet: ein Hangen und Bangen im rücksichtslosen Gedränge um die Opportunität der nächsten, noch etwas grüneren

Wiese, um den Nachbarn doch gerade noch übervorteilen zu können. Eines der Dokumente ist der Nachkommenüberschuß der Organismen; dieser liegt meist um Größenordnungen über den lebensfähigen Populationen. Das Regulativ beruht also darauf, daß fast alles, was geschaffen wird, entweder sein Lebensziel verfehlt oder, viel häufiger, schon lange davor bereits zerstört wird. Wir brauchen nun zum Verständnis gar nicht nach unseren Gefühlen für den Jammer, etwa der Zugvögel, zu suchen, die aufgegeben haben, nach dem Jammer der Hündin, die nach den ertränkten Jungen sucht; unsere eigene Ratlosigkeit ist, so scheint mir, zureichend zur Hand. Was, und wieder in des Teufels Namen, ist von einer Genesis zu halten, die Kinder und Mütter bei der Geburt dahinrafft, die Schmerz und Siechtum in gerütteltem Maß austeilt und diese Ebenbilder Gottes, wenn sie weise wurden, alt und abgekämpft, meist in der garstigsten Weise zugrundegehen läßt? Man muß, will man wirklich verstehen, nicht diese Seite überschlagen, wozu ich selbst neigen würde, sondern man muß hingehen in die Greisenasyle, in die Heime geisteskranker Kinder und in die Anstalten für Unheilbare; und man muß sehen, daß jene Mütter, wie klein immer der Prozentsatz erscheint, daß diese Mütter wirklich tot sind.

die Fehlkonstruktionen    Diese Evolution steckt voll der Fehlkonstruktionen; kein Biologe kann das übersehen; voll der Konstruktionen für gestern und vorgestern; und kaum ist eine Adaptierung halbwegs etabliert, wartet die nächst grünere Wiese, das nächst opportunere Milieu und macht alles Erreichte wieder fraglich. Unser eigener Bauplan beruht auf dem Typus des schnell schwimmenden Fisches, der Torpedo-Konstruktion. Mit der Landtierwerdung wurde sie auf vier Beine gestellt, zur Brückenkonstruktion hinübergebastelt, und mit dem aufrechten Gang ist die Brücke auf zwei Beinen als Turm zu balancieren. Einen Turm-Konstrukteur mit solchen Konzepten würden wir wohl an die Luft setzen. Er ist aber der richtige für des Teufels Küche. Das Heer der konstitutionellen Krankheiten ist die Folge: Schwindel, Bandscheiben-Schwäche, Leistenbruch, Hämorrhoiden, Krampfadern, Plattfüße.

Ja, vieles ist überhaupt unreparierbar verbaut. Die Geburt erfolgt justament durch den einzigen nicht zu erweiternden Knochenring unseres Körpers, Samen- und Harnwege vereinen sich, Luft- und Speiseweg kreuzen sich, und der Film in der Kamera unseres Auges bleibt verkehrt eingelegt; das Licht muß zunächst durch die Trägerschicht, die Gefäße und die Nerven, um erst dann auf die Sehzellen zu treffen – und auch diese treffen sie von hinten. Warum also das Gejage nach neuen Anpassungsmängeln, wenn wir hunderttausend Arten nennen können, die ihr Milieu viele Jahrmillionen nicht geändert haben?

Dritte Jeremiade: Nochmals Erbarmen mit der Kreatur. Im Plane dieser Schöpfung ist nicht nur jene Quälerei und Aussichtslosigkeit am Lebenswege vorgesehen; es ist auch sichergestellt, daß selbst das Erfolgreichste, das Bewundernswerteste ganz verläßlich zugrundegeht. Was also, und nochmals in des Teufels Namen, ist von einer Baufirma zu halten, die veranlaßt, daß jeder ihrer Großbauten sogleich wieder eingerissen wird, sobald nur der letzte Dachreiter aufgesetzt ist? Dabei wird, außer der Bauanleitung, nichts weitergegeben. Der uns schon bekannte Haushalt der Natur sorgt dafür, daß auch die letzte Ganglienzelle MICHELANGELOS von Würmern zerstört, von Fäulnisbakterien letztlich in etwas Restwärme zerlegt, in der nächtlichen Abstrahlung (und mit größter Geschwindigkeit – mit Lichtgeschwindigkeit) diese Biosphäre verläßt, um einen unerheblichen Beitrag zur Erwärmung des kalten Weltraumes zu leisten.

Gleich nun, ob uns das Grausen packt, wenn in unserer Hand ein Leben erlischt, oder ein unendlicher Schmerz; wenige gibt es, in denen sich nicht ein Zweifel regte. Wir wollen jenen Zweifel an der Gerechtigkeit der Sache beiseite lassen. Als Wissenschaftler aber kann ich nach dem Zweck der Sache fragen. Leben hat für Leben Platz zu schaffen; für die Fortsetzung seines Experimentes. Gewiß, die Sache hat mit Regeneration zu tun. Regeneriert eine Zelle nicht mehr, so wird die ganze Zelle ersetzt, können die Zellen nicht mehr erneuert werden, dann ist von Grund auf neu zu beginnen. Nur die Zellen der Keimbahn leben ewig weiter. Aber alle Einzeller sind im gleichen Sinn unsterblich, und zwar seit mindestens einer Jahrmilliarde: seit der Zeit unserer gemeinsamen Ahnen. Es geht also auch so. Könnte unser Bewußtsein in den Zellen der Keimbahnen liegen, es gäbe für uns keinen Tod. Er wäre nicht dramatischer als das übliche Abstoßen von Zellen des Soma, die aus dem Stoffwechsel hinausgestellt wurden; nicht dramatischer als das Schneiden der Haare. Aber des Teufels Küche braucht unser Bewußtsein nicht. Es genügt, mit Glück, eine Abschrift seiner Bauanleitung weiterzugeben. Unsere Lebensspanne mißt rund ein Hundertmillionstel der Zeit der Evolution. In des Teufels Küche gilt sie daher nichts.

Vierte Jeremiade: Noch immer Erbarmen mit der Kreatur.

*Platz für das Leben schaffen*

Bestätigt nicht die Geschichtsschreibung die konsequente Fortsetzung dieses tödlichen Getriebes der Fehlkonstruktionen, und wie sie Platz zu schaffen haben für die nächsten
**Gefolgschaft** Mängelwesen? Wir lernen doch seit zartester Jugend den
**des Chaos** Schauer der Bewunderung für Feldzüge und Umbrüche, zumindest von CÄSAR bis NAPOLEON. Und sollten wir einer Population angehören, die auch die letzten Kriege gewann, dann kann dieser Schauer noch bis in die Weltnachrichten von gestern seine Nahrung finden. Dazu haben wir uns eine Pädagogik ausgedacht, die das Memorieren des Chaos honoriert, gerade der unheilerfülltesten Schlachten und Revolutionen, weil wir sie für das Wesentliche, die Weltwenden unserer Geschichte halten. Und weil uns niemand sagt, daß von CÄSAR oder NAPOLEON nicht mehr übrigblieb als lateinische Wortstämme oder hugenottische Namen im Ausland, bleiben wir für Weltwenden immer noch mit bewunderndem Schauder gefolgschaftsbereit. Je undurchschaubarer das Problem, wie jenes der Wirtschafts- und Sozialstrukturen, um so plausibler macht man uns die Notwendigkeit kämpferischer Entscheidung. Du mußt nur die Trommel rühren, die Marionetten werden tanzen. Erhält sich die Hypothese ihrer Freiheit nur mehr, um sie strafen zu können? Fünfte Jeremiade: Einmal noch Erbarmen mit dieser Kreatur, die nun einen Sinn, Antrieb oder Auftrag in jenem Getriebe zu finden sucht und diese nurmehr im Fließen der Kräfte, in irgendeiner Spielform der Macht finden kann; in Prosperität oder Wachstum, Einfluß, Reichtum oder Stärke. Melden uns nicht die Massenmedien täglich eine überlegte Auswahl jener Ereignisse, auf welche es letzten Endes in dieser Welt ganz offensichtlich ankommt: den Wandel von
**Gefolgschaft** Kraft und Unheil? Haben wir den Medien nicht längst de-
**des Unheils** legiert, uns zu sagen, was wir hören wollen, daß etwa eine gute Nachricht gar keine gute Meldung mehr ist, sondern nurmehr eine schlechte eine gute Nachricht sein kann? Hat sich des Lebens Sinn verlaufen?
Wo also, mag sich der Leser fragen, sind wir hingeraten? Laufen wir nicht Gefahr, in die Niederungen des Alltags sinkend, dennoch klüger als die Schöpfung zu werden? Und bestätigt sich nicht bereits die dreifache Betrüblichkeit der Frage, von der wir ausgegangen sind? Ist für den Gläubigen nicht alle irdische Quälerei eine notwendige Prüfung Gottes, für den Materialisten die notwendige Prüfung, wer der Tüchtigere sei? Tatsächlich ist dies nicht so; weil uns schon Reste von Menschlichkeit vorschreiben, jene zu lindern, wo immer wir das vermöchten. Und daß wir nicht aufgeben

können, nach Linderung der Quälerei zu trachten, ist nicht minder eine Konsequenz dieser Evolution.
Aber bestätigt uns nicht die rationale Einsicht in ihre Mechanismen die Notwendigkeit der Drangsalierung? Enthält nicht das wissenschaftliche Weltbild selbst dessen Begründung? Rechtfertigt es nicht sogar unsere Haltung, in aller Niederung, als eine Konsequenz der Mechanismen der Evolution? So mag es in der Tat erscheinen. Und dennoch ist es nur ein Teil der Wahrheit; dummerweise der schlechtere. Gewiß, jedes Produkt dieser Evolution wird sich als ambivalent erweisen; denn erst mit der Vielzelligkeit ist der Tod, mit dem Nervensystem der Schmerz in diese Welt gekommen und mit dem Bewußtsein die Angst, sagte schon VON BERTALANFFY[9]; mit dem Besitz die Sorge und mit der Moral der Zweifel, werden wir ergänzen. Denn wer kann behaupten, daß es diese Segnungen schon vordem gegeben hätte. Aber es sind nur die Rückzahlungen an die Konten des Zufalls, die wir hier beklagten. Es ist, wie wir sehen werden, die halbe Wahrheit, erst der halbe Mechanismus, von dessen Folgen die Rede war. Allerdings jener, der des Teufels Küche nicht verlassen hat.


## Die düsteren Theorien

> In jeder Art seid ihr verloren,
> Die Elemente sind mit uns verschworen,
> Und auf Vernichtung läuft's hinaus.
> (*Mephistopheles,* Faust II 11548)

»Am Anfang«, so heißt es schon im Buch der Genesis, »war die Erde wüst und leer; und Finsternis lag über dem Abgrund.«[10] Nichts ist mehr da von jenem bunten Treiben absichtsvoller Weltschöpfer und gewalttätiger Demiurgen, die sonst alle Kosmogonie bevölkern. Dabei ist das Abendland geblieben. Und auch die moderne Kosmologie, von KANT und LAPLACE bis WEIZSÄCKER und KUIPER, war veranlaßt, von einem nicht minder wüsten und finsteren Plasma- und Nebelchaos auszugehen[11]. Erst im Laufe von Jahrmilliarden konnte die Gravitation, die Unregelmäßigkeit der Wirbel nützend, die Materie zu den Spiralen der Galaxien und zuletzt zur ewigen Ordnung der Sonnensysteme zusammenziehen. Nimmt in einer solchen Kosmologie Gesetz und Ordnung stetig zu, dann muß wohl an allem Anfang ein Maximum an Gesetzlosigkeit und Chaos geherrscht haben. Welch düsteres Beginnen.

**Chaos an beiden Enden**

Nicht anders sind die Konsequenzen, die Aussichten, die eines der fundamentalsten Weltgesetze enthält; jenes, das allen Ereignissen in diesem Kosmos erst die Zeitachse entgegengesetzt hat. Dies ist das Entropiegesetz, der zweite Hauptsatz der Thermodynamik.[12] Es besagt, daß alles, was aus Materie besteht, letztlich von Ordnung in Unordnung übergehen muß, daß – was dasselbe ist – jedes Schaffen von Ordnung innerhalb eines Systems durch die Erzeugung und Abfuhr einer größeren Menge an Unordnung erkauft werden muß. Tatsächlich hat noch keine Beobachtung und kein Experiment dem Entropiesatz widersprochen. Auch die Lebensprozesse, die fortgesetzt Ordnung schaffen, machen keine Ausnahme. Die Thermodynamik offener Systeme hat gezeigt, daß dies vom Lebendigen durch die Zurücklassung eines besonders großen Anteils an Unordnung erkauft wird[13]. Die Welt, so sagt der zweite Hauptsatz, muß im Chaos enden; es sei denn, sie wäre an irgendeine Art von Ordnungspumpe angeschlossen; aber nichts können wir sehen, was dies auch nur andeuten könnte. Alles Ordnungsschaffen unserer Lebensspanne, ja alles Opfer schöpferischen Lebens wäre letztlich dazu da, zu Molekülen, Atomen und endlich, zu langwelliger Strahlung degradiert, diesen Planeten während der nächtlichen Abstrahlung eben wieder zu verlassen, um – eine Art Wärmetod fördernd – uns unbekannte intergalaktische Staubteilchen zu einer minimal vergrößerten Chaos-Bewegung aufzuwärmen: »... bis du zum Staub zurückkehrst, aus dem du gemacht bist«[14]. Welch altes Erbe scheint die Erkenntnis anzutreten; und zu welch düsterem Ende.

Nun könnte man mutmaßen, daß der strengen Zunft der Physiker das unbekümmerte Treiben des Lebendigen eben nicht so sehr zur Sache zähle; und erwarten, daß die Biologen mit einer freundlicheren Evolutionstheorie begonnen hätten. Weit gefehlt!

Schon die erste Theorie der Neuzeit, die von sich reden machte, ist als die Katastrophentheorie in die Wissenschaftsgeschichte eingegangen. Baron GEORGES CUVIER, Mitbegründer der Paläontologie, erkannte den Wechsel in der Fossilienführung in den geologischen Schichten und bestand darauf, daß das Leben auf der Erde immer wieder durch Katastrophen vernichtet und, nicht minder unermüdlich, immer wieder neu erschaffen worden sei[15]; und sein Temperament sowie das Katastrophen-Lehrstück der Französischen Revolution mochten dazu beigetragen haben, daß schon seinen Zeitgenossen derlei mühselige Weltschöpfung

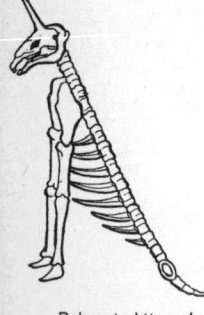

›Rekonstruktion‹ des Einhorns

die Katastrophentheorie

viel eher einleuchtete als die weise Sicht des harmonischen Deszendenzgedankens, welche schon seine Zeitgenossen GEOFFROY SAINT-HILAIRE und LAMARCK besaßen. Freilich war auch CUVIERS Lösung durch den Sintflutmythos vorbereitet, der schon seit dem 17. und 18. Jahrhundert nach wissenschaftlicher Untermauerung trachtete und prompt Mammutknochen zum biblischen Einhorn, Saurier zu ›Beingerüsten armer Sünder‹ zurechtmachte, die eben in der Sintflut umgekommen sein sollten[16].

Dagegen setzte sich LAMARCKs bessere Einsicht nicht durch, und CUVIER hatte trotz garstiger Auftritte unter den Wissensdurstigen leider die Lacher auf seiner Seite[16]. LAMARCKS Theorie einer Erklärung der sich wandelnden Deszendenz, die ›Vererbung neuerworbener Eigenschaften‹, hat zu erbitterten Kontroversen geführt. Zwar nicht deshalb, weil es so etwas nicht geben kann. Im Gegenteil – gerade die Vererbung erworbener Eigenschaften bildet heute das Fundament der Mutationstheorie. Auch nicht deshalb, weil sie mit DARWINs Selektionslehre in Konflikt geraten wäre. Im Gegenteil: DARWIN brauchte in einem Maße das LAMARCKsche Prinzip der zum Selektieren ja erforderlichen Änderung, daß man DARWIN glattweg einen Lamarckisten nennen muß, wie das OESER jüngst wieder, weil wenige es wissen, verdienstvollerweise klargelegt hat[17]; denn DARWIN hat, wie das seine Pangenesis-Theorie beweist, bis an sein Ende nach dem entsprechenden Mechanismus gesucht[18]. Die Austreibung des Lamarckismus hatte und hat weltanschauliche Gründe. Der Lamarckismus geht aus von der unbezweifelten Änderung vieler Organe als Folge ihres Gebrauchs, postuliert eine gewisse Erblichkeit solcher Änderung und schließt mit der gleichfalls unbezweifelten Selektion des Vorteilhaften.

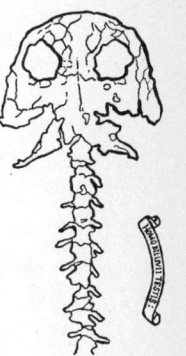

›Beingerüst eines armen Sünders‹

die Austreibung des Lamarckismus

Ein Nachweis der Erblichkeit aber wurde nie überzeugend erbracht. Man muß aber auch wissen, daß schon Versuche eines Nachweises mit einem Aufwand bekämpft wurden, mit Fälschungs-Unterstellung und Fälschungs-Unterschiebung, die den Wiener Biologen PAUL KAMMERER sogar zum Selbstmord getrieben haben[19]. Und will man heute Studenten eine horrende Irrlehre verdeutlichen, so sagt man, daß der Hals der Giraffen deshalb so lang geworden sei, weil sie sich fortgesetzt nach Baumkronen streckten. Der ideologische Grund ist der Kommunismus; weil er versuchte, mit jener Erblichkeit die Manipulation des Menschen durch die Manipulation seines Milieus als naturgesetzlich zu begründen. Auch ein letzter Anlauf dieser östlichen Milieutheorie, von LYSENKO in Sowjetrußland unternommen, brach zusammen. Ein düsterer Schatten ist über dem Gegenstand geblieben.

In der Zwischenzeit war durch das Werden der Genetik der Lamarckismus zum Neolamarckismus und der Darwinismus zum Neodarwinismus geworden; und dieser durch Einschluß der noch jüngeren Erforschung der Dynamik der Populationen zur ›Synthetischen Theorie‹. Allen voran sind es DOBZHANSKY, JULIAN HUXLEY, MAYR, SIMPSON und RENSCH[20], welche sie zur allgemeinen Lehrmeinung von heute, oder doch der des Westens, vervollkommnet haben. Aber schon wieder ist es eine düstere Theorie. Das hat, unter anderem, besonders SCHRÖDINGER deutlich gemacht[21]. Dabei beruht das Entmutigende des dargelegten Mechanismus nicht mehr auf der Sinnlosigkeit des Chaos, sondern auf der Sinnlosigkeit des Zufalls, des Chaos zivilisiertem Vetter, besonders darauf, daß er nicht die lebensfernen Weltenden regiert, sondern die ganz lebensnahen Probleme, bis hinein in unseren Alltag.

*zwei planlose Konstrukteure*

Die synthetische Theorie operiert nämlich mit zwei planlosen Konstrukteuren: mit den unbezweifelbaren Wirkungen von Mutation und Milieuselektion allein. Dabei ist natürlich nicht das Unbezweifelbare, sondern das ›allein‹ der neuralgische Punkt; und sie muß auf diesem ›allein‹ bestehen, um den Neolamarckismus, aber auch, wie wir sehen werden, den Idealismus und den Vitalismus auszuschließen. Der Konstrukteur der Mutationen, der Erbänderung, ist völlig blind. Es ist das der molekulare Zufall. Er weiß nie, was er tut. Der andere, die Selektion durch das Milieu, ist ebenso anerkanntermaßen völlig konzeptlos. Er ist ein kurzsichtiger Opportunist, der, bar jeglicher Voraussicht, dennoch fortgesetzt über Tod und Tolerierung entscheidet. Daß auf diese Weise die Beschreibbarkeit, die Ordnung des Lebendigen nicht entstehen kann, das wird uns noch ausführlich beschäftigen. Daß aber auf diese Weise nichts entstehen kann, was Richtung, Ziel oder Sinn hätte, das haben die Proponenten der Theorie nicht nur gesehen. Man hat, wie MONOD[22], begonnen, darauf sogar zu bestehen.

Das Erstaunliche ist dabei, wie man das hinnimmt. Jede wertvollere Lebensregung scheint doch das Prinzip zu widerlegen. Die Opposition, die zwar schon ein Jahrhundert währt, hat nicht zur Revolte, sondern zur Resignation geführt; denn wie die Sintflut der Katastrophentheorie das Bühnenbild vorbereitet hatte, so schien der Jammer des beginnenden Proletariates im frühindustriellen Europa die Selektion des Tüchtigeren lebensvoll zu illustrieren, und die Chancengleichheit, die Skrupellosigkeit dessen, was wir die freie Marktwirtschaft nennen, die Berechtigung des Erfolgs durch den puren Zufall. Um aber ganz sicher zu gehen, daß sich in der allein duldbaren Wirkungskette, von der Mutation im Erbmaterial bis zur Selektion am Markt der Erfolgsprüfung, kein Ausweg ergäbe, hat man, bemerkenswert genug, die Verbote der Genetik errichtet. Sie beginnen mit der WEISMANN-Doktrin[23] um die Jahrhundertwende und haben im ›Zentralen Dogma‹, das als Laborspaß begonnen haben mag[24], ihre bislang ernsteste Form gefunden.

die Verbote der Genetik

Wie die Mechanismen von Zufallschance und Tüchtigkeit allmählich allen Erfolgsgesellschaften in West und Ost das Ausreichen des Neodarwinismusprinzips illustrierten, illustrierte nun dessen Mechanismus die Auffassung von Reduktionismus und Behaviourismus in der Theorienbildung der Biologie.

Reduktionismus und Behaviourismus

Der Reduktionismus erlaubt, Ursachenketten nur in den jeweils niedrigeren Komplexitätsschichten zu beginnen, und behauptet, alle biologischen Phänomene rückstandslos auf biochemische, diese auf chemische und so weiter zurückführen zu können. Die Konsequenz ist eine neue Verdüsterung, ist das düstere Bild des Lebendigen als seelenlose Maschinerie molekularer Notwendigkeiten, so wie das WEISS und andere schon oft kritisierten[25]. Der Behaviourismus wiederum ist Reduktionismus, angewendet auf die Phänomene des Verhaltens. Er behauptet, alle Lebensregungen von der Aggression bis zur Liebe rückstandslos auf Reiz-Reaktions-Antagonismen zurückführen zu können. Und das führt, nicht minder konsequent, etwa mit SKINNER, zur Manipulierbarkeit, ja zur Naturgesetzlichkeit einer Manipulation des Menschen[26]; nun also zu einer westlichen Milieutheorie, die an düsterer Garstigkeit der neolamarckistisch-östlichen um nichts nachsteht. Wo sind wir hingeraten?

Wir sind nirgend anders als dort angelangt, wo die wissenschaftliche Theorie aus ihrer vermeintlichen Bestätigung durch die garstige Lebenspraxis den Anspruch erhebt, nun mit dem Garstigen ihrer vermeintlichen Wahrheit auf die Lebenspraxis wirken zu dürfen. Zu den Blüten dieses Gewächses gehört der Sozial-Darwinismus und der Wirtschafts-Behaviourismus: ein besonders geschmackvolles Gebinde unserer Zeit. Der eine mündet in die naturgesetzliche Rechtfertigung von Not und Elend, der andere will die Tatsache vertuschen, daß keineswegs der ›König Kunde‹ den Markt regiert, sondern in Wahrheit, wie GALBRAITH und

Sozial-Darwinismus und Wirtschafts-Behaviourismus

JOUVENEL nachweisen, Technokratie, Partei oder Kapital den Menschen manipulieren[27]. Auch so etwas wie ein Wissenschafts- und Moral-Behaviourismus warten als sich erst öffnende Blütenknospen der Erfolgszivilisationen in West und Ost.
Doch sei nicht weiter vorgegriffen. Auch will der Leser ob derlei Bedauerlichkeit nicht zu sehr ermüdet werden. Ich sollte also eher diese grobe Liste der Stichworte runden, um zu Erfreulicherem voranzukommen.
Worein diese -Ismen unserer Tage münden, das ist leicht zu sehen. Ein Weltbild, das gänzlich an den Fäden der Gesetze der Materie hängt, nennen Philosophen materialistisch; und das Ergebnis der Evolution ist dann zwar zum einen das Produkt des reinen Zufalls und darum, wie MONOD erläutert, sinnlos, zum anderen aber die unausweichliche Folge zufälliger Notwendigkeiten. Das Lebendige entspricht damit einer Exekution chemophysikalischer Gesetze, das Verhalten dem Tanzen einer, wiederum an der Lebensmechanik hängenden Puppe, und was nun die gerühmte menschliche Freiheit betrifft, so erwiese sie sich als ein Scheinproblem. Sie ist eine Art Eigen-Suggestion, erforderlich nur, um da dem Lebensgefühl, dort dem Recht zu strafen einen Grund zu geben; und ihr Studium ist folglich in den Naturwissenschaften unzulässig und jenen Fächern zu überantworten, die sich von Natur aus mit Gegenständen befassen, die nicht zu beweisen sind.
Nach dieser Wendung des Stückes wird aber sogar der verschwindende Chor der Gegenstimmen hörbar, und man erfährt, daß das Ganze offenbar auf dem Kopf stehe. Die Sache sei verkehrt herum aufgezäumt und die Ketten von Ursache und Wirkung liefen in Wahrheit in die Gegenrichtung. Das Lebendige wäre doch im wesentlichen vom Ganzen, von obenher, von seinen Zielen oder Zwecken her determiniert. Das wußte doch schon der alte Vitalismus der Naturvölker; das beschreiben die Entelechie des ARISTOTELES, der mittlere Vitalismus von JOHANNES MÜLLER und BLUMENBACH und der neue mit DRIESCH, BECHER und UEXKÜLL[28]. Nicht nur das Leben, sagen die Idealisten, alles ist verkehrtherum bestimmt; und HEGEL bringt es zuletzt fertig, Schicht für Schicht das Untere als Erfordernis des Oberen nachzuweisen. Eine prästabilisierte Harmonie regiert die Welt; und weil diese offensichtlich ist und von den Materiegesetzen nicht kommen kann, muß sie im Ganzen stecken. Die Welt ist die Konsequenz eines Planes.
Man könnte mutmaßen, daß nun im Gegensatz zum Mate-

rialismus Sinn und Freiheit ihren Ankergrund gefunden hätten. Aber auch das wäre verfehlt. Wir finden uns wiederum in einer Falle doppelten Determinismus. Ist die Welt, oder doch das Lebendige, von oben her durchgeplant, wie uns die Idealisten oder doch die Vitalisten erklären, dann ist es mit dem Sinn nicht weit her. Denn ein Sinn ohne Freiheitsraum ist nicht in unserem Sinn, sondern ein Zweck, der Sinn von jemand anderem. Und auch mit der Freiheit ist es ganz vorbei. Wir sind schon wieder mechanische Puppen. Ja der ganze Unterschied zum materialistischen Determinismus bestünde darin, daß wir nicht auf Stäben von unten her, sondern an Fäden von oben her ein Leben lang durch das Theater dieser Welt zappeln; daß der Betriebsplan all unserer Lebensregungen, unserer Lebenswege und Todesstunden nicht unten, sondern oben gelagert wäre.

*die Falle des doppelten Determinismus*

Kurz, es scheint, daß sich unsere Evolutionstheorien in einer merkwürdigen Lage befinden; und es bedarf wenig Phantasie zu sehen, daß ihre Prophezeiungen – Wärmetod, endloses Ringen – von den Propheten nicht in der ›Genesis‹, sondern in der ›Apokalypse‹ vorweggenommen sind; daß die Fraglichkeit von Sinn und Freiheit schon den Fragenden fraglich macht. Denn: Wozu fragt er, und wieso kann er fragen? Ist es nicht merkwürdig, daß sogar das universellste Maß, das der menschliche Geist zur Beschreibung von Form und Struktur gefunden hat, das Informationsmaß ›bit‹, schon wieder eine Meßeinheit für Unordnung, Ratlosigkeit und den Mangel an Voraussicht darstellt, wiewohl klar ist, daß es nur in einer Welt größter Ordnung und Voraussicht entstehen konnte? Daß man schon SCHRÖDINGER, daß man nun BRILLOUIN, die es umkehren, vorwirft, offenbar die Vorzeichen durcheinandergebracht zu haben[29]? Ist der Geist, der zweifelt und fragt, tatsächlich jenem verwandt, »der stets verneint«? Die Genesis von Gesetz und Ordnung, die Voraussetzung überhaupt, fragen zu können, sie stand gar nicht zur Debatte.

*der Geist, der stets verneint*

Gewiß ist, daß unsere Evolutionstheorie völlig richtig ist. Sie ist jedoch nicht vollständig. Sie hat die eine Seite der Genesis in den Griff bekommen, dummerweise die düstere. Das Hoffnungsvolle aber steckt schon in ihren Widersprüchen.

## Das Debakel der Tüchtigkeit

> Mir ist für meine Wette gar nicht bange.
> Wenn ich zu meinem Zweck gelange,
> Erlaubt ihr mir Triumph aus voller Brust,
> Staub soll er fressen, und mit Lust,
> Wie meine Muhme, die berühmte Schlange.
> (*Mephistopheles*, Faust I 331)

Wenn nun ordnungsbildende Mechanismen in den Theoremen der Evolution nicht aufscheinen, worum, so kann man sich ja fragen, geht es dann bei der Sache? Offenbar geht es dann ausschließlich um den Tüchtigen. Denn wie man das Blatt auch wendet, lamarckistisch oder synthetisch, nur die Tüchtigkeit bleibt obenauf. Sie muß es sein, die aus den verschiedensten Versuchen mit gewaltigen Klauen, Saugmäulern und Säbelzähnen schließlich als das Tüchtigste schlechthin jene weiche graue Masse herausgezüchtet hat, die, unscheinbar genug, aber mit dem Erreichen eines Volumens von eineinhalb Litern, in die Lage kam, alledem zuerst mit dem Steinbeil und nunmehr mit der Rakete zu widerstehen; die somit eine Macht aufbaute, die ihresgleichen sucht. Ja, es läßt sich, mißt man den Fortgang der Evolution mit dem Maßstabe der Kräfte, sogar die Regel finden, daß alle biologischen Systeme – Organismen wie ihre Gesellschaften und deren Produkte, Eiskästen, Autos wie Raketen – auf eine Vergrößerung des Energiedurchzuges, des gespeicherten Energiegehaltes, der Macht hin selektiert werden[30]. Und, geben wir es doch zu: bestätigen uns nicht der gesunde Menschenverstand, ja das Biologiebuch, das Geschichtsbuch Seite für Seite, die Weltnachrichten Tag für Tag, daß das so ist? Wer hat sich denn schließlich durchgesetzt? Waren es die plumpen Seelilien, waren es die rückständigen Inkas oder Indianer, sind es heute die Gewerkschaften der Lyriker oder die der Ziseleure? Ist nicht jede Kultur überrollt worden, sobald sie aus dem Machtwillen der Usurpatoren, der Bankiers, der Volksführer in die individualistische Spielerei der Künstler und Philosophen hinüberwechselte[31]? Schon der Fundus der Volksweisheit gibt uns recht.

*Züchtung von Energie und Macht*

Kann das Tüchtigere als das verbriefte Ziel gelten, dann bleibt nur noch eines, nämlich die Methode zu applizieren, mit der das am verläßlichsten zu erreichen ist, und das heißt, schneller als der Nachbar. Hier wartet ein gewisser Aufenthalt, denn, wie erinnerlich, stehen zwei Theorien zur Wahl. Doch sind es nur zwei. Man kann sich bald entscheiden;

und wie diese Welt gemacht ist, hat sie sich auch sogleich in die beiden Lager geteilt. Und schon sind wir an der Walpurgisnacht Schwelle.

Nach der neolamarckistischen Theorie braucht, wenn auch unbestätigt, nur das richtige Milieu vorgespannt zu werden, und zwar für alle, und die sozialen Organe der Kommune werden sich so ertüchtigen, daß sie der Idee – diese genügt anstelle von Fakten – zum Siege verhelfen. Sie heißt darum auch Milieutheorie. Nach der neodarwinistischen braucht, wenn auch nur halb bestätigt, lediglich das Glück ohne Zögern und Rücksicht bedenkenlos gepackt zu werden, und zwar jeder gegen jeden, und das Potential derer, die andere zufällig überfordert haben, wird so stark werden, daß sie der Idee – diese genügt dann anstelle der Fakten – zum Siege verhelfen. Diese zweite Milieutheorie heißt darum auch Zufallstheorie. Die eine Milieutheorie manipuliert die Individualität und möchte Gemeinwohl schaffen (was immer das sein mag) auf Kosten des einzelnen. Die andere, die Zufallstheorie, manipuliert die Moral und möchte Einzelwohl schaffen (was immer das sein mag), und diesmal auf Kosten der Gemeinschaft. Beide manipulieren den Menschen wie seinen Lebensraum. Sie manipulieren die Humanität in gleicher Weise und bekämpfen sich ihrer Fiktionen willen. Dem Teufel sei für seine Wette gar nicht bange.

*die Theorien der Manipulation*

Aber auch wenn wir all das überleben sollten, wie vordem die wohl einfacheren Fälle, Heiden gegen Heiden, Imperium gegen Völker, Kirche gegen Kaiser, Hierarchien gegen Massen, die Sache des Tüchtigeren sitzt tiefer. Die Evolution der Zivilisationen hat sich von der Trägheit der molekularen Verbesserungen im Lochstreifen ihrer genetischen Information freigemacht; sie überträgt Informationszuwachs mit Sprache und Schrift. Sie ist aus dem ruhigen Schritt, für den ihre Regulative selektiert waren, in wildes Karrée verfallen. Die Zivilisation wurde für die Evolution zu schnell. Mit der Entstehung des Bewußtseins ist der Mensch zum Zauberlehrling der Evolution geworden. Wir werden noch genau untersuchen, wie er in diese Küche kam und wie er sich darin, von seinem Meister verlassen, verhält. Er weiß zwar noch nicht, wie sein Denken operiert, weil er dessen Entstehung nicht kennt. Er streitet darüber, wie er etwas, ja ob er überhaupt etwas erkennen kann. Er hat nicht gemerkt, daß es unter allen Organismen sein Privileg geworden ist, den reinen Unsinn zu glauben. Er weiß nicht, daß er mit einem einseitigen Ursachenkonzept operiert, nichts von seinen Hemmungs- und Prägungsschäden; nichts

*Zauberlehrling der Evolution*

von allen Wahrheits- und Ideologieschäden, Erfolgs- und Manipulationsschäden, die ihm, dummerweise, eingebaut sind.

Aber sie vermehrten sich ungeheuer und machten sich die Erde untertan, so wie es ihnen geheißen wurde. Und sie »herrschen über die Fische des Meeres und über die Vögel des Himmels, über das Vieh und alles Wild des Feldes und über alles Gewürm, das auf dem Erdboden kriecht«[32]. Sie herrschen jedoch auch über die Menschen, was von niemandem, oder von wem?, ihnen geheißen wurde. Und so wollen sie schneller sein als die Evolution und klüger als die Genesis; und sie ruinieren ihren Planeten, und sie ruinieren den Menschen.

Wir sind weder für die Massen gemacht, die wir produzieren, noch für die Enge, die entsteht, und schon gar nicht, wie ALDOUS HUXLEY zeigt, für die Macht, die wir ansammeln[33]. Zahl mal Macht ist die Formel des Bösen. Sie ist tief in uns befestigt. Denn das Ziel ist immer wieder die steigende Prosperität, mehr als der Nachbar zu haben und morgen mehr als heute[34]. Der Tüchtigste wird zum Mächtigsten, zum Schädlichsten. Und wer hat die Macht, mit der Macht zu brechen? Der Kreis des Teufels schließt sich. Ihm sei für seine Wette gar nicht bange.

# 2
# Hoffnung in den Widersprüchen

> Was geht mich's an! Natur sei wie sie sei!
> S' ist Ehrenpunkt: Der Teufel war dabei!
> (*Mephistopheles*, Faust II 10124)

Ein Leser, der den elegischen Ton, der in des Teufels Küche anzuschlagen war, hinter sich gebracht hat, besitzt alles Recht auf freundlichere Tonart und aussichtsvollere Perspektiven. Ich will darum gleich vorwegnehmen, worum es mir hier geht. Ich will zeigen, daß die Lösung, die lichte Seite des Evolutionsproblems bereits in der Summe der Widersprüche steckt. Das Einzelproblem ist, wenn unerwünscht, beliebig verkleinerbar, das Ganze ist es nicht. Die Lösung für das Einzelproblem mag unnötig erscheinen; als Störenfried im Etablierten. Die Lösung fürs Ganze hat vielleicht Chance, bedacht zu werden. Die Strategie der Genesis, so behaupte ich, kennt Ursachen-Verknüpfung in der Form von Ketten nur im kleinen und nur Netze von Ursachen im ganzen. Und kein Ding der realen Welt erklärt sich allein aus einer Richtung, jedes aus einem System von Wirkungen, deren selbst es eine ist. Solche zunächst leere Behauptung mit Leben zu füllen ist die Aufgabe dieses Buches; zunächst also zu der Widersprüchlichkeit des heutigen Standpunktes.

Man kann wohl einwenden, daß jenes Sammelsurium an Rätseln, das sich, wie zu erwarten, nun über den Leser ergießen wird, wirklich nicht seine Sache wäre, sondern die der Spezialisten. Worin bestünde ansonsten das tägliche Brot des Naturwissenschaftlers, wenn er nicht fortgesetzt irgendwelche Rätsel aufzuweisen vermöchte, über die zu grübeln, wie er behauptet, es sich lohnte; jedenfalls in einem Maße lohnte, daß die Begleichung seiner Lebenshaltung durch die Gesellschaft zu erwarten wäre. Und haben wir der Theorien nicht schon längst genug? Ließe sich nicht da, wo die eine Wirklichkeit nicht stimmen kann, eine jeweils andere nehmen? Tatsächlich keineswegs; ja »es ist zu dumm«, wie ARTHUR KOESTLER findet[1], »es wieder und wieder sagen zu müssen, daß zwei halbe Wahrheiten noch keine ganze machen«. Noch nie ist aus Entropie mal Entelechie, Darwinismus mal Lamarckismus, Materialismus mal Idealismus oder Kommunismus mal Kapitalismus etwas Brauchbares geworden. Zu suchen bleibt eine Theorie für das Ganze. Und da diese das Einzelfach verlassen muß, dürfen wir uns nicht auf das Einzelfach beschränken. Tatsächlich ist dies unsere Aufgabe.

*die halben Wahrheiten*

Gefahr entsteht natürlich da, wo wir uns anschicken, anstelle halber Wahrheiten einer ganzen zuzusteuern. Solchem Argument verschlösse ich mich nicht; wir selbst werden Überzeugung als ein Maß für Inkompetenz verwenden. So wollen wir uns auch nicht von einer Überzeugung der Richtigkeit, sondern einer Wahrscheinlichkeit des Nutzens solcher Überlegungen leiten lassen. Die Welt auf immer einfacheren Ursachenbezug zu reduzieren, lohnt uns zwar dies, indem wir sie immer bequemer denken können, aber sie vergilt es uns damit, das Ganze ihrer Systeme nicht einmal mehr sehen zu können. Das hat schon PAUL WEISS gezeigt[2]. Sie zerfällt in Mensch und Natur, Natur und Kultur, in Leib und Seele und Gott und die Welt. Die Wissenschaft von den Teilen zerschneidet das ›geistige Band‹, sie verliert das, worum es ihr letztlich gehen muß, die Wissenschaft von der Sache des Menschen. Wie also steht es mit den Theorien von ihren Teilen?

*die Wissenschaft von der Sache des Menschen*

## Die Rätsel des Gestaltens

> Daran erkenn ich den gelehrten Herrn!
> Was ihr nicht tastet, steht euch meilenfern,
> Was ihr nicht faßt, das fehlt euch ganz und gar,
> Was ihr nicht rechnet, glaubt ihr, sei nicht wahr,
> Was ihr nicht wägt, hat für euch kein Gewicht,
> Was ihr nicht münzt, das, meint ihr, gelte nicht.
> (*Mephistopheles*, Faust II 4917)

Wie in aller Welt sollen wir verstehen, daß sich die Welt überhaupt gestalten konnte? Die Kosmologen überzeugen uns, daß der ganze Kosmos aus chaotisch rasenden Quanten entstand, und zugleich wird von den Physikern erwartet, daß wir die universelle Gültigkeit des zweiten Hauptsatzes, des Entropiesatzes, anerkennen. Dieser sagt aber, daß Ordnung nur durch Degradierung von Ordnung aufgebaut werden könne. Wo also, so beginnen wir den Reigen unserer Fragen, steckte nun im Chaos überhitzten Plasmas die ungeheure Ordnung, deren fortgesetzter Zerfall jenen Rest an

Entropie und Kosmos

Ordnung aufbauen konnte, der noch immer so groß ist, daß er unser menschliches Fassungsvermögen bei weitem übertrifft?
Oder irrten wir uns? Keineswegs! Was immer die riesigen Bibliotheken der Wissenschaften an Realem enthalten, ist verifizierbare Voraussicht, die Beschreibung von Gesetz und Ordnung. Allein der Ordnungsumfang des Lebendigen erreicht, wie wir sehen werden, kosmische Dimensionen. Im Anfang muß diese Superordnung aus der Enge des Raumes und aus der gerichteten Auseinanderbewegung der Quanten zu verstehen sein; und deren Zusammenordnung zur Materie durch Abfuhr von Wärme in den expandierenden Raum. Aber stets mißt Entropie den Zuwachs an Unordnung. Ein Maß für Ordnung besitzen wir noch nicht. Dabei muß Ordnung die Voraussetzung ihres Zerfalls in Unordnung sein. Eine physikalische Meßgröße für Ordnung müßte also zu finden sein; vielleicht in einem Ordnungs-Energie-Äquivalent. Dies aber ist Sache der Physik. Dabei ist dieser Meßwert so wichtig, denn Ordnung ist synonym mit Voraussicht und Gewißheit, mit realisierter Gesetzlichkeit in der Natur.
Dennoch sieht man schon, daß dem etablierten Entropiegesetz das noch nicht etablierte Gesetz des Ordnung-Werdens gegenüberstehen muß; ein Neg-Entropiegesetz, nach dem wir seit SCHRÖDINGERS Frage »Was ist Leben?«[3] noch immer suchen. Denn daß das Werden von Ordnung nicht minder ein Grundmerkmal der Genesis ist als das Werden von Chaos, das ist wohl unbestritten. Wir werden uns seiner Lösung nähern.
Nicht anders steht es mit dem nächsten Universalmaß, dem Wirken des Zufalls. MONOD behauptet in seinem berühmten Buch »Zufall und Notwendigkeit«, daß nur »der reine Zufall, nichts als der Zufall, die absolute, blinde Freiheit die Grundlage« unserer Erschaffung gewesen wäre[4]. Dagegen gab es seit jeher Einwände. Schon angesichts der noch ganz jungen Mutationslehre wunderte sich ein Landsmann von ihm, »daß nur durch eine Reihe bloßer Zufälle aus einem Teich voll Amöben die Pariser Akademie entstanden sein soll«. Als ob man, sagt heute WADDINGTON, durch fortgesetztes Abkippen von Ziegeln einen Baustil verbessern könnte.[5] Und KOESTLER beschreibt diese Unmöglichkeit als die Leistung des Affen an der Schreibmaschine[6]. Tatsächlich ist es so, als wollte man durch Druckfehler, sagen wir am Aufdruck von Fahrkarten und der Auswahl von Ausgaben nach dem zufälligen Gutdünken der Fahrgäste, die

*Affe und Schreibmaschine*

»Odyssee« verfassen. Gewiß, das Verändernde der Erbinformation sind Druckfehler, aber ein ordnendes System, und nicht der Zufall ihrer Auslese, muß das notwendig Ordnende an der Sache sein.

Der Zufall allein schafft gar nichts. Je größer seine Freiheit, um so geringer wird seine Chance, etwas zu treffen. Seine Trefferchance entspricht ja dem Kehrwert seiner Möglichkeiten. Und da, wie wir sehen werden, die Kombinationsmöglichkeiten der Erbinformation kosmischen Dimensionen entsprechen, ist das Leben für den Zufall von ebenso kosmischer Unmöglichkeit. Nur ein Plan kann die Auslese leisten; ohne daß wir einen Planer fänden. Aber seinen Plan, dies ist mein Anliegen, werden wir finden.

Nun haben die Morphologen schon seit LAMARCK und CUVIER Pläne gefunden. Man spricht wie selbstverständlich von den Bauplänen etwa der Farne, Krebse oder Wirbeltiere. Ihre Ursache aber blieb unerkannt. Tatsächlich sind sie die Voraussetzung der Beschreibbarkeit des Lebendigen. Sie beruhen darauf, daß manche Strukturen, wie sie auch ihre Lage, ihre Gestalt, ja zudem ihre Funktion ändern mögen, als ›dieselben‹ Einheiten unverkennbar und über Hunderte Jahrmillionen erhalten bleiben, während andere demselben Druck der Selektion rasch und völlig weichen. Wir werden diese Einheiten als die Homologa noch genauer kennenlernen; denn die Beschreibbarkeit des Lebendigen beruht zudem darauf, daß sie eine streng hierarchische Beziehung ihres Vorkommens zueinander besitzen. Herrschte der Zufall über die Erhaltung der Merkmale, wir vermöchten keinen systematischen Begriff zu bilden; weder den der Farne, der Krebse noch den der Wirbeltiere. Tatsächlich aber fanden die Systematiker die Organismen zu hunderttausend definierbaren Gruppen der Ähnlichkeit hierarchisch geordnet; ein riesiges, harmonisches System der Pläne. Wer schaffte solche Ordnung?

*Zufall und Beschreibbarkeit*

Ist sie nicht schon zu vollkommen, um wahr zu sein? Es ist ja kein Planer denkbar, weder der Zufall der neodarwinistischen Marktselektion noch der Zufall der neolamarckistischen Lebensbedürfnisse könnte planen. Bleibt es bei jenem esoterischen Prinzip, von dem GOETHE sprach[7]? Dann aber, sagt BERNHARD HASSENSTEIN zu Recht, bleibt die Morphologie idealistisch, zumal sie auch die Methode ihres Vergleichens nicht anzugeben vermag[8]. Somit ist sie keine Naturwissenschaft. Und nun wird das ganze Fundament der vergleichenden Anatomie fragwürdig. Denn zu alledem wird deutlich, daß die Denkprozesse ganz jenen Ordnungsmustern entsprechen, welche die Systematiker in der Natur zu finden meinen. Doch damit ist das System der Organismen kein natürliches, sondern eine Projektion des ordnenden Denkens, ein natürliches System ein Widerspruch in sich selbst.

Natur oder System

Daß unter solchen Lasten gerade der Versuch, die Genesis zu begreifen, zusammenbricht, wird man verstehen. Denn er ist, wie die ganze Biologie, aus der vergleichenden Methode hervorgegangen, und er hat nur auf ihrer Grundlage die Deszendenz des Menschen vermeint zu erkennen. Es ist aber gerade die Präzision der Einwände meines Freundes HASSENSTEIN, die uns zur Lösung führen wird. Die Grundlagen menschlichen Vergleichens werden wir in seinem vorbewußten Denkapparat finden. Die Übereinstimmung seiner Denkmuster wird sich als ein Selektionsprodukt durch die abzubildenden Naturmuster erklären. Und die Ursache der Homologa werden wir in den ganz geheimnislosen Systembedingungen der Selektion auffinden. Der Widerspruch von Zufall und Bauplan wird uns weiterhelfen.

Aber nicht nur die Pläne stehen im Widerspruch zur Zufallstheorie der Evolution. Nicht minder bilden für sie die Phänomene der gerichteten Evolutionsabläufe ein Rätsel. Wie sollen wir verstehen, daß sich geordnete Bahnen bilden, wie die Trends und Orthogenesen zeigen; daß die Änderungen harmonisch verlaufen, ja daß die Bahnen sich regelmäßig in die Zeitachse strecken (Bild S. 176 und 75)? Wie sollen wir verstehen, daß die Keimesentwicklung die Stammesentwicklung wiederholt; daß, wie es das Biogenesegesetz HAECKELS lehrt, selbst der Menschenkeim Kiemen, Kiemengefäße, Fisch-, Amphibien-, Reptilienmerkmale wiederholen muß, um Mensch werden zu können[9]? Und wir werden im Rätsel der Homodynamie finden, daß sogar die entwicklungsphysiologischen Befehle der Aufbau-Anleitungen noch nach 500 Jahrmillionen langer Trennung von allen Wirbeltier-Embryonen verstanden werden (Bild S. 190). Welche Selektion sollte dies durchsetzen? Und warum kann dann der Delphin die wohl oft so nötigen Kiemen nicht mehr bauen, da sie ja doch alle seine Embryonen entwickeln? Das alles sieht so aus, als ziele die Evolution auf etwas hin. Aber kein zielender Mechanismus ist zu finden. Steckt in der Genesis eine Absicht? Wer hat sie beabsichtigt? Die Neodarwinisten versuchen diese Probleme zu verkleinern. Die Diskussion aber kam seit einem Jahrhundert nicht zur Ruhe. Auch sie nährt unsere Hoffnung. Vielleicht ist die Genesis doch nicht planlos und ohne Sinn.

Ziel oder Absicht

Weiter und weiter verstricken wir uns in Widersprüche. Wie, wenn die Selektion stets das Funktionsgerechte auswählt, sollen wir verstehen, daß unser ganzer Körper ein Museum althergebrachter, überholter, ja der Funktion zuwiderlaufender Merkmale ist? Wir werden noch sehen, daß sich beim Menschen nur drei Systeme von den Hunderten, die er enthält, in adaptiver Entwicklung befinden: Großhirn, Hand und Kehlkopf. Wieso halten sich Organe, wie der Blinddarm, auch unter starkem negativen Selektionsdruck? Wohl jeder Zehnte unter uns würde von ihm hinweggerafft, schnitte man den Wurmfortsatz nicht rechtzeitig heraus[10]. Gibt es eine Selektion gegen die Selektion?
Ist nun auch das Rätsel der körperlichen Atavismen nicht fortzudisputieren, die Verhaltensatavismen möchte man wirklich nicht haben. Sind wir von Geburt an aggressiv, obwohl uns unsere Aggression furchtbar schadet, wie LORENZ behauptet; oder sind es immer nur die bösen Anderen, die uns Gute böse machen? Viele Menschen sind jedenfalls so ungewöhnlich gut, daß sie über LORENZ' These ungewöhnlich böse wurden[11]. Aber wir müssen uns sofort fragen, ob

Gut oder Böse

das denn gut sei. Wir wissen, wozu im Tierreich das Böse gut ist[12]; und wir fürchten, daß das uns Menschen suggerierte Gute böse Folgen haben wird. Wer, der beobachtet, vermag den ›heiligen Schauer‹ zu leugnen, der ihn überlaufen kann? Wer behauptet, das Sträuben seiner Rückenhaare willentlich kontrollieren zu können? Wieso lassen sich gerade die so vernünftigen Völker unterschiedslos in das kopflose ›Hurra!‹ des Krieges treiben? Auch dieser Widerspruch wird unsere Lösung fördern; und er geht uns direkt an.
Es ist aber, wie der Leser schon ahnen wird, immer derselbe Widerspruch, der uns vom Anorganischen bis in die Strukturen der Gesellschaft begleiten wird. Wieso, wenn wir MACHIAVELLI folgen, bildet ein Haufen dummer Individuen eine gescheite Masse? Oder, folgen wir ORTEGA Y GASSET, wie kann eine dumme Masse aus gescheiten Individuen bestehen? Oder, nehmen wir's zusammen: Wenn doch die Se-

Mensch und Masse

lektion stets das Nützliche wählt, dann ist wohl zu fragen, wie es zu verstehen wäre, daß sich das menschliche Gehirn als waschbar und der Mensch als manipulierbar erweist; daß wir es noch immer nicht weiter gebracht haben. Sind der freie Wille und die Vernunft eine Täuschung, da wir entdecken, fortgesetzt von Vorurteilen, Trugbildern und Ideologien regiert zu werden? Oder ist vielmehr die Täuschung durch sie eine Täuschung, da wir doch vernünftigerweise an unserer Vernunft nicht zweifeln? Hier kommt uns

der Widerspruch ganz nahe, ja er wirkt aus uns heraus in
unsere Tage, in unsere ideologischen Systeme hinein, und,
wie ALDOUS HUXLEY gezeigt hat[13], in das Schlamassel der
›Erfolge‹ unserer so erfolgreichen Gesellschaft.

Kurz: Wenn die Evolution nicht geplant ist, warum zeigt
sie fortgesetzt Pläne, Bahnen und Ziele; wenn sie aber doch
geplant sein sollte, warum braucht sie fortgesetzt Kampf,
Unheil und Verwirrung? Schon der Widerspruch unserer
eigenen, planlos geplanten Gestaltung ist hoffnungsvoll. Die
folgenden Widersprüche sind es noch mehr.

## Die Rätsel der Harmonie

> Das treu-gemeine Volk allein begreift
> Und läßt sich im Begriff nicht stören;
> Ihm ist die Weisheit längst gereift:
> Ein Wunder ist's, der Satan kommt zu Ehren.
> (*Mephistopheles*, Faust II 10116)

Daß wir im Lebendigen Regulative entdecken, die funktionell unmöglich sind, die sogar jenseits jeder funktionellen
Nützlichkeit liegen, ja dieser sogar zuwiderlaufen, bildet die
nächste Gruppe von Rätseln; Rätsel, die man überhaupt nur
mehr mit Stillschweigen übergehen oder durch Wunder erklären kann. Zu den funktionell unverständlichen zählen die
Phänomene der Synorganisation. Sie beruhen auf der Tatsache, daß Merkmale, die miteinander nichts zu tun hatten –
wie die Beinschiene und der Flügeldeckel-Rand von Zikaden –, sobald sie in einen funktionellen Zusammenhang treten, eine aufeinander abgestimmt harmonische Entwicklung
zeigen. Beide Merkmale entstanden aus verschiedenen genetischen Befehlen. Wie also könnten sie sich durch den
planlosen Zufall so sinnvoll gemeinsam ändern, daß sie vereint ein Musikinstrument – das Stridulations-Organ der
Heuschrecken – zusammensetzen. Tatsächlich ist aber sämtliche Entwicklung synorganisiert; jede Beißfläche, Schere,
jedes Gelenk, jede der unzähligen funktionellen Paßflächen
eines Organismus wird diesen Weg gegangen sein. Und da
eine zufällige, wenn auch für den Zusammenhang noch so
geglückte Zufallsänderung der einen der Paßflächen allein
keinen Selektionsvorteil bilden kann[14], bleibt die ›Vernunft‹
der offensichtlichen Absprache unter den molekularen Befehlen ein Wunder.

*Zufall oder Vernunft*

Zu den Abstimmungen jenseits der funktionellen Nützlichkeit gehören jene Mehrfachbildungen, wie sie als Folge von

Mutationen, Phänokopien – das ist deren experimentelle Nachahmung durch Stören des Entwicklungsablaufes – oder durch Fehler bei der Regeneration beschädigter Körperteile nicht selten sind. Es kann keinen Nutzen haben, daß eine Wunde am Schwanz eines Skorpions zu einem zweiten, wenn auch noch so kompletten Doppelschwanz (Bild S. 176), die Stirnwunde eines Strudelwurmes (Bild S. 156) zu einem zweiten Kopfe auswächst[15]. Wie sollte man vergleichsweise den Nutzen im Informationsablauf einer Baufirma verstehen, nachdem ein irrtümlich verkehrt eingesetztes Fenster Anlaß genug ist, um sogleich ein spiegelbildliches, auf dem Kopf stehendes, komplettes – wenn auch in der Kanalisation defektes – Zwillingshaus weiterzubauen. Wie soll man den Nutzen verstehen, der dazu geführt hat, daß der Übertragungsfehler eines genetischen Einzelbefehles dazu führt, den ganzen Brustabschnitt – wie bei der Obstfliege gut erforscht – in fast allen Einzelheiten, wenn auch in der funktionslosesten und störendsten Weise, zu verdoppeln (Bild S. 155): So als ob bei irrtümlicher Lieferung einer zweiten Ablichtung des Küchenplanes sogleich eine zweite Küche gebaut werden würde, unter Verzerrung des ganzen Funktionssystems eines Neubaus. Tatsächlich bedarf es aber der Beobachtung dieser Fehler nur, um zu erkennen, daß Abstimmungen in allen Schichten der Komplexität jeden Organismus in all seinen Teilen durchwirken und nicht minder seinen fehlerlosen Aufbau und seine üblicherweise erfolgreichen Regenerationen leiten.

**Logik des Lebendigen** Noch deutlicher wird solcherlei Logik des Lebendigen bei den sogenannten Heteromorphosen und homöotischen Mutationen. Diese zeigen, daß durch einen Fehler in der Datenverarbeitung (während der Regeneration) oder im genetischen Code (einer Einzelmutation) ganze Organe an falscher Stelle gebildet werden können; weitgehend abgestimmt in sich, aber freilich jeder Funktion zuwider. So entstehen Antennen an der Stelle von Augen, Beine an der von Antennen, ein Schwanz an der Stelle eines Beines (Bilder S. 155 und S. 156) und ähnliches[16]. Wir fragen uns also nochmals: Welche lamarckistische Bemühung der Kreatur, welch neodarwinistischer Zufall, und noch mehr, welche Selektion des Tüchtigeren könnte erklären, daß funktionslose, ja funktionswidrige Ordnung entsteht, daß Hunderte von genetischen Befehlen in einer Weise organisiert sein müßten, um auch im Sinnlosen Vollkommenheit der Abstimmung zu erreichen?

Eine Kategorie besonderen Interesses bilden die Phänomene des spontanen Atavismus. In ihnen entsteht durch wieder nur einen Einzelfehler in einem einzigen Buchstaben des Codes ein ganzer Komplex in sich abgestimmter Merkmale, die nun sinnlos und hinderlich sind; von welchen wir aber wissen, daß sie vor vielen, ja Hunderten Jahrmillionen – unter völlig anderen Konstruktions- und Lebensbedingungen – einmal einen Sinn gehabt haben. Bekannt ist besonders die dreizehige Mutante des Hauspferdes[17], bei dem die längst aufgegebenen Seitenzehen mit einer Vielzahl ihrer längst vergangenen Merkmale wieder auftauchen (Bild S. 160). Auch das Auftauchen eines Schwänzchens beim Menschen, ja von Kiemenporen am Halse, dürfte hierher gehören (Bild S. 175)[18]. Was könnte derlei, der Funktion zuwiderlaufende komplexe Organisation erklären? Man versteht, daß hier die führenden Forscher, wie auch ALFRED KÜHN, resignierten[19], daß sie mit NICOLAI HARTMANN einen transkausalen Nexus organicus annahmen[20] oder sich gezwungen sahen, das akausale Prinzip der Entelechie, z. B. mit DRIESCH, im Vitalismus wieder einzuführen[21]; also für das Walten von Wundern den wissenschaftlichen Beweis anzutreten. Steckt in uns selber eine jenseits des Zufalls unseres Erdendaseins wirkende Vernunft? Daneben stehen noch viele andere Wunder der Abstimmung. Nur je ein Beispiel aus drei Gebieten sei erwähnt:

*der Nexus organicus*

Die Zahl der Arten und Bauformen könnte astronomisch sein. Die Komplexität des genetischen Codes erlaubte Quadrillionen Kombinationsmöglichkeiten. Nur Millionen (nämlich zwei) sind realisiert. Das ist ein Trillionstel ($10^{-18}$). Ein unvorstellbar winziger Bruchteil. Dies ist sogar physikalisch unbegreiflich[22]. Was vermöchte diese Kanalisation zuwege zu bringen?

Die Rudimentation funktionslos gewordener Organe erfolgt mit unerklärlicher Langsamkeit; selbst in jenen Fällen, wie beim Wurmfortsatz des Menschen, dessen Entfernung nicht schadet, dessen Verbleib aber wie erwähnt (schnitten wir ihn nicht rechtzeitig heraus) Generation für Generation eine beträchtliche Anzahl tödlicher Ausgänge nach sich zöge. Was also, in des Teufels Namen, erzwingt die Erhaltung nutzloser, ja schädlicher Strukturen, obwohl ihnen die Selektion seit Jahrmillionen massiv entgegenwirkt?

Ebenso rätselhaft ist die Nichtumkehrbarkeit der Evolution[23]. Seeschlangen zum Beispiel, Wale, Seeschildkröten, Robben, alle durchlaufen sie embryonal das Kiemenstadium ihrer Fischvorfahren. Die Kiemengefäße, die Anlagen der Spalten, die Kreislaufverbindungen, alles ist, wie erinnerlich, vorhanden. Kaum sind diese rückgebildet, böten sie im Milieu den entscheidensten Vorteil. Dennoch hat keine dieser Gruppen ihre Wiederverwendung geschafft, obwohl viele Millionen an Generationen die Chance gehabt hätten, obwohl ohne Kiemen – man denke nur an das Säugen bei Walen – die größten Schwierigkeiten in Kauf zu nehmen waren.

Hier wirkt also schon wieder ein Unbekanntes gegen das Bedürfnis, gegen den Zufall und sogar gegen die Selektion. Es ist zu offensichtlich, daß noch etwas Entscheidendes zu finden sein wird, das jenseits der bekannten Mechanismen liegen muß; jenseits des blinden Zufalls und jenseits des Opportunismus von Milieu und Tüchtigkeit. Es ist das, was die Vitalisten prästabilisierte Harmonie[24] nennen. Sie aber wäre ihrem Wesen nach unerforschlich, etwa wie ein Ziel, eine Weisheit der Weltordnung. Haben wir selbst die Hoffnung auf einen Anteil an solch unerforschlicher Weltordnung? Gewiß, aber er wird sich als erforschlich und als ›poststabilisierte‹ Harmonie erweisen.

*die prästabilisierte Harmonie*

Um nichts weniger wunderbar sind nun die Wunder von Sprache und Bewußtsein. Daß wir, als wäre es selbstverständlich, unser selbst bewußt werden, Freiheit empfinden und Geist erleben, scheint den Bereich der Naturgesetze schon zu verlassen. Daß wir die Sprache selbst gar nicht lernen müssen, sondern eigentlich nur ihre jeweiligen Vokabeln, erscheint wie ein Wunder. Daß der Mensch, wie GEHLEN sagt, von Natur aus ein kulturelles Wesen sei[25], ist das nicht wieder der alte Widerspruch? Hat es sich nicht durch die Jahrhunderte unserer Kulturentwicklung erwiesen, daß Natur und Geist zu trennen seien? Aber treiben wir dabei, wie NICOLAI HARTMANN sagt, nicht zu leichtes Spiel? Was soll die Teilung in Geistes- und Naturwissenschaften; sind die einen unnatürlich und die anderen geistlos? Ist diese Trennung, wie KONRAD LORENZ es sieht, nicht gerade die Ursache unseres menschlichen Dilemmas? Ist für uns diese Spaltung, quer durch die Erscheinung des Menschen, nicht gerade dort eine Fallgrube, wo er Erkenntnis am dringlichsten brauchte: die Erkenntnis seiner selbst?

*Natur und Kultur*

Muß nicht gerade jene Harmonie zwischen Natur und Kultur die Ursache dafür sein, daß sich diese Welt überhaupt denken läßt? Steckt nicht in jenem Widerspruch schon wieder die Hoffnung, uns zu erkennen, ja die Mechanismen der Evolution in der Richtung unserer Hoffnungen wirken zu sehen; in Richtung einer harmonischen Ordnung dieser Welt?

Tatsächlich führen die Widersprüche unserer Theorie aber noch weiter: bis in die Fundamente des Denkens.

## Die Rätsel des Erkennens

> Wie sich Verdienst und Glück verketten,
> Das fällt den Toren niemals ein;
> Wenn sie den Stein der Weisen hätten,
> Der Weise mangelte dem Stein.
> (*Mephistopheles*, Faust II 5061)

Wie kommt es, daß wir diese Welt erkennen; und entspricht das, was wir erkennen, wirklich dieser Welt? Bei solchen Fragen an die Genesis verschärfen sich die Widersprüche unseres Weltbildes ein drittes Mal. Man kann sogar fragen, ob dies noch Fragen an die Genesis wären, ja ob sie überhaupt gestellt werden können. Aber sie sind, seitdem man über das Nachdenken nachzudenken begann, immer wieder gestellt worden. Existieren wir, weil wir denken, wie man seit DESCARTES meint, oder aber denken wir, weil wir existieren? Was also können wir überhaupt wissen, wenn wir selbst das nicht wissen können?

Kann man diesen Fragen nicht ausweichen? Ich jedenfalls würde ihnen gerne ausweichen, weil sie doch wie bloßes Wortgekräusel erscheinen; und weil es der Leser, wie er – längst vorgewarnt – gesehen haben wird, nicht mit einem Philosophen, sondern mit einem Naturhistoriker zu tun hat. Man kann ihnen aber nicht ausweichen, weil sich das Erkennen als ein Hauptprodukt der Genesis erweisen wird. Nicht der Mensch begann zu erkennen: Das Leben hat damit begonnen. Nur die bewußte Reflexion ist neu. Und seitdem wir bewußt reflektieren, haben wir eines mit Gewißheit gewonnen: die Ratlosigkeit aus dem Widerspruch von Empfinden und Vernunft.

Es geht uns wie dem Tausendfuß in der Fabel; ihn hat die Spinne nie gemocht; vor allem, weil er mit seinen vielen Beinen so unbekümmert und so viel schneller als sie laufen kann. So nähert sie sich ihm, mit freundlicher Vernunft, und fragt, wie man denn mit so vielen Beinen laufen könne. Der Tausendfuß, stolz auf die Beine und stolz auf seinen Lauf, versucht es zu erklären. So beginnt er mit den Zehen des linken zweiundachtzigsten Beines und schließt den Schenkel des rechten dreizehnten an und verwirrt sich. Er beginnt ein zweites Mal und verwirrt alles noch viel mehr. Als er es ein drittes Mal versucht, kann er nicht mehr laufen. Die Spinne aber läuft davon.

*Tausendfuß und Spinne*

Wer also entscheidet, wenn Empfinden und Vernunft widerstreiten? In der Wissenschaft doch wohl die Vernunft; denn die Regeln der Intuition hat noch niemand gesehen, die Regeln der Vernunft aber haben wir selber erlassen; ja wir verurteilen jeden, der gegen sie verstößt. Denn den Menschen macht erst die Vernunft. Dies aber ist nicht nur seine Distinktion, dies ist auch sein Dilemma.

*Intuition oder Vernunft*

Das erste Problem besteht darin, daß wir noch immer nicht wissen, wieso wir etwas wissen können. Alle Wissenschaft muß ihren Bau durch Schlüsse vom Speziellen auf das Allgemeine erweitern. Die Logik aber kann nachweisen, daß wir das in Wahrheit gar nicht können: Denn die Erfahrung, daß beispielsweise alle bislang gesehenen Schwäne weiß sind, kann, wie KARL POPPER zeigt, tatsächlich keine Gewißheit enthalten, daß alle Schwäne weiß seien[26]. Ist also alle Wissenschaft ein Kartenhaus? Steht es nur noch, weil die Vernunft erst gehaucht und noch nicht richtig geblasen hat?

Nun ist auch wirklich schon einiges eingestürzt. Die beschreibenden Wissenschaften sind unterhöhlt. Die Morphologie, als Prinzipienlehre der Vergleichenden Anatomie, kann nicht mehr laufen. Denn sie ist es ja gerade, die immer wieder, vom Speziellen auf das Allgemeine, von den speziellen Arten auf immer weitere, allgemeinere Verwandtschaftsgruppen schließend, das Natürliche System der Organismen erschlossen hat. Stürzt mit ihr das fundamentale Theorem der Abstammung des Menschen? Aber, so häufen sich schon wieder die Widersprüche, wie konnten Millionen Arten eine widerspruchslose Ordnung zeigen, wenn die Methode, mit der wir diese Ordnung erschließen, nicht stimmen kann? Oder stimmt vielmehr unsere Logik nicht? An wessen Logik sollten wir uns aber halten, wenn unsere versagt? An die Logik des Lebendigen, wird die Antwort lauten. Wieder steckt neue Hoffnung auf die Realität einer Ordnung in diesem Widerspruch.

Ein zweites Problem folgt aus der Begründung unserer Begriffe. Fast alle lassen sich aus der Erfahrung begründen; nur einige nicht. Ist es nicht der reine Kleinmut, auch auf ihrer Begründung zu bestehen? Leider nein! Es sind nämlich die letzten, fundamentalsten; jene, auf welchen schon wieder alles ruht; Begriffe wie Raum und Zeit, Sein und Substanz, selbst Identität, und Wahrscheinlichkeit. KANT hat die ersten klargelegt[27]. Sie sind glattweg letzte Voraussetzungen, A-priori, diese Welt denken zu können. Und als letzte Voraussetzungen sind sie von nichts mehr vorausgesetzt. Sie haben selbst keinen Grund. Bauen wir also auf dem Nichts?

Und wenn dem so ist, wenn es Erfahrung über die Fundamente der Erfahrung nicht geben kann, wieso bestätigt sich fortgesetzt eine Welt aus Erfahrungen? Was ist in das Denken gesetzt, das die Natur nicht enthalten kann? Liegen die Prämissen des Geistes jenseits der Natur? Wieso aber, so häufen sich die neuen Widersprüche, läßt sich dann die Natur erkennen? Oder ist es vielmehr nur naiv zu glauben, die Natur wäre so, wie sie uns erscheint? Geist und Natur trennen sich ganz. Auch hier wird sich die Hoffnung aus dem Widerspruch erfüllen: die dem Individuum unbegründbare Denkvoraussetzung sich aus der Denkentwicklung seines Stammes begründen.

*Geist und Natur*

Ein drittes Problem folgt aus dem Versuch, die Ursache dieser widersprüchlichen Welt zu klären. Wenn diese Welt nicht ganz so sein kann, wie sie erscheint, wenn es die Farbe Rot nur dann gibt, wenn sie einer sieht; wenn die Ursache für ihre Ordnung in der Natur nicht zu finden ist, wenn sie aber auftaucht, sobald man die Natur betrachtet; muß sie dann nicht, ihr Sein wie ihre Ordnung, in Wahrheit doch in uns selber sein? Wie, fragt der Idealismus, kann ich wissen, wie die Natur ohne mich wäre, wenn sie nur erscheint, wenn ich bin?

Wie aber könnte ich die Natur denken, wenn ich nicht so gemacht bin wie sie? »Wär nicht das Auge sonnenhaft«, sagt GOETHE[28], »die Sonne könnt' es nie erblicken«; daß das Subjekt »selbst Teil der Welt ist«, sagt CARL FRIEDRICH VON WEIZSÄCKER[29]. Vielleicht, so setzt aber der Solipsismus den Idealismus fort, besteht aber Sämtliches nur in meinem Denken. Das scheint dem Materialismus absurd. Aber die Logik vermag, wie wir sehen werden, selbst den Solipsismus nicht zu widerlegen. So fundamental der Widerspruch erscheint, er wird die fundamentalste Lösung liefern; die Denkordnung als ein Selektionsprodukt der Naturordnung erkennen lassen. Und so deutlich die Sinnlosigkeit unseres Bemühens, die endgültige Trennung von Natur und Geist über uns schwebt, so deutlich wird sie diese zueinander führen, das Gefährlichste vermeiden.

*Idealismus und Materialismus*

Man möge mir die apodiktische Kürze vergeben, denn noch ein grundsätzlicher Widerspruch soll erwähnt, der Leser aber nicht ermüdet werden. Auch bleibt uns noch der größte Teil des Buches, um alles einzeln sorglich zu erläutern.

Der wohl grundsätzlichste Widerspruch, wie ihn uns die Theorie der Evolution aus des Teufels Küche auftischt, hat nun mit der Frage zu tun, von welcher Seite her die Ketten der Ursachen wirksam seien. Schon diese Fragestellung enthält den ganzen Fehler. Solange man aber das nicht sieht – auch der Leser, sieht er ihn noch nicht, wird es mir bestätigen –, kann man weiterfragen. Ja, man muß sich fragen, wo denn das Endglied, die letzte Ursache dieser Ketten, säße. Ebenso ist denn auch immer wieder gefragt worden. Die Antwort ist zweifach und gegensätzlich; der neue Widerspruch ist komplett.

<small>Determinismus und Indeterminismus</small> Die materialistische Theorie neigt zum Indeterminismus. Sie stellt fest – und ihre reduktionistische Perspektive bestärkt sie noch darin –, die Ursachenkette von der Materie her so zu lesen, daß die ganze Evolution des Lebendigen nichts als das Produkt des reinen, des nackten Zufalls und eben nur des Zufalls ist: Sehen wir doch mit endgültiger Klarheit, daß das Bewegende, die Mutation der Erbinformation, ausschließlich der mikrophysikalische Zufall ist. Dann aber, so verlangen seine renommierten Vertreter, wie JACQUES MONOD, muß der Mensch endlich aus seinen Illusionen erwachen und verstehen, daß auch er ein glattes Produkt des Zufalls ist und, in diesem Kosmos gottverlassen, sich nicht einbilden dürfe, irgendwoher einen Sinn zu besitzen[30]. Indetermination, Zufallsfreiheit und Chaos sind synonym und, so geben wir zu, mit dem Entstehen von Sinn und Zweck tatsächlich nicht vereinbar. Sie schließen einander aus. Die ganze Konsequenz, so finden wir, ist sehr betrüblich.

Was also sagt die Gegentheorie? In des Teufels Küche gibt es ja immer zwei. Enthält sie die bessere Aussicht? Der Leser wird dies wohl gar nicht mehr erwarten; und täte er es, er würde wieder enttäuscht.

Die idealistische Theorie neigt nämlich zum Determinismus. Sie stellt fest – und ihre These von der prästabilisierten Harmonie bestärkt sie darin, die Ursachenkette von den letztübergeordneten Zwecken des Seins her zu lesen –, daß die ganze Evolution des Lebendigen nichts anderes als die Erfüllung eines vorgegebenen Planes ist: sehen wir doch mit endgültiger Klarheit, daß diese überwältigende Ordnung der Natur in den Materiegesetzen nicht verankert ist. Dann aber ist auch unser Dasein prädestiniert. Wenn das aber so ist, wie auch immer das ein Schöpfer, eine Philosophie, wie sie auf HEGEL folgte[31], oder eine Ideologie dies haben will, dann sind wir mechanische Puppen, und keine Freiheit wäre uns im Wesentlichen gegeben. Diese Konsequenz aber, so finden wir wohl, ist nicht minder betrüblich.

Wo also sind die Evolutionstheorien hingeraten? Die eine

spricht uns den Sinn ab, die andere die Freiheit; keine Instanz läßt man zu, die vermittelt. Und uns bleibt die Wahl zwischen sich widersprechenden, ja einander ausschließenden Betrüblichkeiten.

So formuliert, wird der Leser empfinden, kann das alles zusammen nicht richtig sein; ein Sammelsurium halber Wahrheiten, die auf diese Weise zu einer ganzen nie werden können. Und dennoch enthalten all diese Theorien, so widersprüchlich sie sind, je ein Stück vom Stein der Weisen. Selbst ist es mir die größte Genugtuung, in den folgenden Kapiteln zeigen zu können, daß all die Forscher und Denker, auf deren Werk wir uns stützen werden, gleichsam unfehlbar ihr Teil zum Ganzen beigetragen haben: daß sie letztlich alle recht haben, stünden sie nicht nur in Opposition, sondern fänden sie die gerechte Verknüpfung.

*Sinn oder Freiheit*

Diese Phänomene sind alle die Quelle unserer Hoffnung. Sie zeigen, daß es das Werden der Ordnung gibt, daß die Verheißungen der Genesis nicht nur ein Trost (oder eine Vertröstung) für die gequälte Kreatur sein müssen. Sie zeigen, daß wir uns in ihrer Entwicklung nicht nur auf die Moral zu verlassen haben (deren es ohnedies schon zuviel gibt), sondern daß das Werden dieser Ordnung ein Naturgesetz sein kann; ein Gesetz, daß Ordnung an sich durchsetzt, wider Chaos und Tumult, wider Zufall und Opportunismus; so auch für die Species Mensch eine menschliche Welt, ein Milieu des Humanen.

Man kann gewiß manche der Einzelphänomene verkleinern. Zusammengenommen kann man sie aber unmöglich mehr übersehen. Darum ist es nicht nur nötig, sondern auch realistisch, sie gemeinsam zu untersuchen. Freilich ist das auch immer wieder geschehen. Man hat in keinem der Jahrzehnte seit LAMARCK und GOETHE, DARWIN oder HAECKEL lockergelassen. Das Einzelphänomen aber hat der Erklärung widerstanden. Keine den etablierten Theorien entgegengestellte Alternative hat die Prüfung bestanden. Nur als Ganzes läßt es sich lösen.

Ja, es wird ein Leichtes sein, die Phänomene, wie ein geistiges Band, zu knüpfen; wenn man weiß, daß die Genesis Kausalketten nur im kleinen kennt, im großen aber nur Netze, Systeme von Kausalität, mit der steten Rückwirkung von Wirkungen auf ihre Ursachen. Doch sind das noch leere Worte. Wir wollen sie mit Leben füllen: Zunächst mit dem Vorgang unseres Erkennens, dann mit dem Vorgang der Genesis, wie wir ihn bislang erkennen. Tatsächlich enthält die Kenntnis der Genesis auch unsere Hoffnung.

Ob uns diese Vernunft den Stein der Weisen finden läßt, ob sie uns wieder in den Garten Eden führt, wage ich nicht zu hoffen. Doch wäre schon manches getan, führten uns wenigstens die Widersprüche aus des Teufels Küche.

# Genesis
## Über Weg und Strategie

# 3
# Vom Nichts zum Erkennen
(Oder: Der erste Tag)

> Er scheint mir, mit Verlaub von Euer Gnaden,
> Wie eine der langbeinigen Zikaden,
> Die immer fliegt und fliegend springt
> Und gleich im Gras ihr altes Liedchen singt;
> Und läg' er nur noch immer in dem Grase!
> In jeden Quark vergräbt er seine Nase.
> (*Mephistopheles*, Faust I 287)

»Es war finster über der Tiefe, und nur der Geist Gottes schwebte über den Wassern.«[1] Es gab kein Auge, um das Licht zu sehen, keinen menschlichen Geist, über es nachzudenken. Oder aber, es gab vielleicht den Geist, aber kein Licht, das er sehen konnte. War der Geist noch nicht eingehaucht und hatte auf die Schöpfung des Menschen zu warten; oder verbot die Hitze des Urknalls noch die Existenz der Lichtquanten, und der Geist wartete im Dunkeln auf die Erhellung? Oder wäre vielmehr die Erhellung zugleich die Erhellung des Menschen? Ist diese Welt die notwendige Folge des denkenden Geistes oder das Denken die notwendige Folge dieser Welt? Oder sind beide am Ende dasselbe? Woher stammt letztlich meine Gewißheit, ›daß ich bin‹[2]? Ist es nicht nur mein Denken, das alles zur Folge hat? Könnte es eine Welt geben, wenn es niemand geben kann, der sie wahrnimmt? Oder wie sollten wir, wieder von der Gegenseite, verstehen, daß sich komplizierte Gruppen von Molekülen, der Leser beispielsweise oder ich, anschicken, selbst über Moleküle nachzudenken? Denn »daß Materie denken könne«, sagt CARL FRIEDRICH VON WEIZSÄCKER, »bleibt im mechanischen Weltbild ein leeres Postulat«[3]. Es herrscht nichts als Dunkelheit.

Wo also in so hoffnungsloser Lage fände sich jener hoffnungsvolle Weg? Ist es das Seherische der Idee, das uns leiten muß? Ahnen wir nicht, wie die Dinge gelenkt werden? Wer aber entschiede in Glaubenssätzen, sobald sie beginnen, sich zu bekriegen? So muß es wohl die Vernunft sein, die uns lenken soll. Und erweist sich diese Welt nicht unserem Verstand gemäß konstruiert, sind Vernunft und Logik nicht die Voraussetzung aller Erfahrung; müssen sie also nicht schon vor aller Erfahrbarkeit gewesen sein? Von wessen Vernunft aber kann hier die Rede sein? Von unserer

Vernunft oder von der Vernunft dessen, der uns mit ihrer Hilfe wieder bekriegt?

Nun, solche Wege, der metaphysische und erkenntnistheoretische Rationalismus sind seit Jahrhunderten, der Idealismus ist seit Jahrtausendenden abgelaufen, und sie haben uns, samt ihren Gegenströmungen, dem Irrationalismus und dem lupenreinen Materialismus, eben in die Lage gebracht, in der wir uns befinden. Ihnen werde ich also nicht folgen. Ich werde ihnen nicht einmal trauen. Ich werde vielmehr den Gesetzen des Lebendigen vertrauen und dem Weg, den die Genesis es geführt hat. So kann der Leser auf keinen Philosophen hoffen, sondern nur auf eine Naturgeschichte des Werdens unserer kleinen Welt.

*Ist das Leben vernünftiger als die Vernunft?*

Was sollte es aber heißen, vor der Vernunft dem Leben zu vertrauen? Ist das Leben vernünftiger als die Vernunft? Kann es Logik und Ratio belehren? Wie wir die Dinge finden werden, ist das Leben auf diesem Planeten seit drei Jahrmilliarden seinen Weg gegangen, unser Bewußtsein davon kein Hundertstel. Es ist das jüngste, am wenigsten bewährte seiner Organe und die Vernunft dessen jüngstes, unerzogenstes Kind. Seit Hume, Kant und Popper wissen wir, daß selbst aus unserer speziellen Erfahrung das Allgemeine – aus allen Vögeln etwa, die wir kennen, ›der Vogel‹ – logisch zwingend nicht folgen könne[4]. Ja, wir müssen uns fragen, wie dann unsere Kenntnis von der Welt überhaupt zustande kommt. Und noch weniger haben wir Gewißheit, ob die Welt auch so wäre, wie sie scheint. Es ist, als ob wir wählen müßten zwischen skeptischem Idealismus und naivem Realitätsglauben. Dabei vermag unsere Logik nicht einmal die Leugnung dieser Welt, den extremen Idealismus zu widerlegen, die Annahme, daß die ganze Welt nicht existierte. Nur das Leben selbst widerlegt auch ihn.

So kann mit dem Solipsismus etwa Stirners angenommen werden[5], daß von dieser Welt nur das Denken des Lesers dieser Zeilen existiert. Aller Rest bestünde nur in seiner Vorstellung. Und jeder mögliche Einwand kann von diesem allein existierenden Denken damit entkräftet werden, daß auch der Einwand bereits im Gedachten gedacht gewesen war. Dennoch gehe ich jede Wette ein, daß eine ganze Solipsisten-Versammlung durch ein einziges ausbrechendes Nashorn in panische Flucht zu treiben wäre.

Beliebigen Unsinn zu glauben, ist, wie wir noch begründen werden, das Privileg des Menschen. Und wenn wir nach einer letzten Instanz suchen, wenn die Gesetze von Logik und Vernunft versagen, dann wüßte ich nicht, welch anderen

Gesetzen wir besser vertrauen könnten als jenen, die dazu führten, daß unsere Art entstanden ist und bislang erhalten zu sein scheint; daß wir uns, wenn der Schein nicht trügt, hier befinden und diese Zeilen lesen. Das Leben selbst ist hypothetischer Realist. Jedes Bein wird sich so entwickeln, daß es sich zum Laufen eignet; jedes Organ wird sich als erfolgreiche Reaktion auf einen mutmaßlichen Zustand in der Natur erweisen. Leben selbst, sagt LORENZ, ist ein kognitiver Prozeß[6]. So enthält der Delphin ein ›Wissen‹ um die Stromlinie, das Auge ein ›Wissen‹ aus der Optik. Dabei weiß das Leben im vorhinein gar nichts, ausgenommen, daß es nichts mit Gewißheit weiß. Es verhält sich nur so, durch Versuch und Irrtum und durch Konservierung des Erfolges, als ließe sich diese Welt widerspiegeln. Dem Leben ist alle Realität Hypothese; aber auf jeder bewährten Hypothese baut es sogleich auf; und zwar je bewährter desto vertrauensvoller. Für das Leben ist die Welt ein System gestufter Wahrscheinlichkeit.

*Leben ist hypothetischer Realist*

Also, wird man sagen, schon wieder ein philosophisches System; eine neue Metaphysik zur Erklärung des Unerklärlichen; ein System von Hypothesen. Ein System von Hypothesen, gewiß; Metaphysik aber nur, soweit eben jede Hypothese einen Griff ins Unbekannte bedeutet und die Erwartung enthalten muß, vielleicht auch über Unbekanntes gewisse Voraussicht zu besitzen; Philosophie aber ist es nicht. Von Naturgeschichte wird die Rede sein. Man kann die hier vertretene, von KARL POPPER und KONRAD LORENZ entwickelte Haltung mit DONALD CAMPBELL eine evolutionistische Erkenntnistheorie nennen[7]. Und diese beansprucht ihren Platz unter den Naturwissenschaften; Beweis und Widerlegbarkeit jeder Behauptung aus der Erfahrung.

*eine evolutionistische Erkenntnistheorie*

Also, wird man sagen, doch eine Theorie, in welche sich nun alle Natur zu fügen hätte. Eine Theorie, gewiß; weil die Natur ohne Fragen nichts verrät. Aber sie soll zunächst nicht mehr als die Art des Fragens offenlegen. Wir werden sie an der ganzen Kenntnis von der Genesis prüfen, vom Urknall bis zum Werden der Kultur; und wir wollen sie aus diesen Vorgängen selbst begründen. Wenn es der Leser aber vorzieht, mit dem Getöse der Weltentstehung zu beginnen, so mag er das Kapitel getrost überschlagen und zu ihm zurückkehren, sobald er wissen will, wie es die Strategie der Genesis eingerichtet hat, daß wir überhaupt etwas wissen können; was die Hoffnung machte, oder den Weg in so hoffnungsloser Lage.

## Welt aus Zufall und Notwendigkeit

> Nur zu! Und laß' dich in's Gewebe
> Der Zweifelei nicht törig ein;
> Denn wenn es keine Hexen gäbe,
> Wer Teufel möchte Teufel sein!
> (*Mephistopheles*, Faust II 7722)

Es muß wohl die Vorsicht sein, die uns vor den Fallgruben der Erkenntnis bewahrt, mit Kritik und Zweifel. Diesen Weg hat, allen voran, KANT[8] eingeschlagen; aber er muß noch zu Ende gegangen werden, über die A-prioris hinaus. BRUNSWIK und LORENZ, POPPER und CAMPBELL sind auch hier schon sehr weit[9]. Die erste Hürde ist folgende:

Was beweist uns das Entstehen von Ordnung in der Genesis? Üblicherweise verstehen wir unter Ordnung einen Ausdruck von Gesetzlichkeit, deren Anwendung und Konsequenz. Und von gesetzmäßigen Zuständen wie Ereignissen nehmen wir an, daß sie notwendig auftreten, daß sie ihren Grund haben und daß wir sie, bei zureichender Kenntnis, voraussehen können. Was wir voraussehen können, halten wir für die Folge einer Notwendigkeit und (irgendwie) für erklärlich. Wo wir nichts voraussehen können, bleibt auch die Erklärung offen. Nur in unserer unlogischen Ausdrucksweise sagen wir, etwas ›erkläre sich durch den Zufall‹.

Diese Welt scheint in Zufall und Notwendigkeit glatt teilbar zu sein. Und dies ist schon deshalb erforderlich, weil wir im ständigen Lernprozeß unseres Denkens nie volle Gewißheit darüber haben, ob ein notwendiger Zusammenhang de facto nicht bestünde oder wir von ihm bloß keine Kenntnis hätten. Wir haben entweder Voraussicht, oder wir haben keine. Die reale und kognitive Seite ist also zunächst nicht trennbar. Mit ›Na also!‹ begrüßen wir das (unerwartet verspätet) Erwartete, mit ›Ist das die Möglichkeit?‹ die ganz unerwartete Begegnung. Dabei wissen wir natürlich nicht, was der Zufall ist, ja nicht einmal, ob es ihn real überhaupt gibt. Aber wir rechnen mit ihm, wo immer uns Voraussicht fehlt, wir anerkennen die Möglichkeit nicht determinierten Geschehens, wo uns die vermuteten Zusammenhänge zu verwirrt, kompliziert oder einfach methodisch nicht erschließbar werden. Wir kennen aber nur ein Gebiet, wo uns Voraussicht zu gewinnen prinzipiell verwehrt, ja, wo diese Welt auch de facto nicht determiniert zu sein scheint. Das ist die Mikrowelt der Quantenzustände der Materie. Der Zeitpunkt etwa, wann ein Atom ein Elektron verliert, so lehrt uns die Physik heute, dies wäre prinzipiell nicht bestimmt[10]. Hier scheint Gott zu würfeln, wie unangenehm uns diese Vorstellung sein mag, ja wie unerfreulich sie schon EINSTEIN[11] gewesen ist.

Wie aber, wenn wir nichts mit Gewißheit wissen, entscheiden wir uns zwischen Zufall und Notwendigkeit? Hier kommt das wunderbarste wie fundamentalste Kalkül ins Spiel, die Abschätzung der Wahrscheinlichkeit: das grundsätzlichste Kalkül des vorbewußten Verrechnungsapparates des Lebendigen, die Hypothese des ›scheinbaren Wahren‹. Sie tritt stets in Funktion, wo nicht mit Sicherheit gewußt wird. Sie gilt also für den Weisen (und so für das Leben) überall. Lassen Sie mich ein Beispiel geben. Da auch der Gebildete nicht stets die Tatsache vor Augen hat, daß bei der Realisationschance eines Zufallsereignisses die Ereigniszahl als negative Potenz über dem Repertoire des Zufalls steht, mag mein Beispiel gleichzeitig den Nachweis führen, wie richtig unser nicht-bewußter Verrechnungsapparat arbeitet.

*Hypothese des scheinbar Wahren*

Man folge mir in einem Zufallsspiel. Verwenden wir die Münzentscheidung ›Kopf oder Adler‹; und erlauben Sie mir, daß ich werfe und auf ›Adler‹ setze. Erster Wurf: Adler. Was sagen Sie sich? Wahrscheinlich nichts. Zweiter Wurf: wieder Adler. Sie sagen sich, ich hätte Glück gehabt. Nun aber beobachten Sie Ihr Urteilen genauer: Ich werfe ein drittes Mal – wieder Adler. Und nun fragen Sie sich: Wie oft muß hintereinander ausschließlich der Adler fallen, bis man sich sagt, daß das wohl nicht mit rechten Dingen zugehe, bis man bemerkt, daß die ›rechten Dinge‹ hier die erwarteten Wirkungen des Zufalles sein müssen und daß, wo der Zufall als Erklärungsmöglichkeit zu unwahrscheinlich wird, die alternative Erklärung, das Walten von Absicht, Determination, Notwendigkeit, in Betracht zu ziehen ist. Hier wäre es meine offensichtliche Absicht, den ›Kopf‹ nicht zuzulassen. Freilich kann dies früher oder später eintreten, je nachdem, wie man seine Geduld auf der einen, die Ehrlichkeit des Gegenspielers auf der anderen Seite einschätzt. Einerlei, der Augenblick muß kommen, nach 10, 100 oder 1000 Würfen. Und mit der Entscheidung ›das muß Absicht sein‹ werden dann rückschauend alle Würfe für zufallslos, Schwindel, für determiniert und alle kommenden Ereignisse für vorhersehbar gehalten.

*Zufall als mögliche Erklärung*

Berechnen wir kurz die Sicherheit, mit der dieser Apparat arbeitet. Das Repertoire der Münzentscheidung ist 2. Beim ersten Fallen des Adlers (1. Ereignis) war die Wahrscheinlichkeit noch $1/2$ (wir können auch sagen: $2^{-1}$), beim zwei-

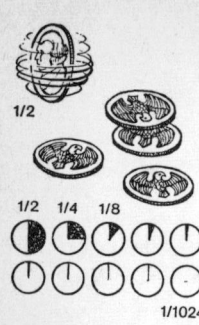

Zufall und Wahrscheinlichkeit

ten, dritten, 10. und 100. Mal jeweils $2^{-2}$, $2^{-3}$, $2^{-10}$ und $2^{-100}$. Das ist soviel wie $1/4$, $1/8$, $1/1024$ und kaum ein Quintillionstel ($1/1.267.650.000.000.000.000.000.000.000$). Die Zufallswahrscheinlichkeit einer Serie von 100 Adlern ist so klein, daß sie nur ein einziges Mal zu erwarten wäre, wenn 100.000 Menschheiten jede Sekunde seit der Weltentstehung nur Kopf und Adler geworfen hätten. Und bei 1000 Adlern ist die Zahl ($1/1,07 \cdot 10^{301}$) mit über 300 Dezimalen bereits jenseits aller physikalischen Möglichkeiten dieses Kosmos[12]. Es muß sich um Notwendigkeit handeln. Unsere Gewißheit ist vollends begründet.

Ich soll wohl den Leser nicht tiefer in die Wahrscheinlichkeitsrechnung dieses Apparates verwickeln, gewiß aber nochmals darauf verweisen, wie vielschichtig, präzise und richtig er unser Bewußtsein aus dessen Hintergrund berät: Wie wir beispielsweise das Ziehen einer bestimmten Karte nach dem größeren Zufallsrepertoire des Kartenpaketes kritischer beurteilen; wie wir aber umgekehrt, sagen wir, das Auftreten von ›Kopf‹ im 3. oder im 10. Wurfe zugunsten der Zufallshypothese rückverrechnen, und zwar wiederum, ohne uns des stochastischen Kalküls bewußt zu sein. Kurz: Die Wahrscheinlichkeitshypothese ist unser erster Anker im Ungewissen. Nur der Zauberer löst diesen Anker; und er lebt von dem Spaß, den es uns bereitet, alle Erwartung verkehrt zu sehen.

ein stochastisches Kalkül

Die Notwendigkeit, zwischen Zufall und Notwendigkeit zu entscheiden, liegt auf der Hand. Kein Leben würde überleben, wenn es das Vorhersehbare für unvorhersehbar hielte und umgekehrt. Sie führt mit jeder Erfahrung aus der Ratlosigkeit an Gewißheit und an die Wahlentscheidung über das hypothetische Herrschen von Zufall und Notwendigkeit heran.

Auf diese Hypothese des ›scheinbar Wahren‹ baut alles Lebendige. Sie ist die Grundlage der Erhaltung, der Überlebensfähigkeit aller so unwahrscheinlichen Strukturen, wie sie die Strukturen der Organismen, ihrer Regelungen, Reflexe und komplexen Verhaltensweisen sind. Aus diesem, jedem Bewußtsein vorausgehenden Bereich ist sie entstanden, dem nachfolgenden Bewußtsein vorgegeben, eine Spontaneität, ein A-priori des Denkens des Individuums; ein A-posteriori seiner Evolution. So müssen auch wir uns ihr anvertrauen, wenn wir hoffen wollen, die Genesis selbst in uns immer wahrer abbilden zu können. Schon BRUNSWIK sprach von einem ›ratiomorphen‹ Apparat, um ihn dem rationalen gegenüberzustellen.

Auf dieser Hypothese des ›scheinbar Wahren‹ bauen nun weitere auf, die, soweit ich sehen kann, allesamt von der Auflage bestimmt werden, in der Verrechnung des scheinbar Wahren dieser Welt eine zureichende Ökonomie walten zu lassen.

Nennen wir die nächstfolgende die Vergleichshypothese. Mit ihr wird angenommen, daß Ungleiches ausgeglichen werden dürfte: daß sich vergleichbare Sachen, obwohl sie offenbar nicht dasselbe sind, dennoch in weiteren ihrer Eigenschaften gleich verhalten werden. Die Notwendigkeit dieser Hypothese sieht man sogleich, wenn man die Folgen ihrer Umkehrung bedenkt. Die Annahme etwa, daß ähnliche, doch offensichtlich nicht identische Sachen gänzlich verschiedene weitere Eigenschaften besitzen würden, müßte uns jede Orientierung in dieser Welt verwehren. Dem nächsten Apfel etwa, dem wir begegnen, da er offensichtlich nicht derselbe sein kann, den wir zuletzt aßen, nicht alle häufigen Apfeleigenschaften einzuräumen, die wir kennen, sondern, ich weiß nicht was: Schuhwerkeigenschaften, Chronometereigenschaften, Leoparden-, Parlaments- oder Offenbarungseigenschaften, oder aber alle zusammen, das würde uns nicht weiterbringen. Mit uns allein, würden wir elend zugrunde gehen. Unsere vergleichend schließende Zivilisation aber steckte uns schon bei einer einzigen hartnäckigen Fehldeutung ins Irrenhaus; und alle Fehldeutungen zusammen vermögen wir nicht einmal zu denken.

<small>Vergleichshypothese</small>

Was also Wunder, daß alle organische Evolution mit der Vergleichshypothese operiert. Jeder Stachel, Flügel oder Instinkt entwickelt sich so, daß man mit ihm stechen, fliegen oder wie auch immer Erfolg haben könnte; denn alles Erfolglose hat die Selektion längst aus dieser Welt vertrieben.

Was also Wunder, daß auch alles Schließen auf der Vergleichshypothese beruht. Dies ist, was in der Fachsprache abschätzig als Analogie-Schluß bekannt ist; abschätzig, weil man zu Recht bemerkt hat, daß er zur Sicherung einer Erwartung noch nichts beiträgt, und weil man zu Unrecht vermutet, daß er nur im naiven Schließen des Kindes berechtigt wäre. Gewiß, die Sicherung liegt erst in jener Fortsetzung des Vergleiches, die wir als Identitätshypothese noch kennenlernen werden. Den vergleichenden Schluß selbst vermögen wir aber auch in den höchsten Ebenen wissenschaftlichen Schließens nicht zu entbehren.

<small>der Analogie-Schluß</small>

Tatsächlich ist jedes Schließen mit seiner Verallgemeinerung, mit seiner Vorwegnahme noch unbekannter Eigenschaften, naiv; denn stets bedarf es der Bestätigung der vermeintlichen Voraussicht. Nur die Offensichtlichkeit unserer Naivität ist subjektiv und verschieden. Der Schluß unserer Kleinkinder vom Apfel, als handlich-rund gleich saftig-süß, auf das Bällchen, weil handlich-rund wohl saftig-süß, ist deutlich naiv. Unser eigenes Schließen ist aber nur merkmalsreicher, und es scheint uns nicht so naiv, wo immer die weitere Prüfung nicht zur Hand ist. So schließen wir aus den Federn des Urvogels auf sein Flugvermögen, aus der Strahlung der Sterne auf Vorgänge der Kernfusion, aus unserem Erleben einer Farbe auf das unserer Mitmenschen.

Das Denken in Vergleichen durchzieht unsere ganze Begriffswelt, leitet und mißleitet alle Sprachen. Wir nennen Dinge zum Beispiel Wolken, gleich ob sie aus Wasserdampf, Insekten oder Rauch bestehen, sprechen von Beinen an Menschen, Tischen und Tausendfüßlern, von Reichs- und Adamsäpfeln, Seesternen und Seepferden, Blüten-Kronen und Ast-Gabeln, Fluß-Armen und Wasser-Adern. Eine Verflechtung aller nur möglichen Ähnlichkeiten lenkt unsere Verständigung. Eine Ökonomie des Vorstellens, Merkens und Mitteilens scheint dies durchzusetzen. Man mache nur die Gegenprobe und versuche, eine neue Maschine etwa ohne das Zitieren von Ähnlichkeiten bekannter Gegenstände zu beschreiben. Dabei sind wir gewohnt, in Oberflächlichem zu denken. Wenn wir etwa ein Molekül oder Pollenkorn, eine Insel oder eine Galaxie als hantelförmig beschreiben (Bild S. 65), erwartet niemand ernstlich, diese stemmen zu können oder daß ihre Formen gar dieselbe Ursache, nämlich gestemmt werden zu können, hätten. Wir sprechen hier, irreführenderweise, von ›bloßen Analogien‹. Tatsächlich werden wir darin sehr bald zweierlei in unserer Haltung zu unterscheiden haben, das der Sprachgebrauch noch nicht bewußt getrennt hat.

Um das zu erkennen, ist zunächst jener Wandel in unserer Erwartung zu untersuchen, der mit dem Wachsen von den geringen zu großen Ähnlichkeiten einhergeht. Im Falle umfänglicher Übereinstimmung von Zuständen schreibt uns nämlich unser nichtbewußter Verrechnungsapparat eine weitere Annahme vor, die wir Identitätshypothese nennen könnten. Sie zwingt uns, die Wahrscheinlichkeiten einer Erklärung von Ähnlichkeiten durch den Zufall gegen eine solche durch Notwendigkeit, das Vorliegen identischer Herkunft, Absicht oder Ursache zu verrechnen. In ihr treten die Hypothesen des scheinbar Wahren und des Vergleichs zu einer neuen Leistung zusammen. Und so wenig wir ihren Mechanismus auch bisher rationalisiert haben – denn wir

*Identitätshypothese*

treten ja erst jetzt an seine Analyse heran –, so trefflich hat sie unser Nichtbewußtes längst zu einer ziemlich richtigen Abbildung dieser Welt geleitet.
Entscheidend für das Einschalten der Identitätshypothese erweist sich zunächst das, was wir Erfahrung nennen. Diese besteht aus dem Verhältnis der dem Vergleich zugänglichen zu den ihm nicht zugänglichen, aber vermeintlich vorhersehbaren Merkmalen eines zum Vergleich herangezogenen Feldes von Ähnlichkeiten. So hat sich beispielsweise unsere Voraussicht, die äußeren Merkmale eines reifen, frischen Apfels verhießen fruchtiges Inneres, so regelmäßig bestätigt, daß wir vor dem Hineinbeißen auf alle weitere Vorsicht, Prüfung und Grübelei verzichten. Gegenüber einem schwarzen, brummenden Kästchen hingegen, mit rotem Schalter und kryptischer Aufschrift, das wir beim Waldspaziergang finden, werden wir uns völlig anders verhalten; denn ›wer weiß?‹ fragen wir uns, was es enthalten mag. Daß aber das Verhältnis zur möglichen Voraussicht nur ein vermeintliches ist, das beweisen schon der Witz und die Industrie der Scherzartikel, die uns den Fasching mit Eierscheiben aus Gummi auf den Brötchen, mit wattegefüllten Bonbons und anderem mehr verzieren; das bewies einer meiner Kakteenfreunde, der den ihm von uns verehrten Plastikkaktus jahrelang und mit Kennerschaft hegte.
Weiter wird unsere Haltung, hinter Gleichem dasselbe zu vermuten, durch das Feld der Ähnlichkeiten bestimmt, das mit der Erfahrung entsteht. Wer etwa Biberbauten nicht kennt, wird die einfachen unter ihnen als ein Geschiebe von Schwemmholz im Bach ansehen. Sind ihre Merkmale aber erkannt, so wird man ein für allemal sein unbestimmtes anorganisches Feld der Ähnlichkeiten einem eng umgrenzten organischen weichen lassen. Man erinnere sich des jahrzehntelangen Streites um die Deutung der Faustkeile der Frühsteinzeit, des Funkens, den es bedeutete, in den bruchkantigen Geröllbrocken, die der Zufall schaffen mochte, Zweck und Absicht der Bemühung unserer Vorfahren zu entdecken. Man erinnere sich jener Wiedergeburt, die mit CHAMPOLION die Hieroglyphen aus einem vermeintlich unbestimmten Feld des Zierates in das neue einer höchst zweckvollen Schrift einer großen Kultur versetzte[13].

*das Feld der Ähnlichkeiten*

Man wird sich aber auch des Wandels der Ähnlichkeitsfelder entsinnen; wie mit der neuen Astronomie etwa die Wandelsterne aus dem Feld der Sterne in das der Planeten traten; daß die Entenmuscheln wiederum erst zu DARWINs Zeiten von den Muscheln zu den Krebsen gestellt wurden[14];

daß die organischen Verbindungen nicht ausschließlich ein Produkt aus dem Felde der Organismen sind, wie erst die moderne Chemie bewiesen hat; und daß die Eigenschaften des Glases erst heute die Grenzen des Feldes der Festkörper und der Flüssigkeiten ungewiß machen. Und schließlich wird unsere Haltung davon bestimmt, welche Leistungen in einem Repertoire des Zufalls bei der Schaffung ähnlicher Zustände wohl anzunehmen wären. Schwarz-weiße Kiesel etwa, so vermuten wir, kann jeder Bach erzeugen, sofern sein Oberlauf zufällig an schwarz-weißem Gestein vorüberkommt. Erweist sich aber der vermeintliche Kiesel als porzellanene Murmel, so schwindet unsere Neigung zum Zufall in dem Maße, als wir die Zahl der absichtsvollen Schritte ahnen, die zur Fabrikation einer schwarz-weißen Murmel erforderlich sein mögen. Eine Wette, die wir beim Werfen einer Münze verlieren, nehmen wir hin, weil die Chancen gleich groß erschienen. Verlieren wir aber, weil unser Partner es vermag, aus gut gemischten Skat-Karten den Buben zu ziehen, so schwindet unser Vertrauen auf den Zufall, und der Verdacht von Absicht beginnt an Raum zu gewinnen. Die Chancen des Zufalls liegen ja hier zutage.

In der Mehrzahl unserer täglichen Schlüsse ist uns jedoch das Repertoire, das der Zufall den Eigenschaften der beobachteten Gegenstände einräumen mag, ganz unbekannt. Nur wo wir uns überzeugen konnten, daß etwa eine Münze nur zwei, ein Würfel sechs verschiedene Seiten, das Skat-Paket 32 verschiedene Karten enthält, wird die Zufallschance eines jeden Ereignisses als der Kehrwert des Repertoires, als 1/2, 1/6 oder 1/32 erkannt. Wo immer wir aber dies nicht wissen können, operiert unser nicht-bewußter Verrechnungsapparat mit einer Vereinfachung, die wir mit ›Teil und Gegenteil‹ bezeichnen. In ihr wird angenommen, daß jedes Merkmal einer Sache auch entgegengesetzt anders gebildet, als Gegensatz, gedanklich wie die Antithese zur These stehen könnte. Daß diese Annahme höchst naiv ist, daß Licht und Finsternis oder Feuer und Wasser, Himmel und Erde – wie die Welt früher sortiert wurde – keine naturgegebenen Gegensätze darstellen, darüber belehrte uns längst dort das Spektrum der elektromagnetischen Wellen, da das System der Elemente. Daß wir aber trotz fortgesetzter Enttäuschung solcher Annahmen, trotz steter Überlegung durch die nachfolgende Erfahrung darin verharren, die Dinge in Leib und Seele, Natur und Geist, in Gott und die Welt zu teilen, ja derlei Vorurteil in der Dialektik zur Methode erheben konnten, das ist darauf zurückzuführen, daß wir ei-

*das Repertoire des Zufalls*

nerseits keine andere Wahl der Prognose zu besitzen scheinen, andererseits den Erkenntnisprozeß damit immerhin (irgendwie) in Gang halten.

Wesentlich ist, daß wir fortgesetzt gliedern und unterscheiden und bereit bleiben, uns ebenso fortgesetzt eines ›Besseren‹ belehren zu lassen. Und auch dafür scheint unser Verrechnungsapparat präpariert zu sein, denn so hartnäckig sich derlei Vorurteile auch erhalten, wenig scheint sich in unserer Geschichte so kampflos zu vollziehen wie ihre allmähliche Überbauung durch die bessere Einsicht. Und als eine Minimal-Prämisse der Unterscheidung, zur Repertoire-Bestimmung für die Unterscheidung von zufällig und notwendig Gleichem, ist dieses Vorurteil sogar höchst bewährt. Wie ich zeigen werde, erweisen sich nämlich die Gegenstände unserer Wahrnehmung als ebenso merkmalsreich wie zahlreich und von einer, das vorbewußte Kalkül derart potenzierenden Wirkung, daß die Ausgangsgröße, nämlich die Zufallswahrscheinlichkeit eines Ereignisses, als der Kehrwert seines Repertoires, ganz an Bedeutung verliert.

<small>Minimal-Prämisse der Unterscheidung</small>

Wir brauchen uns nur des Spiels mit dem Münzwurf zu erinnern, um zu sehen, daß schon das kleinst denkbare Repertoire – das von nur zwei Eigenschaften – uns rasch zwischen dem Herrschen von Zufall oder Absicht entscheiden läßt. Es bedarf nur einiger Koinzidenz, das heißt des steten Zusammentreffens von Ereignissen, beispielsweise des Fallens des Adlers, um schlüssig werden zu können. Bei zehn bis hundert Koinzidenzen fanden wir die Zufallschance nur mehr so groß wie $(1/2)^{10}$ bis $(1/2)^{100}$ oder $2^{-10}$ bis $2^{-100}$, so viel wie ein Tausendstel bis ein Quintillionstel ($10^{-30}$) – bereits eine Unmöglichkeit für den Zufall dieser Welt. Dabei ist es einerlei, ob die Koinzidenzen sukzedan oder simultan, also nacheinander oder miteinander auftreten; ob unser Gegenspieler hundertmal eine Münze oder hundert Münzen auf einmal wirft oder ob er zehnmal je zehn Adler werfen kann. Es ist immer das Produkt aus Sukzedan- mal Simultankoinzidenz, das eben als Potenz über die Ausgangswahrscheinlichkeit zu stellen ist. Und da dieses Produkt aus Wiederholungen und Merkmalszahl, aus sukzedan und simultan koinzidierenden Erscheinungen, in allen Gegenständen unseres Interesses weit über hundert liegt, verliert die Ausgangswahrscheinlichkeit für die Gewißheit unserer Schlüsse tatsächlich an Bedeutung.

Untersuchen wir zunächst die Wirkung der Wiederholung, also der Sukzedan-Koinzidenz, auf den Wandel unserer Haltung. Sie ist deshalb von so fundamentaler Bedeutung, weil

<small>die Wirkung der Wiederholung</small>

ohne Wiederholung keinerlei Voraussicht bestätigt werden kann. Und diese ist die Grundlage all unserer Orientierung in dieser Welt. Ein simples Beispiel: Auf meinem oft gegangenen Weg durch einen amerikanischen Campus begegnete mir eine hübsche Studentin, Trägerin eines Hutes von deprivierender Lächerlichkeit. Was konnte die Ursache sein? Vieles: ein Schwips, ein Jux, tiefe Geschmacklosigkeit, eine Wette, dumme Eltern, eine Droge und so fort. Tags darauf sah ich eine zweite solche Erscheinung. Die möglichen Lösungen engten sich ein auf: etwa einen Clan oder die dummen Eltern eines Geschwisterpaares. Aber erst später sah ich einen ganzen Schwarm davon: einen Jungmädchenbund. Nun erst war weitere Voraussicht möglich. Dies war die alleinige Ursache.

›Eine Schwalbe‹, so weiß es die Volksweisheit, ›macht noch keinen Sommer‹. Ein Kalkstreif, etwa auf der Fensterscheibe eines Neubaus, mag auf den Zufall, die Unachtsamkeit eines Malers, zurückgehen. Ein Kalkstreifen auf jeder Fensterscheibe verrät den Zweck. Er heißt: ›Achtung, schon verglast!‹ »Der Verhaltensforscher wie der Arzt«, sagt Konrad Lorenz, »macht immer wieder die Erfahrung, daß eine in sehr vielen Einzelerfahrungen wiederkehrende Gesetzlichkeit (Koinzidenz), wie etwa die Aufeinanderfolge von Bewegungen oder ein Syndrom von Krankheitserscheinungen, erst dann als invariante Gestalt wahrgenommen wird, wenn die Beobachtung sehr oft, in manchen Fällen buchstäblich Tausende von Malen wiederholt worden war.«[15]

Tatsächlich wiederholen sich die Dinge dieser Welt auch außerordentlich oft; ob es sich nun um Individuen einer Art, ihre jeweils gleichen Zellen oder Verhaltensweisen, ob es sich um Meereswogen, Sterne oder gar die Bestandteile der Materie handelt. Und gerade in den niedersten Komplexitätsebenen, wo wir zum Erkenntnisgewinn der Wiederholungen besonders reichlich bedürfen, sind diese, wie zu unserer Hilfe, auch besonders zahlreich repräsentiert.

Vieles erweist sich sogar als beliebig oft reproduzierbar; Worte, Verhaltensweisen wie Experimente. Und darauf beruht das Lernen des Kleinkindes ebenso wie das des Schülers und aller Experimentalwissenschaft.

Diese Wirkung sukzedaner Koinzidenz jedoch, die so sehr dazu beiträgt, auf Identität zu schließen, setzt aber voraus, daß das Merkmal innerhalb des erwarteten Ähnlichkeitsfeldes möglichst lückenlos und außerhalb desselben überhaupt nicht auftritt. Wo das Merkmal fehlt oder die erwartete Grenze übertritt, wird sogleich eine Koinzidenz-Lücke und eine Anti-Koinzidenz zugunsten der Möglichkeit des Zufalls rückverrechnet.  **Koinzidenzlücke und Antikoinzidenz**

Fällt dreimal gegen unsere Wette der Adler, so durften wir bereits an Schwindel denken. Fällt aber beim viertenmal der Adler nicht, so werden wir die gedachte Unterstellung automatisch revidieren; denn Absicht und Zufall halten sich schon durch diese geringe Koinzidenzlücke wieder die Waage. So unterminieren die Ausnahmen die Regel, bis wir mit dem Schwinden möglicher Voraussicht auch wieder auf die Hypothese, die unsere Regel enthielt, verzichten.

Schärfer noch wirkt die Antikoinzidenz mindernd auf unser Vertrauen. Findet sich ein Merkmal, auf dessen Koinzidenz mit einem Ähnlichkeitsfeld wir vertrauen, auch nur einmal in einem anderen Feld, so trügen alle dazwischenliegenden Sachen, die das Merkmal nicht aufweisen, zur Ausweitung der Koinzidenz-Lücke bei. Ein Baum mit Knochensubstanz, ein Perpetuum mobile, ein sternförmiger Stern brächten in Biologie, Physik und Astronomie Welten zum Einsturz.

In allen diesen Fällen, den sogenannten ›Ungereimtheiten‹, macht sich bereits unser ratiomorpher Verrechnungsapparat einer Erklärung schuldig. Die Sache läßt uns, wie wir uns ausdrücken, ›nicht in Ruhe‹. Finden wir einen Nadelbaum mit Blättern, so stimmt entweder unser Ähnlichkeitsfeld für Nadelbäume oder jenes für Nadeln nicht. Findet sich ein Apfel an einem Birnbaum, dann war es entweder kein Apfel, oder es war kein Birnbaum. Finden wir Runen auf der Flügeldecke eines Käfers, Blüten aus Kristallen oder einen kleinen Wagen am nächtlichen Himmel, dann nehmen wir dies nun sehr berechtigt als ›bloße Analogien‹, als Krücken unserer Verständigung, bar jeder gemeinsamen Ursache.

Noch offensichtlicher als jener der sukzedanen Koinzidenzen ist nun der Einfluß der simultanen, der gleichzeitig auftretenden Kennzeichen; die Wirkung des Merkmalreichtums eines Ereignisses oder einer Sache. Seine Rolle in der Verrechnung ist deshalb so merkwürdig, weil sie neben quantitativen Größen auch qualitative enthält, das, was wir als ›Gestalt‹ erleben. Beginnen wir aber mit dem Einfacheren, der Quantität. Schon mit der Menge der Information wandelt sich unsere innere Haltung.  **die Wirkung des Merkmalreichtums**

Nehmen wir an, wir sähen einen bewegten Lichtpunkt halbsekundenlang am nächtlichen Himmel. Was mochte das gewesen sein? Zu verschiedenes: ein Leuchtkäfer, Satellit oder Flugzeug, eine Sternschnuppe oder eine Täuschung. Keine Gewißheit wird möglich. Aber schon ganz Weniges an Zusatzmerkmalen engte unser Schließen ein. Eine peitschenartige oder mäandernde Bewegung machten eine Sternschnuppe oder aber einen Leuchtkäfer zur Gewißheit; ein Blinken ein Flugzeug. Und schon der schattenhafteste Umriß würde uns sagen: eine Boeing-747. – Oder: Ein Grübchen am tonigen Bachrand sagt uns gar nichts, ein kantiges Doppelgrübchen ›Hier pickte ein Vogel‹, ein bestimmter Fußabdruck sogar: ›eine Bachstelze‹. Auch aus einem weißen Steinchen entnehmen wir nichts; entdecken wir an ihm Krone und Wurzel, dann war hier ein Säugetier; erkennen wir einen Menschenzahn, dann erzählt er uns sogleich eine merkwürdige Geschichte.

Nun treten uns die wenigsten gleichzeitigen Merkmale in beliebigen Lagen und Strukturen, als Wolken, Häufungen oder bloße Mengen entgegen. Vielmehr ist fast immer eine sichtbare oder denkbare Konstanz in der Anordnung der Teile, und in der Struktur der Teile selbst gegeben, also in jenen Qualitäten und Mustern, die wir als die sogenannte Gestalt erleben. Eine umfängliche Literaturgruppe: die Gestaltpsychologie und Gestalttheorie sind entstanden, die uns zeigen, wie etwa unser nicht-bewußter Verrechnungsapparat die Wahrnehmung ergänzt und interpretiert oder wie er, beispielsweise in den optischen Täuschungen, irregeleitet wird[16]. Diesem Gegenstand darf ich erst später folgen. Hier muß ich mich noch darauf beschränken, die Wirkung auf unser Schließen zu analysieren.

*die sogenannte Gestalt*

Zunächst zeigt es sich, daß wir eine Gestalt, Organisiertheit oder Struktur, daran wiedererkennen, daß ihre Teile zueinander eine bestimmte Lage einnehmen und selbst wieder eine konstante Struktur besitzen. Derlei Struktur von Teilen besteht aber ihrerseits aus den Lagemerkmalen der Subteile, die ihrerseits als Strukturen Konstanz besitzen; und so fort bis zu den nicht mehr teilbaren Einzelbestandteilen jeder Sache oder jedes Ablaufes. So erwarten wir von einem Säugetier, daß es seine Extremitäten am Rumpf, den Kopf am Hals haben werde, daß ein Auto die Fenster unterm Dach, die Räder unter den Kotblechen habe. Wir erwarten vom Kopf, daß die Augen vorne, der Mund darunter, von einem Autorad, daß der Reifen außen, die Nabe in der Mitte der Felge liegen müsse. Und wir betrachten jede Abweichung von dieser Erwartung als Abnormität. Erkennen wir einen zweiten Molaren oder eine Vergaserklappe, sind sie aus dem Verband gelöst, nicht an ihrer Struktur, an ihrer Lage im Verband werden wir beide erkennen. Wissen wir nicht, ob der Blinddarm oder das Reserverad rechts oder links untergebracht sind, so wird uns die anatomische Abbildung oder die Suche im neuen Wagen nach der speziellen Struktur über deren Lage belehren. So wird uns jede Gestalt je nach ihrem Reichtum an Merkmalen als ein hierarchisches System von Teilen und Subteilen bewußt, wobei wir in absteigender, analytischer Orientierung fortgesetzt mit weiteren Lagebeziehungen, in aufsteigender synthetischer Prüfung fortgesetzt mit spezielleren Strukturen konfrontiert zu sein scheinen. Tatsächlich leitet uns eine Hierarchie von Lagestrukturen, die uns von innen nach außen wie Struktur-, von außen nach innen wie Lagebedingungen erscheinen[17]. Einen Gesamtbegriff dafür besitzen wir so wenig, wie wir für Analyse und Synthese einen besitzen, wir können aber die Lage- und Strukturmerkmale getrost summieren; und ihre Anzahl wird großes Gewicht gewinnen für den Wahrscheinlichkeitsgrad der im Vergleich gesuchten hypothetischen Identität.

eine Hierarchie
der Lagestrukturen

Die scheinbar schwierige Frage, was nun in den Dingen als Merkmale gezählt werden könnte, ist leicht zu beantworten: alle, die einen bereits im Singular konkreten Eigennamen erhalten haben. Diese repräsentieren nämlich jene ›Individualitäten‹ und ›Subindividualitäten‹, die wir nicht nur nach ihrer Struktur wiedererkennen, sondern deren einzig mögliche Lage im Gefüge wir bei zureichender Kennerschaft vorhersehen können. Etwa ›Bizeps‹ gegenüber Muskelfasern oder ›Zylinderkopf‹ gegenüber Schraubenköpfen. Schon solche Einzelindividualitäten kommen in großen Zahlen vor. Wir gewinnen von ihrer Anzahl rasch eine Vorstellung, wenn wir ihr hierarchisches System zerlegen und in jedem Rahmenbegriff jeweils immer nur einen einzigen seiner Subrahmenbegriffe weiterverfolgen.

Bei einem Säugetier läse sich eine solche Reihe: Individuum – Bewegungsapparat – Knochengerüst – Wirbelsäule – Halswirbel – Kopfwender – Zahn des Kopfwenders – vordere Gelenkfläche des Kopfwenderzahnes (Bild S. 182). Bei einem Motorfahrzeug: Auto – Antriebssystem – Motor – Motorblock – Stirnzylinder – dessen Kolbensystem – Kolbenstange – Kolbenstangenlager. Bei einem Musikwerk: Sonate – Satz – Motiv – Variation – Part der Viola – Takt – Triole – zweigestrichenes Fis. Und bei einem komplexen Molekül: Hämoglobin – Globinkomponente – Globinkette – Tyrosin – Glycinrest – Carboxylgruppe – C-1-Atom – -Elektron.

Ich habe zur besseren Vergleichbarkeit Systeme mit je acht Hierarchie-Intervallen gewählt; und um die Anzahl der lagebestimmten Einzelteile zu überschlagen, müssen wir nun nurmehr die durchschnittliche Anzahl der Subsysteme, die jedes Rahmensystem enthält, zur achten Potenz erheben. Das mögen, grob gerechnet, beim Auto 3, beim Großmolekül und bei der Sonate 4, beim Säuger 6 sein. Mit $3^8$, $4^8$ und $6^8$ sind das jeweils mehr als 6500, 65 000 und 1 600 000 Einzelsysteme. Nun brauchen wir uns lediglich noch daran zu erinnern, daß die Zufallswahrscheinlichkeit eines Systems die Zahl der Einzelmerkmale als Potenz über dem Minimum-Repertoire des Zufalls, also über 1/2 oder $2^{-1}$ erscheinen läßt; und wir sehen, daß bereits $2^{-6500}$ eine so winzige Zufallswahrscheinlichkeit ist, daß sie selbst unser ganzer Kosmos nicht mehr enthalten kann. Bei allen komplexeren Systemen werden wir schon nach ihrer ersten Wieder-Beobachtung vom Herrschen einer identischen Notwendigkeit zu Recht überzeugt sein.

das Kriterium des Überganges

Autos

Chordatiere

zur Erfordernis der Übergangsformen

Zu alledem stützt unsere Gewißheit noch das Kriterium des Überganges. Ein Chemiker, der nur Wasserstoff und Uran kennt, hätte niemals das System der Elemente entdeckt. Ein ›Wilder‹, der nur ein Bild von Benz' erstem Automobil und eines modernen Formel-I-Rennwagens kennt, würde ihre Verwandtschaft nicht sehen. Ein Anatom, der nur eine Seescheide und einen Kolibri kennt, hätte ihre Verwandtschaft, innerhalb der Chordatiere nie erkannt. Ein Sprachforscher, der nur modernes Englisch und Französisch kann, würde nie erfahren, daß ›father‹ und ›père‹ im lateinischen ›pater‹ denselben Stamm haben. Tatsächlich enthält diese Welt aber alle Übergänge, offenliegende wie rekonstruierbare, denn sie entwickelt sich, wie wir sehen werden, harmonisch. Tatsächlich finden wir nirgends scharfe Grenzen.

Nun könnte man sich einen Verrechnungsapparat denken, den gleitende Übergänge in seiner Begriffsbildung verunsichern. Ja wir können das um so leichter, als unsere kategorisierende Vernunft mit ihnen ohnedies immer Mühe hat. Ganz anders operiert da unser ratiomorphes, nicht bewußtes Verrechnen, das wir als Gestalt- oder Harmonie-Empfinden nacherleben: Denn es ist an jenen Übergängen selbst geprägt und selektiert worden und entnimmt der Harmonie des Wandels nur noch neue Indizien für die Annahme notwendig identischer Hintergründe.

Wir können darum in den Übergängen getrost eine Vermehrung der Einsicht in Lagestrukturen, eine Multiplikation möglicher Erfahrung sehen und erkennen, daß ein System der Elemente noch mehr Gewißheit über das Vorliegen identischer Prinzipien bietet als eine bloße Menge von Elementen; daß uns die Evolution der Chordatiere, des Autos oder des Barock ihrer Identität noch gewisser macht als die Summe ihrer Repräsentationen.

Hier nun mag es nützen, entlang unserer Analyse der Identitätshypothese zurückzublicken. Haben wir nicht quantitative, rechenbare Größen gesucht und sind in einen Strudel hierarchischer, sich wandelnder Qualitäten geraten? Ich gebe zu, dies mag so erscheinen. Mein Thema war noch ungenügend entwickelt, um hoffen zu können, daß die folgende Feststellung überzeugt. Nun kann ich es versuchen: Alle Qualität ist letztlich eine symbolhafte Bezeichnung für die Mengen, die oft unübersehbaren Mengen, der sie zusammensetzenden quantitativen Größen. Bevor ich mich etwa anschicke, alle jene Meßgrößen an Radien und Geraden sowie deren erlaubte Variation anzugeben, aus denen sich der gequälte Leser all das nachbildet, was eben noch unter Hantelform verstanden werden könnte, sage ich einfach ›hantelförmig‹ und bezeichne damit eine bekannte, einfachste Qualität. Und ich sage mit noch mehr Selbstverständlichkeit ›Auto‹, ›Symphonie‹ und ›Säugetier‹, weil deren Quantitäten in keiner Bibliothek mehr Platz fänden. Und damit ist uns die Quantifizierung der Qualitäten prinzipiell schon zur Hand.

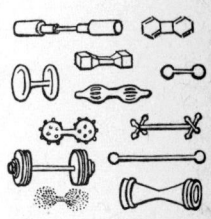

›Qualität‹ der Hantelform

die Quantifizierung der Qualitäten

Im analytischen Abstieg durch die hierarchischen Qualitäten der Systeme nimmt stets etwas zu, was wir Desindividualisation, Vermassung oder Ersetzbarkeit nennen können. Die Einzigartig- oder Einmaligkeit der Subsysteme schwindet, eine neue Identität und Verwechselbarkeit, nun unter ihresgleichen, nimmt zu. Die Systeme werden sowohl zwischen ähnlichen Systemen als auch innerhalb eines einzigen austauschbar, verwechsel- wie ersetzbar. Dies ist die eine Seite, über welche wieder Mengen auftreten.

Noch der Motorblock beispielsweise, das Lenkrad, das Zündschloß sind in meinem Volkswagen-Käfer einmalige Systeme. Aber schon die Reifen und Felgen sind zu fünfen, die Radmuttern zu 20 austauschbar, und wie viele identische Schrauben, wären sie alle in eine Schachtel gelegt, ich nicht mehr unterscheiden könnte, das möchte ich, um ehrlich zu sein, gar nicht mehr wissen. Ganz entsprechend der Bauplan eines Wirbeltieres. Die Wirbelsäule ist gewiß ein einmaliges System, auch ihre Hauptregionen sind es meist, selbst viele Wirbel erkennt man herausgelöst noch individuell. Manche sind aber nur mehr mit guter Kennerschaft zu unterscheiden; viele bei den Fischen (Bild S. 179) oder den Schlangen aber überhaupt nicht mehr. So mag ich die Zimmer oder die Äste des vertrauten, zerlegt gedachten

Hauses oder Baumes noch individuell denken. Die Lage jedes Ziegels oder Blattes, ist das Haus einmal abgetragen oder das Laub gefallen, könnte niemand angeben. In den Knochenbälkchen und Muskelfasern, in Schrauben und Muttern, Ziegeln und Nägeln, Tönen und Intervallen, in den Atomen der Elemente, überall sind es austauschbare Massenbausteine, die die untersten Schichten bilden. Sie gelten stets im Plural und sind im Singular – wie das Atom, der Ziegel, die Zelle, das Blatt – Abstrakta, die für viele stehen.

Über einen zweiten Weg aber löst sich Qualität völlig in Quantitäten. Jedes letzte Einzelsystem einer jeden analytischen Reihe, wir können sie die Minimum-Einzelsysteme nennen, muß sich im nächstfolgenden Analyseschritt in Zahlen von Massensystemen und in Abmessungen auflösen. Nehmen wir unsere Beispiele der Säuger-, Auto-, Symphonie- und Molekular-Systeme wieder auf, so löst sich die vordere Gelenkfläche des Kopfwender-Zahnes in Knochenbälkchen, Längen, Breiten und Wölbungen auf; die Muffe des Kolbenstangen-Lagers in Metalle und technische Abmessungen; das Fis in Zeit, Frequenz und Amplitude; die Wasserstoffbrücke in Ladung und Distanzen in Angström. Und nicht minder lassen sich alle Vertreter der Massensysteme, die Knochenbälkchen auf Zellen, die Zellen, wie wir erwarten, auf komplexe Moleküle, die Moleküle der Eiweiße wie die der Metalle, in die Quantitäten Raum, Zeit und Energie zerlegen. Diese bilden überall die tiefste uns erreichbare Schicht; unter Riesenbauten sich immer komplexer türmender quantifizierbarer Muster; unerreicht, vielleicht für immer unerreichbar, von den konkreten Möglichkeiten unserer Sinne.

Darum messen wir in allen komplexeren Ebenen Qualitäten; und wir machen damit nur Vereinfachungen und keine Fehler, solange wir die Ebene vor Augen haben, in der wir messen und uns der Identität der messend verglichenen Systeme mit zureichender Wahrscheinlichkeit vergewissert haben.

Wir sehen aber gleichzeitig, welch untergeordnete Rolle die Quantität im System komplexer Gegenstände tatsächlich spielt. Wollte man nur die Einzelsysteme eines einzigen Säugetieres quantitativ beschreiben, es wären deren zehn Millionen. Eintausend schwere Bände vermöchten sie nicht aufzunehmen. Nähmen wir die Massensysteme bis zu den Molekülen hinzu, es wären $10^{28}$, zehntausend Quadrillionen[18]. Alle Bibliotheken der Menschheit vermöchten diese

Daten nicht aufzunehmen. Was also bildeten dagegen jene Handvoll Quantitäten, mit welchen wir fähig sind zu operieren? Unser Hang zum Quantifizieren entspricht der Ratlosigkeit unserer Vernunft, ihrem elenden ›Gedächtnis‹ und der miserablen Kombinatorik: ihrem Mißtrauen gegenüber den Leistungen der nichtbewußten, der Ratio nur funktionell ähnlichen, also ratiomorphen Verrechnung. Der ratiomorphe Apparat operiert fast ausschließlich mit Qualitäten, und was er gezählt verrechnet, das sind die Muster ihrer Wiederholungen zur Wägung der Wahrscheinlichkeit möglicher Voraussicht. Für ihn ist eine junge Katze noch lange keine Ratte, obwohl die Längen und Breiten von Kopf und Rumpf und Beinen und Schwanz und Vibrissen und Zähnen und Magen und Herz und Hirn und Niere der Ratte ungleich ähnlicher sind als ihrer Mutter. Er hat längst hinnehmen müssen, daß eine auch noch so große Häufung halber Wahrheiten nie eine ganze macht.

Was der ratiomorphe Apparat quantitativ verrechnet, das ist das Produkt der Koinzidenzen. Er kombiniert die Hypothese des scheinbar Wahren über die Vergleichshypothese (wie in Kapitel 7 zu zeigen sein wird) mit den Wiederholungen und Gleichzeitigkeiten, also Sukzedan- und Simultankoinzidenz (abzüglich der Koinzidenzlücken, gebrochen durch die Antikoinzidenzen) aus der Identitätshypothese. Daß der Zufall hundertmal hintereinander den Adler werfen könne, scheint ihm gleichermaßen unwahrscheinlich, wie wenn dieser zehnmal zehn oder alle hundert Adler auf einmal würfe; und zwar ohne, daß uns das komplizierte Kalkül auch im mindesten bewußt sein müßte.

*das Produkt der Koinzidenzen*

Tatsächlich ist der Mehrzahl, selbst der gebildeten Menschen, die rationale Auseinandersetzung mit wechselwirkender Wahrscheinlichkeitsrechnung so zuwider, daß sie ihr geradezu instinktiv aus dem Wege geht; obwohl ihre gesamte Individualerfahrung ratiomorph auf diesem Wege erworben wurde. Daß wir uns hier nicht täuschen, beweisen das entsprechende Verhalten von Primitiven, von Kindern, selbst von Minderbegabten und der Tiere im Lernversuch[21]; sogar der Aufbau des bedingten Reflexes oder des biologischen Regelkreises arbeitet nach diesem Prinzip. All das wollen wir in den späteren Kapiteln noch gebührend belegen.

Das Geniale dieser Summenrechnung aus Simultan- und Sukzedan-Koinzidenz ist die Nachbildung der Naturordnung durch das Kalkül. Denn wohl kein System kann optimaler beschrieben werden als durch das Prinzip, das ihm innewohnt: eine Meisterleistung der Selektion. Der ratiomorphe Apparat ist, wie sein Träger, das Leben, hypothetischer Realist und kalkuliert die mögliche Erfahrung über diese Welt so, wie sie wahrscheinlich am ehesten Erfolg haben kann: von der tiefen Befriedigung der Gewißheit, wie wir sein Werk erleben, über die Möglichkeit und die Vermutung zur Ungewißheit und bis zur ebenso tiefen frustrierenden Ratlosigkeit[22]. So ordnet er seine Erwartungen zu denselben hierarchischen Mustern wie die Wiederholung, die bestätigte Erwartung, die Struktur der Natur wahrscheinlich macht.

Damit sortiert der ratiomorphe Apparat, wie unsere Vernunft es nachempfindet, das Allgemeine und das Spezielle, wobei die beiden ebenso auseinander hervorgehen, wie sie stets relative Dimensionen bleiben. Denn das Allgemeine ist stets wieder das Spezielle des noch Allgemeineren, wie das Spezielle das Allgemeinere des noch Spezielleren ist: So wie jede hierarchische Stufe den Rahmen für die Gruppe der nächst niedrigeren bildet, aber gleichzeitig mit anderen, gleichwertigen den Inhalt der nächsthöheren ausmacht. Ebenso sind das Allgemeine wie das Spezielle relative Größen, stets der Korrektur der vermeintlichen Voraussicht durch die Erfahrung unterworfen. Und endlich gehen die beiden auseinander hervor, denn sie gelten nur in bezug aufeinander. Dabei ist das Allgemeine innerhalb der zum Vergleich herangezogenen koinzidierenden Merkmalsgruppen eine Abstraktion derjenigen Einzelmerkmale, die, als eine Konsequenz zureichend oft bestätigter Voraussicht, gegenüber den wenigen unsteten, als stetig erwartet werden. Da dies zu abstrakt sein mag, um sogleich anschaulich zu sein, folge ein klassisches Beispiel.

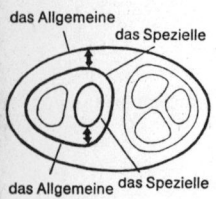

das Allgemeine und das Spezielle

das Allgemeine das Spezielle

das Allgemeine das Spezielle

Allgemeines und Spezielles

»Bekanntlich«, bestätigen wir KARL POPPER, »berechtigen uns noch so viele Beobachtungen von weißen Schwänen nicht zu dem Satz, daß *alle* Schwäne weiß sind.«[23] Sagen wir uns: ›Alle Schwäne sind weiß‹, dann heißt dies nach der ratiomorphen Verrechnung folgendes: Erstens: Es gibt innerhalb eines übergeordneten Feldes von Ähnlichkeiten (der Familie der Entenvögel) ein Feld mit einigen steten Merkmalen, wie beispielsweise besonders langer schlanker Hälse (die Gattung der Schwäne). Und da alle Schwäne, die wir auf der Nordhemisphäre kennenlernten, unsere aus Europa stammende Erwartung, sie werden weiß sein, bestätigten, so erwarten wir, daß auch für alle anderen weiß wahrscheinlicher als schwarz sein werde; daß also weiß ein allgemeines Merkmal der Schwäne sein könnte. Zweitens: Andere Merkmale, wie die Färbung der Beine und Schnäbel nehmen wir aus, sie können wechseln. Drittens: Rein-weiß werde bei den übrigen Entenvögeln selten vorkommen, jenseits dieses nächst-übergeordneten Feldes von Ähnlichkeiten, bei Vögeln, Tieren, Raumgebilden aber beliebig oft. Und viertens: Finden wir nun aber in Feuerland einen schwanenhälsigen Entenvogel, dessen Hals schwarz, und in Australien einen, der sogar gänzlich schwarz ist, so müssen wir zur Revision unserer Erwartung durch die Erfahrung bereit sein. Entweder wir bleiben bei unserer Definition der Gattung und schließen die beiden Repräsentanten aus (was die übrigen steten Merkmale zerteilte), oder wir ändern die Definition der Gefiederfarbe auf ›weiß oder (und) schwarz‹ (wie es die Ornithologen taten)[24].

Nicht eine induktive Logik, worin sich die Erkenntnistheorie von den Operationen unserer Vernunft verstrickt[25], sondern eine Logik der relativen Wahrscheinlichkeit möglicher Voraussicht leitet die ratiomorphe Verrechnung. Sie ist der optimale Lehrmeister der Vernunft des Lebendigen; des Lernens zunächst der Gestalt der Organismen, dann der Schaltungen ihrer nervösen Systeme, die selbst die Lehrmeister dessen werden, was wir schon zunehmend verunsichert den ›gesunden Menschenverstand‹ nennen. Es führt dazu, wie ich noch ausführen werde, daß schon das Pantoffeltierchen in nachgerade ingeniöser Weise das Allgemeinste der Hindernisse, die Zecke das Allgemeinste der Säugetiere ›weiß‹; bis steil hinauf zu den Morphologen und Systematikern, die von der Natürlichkeit des Systems der Tiere überzeugt sind, ohne daß ihre bewußte Logik sagte, wie sie dazu kamen. Ja es führt dazu, daß diese Logik behaupten kann, das Verfahren könne prinzipiell nicht funktionieren; daß der Tausendfuß, befragt, wie er liefe, nicht mehr fähig ist zu laufen.

Tatsächlich ist dieses Verfahren, gewissermaßen eine Wägung der Ähnlichkeiten, wenn auch im Grunde simpel, in der Anwendung wachsender Fakten ungeheuer komplex[26]. Denn es folgt aus dem Prinzip der relativen Erwartung, daß jede Erfahrung auf jegliche Erwartung zurückwirken muß; daß jede Revision einer solchen Erwartung wieder alle ihre abhängigen zur Revision verhält. Darum kann die kleine private Welt schon durch eine Treulosigkeit des Freundes wanken. Darum konnten die winzigen Jupitermonde GALILEIS eine ganze Welt vermeintlichen Wissens zum Einstürzen bringen. Erst im nachhinein kommt uns, wie wir zu Recht sagen, ›zu Bewußtsein‹, daß das System all unserer

die Wägung der Ähnlichkeiten

das ›Wesen‹ der Sachen

Erwartungen, was wir Erfahrung nennen, sorglich ausgewogen war. Ein gewaltiges ›feed-back‹ oder Rückkoppelungssystem hat der ratiomorphe Apparat längst ohne unser Wissen aufgebaut. Ihn verstehen zu lernen, sind wir ja eben erst dabei.

Entsprechend ist die Leistung des Ratiomorphen ganz erstaunlich. Man denke daran, mit welcher Sicherheit wir etwa unseren Hund als denselben erkennen, obwohl nach Haltung, Perspektive und Entfernung das Netzhautbild in Umriß, Form und Größe in einer Weise wechselt, daß auch der vollkommenste unserer Computer die Identität nicht zu errechnen vermöchte[27]. Man bedenke, mit welcher Sicherheit schon unsere Kleinkinder selbst den erstmals gesehenen Dackel oder Windhund als Hund erkennen. In der verblüffendsten Weise wird das Stetige in den hierarchischen Feldern der Ähnlichkeiten als das ›Wesen‹ der Sache gespeichert, der Rest als spezifische Variablen gewissermaßen zur Kontrolle konserviert, lange bevor wir anzugeben vermöchten, ›wie uns dabei geschieht‹.

Mit ›Aha!‹ erleben wir die Befriedigung: ›Das ist ja nichts anderes als ...‹, wenn sich, wie eine Überraschung, neue Identität enthüllt. Mit ›Haha!‹ quittieren wir die entdeckte Verkehrung des unbewußt Erwarteten. Mit ›Ah‹ empfinden wir die Lösung eines harmonischen Zusammenhanges[28].

Stets werden das Allgemeine und das Spezielle voneinander gelöst: der eine Hund aus den Ansichten, die er bietet, die Art, der Hund, aus allen Hunderassen, das Säugetier aus allen seinen Arten. Und stets rechnen die Flechtwerke unserer Erwartungen mit ihrer Korrektur und ihrer möglichen Erweiterung; was wir dann als das Gewinnen von Erfahrung ›ins Bewußtsein bringen‹. Und diese bescheidene Erfahrung enthält die Lösung des HUME-, KANT- und POPPERschen Problems: daß zwar das Allgemeine auch aus beliebig viel Speziellem nicht zwingend folgen kann, alle Naturwissenschaft aber mit eben solch ›induktivem‹ Schluß so erfolgreich vorankommt. Tatsächlich, so folgen wir KARL POPPER, kann es zwingend gar keine induktive Logik geben, aber ein System der Rückverrechnung einer Welt wachsender Wahrscheinlichkeiten kann – eine ebensogroße Welt der Irrtümer durchwandernd – dazu führen, daß die Bereiche, in welchen wir uns irren, immer enger werden[29].

die Lösung des Hume-, Kant- und Popperschen Problems

Die Erfahrung ist zwar das Kind einer Logik; unsere Logik ist aber eine Konsequenz der Erfahrung. Und auch der Erfahrung einzige Quelle, wie die Positivisten lehren, kann zwar wieder nur die Erfahrung sein; aber die Erfahrung des

Individuums ist nur ihr jüngster und daher unbewährtester Aufbau. Ihre Verrechnungsweise dagegen beruht auf jener ältesten Erfahrung, welche die Selektion, und durch Millionen Generationen, das Leben längst als seine angeborenen Lehrmeister fest einzubauen gezwungen hat. Was dem Individuum ein A-priori ist, muß ein A-posteriori seines Stammes sein. Und wo die Vernunft des Individuums versagen kann, ihn die Gewißheiten zu lehren, die es sucht, dort hat ihm das Leben selbst schon den Weg zur Abbildung dieser Welt so verläßlich gewiesen, daß wir uns ihm getrost anvertrauen können.

Sobald wir uns nun zur Erwartung von Identität geführt fühlen, daß sich hinter zureichend Gleichem letztlich dasselbe verberge, daß es wohl stets ökonomischer, erfolgversprechender wie zielführender sein muß, dies anzunehmen, in diesem Augenblick schaltet im ratiomorphen Apparat jene Hypothese ein, die uns besonders großen Eindruck macht: die Kausalitätshypothese. In ihr, sagt schon die Volksweisheit, ›alles werde seinen Grund haben‹; und in der Folge der Identitätshypothese: ›Ganz Ähnliches wird denselben Grund haben!‹

<small>Kausalitätshypothese</small>

Will mir der geduldige Leser noch einmal in eine solche Exegese der Gemeinplätze folgen, so wird die Ableitung besonders einfach sein. Beispielsweise hegen wir die Vermutung, daß die gleichen Eier eines Nestes von derselben Mutter, die gleichen Zündhölzer einer Schachtel aus derselben Maschine stammen und daß die vergleichbaren Rufe im Garten: ›Sabinchen! – Sabina! – So komm, Sabina!‹ durch denselben Mund aus demselben Motiv an dasselbe Kind gerichtet sind. Und wir vermuten das, obwohl wir weder beim Legen der Eier noch bei der Fabrikation der Zündhölzer dabeigewesen sind, obwohl wir weder das gedachte Kind noch den gedachten Rufer gesehen haben. Dabei müssen wir zugeben, daß wir durch einen Chor ausgewählt gleicher Stimmen ebenso getäuscht werden könnten wie durch den Direktor einer Zündholzfabrik, der heimlich eines der Zündhölzer selbst schnitzte, oder durch einen Schelm, der ein Gipsei sorglich bemalt und es just vor unserer Entdeckung des Nestes in dieses eingeschmuggelt hätte.

Wie also begründen wir unsere Haltung? Die induktive Logik vermag das, wie wir schon wissen, auch mit noch so vielen Eiern, Hölzchen und Rufern, zwingend nicht zu lösen. Wir brauchen aber unsere Erwartung nur wiederum umzukehren, in jedem Ei, in jedem Zündholz der Schachtel, in jedem Ruf eine grundverschiedene Ursache, völlig diametrale Motive und Zwecke zu erwarten, um zu sehen, in welch bedauerliche Wirrsal wir uns begäben. Wieder harrte unser in einem unbewachten Leben die Selbstvernichtung, in einem bewachten das Irrenhaus. Und tatsächlich entziehen wir uns beidem durch die simple Annahme, daß es eben ökonomischer, erfolgversprechender wie zielführender sein würde anzunehmen, daß Dinge, je gewisser ihre Identität sein dürfte, mit wachsender Wahrscheinlichkeit auch dieselbe Ursache haben werden.

Nun wird der Leser anmelden, dies habe er sich gedacht und die hier vorgebrachte Einsicht lohne die Mühe des Lesens nicht. Solchen Vorwurf aber nähme ich als eine volle Bestätigung, denn wir können nun, gestützt auf offensichtliche Selbstverständlichkeit, Dinge ableiten, die ebenso offensichtlich zu den Lieblingsverwirrungen jener Wissenschaften zählen, die uns wichtig sind.

*der Gradient der Notwendigkeit*

Um unser Thema sachgemäß einzugrenzen, lasse man mich noch zwei Gradienten darlegen. Der erste ist der Gradient der Notwendigkeit einer Erklärung. Erinnern wir uns beispielsweise an die vom Molekül bis zur Galaxie reichende Hantelform (Bild S. 65). Hinter dieser Ähnlichkeit wird niemand ernstlich dieselbe Ursache suchen; die Anti-Koinzidenz der Erscheinung ist viel zu groß. Wir reihen derlei,

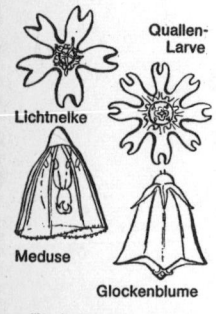

Lichtnelke
Quallen-Larve
Meduse
Glockenblume
*Ähnlichkeit ungewisser Ursache*

wenn man so sagen darf, zu den ›unnötigen Ähnlichkeiten‹, zu den Krücken verbaler Beschreibung. Daß unsere Sprachen von diesen wimmeln, das sagten wir schon. Unsicher aber werden wir etwa bei der Frage, ob die Ähnlichkeit der Sternform bei Blüten, Quallen und Seesternen, die Ähnlichkeit von Libellen und Helikoptern, von Gliederwürmern und Eisenbahnzügen, der Glocken- und Pfeilform, der Kuppelbauweise dieselbe Ursache anzunehmen verlangte. Aber beim Auftreten von perfekten Stromlinienformen, von Kugelgelenken oder optischen Linsen, bei Kolbenmotoren, Wirbelsäulen oder der Holzstruktur können wir uns der Annahme identischer Ursachen gar nicht entziehen. Nur von diesen, wie wir vermuten, funktionell-›notwendigen‹ Ähnlichkeiten sei im folgenden die Rede. Leider haben unsere Sprachen keinen Begriff für diese. Und den Begriff der Analogie muß ich noch über eine Seite hin vermeiden, denn er ist es, der uns das Wesen des vorliegenden Zusammenhanges so effektvoll verdunkelt.

*der Gradient der Trivialität*

Die zweite Abstufung unserer Haltung gegenüber mutmaßlicher Identität von Ursachen hängt mit einem Gradienten der Trivialität zusammen. Daß die Eier beispielsweise, die dasselbe Huhn legt, einander gleichen ›wie ein Ei dem anderen‹, das scheint uns ebenso erwartbar wie unproblematisch und daher selbstverständlich, wie daß die Ameisen eines Nestes, die Exemplare der vorliegenden Ausgabe dieses Buches oder der Bauserie einer Autotype einander aufs Haar gleichen. Wir verhalten uns dabei so, als wäre uns der Mechanismus, der hier am Werke ist, durchschaubar und selbstverständlich, was in den Einzelheiten, wie man zugeben wird, keineswegs so sein muß. Denn wie etwa aus der Übersetzung der genetischen Codices in die Proteine schließlich ein Mensch wird, das wissen wir ja heute noch nicht, und dennoch wundern sich nur wenige darüber, daß aus ihren Nachkommen immer wieder Menschen werden.

Gewiß haben Wunder wie das der Zeugung Mysterien, Mythen und Metaphysik inspiriert, nicht aber eine Lösung des Problems der identischen Ursachen. Die scheinbare Trivialität macht erst dort und in dem Maße dem Rätsel Platz, in dem die Ähnlichkeiten des Verglichenen sich abschwächen und die Koinzidenzen sich lockern.

Daß beispielsweise der Affenschädel in all seinen Teilen dem Menschenschädel entspricht, hat bekanntlich lange Zeit niemanden verwundert. Daß aber die Extremitäten von Delphin, Maulwurf, Hund und Pferd im Prinzip den unseren entsprechen, das gilt als Schulbeispiel für das Wunder der Erhaltung von Baugesetzen. Und daß schließlich unsere Ohrknöchelchen, Hammer, Amboß und Steigbügel (Bild S. 174) mit mächtigsten Knorpelstücken des Kiefers der Haie identisch sind[30] – dies herauszufinden, bedurfte es der ganzen Meisterschaft des vergleichenden Anatomen, und die Errungenschaft erntete die Bewunderung der ganzen Fachwelt; wiewohl die notwendig erscheinende identische Ursache solcher Erhaltung von Ähnlichkeiten ein völliges Rätsel blieb.

Nehmen wir eine zweite Reihe von Beispielen. In derselben Weise nimmt es nämlich kaum wunder, daß bei allen schnell laufenden Wirbeltieren, ob Strauß, Windhund, Gepard oder Pferd, die Beine lang und schlank werden; der Funktionszusammenhang ist zu offenbar. Daß aber das Wirbeltier- und das Tintenfischauge unabhängig voneinander Netzhaut, Cornea, Iris, Linse, Linsenmuskel, Glaskörper und Retina entwickelt haben, das zählt schon wieder zu den Lehrbeispielen der Anatomen, nun aber für das Wunder der Durchsetzung identischer Bedingungen der Optik. Und daß schließlich bei der Ritualisierung, wie noch detailliert angeführt werden wird, bei Fisch und Vogel, Säugetier und Mensch, wiederum unabhängig voneinander, dieselben Me-

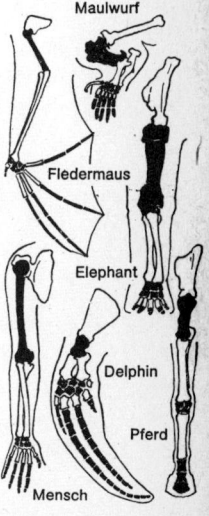

Ähnlichkeit von Vorderextremitäten

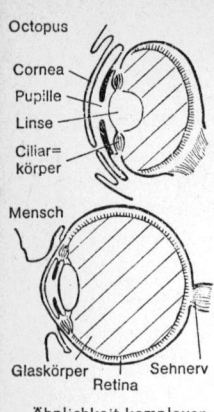

Octopus
Cornea
Pupille
Linse
Ciliar=
körper

Mensch

Glaskörper  Retina  Sehnerv

Ähnlichkeit komplexer Linsenaugen

tamorphosen der Ausgangsbedingungen auftreten, nämlich Funktionswechsel, Aggressionsbeherrschung oder Band-Knüpfung sowie Signal-Verstärkung, das zählt wieder zu den ebenso großen wie rätselhaft scheinenden Errungenschaften der Biologie.

Der Unterschied in der Aufnahme, welche diese Errungenschaften des Vergleichs finden, besteht auch heute nur darin, daß jene als rätselhaft hingenommen, diese noch gleichermaßen bewundert wie umstritten sind. Damit haben wir schon des Rätsels Lösung zur Hand: Wo nämlich wir berechtigt wären, nach dem Vorliegen identischer Ursachen zu fragen. Wir brauchen nur mehr die beiden Gradienten gegengleich anzuwenden. Lassen wir die ›unnötigen Ähnlichkeiten‹ weg und beginnen mit jenen, deren identische Ursache uns trivial erscheint:

Unter diesen Ähnlichkeiten mit notwendig identischer Ur-

der Ort der Ursache sache fragen wir nun, wo denn der Ort der Ursache eigentlich läge. Und sofort haben wir die höchst einfache Antwort: Beim Gleichbleiben der Schädelteile muß die identische Ursache innerhalb der Systeme des Verglichenen liegen, beim Schlankerwerden der Beine aber außerhalb. Sind es da die physikalischen Bedingungen des Milieus außerhalb der Tiere, die Gleiches durchsetzen, so müssen es dort die Erbanlagen sein, die in ihrem Inneren liegen. Nicht minder können es nur Binnenbedingungen sein, die vom Delphin bis zum Pferd, den Außenbedingungen des Milieus geradezu entgegen, die Beibehaltung desselben Bauprinzips durchsetzen; wie es bei den Augen die Außenbedingungen der Optik sein müssen, weil sie selbst bei unseren Photoapparaten die ganz entsprechende Anordnung von Schutzkappe, Linse, Linsenbewegung, Blende, Blendenstellung, Focusabstand und Filmebene durchgesetzt haben.

identische Ähnlichkeiten, die wir auf identische Binnenursachen zu-
Binnenursachen rückführen, haben stets denselben Ursprung und eine divergente Geschichte gemeinsam. Sie müssen, jeweils in einem einzigen Feld von Systemen, entstanden sein und können sich in den Grenzen, die ihre Gesetzlichkeit zuläßt, in verschiedene Richtungen auseinandergehend den zufälligen, verschiedenen Außenbedingungen anpassen. Die Binnenursachen des Anorganischen liegen in den Eigenschaften der Quanten, den Bindungsgesetzen der Atomkerne, ihrer Elektronenschalen und jener der Atome durch ihre Elektronen. Die Binnenursache der organischen Gestalt liegt in der Vererbung, die des Verhaltens in Vererbung und Nachahmung und die der Erhaltung der Ähnlichkeit in Zivilisation

und Kultur fast nurmehr in der Nachahmung. Was die Gene erhalten, nennen wir vererbt, was die Nachahmung weitergibt, tradiert. Und alle, auf identische Binnenursachen zurückführbare, divergente Ähnlichkeit heißt homolog. Wir sprechen sehr zu Recht von homologen Serien der Elemente, von homologen Genen, Organen, Reflexen und Instinkten, Verhaltensweisen, Bräuchen und Wortstämmen und könnten auch tradierte Stilelemente als Homologa bezeichnen. Zwei Jahrhunderte bewegter Diskussion haben dies nunmehr klargelegt.

Daß die Einheit der divergenten Ähnlichkeiten als erste erkannt wurde, ist großteils auf ihre Koinzidenzen, auf die Geschlossenheit der Ähnlichkeitsfelder zurückzuführen, die sie gemeinsam aufbauen; das periodische System der Elemente, das natürliche System der Organismen, die Stammbäume der Sprachen, Philosophien und Stile sind die Dokumente. Wir werden das alles belegen.

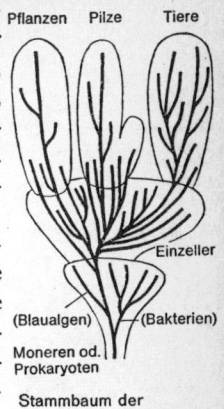

Stammbaum der Organismen

Ähnlichkeiten jedoch, die wir auf identische Außenursachen zurückführen müssen, sind durch den Begriff der Analogie verdunkelt worden. In ihm stehen ja die ›unnötigen Ähnlichkeiten‹, der verdächtige Analogieschluß sowie die notwendigen Ähnlichkeiten nach Außenursachen unreflektiert durcheinander. Und diese Mischung aus Unnötigem, Verdächtigem und Unreflektiertem ist der Grund, warum man den begründeten Homologien die ›bloßen Analogien‹ gegenüberstellte. Kurz, das Kind wurde mit dem Bade ausgegossen; die Funktionsanalogie wurde von der Zufallsanalogie nicht getrennt, die induktive Wissenschaft mißtraute ihrem ratiomorphen Lehrmeister und vergab eine entscheidende Quelle des Wissens. KONRAD LORENZ ist der erste, der in seinem Nobel-Vortrag ›Analogie als Wissensquelle‹ diesen Mangel klar aufgezeigt hat[31].

identische Außenursachen

Identische Außenursachen haben Funktionsanalogien mit ungleichem Ursprung und konvergenter Geschichte gemeinsam. Sie entstehen mehrfach durch die zufällige Begegnung verschiedener Binnenbedingungen mit identischen Außenbedingungen. Ihre Ähnlichkeiten nehmen zwar stetig zu, aber ihre Ausgangspunkte im Feld der homologen Ähnlichkeiten sind sehr verschieden: mit ein Grund, sie schwer zu erkennen. So sehr aber die Ausgangspunkte der Konvergenzen zufällig sind, sie sind immer der Anstoß zu neuem schöpferischem Geschehen.

Die Funktionsanalogien sind außerordentlich zahlreich. Niemand zweifelt, daß alle funktionellen Verstrebungen – Gelenke, Scheren, Stacheln, Stangen, Zangen, Backen, Zäh-

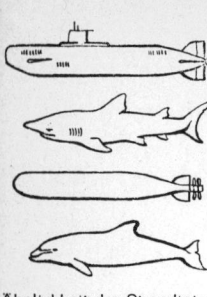

Ähnlichkeit der Stromlinie

Orchidee als Wespen-Weibchen

Gespensterschrecke als wandelndes Blatt

Ähnlichkeit der Mimikry

falsche Analogie

ne, Beine, Flossen, Flügel – jeweils identische Ursachen haben, ob sie nun in den verschiedensten Organismen oder Maschinen stützen, bewegen, schneiden, stechen, fassen, halten, mahlen, laufen, im Wasser oder in der Luft gleitend stabilisieren sollen. Kein Zweifel kann bestehen, daß alle Stromlinienform, ob in Torpedo oder Delphin, U-Boot oder Hai, ihre Ähnlichkeit ausschließlich den Grenzschicht- und Verdrängungsbedingungen schneller Bewegung im dichten Medium verdanken; ihre Unterschiede den Grenzen, in welchen diesen ein Geschoß, ein Säuger, ein Fahrzeug oder ein Knorpelfisch folgen kann. Niemandem fiele es ein, hier viererlei Ursachen anzunehmen.

Die Funktionsanalogien können zudem sehr differenziert sein. Man denke daran, daß sich das ganze Arsenal der Pinzettenzangen, der Spitz-, Schneide-, Greif-, Brech- und Beißzangen der Krebse in unserem Werkzeug struktur- und funktionsgerecht wiederfindet. Sie können auch erstaunliche Unterschiede überbrücken, zum Beispiel bei Orchideen, die mit der Lippe ihrer Blüte schwirrende Insektenweibchen nachbilden, um durch die angelockten Männchen bestäubt zu werden; wie umgekehrt die ›wandelnden Blätter‹ eine Gruppe von Heuschrecken, Blätter in Form, Struktur und Farbe zur völligen Unentdeckbarkeit imitieren. Die Konvergenz mancher Mimikry kann, wie uns WICKLER nachweist, so weit gehen, daß sie selbst den Fachmann irreführt[32]. Die Ursache, der Zweck, sind dann besonders augenfällig.

KONRAD LORENZ hat in seinem Vortrag anläßlich der Nobelpreis-Verleihung überzeugend dargetan, daß es ›falsche Analogie‹ praktisch nicht gibt. Diese Entdeckung allein ließe uns fast alles Gesagte ableiten. Selbstverständlich! Falsche Analogien kann es so wenig geben wie falsche Ähnlichkeit. Was an einer Analogie falsch sein kann, ist die Annahme identischer Ursache. Und was nun über die Wahrscheinlichkeit identischer Ursache entscheidet, das wissen wir ja bereits. Es ist wieder die Zahl der entsprechenden Lagestrukturen mal den Koinzidenzen, abzüglich der Koinzidenzlücken und gebrochen durch die Anti-Koinzidenzen, nunmehr innerhalb eines Feldes von Funktionsähnlichkeiten (von Zangen, Gelenken, Stromlinienformen), die als Potenz über einer Wahrscheinlichkeit stehen. Daß einer unter den funktionellen Flügeln nicht das Fliegen, daß einer der funktionellen Kolben nicht die Wandlung von Druck und Bewegung zur Ursache hätte, das ist von derselben astronomischen Unwahrscheinlichkeit, wie daß der Zufall Hunderte

Male den Adler werfen oder daß die Schimpansen- und Menschenhand zufällig zweierlei Ursprung haben könnten. Die Unsicherheit ist da wie dort nur eine Funktion von Merkmalsarmut und mangelnder Koinzidenz.

Was die Absicherung der Funktionsanalogie erschwert, ist die Vielfalt, die Heterogenität ihrer Felder gegenüber den Ähnlichkeitsfeldern der Homologie. Hier spiegeln sich der Zufallscharakter der Begegnung und die unterschiedliche Reaktion verschiedener Binnen- auf identische Außenbedingungen. Beides wird uns durch die ganze Genesis beschäftigen. Man denke an die verschiedene Reaktion der Innen- und Außenskelette auf eine erforderliche Gelenkbildung. Man bedenke, in welch vielfältiger Weise, je nach der zufälligen Begegnung der identischen Aufgabe mit vorgegebenen Strukturen, das Nahrungs-Filtrieren der Tiere, durch Porenfelder, Lamellen, Fiederborsten, Schleimnetze, entsprochen werden kann. Wo immer versucht wurde, die Organismen nach ihren Funktionen, den Lebensformtypen – wie Räuber, Filtrierer, Stechsauger, Wühler usf. – in ein Gesamtsystem zu bringen, wird dieses künstlich, so natürlich es im Detail ist. Die Zufallsverteilung im Auftreten funktionsanaloger Ähnlichkeitsfelder zählte eben zu ihren Kennzeichen.

Was die Deutung der funktionellen Ursachen erschweren kann, das ist die Möglichkeit, trotz richtig erkannten Zusammenhanges die Funktionsrichtung verkehrt zu vermuten. So kann man einen strombetriebenen Kompressor für ein von einem Kolbenmotor betriebenes Stromaggregat, eine Flußmühle für ein verankertes Flußfahrzeug mit Heckschaufel-Rädern halten[33]. So ist gelegentlich ein Leuchtorgan mit einem Auge verwechselt worden: So kann man auch einen Gewindebohrer für eine Schraube, einen Projektor für eine Kamera, einen Lochdehner für eine Zange, eine Sende- für eine Empfangsantenne halten. Dennoch ist stets der Ansatz richtig.

Die Unterschiede in den Feldern homologer und funktionsanaloger Ähnlichkeit zählen selbst zu den Abgrenzungskriterien der Ursachen. Würden die beiden völlig zur Deckung kommen, wir würden zwischen inneren oder äußeren Ursachen nicht entscheiden können. So ist aus der Grundlage des Rades, zentraler Nabe und rundem Umfang, die bei allen Rädern gegeben ist, wie aus der Anwendung der Desoxyribonucleinsäure, in der Vererbung aller Organismen, noch nicht zu schließen, daß sie nur einmal erfunden worden wären. Erst die Einzelheiten, die verschiedene funktio-

*die Abgrenzungskriterien*

nelle Lösungen erwarten ließen, lassen dies annehmen. Wo immer aber sich die Felder nicht decken, wird die Abgrenzbarkeit möglich. Wo immer sich koinzidente Felder mit nicht koinzidenten überlagern, werden die ersteren homologe, die letzteren funktionsanaloge Ursachen haben. Und sobald auch immer die Binnengesetzlichkeit der Systeme groß genug wird, um hinsichtlich ihrer Identität keine Zweifel zu lassen, beginnen sich die identischen Außenbedingungen deutlich abzuheben.

Dies ist besonders ab der Ebene der Organismen unverkennbar. Mehrfach sehen wir das Herz, wie bei den Gliedertieren, Mollusken und Wirbeltieren, vielfach Flossen, Köpfe, Beine, Flügel, Stoßzähne, ja alles entstehen, was die Evolution durch das Setzen neuer Aufgaben im Gange hält. Im Verhalten entstehen die funktionsanalogen Taxien und Phobien, Flucht- und Angriffsreflexe, die Nestbau- und Pflegeinstinkte, die aggressionshemmenden und die ehegründenden Rituale; in den nichtverwandten Sprachen entstehen funktionsanaloge Begriffe, also die vielen gleichbedeutenden Worte verschiedenen Sprachstammes, in den Kulturen die funktionsanalogen Treppen, Tempel und Pyramiden.

Ähnlichkeiten besonders frappanter Art entstehen bei

*gleichgerichtete Binnen- und Außenbedingungen*

gleichgerichteten Binnen- und Außenbedingungen; man kann auch sagen, wo identische Außenursachen zufällig an homologen Binnensystemen angreifen. Wenn beispielsweise, wie bei männlichen Gorillas oder Hyänen, die mächtigen Kaumuskel vermehrte Ansatzfläche brauchen, erhebt sich der Knochen der Scheitelbeine zu einem völlig gleichgebauten Kamm. Der Zoologe nennt solche Ähnlichkeiten homoiolog. Sie betreffen auch komplexe Systeme. Man denke daran, daß den Außenbedingungen des Fliegens dreimal auf der homologen Grundlage der Vierfüßer-Extremität entsprochen wurde. Das führte dazu, daß alle mit den Fingern fliegen; die Flugsaurier taten es mit einem, die Urvögel mit dreien, die später verschmolzen, die Fledermäuse mit deren vier (Bild S. 173); während der Arm, besonders der Oberarm, stets verkürzt wird. Man kann sich leicht vorstellen, wie oft nun etwa funktionsanaloge Triebe auf homologen Reflexschaltungen, funktionsanaloge Ritualisation auf homologen Instinktmustern haben aufbauen müssen; wie sehr derlei in Sprache und Kultur ineinandergreift. Dies wird uns durch den ganzen Text begleiten.

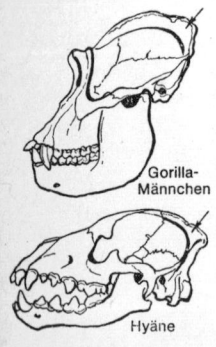

Gorilla-Männchen

Hyäne

Ähnlichkeit von Scheitelbeinkämmen

Nachgerade an Zauberei gemahnen aber unter solch gleichgerichteten Evolutionsursachen jene, bei welchen Binnen-

und Außenursache zudem noch gleichsinnige Funktionsmuster fördern. Man denke daran, wie oft die Pflanzenwelt die Baumform entwickelt hat; hier haben die inneren Wachstums- und Festigkeitsbedingungen stets im Sinne jener auf Oberflächenvergrößerung und Winddurchlässigkeit drängenden Außenfaktoren gewirkt. Man denke an die Universalität der dichotomen Verzweigung[34] bei den verschiedensten Pflanzen- und Tiergruppen, die hexagonale Bauweise bei Insektenaugen, Bienenwaben, Moostierkolonien. Man denke an die Rechteck-Bauweise, die von der Formökonomie der Ziegel-, Zimmer- und Hausrechtecke bis zum Schachbrettmuster der modernen Städte Binnen- und Außenursache gegenseitig verstärken und zur Unvermeidbarkeit zementieren. Und immer wieder werden wir das Prinzip der Hierarchie als ein optimales Organisationsmuster wiederkehren und als innere Voraussetzung wie als äußere Bedingung sich wechselweise verstärken sehen.

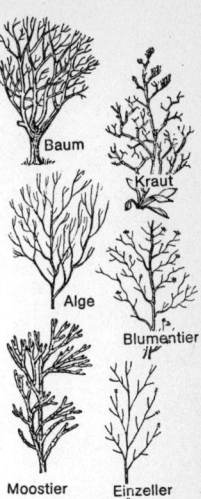

Formen dichotomer Verzweigung

Nicht nur Notwendigkeit allein, ein ganzes System von Notwendigkeiten läßt die Kausalitätshypothese erwarten. Im Sinne KANTS zweifellos A-priori für das Individuum; aber ebenso gewiß A-posteriori für die Geschichte seiner Vorfahren; durchgesetzt zu dem lebenserhaltenden Zweck einer Ökonomie der Trefferwahrscheinlichkeit, eine immer wieder quellende Menge an Fakten in einem immer begrenzten Nervensystem speichern und verarbeiten zu können. Und, was eine Ursache, was Kausalität selbst eigentlich sei, das brauchte bislang ja noch gar nicht geklärt zu werden.

In das Wunderland dessen, was wir Ursache und Erklärung nennen, kommen wir bald ausführlicher zurück. Hier muß ich aber noch die weiteren Anker zeigen, die wir im Ungewissen längst besitzen. Sie bestehen aus etwa vier Erwartungen, die wir an die vermutete Wirklichkeit herantragen und die wir die Dependenzhypothesen nennen könnten.

In den vier Dependenzhypothesen wird angenommen, daß in der beobachtbaren Welt mit steten Ordnungsmustern zu rechnen sei. Im Fundus der Volksweisheit finden wir entsprechend die Annahme, ›jedes Ding hätte seine Ordnung‹. Tatsächlich bilden vier Realmuster den natürlichen Hintergrund. Aber sie sind in einer Weise universell, von den Quanten und Atomen, über alle Seins-Schichten, bis in die Muster der Kultur reichend, daß man sie für Projektionen von Denkmustern gehalten hat; für Ordnungsmethoden und nicht für die Realität[35]. Und wir selbst werden alle weiteren Kapitel benötigen, um den Nachweis, ja die Notwendigkeit ihrer Realität durch alle Schichten zu beweisen.

die Dependenzhypothesen

Eine Normenhypothese erwartet identisches Wiederkehren von Strukturen und Positionen. ›Jedes Ding ist von seiner Art‹, sagt der Volksmund. Die Erfahrung von den Quanten bis zu den Flugzeugen standardisierter Strukturen, ihrer Reihen und Symmetrien, steckt dahinter. Tatsächlich ist die Bestätigung dieser Erwartung die Voraussetzung von Gesetzeserkenntnis überhaupt. Wo sich nichts wiederholt, kann keine Hypothese bestätigt werden.

Eine Interdependenzhypothese erwartet Stetigkeiten in der Korrelation der Merkmale; die ›stets zwei Seiten jedes Dinges‹. Darin steckt die universelle Voraussetzung einer festen Kombination gewisser Untermerkmale, während andere wechseln; gleichwohl in allen Gegenständen wie Begriffen, gleichwohl nach Lage und Struktur. Von ihrer Auflösung leben die phantastische Literatur und die bildende Kunst von HIERONYMUS BOSCH bis zum Surrealismus (Bild S. 230 und 231).

Eine Hierarchiehypothese erwartet darüber hinaus das Herrschen jener speziellen Interdependenzmuster, in welchen jeglicher Gegenstand in einem Schachtelsystem ruht; wobei ein jeder in der Reihe durch seine Untersysteme spezifisch strukturiert, durch das Übersystem, in welchem er ausschließlich erscheint, seinen Platz erhält; wodurch ›jedes Ding an seinen Ort‹ gehört. Und wieder ist die Spiegelbildlichkeit von Welt und Denken da, denn wir können dasselbe mit der Feststellung sagen, daß jeder unserer Begriffe nur durch seine Unterbegriffe Inhalt, durch seine Überbegriffe Sinn erhält. Die Einzelerfahrung ist Sache des Individuums, die Erwartung des Musters, die es auch in jene Gebiete trägt, in welchen es die Erfahrung erst zu suchen beginnt, beruht auf der Erfahrung seiner Phylogenie. Und wenn wir vom Überbegriff, welchen Begriffs auch, immer die nächst umfassenderen Überbegriffe aufsuchen, dann enden wir stets bei Sein und Substanz, bei Kausalität und Notwendigkeit oder bei Raum und Zeit; und wenn wir die Unterbegriffe stetig weiterzerlegen, dann bei Punkt und Gerade oder bei Zahl und Symmetrie. Die denkbar größten haben keinen Überbegriff mehr. Wir finden keinen Sinn mehr hinter ihnen, und sie erscheinen uns, nach der KANTschen Fassung als A-priori der Vernunft[36]. Die denkbar kleinsten haben keinen Unterbegriff mehr. Wir finden keinen Inhalt mehr in ihnen. Wir nennen sie die Axiome, und sie scheinen uns wie A-priori der Logik und Mathematik.

Tradierungshypothese  Eine Tradierungshypothese schließlich ergibt sich, wenn wir den bisherigen Hypothesen die Zeitachse hinzufügen. In

ihr nehmen wir an, daß jedes Ding seine Herkunft habe und daß die Ähnlichkeit der Herkunft ihrer eigenen Ähnlichkeit entspräche. Auch dies kennt die Volksweisheit: ›Natur macht keine Sprünge‹. Und wenn wir die Hypothese auflösen, finden wir uns in der Welt der Märchen, wo die böse Prinzessin zur Schlange wird, die gute aber zu einer Rose.
All dies sind Anker für unsere Ratlosigkeit, Denkvoraussetzungen, Aussichten, eine Welt zu verstehen, die uns mit Ungewißheit umgibt, den Einzeller wie den Menschen. Ich werde die Notwendigkeit dieser A-priori aus ihren geradezu unglaublichen, lebenserhaltenden Leistungen noch begründen, sowie ihre Unentbehrlichkeit für unser Denken nachweisen; aber nicht minder die Irrtümer, in die sie uns in allen Randgebieten treiben. Denn sie sind alle nur Selektionsprodukte, a posteriori selektiert im Normalbereich der Konditionen des Überlebens; pragmatische Wahrscheinlichkeit, das heißt einer Praxis des ›scheinbar‹ Wahren. Sie sind das Produkt unserer jahrhundertelangen Zweifelei. Und sie sind alle Teile einer Universalhypothese, der Hypothese einer universellen Ordnung dieser Welt.
Wir sagen uns: Eine Welt ohne Ordnung wäre weder erkennbar noch denkbar. Wie aber erhalten wir Gewißheit über diese? Wo enden Wunsch und Phantasterei, wo die mögliche Verwechslung von Denken und Realität? Wir müssen weiter in die Wissenschaft von der Ordnung.

## Information über Gesetz und Ordnung

> Sonst hättest du dergleichen weggeflucht,
> Doch jetzo scheint es dir zu frommen;
> Denn wo man die Geliebte sucht,
> Sind Ungeheuer selbst willkommen.
> (*Mephistopheles*, Faust II 7191)

Zu wissen, daß wir nichts wissen, war bislang das Beste, was wir wissen. Vermeintliche Gewißheit ist ja ebenso oft ein Zeichen der Dummheit wie vermeintlicher Zweifel eines der Weisheit. Hypothetische Erwartung und ihre Bestätigung enthalten die Lösung. Und mit ihnen ist die Voraussicht, welche die Wissenschaften über diese Welt gewonnen haben, zum Inhalt von einer Million Bände angewachsen. Diese beschreiben den Umfang dessen, was sich voraussehen läßt, und in viel kleinerem Umfang das, was sich der Voraussicht entzieht. Und, merkwürdig genug, der Umfang des nicht Vorhersehbaren hat sich – wie wir wissen – als erster messen lassen. Informationstheorie und Physik entdeckten zuerst jenen Gehalt an Voraussicht, den wir nicht haben können oder doch verlören, sobald wir ihn hätten – durch CLAUSIUS, BOLTZMANN und PLANCK, SZILARD, SHANNON und WEAVER[37]; während wir um die Fassung jener Voraussicht, die wir längst haben, noch immer ringen. Hat uns der Teufel angeführt?

**Informationsgehalt** Der Informationsgehalt dessen, was wir nicht vorhersehen, setzt sich zusammen aus dem, was wir noch nicht wissen, und dem, was wir nicht wissen können, das heißt aus der Unkenntnis und dem Fehlen von Festlegung in der Natur, von Absicht oder Notwendigkeit, also aus dem vermeintlichen wie aus dem wirklichen Zufall. Die Unterscheidung ist uns zunächst verwehrt, und wo sie schrittweise möglich wird, nennen wir das Lernen.

Wann etwa die Sechs im Kinder-Roulette[38] fallen wird, ist nicht zu sagen. Nur die sehr lange Beobachtung wird lehren: jedes 32. Mal; und zwar dann, wenn das Spiel ein Repertoire von 32 gleichen Möglichkeiten enthält. Stellt man sich vor, daß der Zufall vor gleichwertigen Ja-Nein-(a oder b)-Wahlentscheidungen stünde, um die Sechs aus 32 zu wählen, so müßte er sich, wie die Abbildung zeigt, fünfmal entscheiden. Solche Entscheidungen heißen in der Fach- oder Computersprache ›binary digits‹ oder kurz ›bit‹-Information und sind ein präzises (logarithmisches) Maß für unsere mangelnde Voraussicht; Indeterminations-Entscheidungen oder bit$_I$ will ich sie nennen.

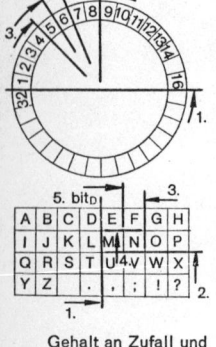

Gehalt an Zufall und Notwendigkeit

Man sieht aber leicht ein, dies geht auf SCHRÖDINGER und BRILLOUIN zurück[39], daß eben solche fünf Entscheidungen notwendig sind, wenn etwa ein Setzer oder eine programmierte Maschine den Buchstaben ›F‹ aus den 32 Lettern des Setzkastens zu wählen hat. Doch bei diesem Informationsgehalt handelt es sich in nachgerade spiegelbildlicher Weise nicht um unbekannte oder unaufklärbare Entscheidungen, sondern um solche, die von einer determinierten Absicht oder von einem nicht minder determinierten Programm gelenkt werden; um Determinationsentscheidungen. Nennen wir sie bit$_D$.

**Determinationsgehalt** Ein solcher Determinationsgehalt beschreibt nun den Inhalt an Gelerntem, an Organisation oder Konstruktion, also das Gegenteil des Indeterminationsgehaltes, und wo überall wir etwas vergessen, dem Zufall oder dem Ungewissen überlassen, verlieren wir Einsicht und Voraussicht und ernten dafür Unkenntnis und Ratlosigkeit.

Tatsächlich kann sich unsere Vermutung herrschenden Zufalls (in bit$_I$) rückstandslos in die Einsicht herrschender Absicht oder Determination (in bit$_D$) verwandeln. Erforschen wir zum Beispiel eine Art Spielautomaten, der über 32 Zahlen verfügt. Die ersten 22 Zahlen, die er ausgibt, lauten:

```
1   . . . 5  . . . . 10 . . . . 15 . . . . 20 . 22
08 09 05 18 27 08 05 18 18 19 03 08 20 27 01 02 19 09 03 08 20 31
```

Unser Verrechnungsapparat wie die Nachrechnung sagen uns, hier wird der Zufall walten. Der Kasten ist also eine Art Roulette. Der Informationsgehalt enthält 5 bit$_I$ Zufallsentscheidungen pro Ziffer, also bei 22 zusammen 110 bit$_I$. Erfahren wir nun, daß die Zeichen 1 bis 26 die Buchstaben a bis z und 27 bis 32 die Zeichen ›Spatium . , ; ! ? ‹ bedeuten, so dechiffrieren wir den Satz:

```
1   . . . 5  . . . . 10 . . . . 15 . . . . 20 . 22
```
*h i e r    h e r r s c h t    a b s i c h t !*

und 110 bit$_I$ Ratlosigkeit verwandeln sich in 110 bit$_D$ an Einsicht in determiniertes Geschehen.

Tatsächlich finden wir uns beim Lernen und Forschen, selbst beim Konstruieren in derselben Lage. Wenn wir den Inhalt eines Puzzles oder eines Radiobaukastens in einer Lotterietrommel gut mischen und ein blindes Mädchen ziehen lassen, dann erhalten wir den ganzen Inhalt in bit$_I$, setzen wir das Puzzle oder den Baukasten nach der Anleitung zusammen, so wandeln wir alle Entscheidungen in bit$_D$ und empfangen das determinierte Bild des Schneewittchens oder die nicht minder absichtsvolle Sendung der Morgengymnastik. Und wenn uns jemand das Schneewittchen durcheinanderbringt oder aber die Lötstellen, so daß es in der unvorhersehbarsten Weise knistert und rauscht, so verwandelt sich wieder Ordnung in mehr und mehr Unordnung oder Chaos.

Ich werde zu zeigen haben, daß die Strategie der Genesis in derselben Weise verfährt, indem sie den Zufall in Notwendigkeit überführt, Chaos in Ordnung verwandelt. Es ist auch längst erkannt worden, daß die erste Fassung des Informationsbegriffes der Entropie (S) entspricht, der Menge an Chaos, der zweite aber der negativen Entropie (der Negentropie, -S) oder der Menge an Ordnung in einem physikalischen System. Aber da S nicht gleich -S sein kann, ist, wie erinnerlich, eine Debatte darüber entstanden, ob nun SHANNON oder aber BRILLOUIN ein Vorzeichen verwechselt hätten[40]. Sicher hat das keiner der beiden und ebensowenig

*Zufall in Notwendigkeit überführt*

eines der bereits zahlreichen Werke, die sich dem einen oder aber dem anderen Theorem angeschlossen haben. Sie sind sogar, wie ich annehme, erst gemeinsam vollständig, denn der Zufall läßt sich ja nur in Grenzen von Notwendigkeit bemessen, wie umgekehrt eine Insel von Notwendigkeiten im Meere des Zufalls. Wie könnte ich das Zufallsspiel der Würfel oder der Gasmoleküle bemessen, behielten nicht der Würfel oder die Gasflasche definierte, konstruktive Festlegung. Wie könnte ich den Organisations- und Konstruktionsgehalt eines Organismus oder einer Maschine berechnen, betrachtete ich nicht alles jenseits ihrer Grenzen – die Farbe des Labortisches, die Uhrzeit, die Knöpfezahl an meinem Arbeitsmantel – als für die Sache zufällig. Jedes bit Einsicht, das ich beim Lernen einer Sache gewinne, muß ich als bit Ratlosigkeit verlieren. Und was beim Lernvorgang noch feststellenswert ist, ist in den übrigen Systemen schon fast eine Selbstverständlichkeit. Jede Zunahme der Voraussicht, die bei der Kristallisation über die Lage der Moleküle gewonnen wird, muß mit der abgeführten Wärme durch die Wärmebewegung über die Lagevoraussicht der Moleküle in seiner Umgebung verlorengehen. Jedes bit Ordnung, das ein Organismus bei seiner Entwicklung aufbaut, muß mit der Degradierung der Ordnung, die sein Futter enthält, verlorengehen. Die Summe an Ordnung und Unordnung eines geschlossenen Systems ist ja schon definitionsgemäß konstant; und wenn dieses Universum ein geschlossenes System sein sollte, dann – wie wir sehen werden – auch in diesem.

Soviel zur Ambivalenz des Informationsbegriffes. Der nächste Begriff von Wichtigkeit ist der der Redundanz. Darunter versteht man üblicherweise jenen Teil einer Nachricht, der weggelassen werden kann, ohne den Gehalt derselben zu schmälern. Aber so wie der Informationsgehalt befremdlicherweise zunächst den Grad unserer Ratlosigkeit beschrieb, wird uns gerade jener Gehalt an Unnötigem zur nötigsten Voraussetzung des Erkennens von Gesetzmäßigkeit, einer Voraussicht von deren Existenz. Diese Ambivalenz der Redundanz besteht also darin, daß das, was für die Beschreibung einer Gesetzlichkeit unnötig, für deren Erkenntnis das Nötigste ist.

*Redundanz und Voraussicht*

Freilich, die zweite Zustellung desselben Telegrammes sagt uns, falls das erste nicht verstümmelt war, um nichts mehr als die erste. Es ist unnötig; denn das Vorliegen einer Absicht setzen wir beim Telegramm voraus. Aber man erinnere sich nur unseres Münzenspiels. Was wissen wir über das

Vorliegen von Absicht oder Zufall, wenn das erste Mal der Adler fällt? Nichts! Und beim zweiten und dritten Mal? Noch immer nichts mit Gewißheit. Viele wiederholt bestätigte Voraussichten sind nötig, bis unser mit Wahrscheinlichkeiten operierender Verrechnungsapparat in der Lage ist, das Vorliegen von Absicht, Notwendigkeit oder Determination zu erkennen. Einmaligen Ereignissen können wir ihre Notwendigkeit niemals ansehen, seltenen nie mit Gewißheit. Die dem Inhalt nach unnötige Wiederholung entspricht dem Kehrwert der sich uns erschließenden Gewißheit.

Freilich können wir mit der gewonnenen Gewißheit aus 100 Würfen zurückschauend feststellen, daß schon die erste Kopf-Adler-Entscheidung, das erste $bit_D$, einer Absicht entsprochen haben mußte und daß alle weiteren 99 Würfe 99 redundante Entscheidungen beinhalten. Doch gelingt das eben nur in der Rückschau.

Es ist dabei für das Wahrscheinlichkeitskalkül über das Vorliegen von Gesetz oder Absicht – wie erinnerlich – einerlei, ob die Münzen gleichzeitig oder nacheinander fallen, die Ereignisse simultan oder sukzedan übereinstimmen. Die Zufallswahrscheinlichkeit, daß 100 aus einem Sacke geschüttelte Münzen alle den Adler zeigen, ist ja genauso gering wie dasselbe nach 100 Einzelwürfen. Die Maschine jedoch, die in der Lage wäre, 100 Münzen unabhängig, verschiedenartig und gleichzeitig determiniert zu werfen, benötigt den 100-fachen Konstruktionsaufwand oder Gesetzesgehalt als jene, die eine einzige Münze determiniert, denselben Vorgang aber 100mal nacheinander anwendet. Hinsichtlich des Verhältnisses von Aufwand und Wiederholung also unterscheiden sie sich sehr; hinsichtlich ihres Konstruktionsaufwandes wie 100 zu 1, hinsichtlich dessen Anwendung wie 1 zu 100.

Diese Überlegung bestätigt die Lösung unseres allgemeinen Vergleichs-Theorems und wird uns später zur Lösung und Wägung des speziellen, in der Strukturforschung so fundamentalen Homologie-Theorems wichtig werden. Hier ist zunächst von Bedeutung, daß die Wahrscheinlichkeit der Ordnungserwartung, aber gleichermaßen auch der Ordnungsgehalt eines Systems aus dem Produkt einer teils qualitativen und einer rein quantitativen Größe folgt. Ordnung, so definieren wir den entscheidenden Zusammenhang, ist Gesetz mal Anwendung. Und wir messen den Ordnungsgehalt (in $bit_D$) als das Produkt aus den für den Gesetzesgehalt, die Absicht oder den Konstruktionsaufwand erforderlichen Entscheidungen (in bit_G) mal der Anzahl seiner Anwendungen (a).

**Ordnung als Gesetz mal Anwendung** Ordnung als Gesetz mal Anwendung befriedigt nun ganz die Erwartungen, welche schon unser vorbewußter Verrechnungsapparat an diese Welt stellt. Ob es sich um zwei identische Kristalle handelt, zwei Pantoffeltierchen im Wassertropfen, zwei Bände derselben Ausgabe im Regal oder um dasselbe Kinderlied im Gedächtnis zweier Kinder – wir erwarten, daß der Ordnungsgehalt verdoppelt, der Gesetzesgehalt aber gleich geblieben ist. Und wir erwarten, daß ein Gesetz, eine Konstruktion oder Absicht, die nicht angewendet werden, auch keinerlei Ordnung schaffen. Ja wir erwarten, daß selbst die umständlichste, wortreichste Verordnung – ist sie kaum verständlich, selten anwendbar und bald wieder vergessen – ebenfalls kaum Ordnung schafft, während die einfachste physikalische Funktion, folgt ihr alle Materie, eine Welt voll Ordnung zur Folge hat. Da nun unser vorbewußter Verrechnungsapparat ein Selektionsprodukt eben einer Realität sein muß, die er verrechnet, so ist seine Annahme, weil erfolgreich, wahrscheinlich auch richtig. Somit haben wir wieder eine Hypothese gewonnen, eine synthetische, und wieder einen universellen Anker im Ungewissen, dessen Haltevermögen in den verschiedensten Seegängen unserer Probleme allerdings immer wieder zu prüfen sein wird.

Ordnung, so erwarten wir, muß ein universelles Maß sein. Es muß für die Materie, für das Lebendige sowie für das Denken gelten. Es muß ebenso dem Umfange möglicher Voraussicht entsprechen und sich gleichermaßen für Lernen, Forschen und Konstruieren anwenden lassen. Kurz, alles was uns in diesem Kosmos geregelt und vorhersehbar erscheint, ja sogar all das, was wir uns als vorhersehbar wünschen, Weisheit, Harmonie und Ruhe, Frieden, Recht und Hoffnung, sind Ausdrücke dieses Maßes. Alles, was wir erwarten können und zu erwarten hoffen, ist eine Form der Ordnung. Oder scheint dies nur so, weil wir dies erhoffen?

Die Meßeinheit ist die vollzogene, determinierende Entscheidung, und die Verifikation liegt in der bestätigten Voraussicht. Aber was ist eine Entscheidung? Entscheidungen sind in allen Ebenen möglich. Selbst wenn wir bei gleichwertigen Binärentscheidungen bleiben, zeigt schon die Praxis unseres Denkens, daß wir zwischen Ja und Nein oder Eins und Null, zwischen Ein und Aus, Schrauben und Muttern, Sendern und Empfängern entscheiden, zwischen Lyrik und Prosa und zwischen Gott und der Welt. Hierarchisches Denken erlaubt Entscheidungen in allen hierarchischen Ebenen. Es folgt – wie wir sehen werden – einer in Hierarchieschichten determinierten realen Welt, wobei jede Möglichkeit determinierender Entscheidung in jeder Schicht alle schon getroffenen Entscheidungen aller Unterschichten zur Voraussetzung hat. Man denke an Hahn oder Henne, Hoden oder Ovar, Spermium oder Eizelle, X- oder Y-Chromosom, an die Aminosäuren Glycin oder Alanin, das molekulare Zeichen für Tymin oder Adenin, die Zustände von Bindung und Antibindung, Kern oder Elektronenschale, Quant oder Antiquant. Die Natur wie das Denken entscheiden in allen Ebenen, und wir werden in jeder derselben die Entscheidungen zählen können, solange wir die Ebene einwandfrei definieren: in Abstrakta, Arten, Homologa, Molekülen usw.

Freilich bestimmen wir damit die Ordnungsgehalte nur einer Schicht und können nur in ihren Grenzen vergleichen. Fragen wir dagegen nach dem gesamten Formen- oder Ordnungsgehalt eines Systems, so sind sämtliche Vorausentscheidungen zu summieren, und es wird sich zeigen, daß die tiefsten oder fundamentalsten in den Eigenschaften der Quanten, den Symmetrien der Materie liegen. »Die erste Materie kann durch nichts anderes charakterisiert werden als durch die Form, die an ihr gefunden werden kann«, sagt C. F. VON WEIZSÄCKER. »Alle Formen bestehen aus Kombinationen von letzten, einfachen Alternativen.«[41]

Wie groß sind nun die Ordnungsgehalte in den einzelnen Schichten und Systemen? Man weiß, daß die Lettern-Entscheidungen etwa unserer Bücher in den Millionen, die Relaisentscheidungen der größten Maschinen in den Milliarden $bit_D$ liegen, die molekularen Ordnungsgehalte der Organismen vom Bakterium mit Billionen ($10^{12}$) bis zum Menschen mit Quadrillionen ($10^{24}$) bemessen werden und daß der atomare und Quanten-Ordnungsgehalt beispielsweise des Lesers Quintillionen ($10^{30}$), also eine Zahl mit 30 Stellen, erreicht und übersteigt. Dies wurde schon von QUASTLER und BRILLOUIN deutlich gemacht[42]. Und bei all dem handelt es sich um Voraussichten, die wir über die von der Natur in ihren Systemen schon getroffenen Determinationsentscheidungen bereits besitzen, die sich nachgerade beliebig oft durch Wiedervoraussage und Nachprüfung bestätigen lassen (Bild S. 114).

Wie umfänglich und gewiß aber auch manche uns mögliche Voraussicht ist, stets operieren wir in einer Welt von Wahrscheinlichkeiten. Tatsächlich ist, wie wir wissen, nichts ge-

eine Welt von Wahrscheinlichkeiten

wiß und hohe Vorhersehbarkeit eine Folge umfänglicher Kenntnis im Falle weitgehender Unterdrückung des mikrophysikalischen Zufalls. Kognitiv enthält unsere Haltung am Anfang stets ein Maß an Ratlosigkeit, und unsere Erwartung, ob, wann und wie häufig ein Ereignis eintreten werde, ist rein subjektiv. Eine solche subjektive Wahrscheinlichkeit[43] ist von Stimmungen und Wünschen bestimmt und recht unabhängig von der Richtigkeit vermeintlicher Erfahrung. Sie reicht vom ›Es wird schon nichts passieren!‹ bis zum ›Nun werde ich's doch endlich finden‹; und Wetten auf dieser Grundlage werden leicht verloren.

Je mehr Erfahrung in rationaler Anwendung die Erwartung korrigiert, um so mehr nähert man sich dem, was CARNAP eine logische oder induktive Wahrscheinlichkeit nennt[44]. Sie verbessert die Erfolgschancen jener induktiven Methode, mit der wir operieren; sie ist aber nur insofern logisch, als der rationale Apparat zum Einsatz kommt und die axiomatische Logik durch die Wahrscheinlichkeitslogik ergänzt werden könnte. Die Erfolgschancen der Wette steigen.

Die objektive Wahrscheinlichkeit schließlich beansprucht, eine Aussage über die Realität zu sein. Ihre Definition hat LAPLACE schon 1812 in dem Sinne gegeben, als unendlich viele Beobachtungen die Wahrscheinlichkeit eines Ereignisses angeben lassen müssen[45]. Anwendbar ist freilich nur eine Interpretation, die angibt, mit wie vielen Beobachtungen man der objektiven Wahrscheinlichkeit in welchem Gewißheitsgrade nahekommt[46]. Die Wette beginnt, unfair zu werden.

Diesen Weg von der subjektiven über die logische zur Interpretation der objektiven Wahrscheinlichkeit muß wohl jeder kognitive Prozeß zurücklegen; vom kognitiven Prozeß der Funktionen der lebendigen Strukturen bis zu dem der Wissenschaftslehre. So haben auch wir ihn für unsere evolutionistische Erkenntnislehre beschritten; in der Bestimmung der Wahrscheinlichkeit, mit der wir das Vorliegen von Ordnung oder Determination erwarten dürfen und in der Zusammensetzung von Ordnung als ein Produkt aus Gesetzesgehalt und der Zahl seiner wiederholten Anwendung.

Was aber Wahrscheinlichkeit selber wäre, das wissen wir nicht. Versucht man objektive Wahrscheinlichkeit als einen theoretischen Begriff zu fassen, wie das POPPER und HACKING untersuchten[47], dann zeigt es sich, daß er sich nicht aus anderen Begriffen definieren läßt. Er verhält sich wie eine Vorbedingung. Wir haben unseren Fragenkreis geschlossen, wenn wir die Wahrscheinlichkeit als eine Hypothese unseres vorbewußten Verrechnungsapparates nehmen; die Hypothese des scheinbar Wahren als ein A-priori für das Individuum, aber als ein A-posteriori für die Entwicklung des Lebens.

Obwohl wir also nichts mit Sicherheit wissen, wissen wir doch schon außerordentlich viel mit größter Wahrscheinlichkeit. Und obwohl uns die biologische Theorie der Evolution nur einen blinden und einen kurzsichtigen Konstrukteur mit der Wirrnis des ewigen Kampfes anzubieten hat und die physikalische sogar nur die unentrinnbare Drift ins Chaos, schafft die Evolution eine schier unfaßliche Ordnung, wider jede Wahrscheinlichkeit und scheinbar aus dem Nichts. Und zu alledem sorgt sie noch dafür, sie widerspiegeln, sie erkennen zu können.

Die Entstehung einer ungeheuren Ordnung ist das offensichtlichste Produkt der Evolution dieses Kosmos, das erhabenste und hoffnungsvollste. Aller Rest ist das Chaos, das Ungeheuer, das, wenn auch nicht gesucht, als das erste gefunden wurde, doch es ist wie der Evolution Abfall; wie die Späne, die fallen, wenn sie hobelt.


## Ursache und Wirkung, Erkennen und Erklären

> Sie streiten sich, so heißt's, um Freiheitsrechte,
> Genau besehen sind's Knechte gegen Knechte!
> (*Mephistopheles*, Faust II 6962)

Dem Leser kann es nicht entgangen sein, daß ich den Optimismus der letzten Abschnitte nur dem Erfolg des Lebendigen entnommen habe. Wir sagten uns, daß all jene Hypothesen, die unseren vorbewußten Verrechnungsapparat als ein Selektionsprodukt von dessen Umwelt dirigieren, letztlich diese, wenn auch höchst unvollständig, so doch im Prinzip immer richtig abbilden müßten. Aber, auf welchen Ebenen wirkte diese Selektion? Zweifellos nur in jenen schmalen Ausschnitten der Wirklichkeit, in welchen immer wieder zwischen Überleben und Nicht-Überleben entschieden wurde. Es kam keineswegs darauf an, das Masse-Energie-Äquivalent oder den Entropiesatz, den gekrümmten Raum, oder die Symmetrie der Materie richtig abzubilden; Freund und Feind, Futter und Gift, Heim und Gefahr mußten verläßlich geschieden werden.

Wie viele richtige Annahmen nun auch in den Hypothesen stecken mögen, ihre Bewährungsproben hatten sie ausschließlich in einem Normalbereich zu bestehen. Dieser entspricht wohl unserem gedankenlosen Alltagsleben, wo wir etwa eine Hausglocke erkennen, ohne daß sie beschriftet wäre, unser Drücken für die Ursache des Klingelns halten, ohne wissen zu müssen, wie Elektronen fließen; wo wir das Exemplar einer uns neuen Hunderasse erkennen, ohne auch nur die Familie der Hundeartigen definieren zu können, und aus dessen gerunzelter Nase auf Ärger schließen, ohne daß wir je damit experimentiert hätten, geschweige denn, im Augenblick Lust dazu empfänden. Von hier also bis zur Einsicht, wieso wir Molekülgruppen über Moleküle nachdenken, ist ein weiter Weg. Und die Hypothesen aus dem Normalbereich enthalten viele Mißleitungen, die sich häufen, ja die um so grotesker werden, je weiter wir seine Mitte verlassen. Wir wollen sie später genauer untersuchen und hier nur jene vorwegnehmen, die als Fallgruben schon entlang unserer ersten Schritte auf dem Wege, verstehen zu wollen, warten.

Die erste Fallgrube besteht in dem Unterschied, den wir zwischen Entscheidung und Ereignis machen – wie bewährt er im Normalbereich auch sein möge. Entscheide ich etwa, meine Hand zu öffnen, so erwarte ich als Ereignis, daß das Buch, das ich halte, zu Boden fallen werde. Tatsächlich aber entscheiden und folgentscheiden in mir Milliarden von Molekülpositionen, bevor sich meine Hand öffnet, und ebenso viele Papiermoleküle folgen nur aufgrund der Uneinigkeit ihrer Bewegung kollektiv der schwächsten aller Kräfte, der Gravitation. Bewegten sie sich alle – was der atomare Zufall, wenn auch äußerst selten, zuließe – zufällig gleichzeitig aufwärts, so würde sich das Buch blitzschnell auf den absoluten Nullpunkt abkühlen und an die Decke des Zimmers schlagen. Derlei molekulare Ereignisse vorauszusehen, dafür ist unser Verrechnungs-, ja nicht einmal unser Sinnesapparat gemacht. Denn schon die kleinste unserer Sinnes- oder Nervenzellen besteht selbst aus Millionen Molekülen und Hunderten Millionen Quanten. Deren Verhalten erfassen unsere Sinne nicht. Ihr Raster, das Fischnetz, ist viel zu grob.

Es ist erstaunlich genug, daß wir schon wenige Photonen als eine geringste Helligkeit wahrnehmen, eine Schwingung vom Durchmesser nur eines Wasserstoffatoms als ein geringstes Geräusch hören können. Aber wir hören freilich weder das Schnurren der Elektronen, noch sehen wir die Gestalt der Lichtquanten. Alle Erfahrung außerhalb des Normalbereiches ist Rekonstruktion und immer unverläßlicher gestützt durch vorausbewährte Hypothesen. Alle wahrnehmbaren Ereignisse in diesem Kosmos sind aber letztlich das Resultat aus Summen – meist ungeheuren Summen – von Entscheidungen, die im Mikrobereich der Moleküle und Quanten getroffen werden; in unseren Rechenmaschinen, Retorten und Entschlüssen in gleicher Weise. Sie trennen sich nun in unserem Denken. Dies sei nicht vergessen, denn es ist Teil der Strategie dieser Genesis.

Die zweite Fallgrube besteht in der Art, wie wir Ursache und Wirkung für eine Einbahn halten. Hier die Ursache, dort die Wirkung: Gewiß wieder eine brauchbare Zusatzhypothese: Nennen wir sie Exekutivhypothese. Aber die stete Rückwirkung der Wirkung auf ihre Ursachen zu sehen setzt uns schon vor Denkaufgaben, ja in Überraschung: in jene Ungewißheit, die uns befällt, sobald wir uns von den gewohnten Hypothesen verlassen fühlen. Das kommt daher, daß in jenem Normalbereich, in dem unser Verrechnungsapparat selektiert wurde, fortwährend exekutiert wird. Wir spießen einen Bären, und er stürzt zusammen. Wir öffnen die Hand, und das Buch fällt zu Boden. Wir drücken auf einen Knopf, und aus dem Kasten fällt verpackte Schokolade.

<small>Exekutivhypothese</small>

Wo wäre denn auch die Rückwirkung des fallenden Buches auf seine Ursache, auf mich, der die Hand öffnete? Tatsächlich ist sie – jene kleine Befriedigung unserer Voraussicht – mit solcher Selbstverständlichkeit vorausgesetzt, daß sie aus unserer Aufmerksamkeit längst wieder entlassen wurde. Man stelle sich aber nur vor, das Buch bliebe in Schwebe und keine unserer Kräfte vermöchte es aus der Mitte des Raumes zu entfernen. Die Rückwirkung wäre sofort erkennbar. Wir würden aus dem Zimmer stürzen, das Haus zusammentrommeln und eiligst, je nach der Art, wo wir in der Verwirrung der Ereignisse vermeinen, Rat und Aufklärung zu finden, Zuspruch in der nächsten Kirche suchen oder im nächsten Physikalischen Institut. Tatsächlich sollten wir seit NEWTON und GALILEI wissen, daß unsere Einbahnvorstellung, jene exekutive Kausalität, mit welcher wir leben, Kausalität als Ganzes nicht erfaßt[48]. Die einzige Bahn in dieser Sache ist die Zeit. Nur im Kleinbereich bilden Ursache und Wirkung gerade Ketten. In jeder Gesamtsicht sind es Schlingen und Netze, die verflochten, wie ein Kegel sich ausbreitender Zusammenhänge, aus der Vergangenheit durch den Gegenwartspunkt unserer Aufmerksamkeit in einen ebensolchen Kegel der Konsequenzen in die Zukunft führen. Kurz, Kausalität als System scheint die Form, die der Natur ganz entspricht.

<small>Kausalität als System</small>

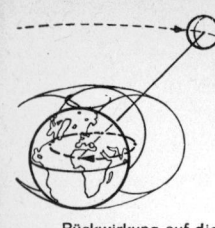

Die Ursache der Mondbahn, so sagen uns schon unsere, die Exekutivhypothese voraussetzenden Schulbücher, ist die Schwere der Erde. Hätte aber der Mond keine Schwere, was könnte die Erdschwere anziehen? Und hat er eine, muß sie, wie die Gezeiten zeigen, auf die Erde zurückwirken. Beide bilden ein System der Rückwirkungen. Sie schwingen um den gemeinsamen Schwerpunkt.

Rückwirkung auf die Ursache

Als Kind liebte ich Bahnhöfe, denn in diesen wuchsen Schokolade-Automaten ähnlich den Schwämmen an den Bäumen in unserem Garten. Dann, als Schuljunge, schätzte ich es, wenn ein Monteur einen solchen Automaten öffnete, denn damit tat sich das Wunderwerk jener kausalen Exekutionen auf, die von der Ursache des Einwurfes zur Wirkung der Münzwägung und von der Ursache akzeptierter Gewichtung zur Wirkung des Herausfallens der Packung führt. Die Kausalkette lief geradlinig durch den Kasten hindurch. Keine Rückwirkung der Packung auf den Einwurf war denkbar. Oder sieht sie der Leser? Kurz, die Welt war für mich in Ordnung; und ich brauchte Jahre, bis ich die Rückwirkung sah. Bis ich begriff, daß allein die Existenz von Schokolade-Automaten nur als Teil des nächst umfassenderen Systems, aus jener Wechselwirkung von Technologie, Naschsucht, Erwerbssinn und Bequemlichkeit zu verstehen ist, welche derlei Fortschritte in unserer Zivilisation betreibt. Und im Geflecht von deren Kausalketten wurde die Rückwirkung der Packung auf den Einwurf auch gleich sichtbar, ja selbstverständlich. Nun ist es schon trivial, wenn ich darlege, daß sich diese Rückwirkung etwa darin äußerte, zum Erwerb annähernd gleicher Schokolade im Laufe der Jahre Münzen immer größeren Umfanges einwerfen zu müssen.

Nun zweifle ich nicht daran, daß es niemanden interessieren kann, was ich als Kind von Schokolade-Automaten gehalten habe; aber ich weiß auch, daß man Rückwirkungen von Wirkungen auf Ursachen verwirrend findet, wenn man sich ihre Möglichkeit nicht wenigstens im Prinzip klargemacht hat. Und eben diese Möglichkeit wird sich als eine der wesentlichsten Komponenten der Strategie unserer Genesis erweisen.

was Kausalität eigentlich wäre

Ich soll wohl darum hier noch erörtern, was Kausalität eigentlich wäre und woraus sie bestünde. Da zeigt es sich nun sogleich, daß wir gar nicht wissen können, ob jenem Zusammenhang von Ursache und Wirkung, den wir als kausal erleben, überhaupt eine reale Sache in der Natur entspricht. Schon HUME hat vermutet, daß es sich wohl nur um eine Vorstellung, ein begriffliches Symbol für die oft beobachtete

Wiederholung zeitlicher Aufeinanderfolgen handelte[49]. KANT dagegen hat Kausalität als ein A-priori zu jenen Grundvoraussetzungen gestellt, die vor jeder Vernunft unserem Denken vorgegeben sein müssen[50]. Beides wird ziemlich richtig sein. Seit unserer Kausalitätshypothese kennen wir die Kausalität ebenso als notwendiges A-priori des Individuums wie als A-posteriori seines Stammes; und daß wir nur näherungsweise erfahren können, was die Dinge nun an sich wirklich wären, das ist uns auch schon bekannt. Diese bescheidene Annahme ist jedenfalls so weit bewährt, wie das Lebendige bislang in der von ihm widergespiegelten Welt überlebte. Betrachten wir also die Annahme von Kausalität als nützlich.

Sobald wir das tun, zeigt es sich, daß unserer rationalen Verrechnung seit ARISTOTELES und später SCHOPENHAUERS ›vierfacher Wurzel‹ des Satzes vom zureichenden Grunde[51] eine geviertelte Ursache vor Augen ist. Man expliziert dies leicht an den Ursachen eines Hauses. Die Baupläne enthalten die Ursachen der Form, die causa formalis. Ziegeln und Mauern die Ursachen seines materiellen Bestehens, die causa materialis. Die Absicht dessen, der es bauen wollte, enthält die Zweckursache, die causa finalis und die entfaltete Betriebsamkeit, die Investition an Kapital oder Arbeit, die Antriebsursache, die causa efficiens. Und, merkwürdig genug, wir vermöchten keinen Hausbau zu denken, der auch nur einer der vier Ursachen entbehren könnte.

Die vier Ursachen können, so empfinden wir heute, wenn sie überhaupt etwas sind, wohl nur die Erscheinungsformen eines Ganzen sein. Ich vermute, daß sie uns deshalb als verschieden erscheinen, weil in unserem Kausalitätsempfinden, also in der Ursache-Wirkungs-Verrechnung unseres ratiomorphen Apparates, nur die Kettenform des Kausalzusammenhanges ordentlich verankert ist. Im Lebensbereich unserer urtümlichen Vorfahren nämlich konnte es die Selektion gewiß nicht erforderlich finden, die der Wirklichkeit wahrscheinlich näherkommenden, aber viel komplizierteren Verrechnungsweisen einem Instinkt ähnlich einzubauen. Diese wurde erst durch das reflektierende Bewußtsein, angesichts der Komplexität dieser Welt, wie ihr die griechische Philosophie ansichtig wurde, hinzurationalisiert. Dementgegen hat man jedoch nirgends, wo das Ursachengefüge formulierbar wurde, also im Anorganischen der sich darum so bezeichnenden exakten Wissenschaften, eine Ursache für viererlei Ursachen gefunden, und meint, mit der causa efficiens sein Auslangen zu finden.

<small>die vier Ursachen</small>

Wir werden aber beim Durchsteigen der hierarchischen Schichten der Gesetzmäßigkeit sehen, und dies mit der wachsenden Komplexität der Systeme immer deutlicher, daß zu ihrer vollständigeren Erklärung tatsächlich eine Unterscheidung aller vier Erscheinungsformen eine Hilfe ist. So wie in jeglicher hierarchischen Anordnung eine jede Einheit gleichzeitig die Übereinheit von Untereinheiten sowie eine Untereinheit der folgenden Übereinheit sein muß, so werden wir auch eine Symmetrie ihrer Ursachen zu unterscheiden haben. Wir werden eine Spiegelbildlichkeit von Binnen- und Außenbedingungen vorfinden, sobald wir die Rückkoppelung, jene Regelkreise von Systembedingungen, ins Auge fassen, welche, wo auch immer, ungleiche Komplexitätsschichten ursächlich miteinander verbinden.

*Unterscheidung von Material- und Formursache*

Zunächst wird uns die Unterscheidung von Material- und Formursache eine Denkstütze sein, um die Gegenläufigkeit der Systembedingungen entlang der Komplexitätsachse der Dinge nicht zu verwirren. Lassen Sie mich dies in dreifacher Weise anschaulich machen.

Erstens stellen wir fest, daß entlang der Komplexitätsschichten eines Systems zweierlei Lesarten der Ursachen vorliegen. Schreiben wir:

Tonkörner – Ziegel – Mauern – Räume – Haus
Wirbel – Wirbelsäule – Skelett – Bewegungsapparat – Mensch
Buchstabe – Silbe – Wort – Satz – Gedanke

dann erkennen wir in jeglichem niederen System die Materialursache des nächstfolgend höheren, wie in jeglichem höheren System die Formursache des nächstfolgend niedrigeren. Wir lesen von links lauter Material-, von rechts lauter Formursachen. Dabei geht die Notwendigkeit solchen Wechselbezuges oft schon einfach daraus hervor, daß noch kein Haus ohne Raum und kein Raum ohne Haus, keine Wirbelsäule ohne Wirbel und kein Wirbel ohne Wirbelsäule, kein Wort ohne Silben und keine Silbe ohne Wort entstanden ist.

Zweitens finden wir, daß die Material- und Formursachen, auch wenn sie dieselben Komplexitätsschichten eines Systems gegenläufig verknüpfen, von durchaus verschiedener Wirkung sind (Bild S. 68). Die Wirbel bestimmen die Länge der Wirbelsäule und diese die Einheit ihrer Körper und Paßflächen. Die Silben etwa bestimmen Inhalt, Form und Struktur des Wortes und dieses deren Sinn, Lage und Anordnung. Eine Zellmembran bestimmt Form und Inhalt einer Zelle und diese deren Struktur und Funktion. Die Atome bestimmen Struktur und Reaktionsweise des Moleküls wie dieses die Winkel und Entfernungen von deren wahrscheinlichster Position. Die Elementarteilchen bestimmen die möglichen Bindungsweisen und Lichtspektren des Atoms wie dieses deren Lage und Aufenthaltsweisen. Kurz: Material- und Formursache verhalten sich zueinander so komplementär wie Binnen- und Außenursache, wie Inhalt und Funktion, wie die Bestimmung von Form und Anordnung oder die von Struktur und Lage; wie uns das schon von der Identitätshypothese vertraut ist.

Und drittens folgt, daß jede Schicht eines Systems zweierlei Wirkungen enthält. Als Subsystem betrachtet, ist es die Materialursache, die Struktur und Qualität bestimmt, welche die Binnenbedingungen oder den Inhalt seines Supersystems ausmacht. Als Supersystem betrachtet, ist es die Formursache; sie bestimmt Anordnung und Lage und enthält die Außenbedingungen oder den Sinn seiner Subsysteme.

Man sieht zwar, daß die Sortierung in die causa materialis und formalis unnötig wird, falls alle Ursachen bekannt sind und ihre Herkunft vernachlässigbar erscheinen. Physik und Chemie brauchen sie nicht; jedenfalls solange nicht die Entstehung der Materie zu betrachten ist. Wo überall wir aber erst in die Genese der Gesetze, in die Genesis namentlich der komplexeren Systeme eindringen, ist uns diese Symmetrie ein unentbehrlicher Führer. Er wird uns nicht vergessen lassen, daß die Genesis stets mit ihr operiert, daß sie die Binnenbedingungen wie Notwendigkeiten festigt, die Außenbedingungen wie Zufälligkeiten auf die Bühne dieser Welt treten läßt. Dies wird uns durch all ihre Bühnenbilder, von der Entstehung des Kosmos bis zu der unserer Kulturen, begleiten.

Was nun das betrifft, was wir uns als Antriebs- und Zweckursache veranschaulichen, so enthalten diese dieselbe Symmetrie wie Material und Form. Nach unseren Beispielen läuft aller Antrieb des Hausbaus vom Ton zum Haus, wie alle Rechtfertigung der Zwecke wieder verkehrt herum und durch dieselben Stufen vom Haus bis zum Ton zu verstehen ist. Nicht minder ist der Sinn oder der Zweck sämtlicher Subteile unseres Bewegungsapparates der Mensch, der aller Teile unserer Sätze der Ausdruck eines Gedankens; so wie sich die Betriebsamkeit meiner Niederschrift letztlich aus der kleinster Muskelfasern sowie endlosen Reihen von Buchstaben zusammensetzt. Es sieht so aus, als lägen Material und Form zu Antrieb und Sinn in einer zweiten Symmetrie,

*Antriebs- und Zweckursache*

die sich wie die Struktur zur Funktion oder wie eine gestufte zu einer stufenlosen Beschreibung verhält.

Aber auch wenn man anerkennt, daß Antriebe und Zwecke gegengleich durch dieselben Schichten laufen, selbst wenn wir uns nicht mehr wundern wollen, am äußersten Ende der Antriebe Dinge wie Kräfte und Massen, ja ein einziges Masse-Energie-Äquivalent zu finden, der letztliche Sinn einer Sache oder der Endzweck sind uns doch etwas Besonderes. Hier tritt eine Wertung auf, die wir der Masse oder Energie keineswegs zubilligen. Vielmehr halten wir uns für berechtigt, die Vorgänge auf dieser Welt nach zweckvollen und zwecklosen zu sortieren.

Meist versehen wir die Funktionen des Lebendigen mit der Würde eines Zwecks und versagen diese, als moderne Menschen, allen Funktionen des Unbelebten. Die einfachste chemische Reaktion scheint uns höchst zweckvoll, sofern sie sich in unserem Körper vollzieht. Aber auch mit den kompliziertesten Vorgängen im Anorganischen, etwa einer Springflut oder der Kontinentaldrift, pflegen wir keine Zweck-Vorstellungen zu verbinden. Selbst ein- und derselbe Haufen Schwemmholz kann ja in unseren Augen das Bild des Zweckvollen zum Zwecklosen hin und zurück verwandeln, solange wir uns im Ungewissen befinden, ob wir etwa vor der Leistung eines Bibers oder der des letzten Hochwassers stehen.

**die Zweckhypothese** Wieder ist es ein ganzes System von Annahmen, das wir eben als ganzes akzeptieren oder verwerfen; sozusagen eine Zweckhypothese, eine Konsequenz aus Kausalitäts- und Exekutivhypothese. Mit ihr wird angenommen, daß sich hinter den verschiedensten Ereignissen das verbergen könnte, was wir anläßlich der vielen Ereignisse, die wir selbst verursachen, als Absicht erleben. »Das spekulative Denken«, sagt schon NICOLAI HARTMANN, »... vermag die Welt in der Tat nicht anders vorzustellen als nach der Analogie menschlichen Tuns und Waltens; es findet seine Denkformen gewissermaßen gefangen in der Dependenzform des zweckvollen Tuns.«[52] Daß es sich um eine hypothetische Grenze handelt, geht schon aus ihrer Beweglichkeit hervor. Als man noch an die Urzeugung glaubte, hat man die Entstehung niederer Organismen für durchaus zufällig erachtet, umgekehrt aber in vielerlei astronomischen und meteorologischen Ereignissen Zwecke göttlicher Zeichen erkannt. Letztlich hat alle Welterklärung mit einer höchst absichtsvollen Handlung des Weltschöpfers und einer oft gewalttätigen Zerschneidung von Himmel und Erde begonnen[53].

Und wenn unsere moderne Kosmologie nun, wie wir sehen werden, nur mehr mit einem bloßen Urknall beginnt, so kann man sich wohl noch immer fragen, wessen Absicht dies wohl gewesen sei.

Heute, nach allerlei Beutezügen des Materialismus, vermuten wir die Grenzlage des Zweckmäßigen in einem Mittelbereich der organischen Funktionen. Wenn uns auch beispielsweise der Sinn des Lebendigen ungewiß sein mag, die ökologischen Zwecke der Arten in ihren Lebensgemeinschaften scheinen schon deutlicher und die Zweckmäßigkeit der physiologischen Funktion in den Individuen bereits selbstverständlich. Auch wenn uns der Zweck der Menschheit unbestimmt erscheint, der Zweck meines Daseins läßt sich ahnen, der Zweck meines Hausbaus aber steht offenbar außer Frage. Die Würde der Zweckursache tritt also in Erscheinung, sobald uns die Kausalität der übergeordneten Schichten undurchschaubar erscheint. Zwar ist auch die Bildung von Anorganischem wie etwa der Planeten nicht ganz durchschaut, aber schon unsere Physiklehrer verhalten sich so, als stünde der Klärung nichts Prinzipielles im Wege. Der Zweck aber steht vor dem dunklen Hintergrund des Transkausalen, in welchem sich eben die unbestimmtesten Absichten wie die geheimnisvollsten Bestimmungen tummeln dürfen.

Ich darf dies nochmals beleuchten: die Steinkugeln in einer Gletschermühle scheinen zweckfrei, denn auch ihre letzten Ursachen halten wir für erklärlich. Der Zweck steinerner Kanonenkugeln dagegen scheint uns unverkennbar, obwohl sich der übergeordnete Ursachenzusammenhang, mit dem der Kriege, schon verdunkelt und mit dem der technischen Vernunft, ganz der Aufklärbarkeit zu entziehen scheint.

Daß sich unsere Vorstellung von der Final-Ursache, vom Zweckvollen, nicht auf Willensäußerung oder absichtsvolles Bewußtsein beschränkt, geht schon daraus hervor, daß uns alle lebendige Funktion von der Form des Hühnereies bis zum Stoffwechsel der Bakterien höchst zweckmäßig erscheint. Kurz: Als zweckvoll würdigen wir die funktionelle Entsprechung gegenüber jenen übergeordneten Außenbedingungen oder Formalursachen, deren eigene kausale Bestimmung wir für undurchschaubar oder für gar nicht gegeben erachten; und zwar unter der lediglichen Voraussetzung, daß die Funktion ersichtlich und aussichtsvoll erscheint. So halten wir alle ersichtlichen Subfunktionen selbst einer zwecklosen Maschine für zweckvoll, während wir die Suche nach dem Stein der Weisen gewöhnlich für zwecklos erachten; und zwar nicht, weil er keine ersichtlichen Funktionen haben könnte, sondern weil uns die Suche nach ihm allmählich aussichtslos erscheint.

Daß wir aber trotz unserer plumpen Anleitung durch den ratiomorphen Apparat nach den finalen Ursachen weiterfahnden müssen, nach Zweck, Sinn und bewußter Absicht, das zeigen jene Extreme der Philosophie, welche die Zweck-Grenze nicht zu suchen brauchen. Auf der einen Seite der extreme Materialismus und Mechanismus: Sie brauchen nur Funktionen, denn sie bestehen darauf, diese Welt allein aus den Materialursachen zu erklären. Auf der anderen der extreme Idealismus und Vitalismus: Sie brauchen nur den Zweck, denn sie bestehen darauf, diese Welt allein aus den Formalursachen zu begründen. Daß beides völliger Irrglauben ist, wird uns die Genesis lehren. Daß ihre Folgen folgenschwere Ideologien sind, das lehrt, wie ich als letztes zeigen will, die Zeit, in der wir leben.

Wir werden sehen, daß aller erkennbarer Zweck eine Entsprechung gegenüber jenen nächst-übergeordneten Form- und Außenbedingungen darstellt, die wir im Anorganischen Wahrscheinlichkeit der Erhaltungsbedingungen, im Organischen Selektion, im Psychischen Einsicht und im Rationalen Vernunft nennen. Wir werden aber nicht minder sehen, wie das, was wir als einen Sinn erleben, aus dem Richtungssinn einer sich selbst kanalisierenden Genesis immer neuer Gesetzmäßigkeiten und Freiheiten hervorgeht. Antrieb und Zweck stehen nebeneinander wie Material- und Formalursache, wie Binnen- und Außenbedingungen, im Wechselwirken der sich selbst erzeugenden Systeme.

Ich sagte schon: Diese Symmetrie ist wesentlich in der Strategie der Genesis. Und sie ist konsequenterweise auch in unserem vorbewußten Verrechnungsapparat nachgebildet, aber arg vereinfacht zum Schein einseitiger Wirkung und unabhängiger Bilder; eine Nachbildung, praktisch im Normalbereich, aber eine Fallgrube an dessen Rändern.

Ja, eine dritte Fallgrube ist die direkte Konsequenz solch zerlegt erwarteter Symmetrie. Sie besteht in der Art, wie wir die Beziehung zwischen Erkennen und Erklären deuten, und, wie wir nun nochmals finden, jene zwischen dem Speziellen und dem Allgemeinen.

*Erkennen und Erklären*

Ob es Kausalität wirklich gibt, können wir, wie erinnerlich, nicht mit Bestimmtheit sagen. Wir wissen nur, daß sich unsere Kausalhypothese im Normalbereich oft bewährte.

Worin besteht also zunächst jener Unterschied zwischen Erkennen und Erklären, den wir als so einschneidend erleben?

Und weiter, was ist mit einer Erklärung des Ereignisses oder Zustandes gegenüber deren Erkenntnis gewonnen? Je ein Beispiel aus Physik und Biologie mag das erklären.

Erinnern wir uns etwa des ptolemäischen Kosmos. Er geht vom bekannten Wandel der Gestirne aus und erklärt diesen durch ihre Zugehörigkeit zu mehreren, die Erde rotierend umhüllenden Kristallschalen. Die Ursache dieser Bewegungen aber bleibt offen. KEPLER erklärt darauf mehrere Bahnen gemeinsam durch die Planetengesetze; aber nun bleibt deren Ursache ungeklärt. Sie erklärt dann NEWTON wieder gemeinsam durch das Gravitationsgesetz. Was aber Gravitation sei, das erklärt erst die allgemeine Relativitätstheorie mit dem vierdimensionalen Raum. Was aber nun die Ursache solchen Raum-Zeit-Kontinuums sei, das ist wieder ungeklärt.

Ein wachsendes Schachtelsystem von Erklärungen für Erklärungen schiebt also der Wissenschaft Grenzen gegen das Unerklärliche vor. Dies ist ein Wachsen der vorhersehbaren und durch die Erfahrung bestätigten Erkenntnis von Beziehungen oder Koinzidenz von Zuständen und Ereignissen. Dabei erleben wir jeden übergeordneten Satz solcher Voraussichten als die Erklärung der ihm untergeordneten und sprechen jeweils vom Gesetz und seinen Fällen. Der Unterschied zwischen Erkennen und Erklären liegt in der Ebene der Erfahrung, und diese versteht sich nur relativ zur Erfahrung als Ganzes. Immer wieder werden Erklärungen zur Grundlage neuer Sätze, also Gesetze zu Fällen der jeweils universelleren. Und immer bleibt das universellste Gesetz ohne Erklärung, und nur unsere Hypothese sagt uns, es werde doch noch eine weitere geben.

Erkannt aber wie geprüft wird jedes Gesetz nur von der Gegenseite her, von seinen Fällen; schrittweise von den einfachsten Erfahrungen aufbauend oder schrittweise abbauend in der Kontrolle durch die Schichten der Koinzidenzen, wieder bis zu jenen einfachsten unserer Voraussichten: Beginnend und endend an den Grenzsteinen unseres Hypothesensystems, in den Hypothesen von Notwendigkeit und Identität, welche die Voraussetzung jeder möglichen Erfahrung zu sein scheinen.

Und zwischen diesen Grenzhypothesen einer von Grund auf notwendigen wie einer letztlich erklärbaren Welt laufen die Erkenntnis- und Erklärungswege stets gegengleich; eine Konsequenz der Symmetrie von Fall und Gesetz, von Speziellem und Allgemeinem. Folglich enthält kein Gesetz und kein allgemeiner Satz mehr an Gewißheit, an Gegenständen

*Symmetrie von Fall und Gesetz*

und Voraussicht als seine speziellen Fälle. Und keine Sammlung spezieller Fälle läßt mehr Allgemeines ableiten, als sie zusammen enthalten. Daher läßt auch die induktive Logik nicht zwingend vom Speziellen auf das Allgemeine schließen. Aber eine prinzipielle Schwierigkeit enthält dies nicht. Das Problem löst sich ja als ein Hypothesensystem abgestufter Wahrscheinlichkeit[54]. Das Allgemeine beruht auf der intuitiven[55] Kausalitäts- oder Erklärungshypothese seiner Fälle, wie die Zusammengehörigkeit seiner Fälle eine Identitäts- oder Erkenntnishypothese des sie verbindenden Allgemeinen darstellt. Die Fälle befriedigen unseren Wunsch nach spezieller, das Gesetz jenen nach allgemeiner Voraussicht. Nur dies hat die Erklärung der Erkenntnis voraus.

So ist auch deren Wechselwirkung beschränkt. Die Fälle wirken korrigierend auf den Gehalt ihres Gesetzes. Das Gesetz wirkt korrigierend auf die Zurechnung seiner Fälle. Nie aber kann das Gesetz auf seine Fälle wirken.

Erkenntnis- und Erklärungsweg zu vermengen ist nicht schwer. Besonders die dem Menschen so nahe Biologie leidet darunter. Es wird die größere Befriedigung aus dem, was sich auf die nächst-höhere Ebene bezieht, also aus dem, was wir eine Erklärung nennen, zu leicht mit dem Weg ihrer Erkenntnis verwechselt. So ist sie bis heute damit geplagt, Ähnlichkeit und Verwandtschaft zu vermischen. Dabei kann der Erkenntnisweg nur von der Ähnlichkeit zur Verwandtschaft führen und der Erklärungsweg nur von der Verwandtschaft zur Ähnlichkeit. Und Ähnlichkeit wird nur aufgrund unserer Verrechnung von Strukturkoinzidenzen erkannt, keineswegs durch Verwandtschaft. Welches Fossil hätte auch je einen Namen getragen. Ich kenne tatsächlich nur eines. Das Fossil namens ›Beringer‹, welches übermütige Studiosi der Naturgeschichte ihrem getäuschten Professor BERINGER 1725 in dessen Lieblings-Steinbruch bei Würzburg vergruben[56].

Ja, wir müssen zur Kenntnis nehmen, daß sich die Erklärung der Ähnlichkeit der Organismen stetig ändert, ohne daß dies die Ähnlichkeit selbst oder den Weg zu ihrer Erkenntnis irgendwie geändert hätte. So erklärte sie LAMARCK durch der Organismen Bedürfnisse, GOETHE durch das Walten ähnlicher Prinzipien und DARWIN wieder ganz anders, mit der Auswahl durch die Selektion. Aber die Erkenntnis des natürlichen Systems wuchs davon unbeirrt weiter und vervollständigte sich, unabhängig von allem möglichen Wechsel seiner Erklärung.

Wenn auch Wirkungen auf ihre Ursachen wirken, Gesetze wirken auf ihre Fälle nicht; es sei denn in den deduktiven Systemen unserer Vereinbarungen, wie in der Mathematik oder der Rechtsordnung. Auch hier kenne ich nur wenige Gebiete, in welchen derlei systematisch verwirrt wird. Da ist der Idealismus (besser: Ideismus) HEGELscher Art, der Aberglauben und die Ideologie. Dies sind aber nicht Gebiete der Erfahrung, sondern der vermeintlichen und der vorgetäuschten Erfahrung. Sie enthalten – wie wir noch sehen werden – die gefährlichsten Fallgruben für unsere Versuche zu verstehen, den baren wie den gefährlichen Unsinn; »Humbug und Betrug«[57], wenn ich hier THOMAS HUXLEY und ERNST HAECKEL zitieren darf.

Ob Material- oder Formalursache, Antrieb oder Zweck, Erkennen oder Erklären, Fall oder Gesetz, es sind Knechte gegen Knechte. Und die Freiheiten, die sie schaffen, werden wir tatsächlich erst erkennen, wenn wir sie zusammen sehen.

Entlang unserer ›Kreuzfahrt zu verstehen‹ steuert also das, was wir Ratio und Vernunft nennen. Aber auch dies sind unsichere Steuermänner, Konsequenzen ihrer angeborenen Lehrmeister, also letztlich mittelmäßige Produkte der Selektion, gestützt auf eine ganze Reihe reiner Hypothesen. Das sind Segelanweisungen, welche die Genesis lange vor der Kapitäne Bewußtsein in deren Handbuch eingetragen hat; eine Sammlung – wie ich in der Analyse der Ursachen zeigen werde – ›zur Ökonomie der Vermutungen‹; Voraussetzungen zwar, Meer und Boot für wirklich zu nehmen, aber selbst Objekt steter Irrungen. Und das einzige, was sich von ihnen mit Gewißheit sagen läßt, ist, daß die Vermutungen, die sie enthalten, so weit ökonomisch sind, daß das Schiff noch immer segelt, daß wir uns hier befinden, nach Jahrmilliarden rigoroser Selektion, daß wir noch immer da sind und zudem denken; zumeist zwar in der Defensive und wenig hoffnungsvoll, dann aber wieder voll des Mutes. Viele zu Mut sich organisierende Moleküle, die sich anschicken nachzudenken – selbst über die Chancen der Moleküle.

*eine Ökonomie der Vermutungen*

»Wenn dieses Subjekt«, der Mensch, sagt WEIZSÄCKER, »sich selbst erkennen kann und diese Kenntnis empirisch in entscheidbaren Alternativen aussprechen kann, so muß man annehmen, daß er selbst Teil der Welt ist, die der Inbegriff solcher Alternativen ist.«[58] Tatsächlich werden wir finden, daß die Strategie der Genesis dieses Prinzip der Welt all' ihren Schöpfungen erhält. Die Entscheidung der Alternativen baut diese Welt nicht nur, sie bildet sie auch immer vollständiger ab. »Also schied Gott das Licht von der Finsternis. Und nannte das Licht Tag und die Finsternis Nacht. Da ward aus Abend und Morgen der erste Tag.«[59]

# 4
# Vom Urknall zum Kosmos
(Oder: Der zweite Tag)

> Als Gott der Herr – ich weiß auch wohl warum –
> Uns aus der Luft in tiefste Tiefen bannte,
> Da, wo zentralisch, um und um,
> Ein ewig Feuer flammend sich durchbrannte,
> Wir fanden uns bei allzu großer Hellung,
> In sehr gedrängter, unbequemer Stellung.
> (*Mephistopheles*, Faust II 10075)

»Nun sprach Gott: Es werde ein Firmament inmitten der Wasser und es scheide zwischen Wasser und Wasser; und es geschah so.«[1] In einem Tumult, wie wir finden werden, nicht zu fassenden Ausmaßes werden sich die Urformen, Materie und Antimaterie scheiden, in Welten-Massen schwerster Quanten auseinanderrasen. Doch sei nicht vorgegriffen. Ich wollte nur sagen, daß wir sogleich vor der ersten ernstlichen Prüfung unserer Vernunft stehen werden: Unfaßliches zu fassen; uns in Bereichen, deren Dimensionen sich jeglicher Vorstellung entziehen, so zu verhalten, als wären es Alltäglichkeiten; als unterschieden sich die Berechnungen von dem uns im Experiment täglich Zugänglichen durch nichts anderes als achtzig bis neunzig Nullen, die wir den gewohnten Zahlen noch vor dem Komma hinzuzufügen hätten. Es folgt ein Abenteuer der Vernunft.

Dieses nächste Abenteuer, die Genesis zu verstehen, wird von drei abenteuerlichen Gestalten unseres Denkens angeführt: von unseren Vorstellungen vom Chaos, von der Ordnung und jener von der finalen Kausalität.

Vom Chaos, also vom Grade der Unordnung oder der Nicht-Vorhersehbarkeit der Zustände eines Systems, haben wir noch die bewährteste Vorstellung. Ihre metrische Fassung kennen wir schon vom Entropiesatz CLAUSIUS', von BOLTZMANN und PLANCK[2] und vom Informationsbegriff seit SHANNON und WEAVER[3]. In ihnen steckt die bislang unwiderlegbare Erfahrung, daß der Grad an Unordnung eines Systems nur zunehmen kann; eines geschlossenen Systems allerdings. Sollte dieser Kosmos ein geschlossenes System sein, so fragt sich's sogleich, wo denn jene Ordnung im Wirbel der Urnebel gesteckt haben mag, daß sie, seit Jahrmilliarden stetig zerfallend, eine uns immer noch unfaßliche Ordnung in dieser Welt gestalten konnte. Was aber, wenn nun diese Welt ein offenes System wäre? Dann ist die Frage, woher die Ordnung dauernd hergeschafft würde, um nichts weniger leicht zu rationalisieren.

*unordentliche Ordnung*

Wir werden finden, daß dieses Problem mit unserer unordentlichen Vorstellung von der Ordnung zusammenhängt. Gewiß, als ein verläßliches Maß für den Ordnungsgehalt eines Systems haben wir den Umfang der uns möglichen Voraussicht kennengelernt. Aber Voraussicht worüber? Diese Sache werden wir verstehen, wenn wir uns erinnern, daß Ordnung als Produkt aus Gesetzesgehalt und Anwendung zu fassen ist, und wenn wir uns zudem klarmachen, daß auch der Gesetzesgehalt dieser Welt selbst wieder hierarchisch strukturiert ist[4]. In der Unordnung eines Kinderzimmers etwa sind ja die Subsysteme noch in Ordnung. Und wenn eines derselben, die Federwerk-Maus zum Beispiel, durch ihre ›Erforschung‹ auch noch zur Unordnung eines Häufchens von Teilen zerfiel, dann haben auch diese noch immer nichts von ihrer konstruierten Ordnung eingebüßt. Selbst im gebrochenen Zahnrad ist dessen Legierung unversehrt. Im Kosmos ist diese Schichtung riesig, in ihrer begrifflichen Zerlegung wie in den Syntheseschritten ihrer Schöpfung.

*Bestimmung im nachhinein*

Und was schließlich unser Abenteuer mit der Kausalität betrifft, so besteht sie in unserer Ungeübtheit, Finalität a priori von solcher a posteriori zu unterscheiden. Wir finden es nicht einmal leicht, Vorbestimmung und Selbstbestimmung auseinanderzuhalten. Mein Weg ins Labor, die Fabrikation meines Autos wie die Embryonalentwicklung unserer Kinder sind final, denn die Ziele sind bekannt und die Wege zu ihnen oft gegangen worden. Unsere Fahrt ins Blaue hingegen, die Entwicklung des Automobils wie unsere eigene Stammesgeschichte sind selbstbestimmt. Der in ihnen wirkende Mechanismus – wie wir sehen werden – aus notwendigem Zufall und zufälliger Notwendigkeit läßt stets mehrere Alternativen zu, zwischen welchen lediglich die Lage des Augenblicks wählen kann.

Wir werden also nochmals Zufall, Notwendigkeit und Alternative, Gesetz, Anwendung und Synthese, Aufbau und Zerfall von Ordnung unter die Lupe nehmen müssen; und zwar zunächst als Ablauf und dann als Zusammenhang.

# Kosmische Präludien der Ordnung

> Die Hölle schwoll von Schwefelstank und -säure,
> Das gab ein Gas! Das ging ins Ungeheure.
> (*Mephistopheles*, Faust II 10083)

Alles, so überzeugen uns die Kosmologen, soll mit einem ungeheuren Knall begonnen haben[5]. Von Sphärenklängen keine Rede. Ja es sieht so aus, als hätte diesen satanischen Krach nur der Teufel überleben können. Rechnet man die Nebelflucht, die Bewegung der heute noch auseinanderfliehenden Galaxien zurück, so scheint sich der Urknall vor 17 Jahrmilliarden in einem Weltenkern vollzogen zu haben[6], der bei nur einem Tausendbillionstel seines heutigen Umfanges die ungeheuerste Dichte und die unvorstellbare Temperatur von einer Billion Grad Kelvin gehabt haben mußte. Kein Atom, nicht einmal leichte Quanten konnten bestanden haben. Die Masse mußte aus den schwersten Quanten, den Mesonen und Baryonen bestanden haben, die, mit annähender Lichtgeschwindigkeit auseinanderrasend und in ständigen Zusammenstößen, immer neue Teilchen erzeugten.

Sollten in diesem Zeitalter der Hadronen[7], im ersten Zehntausendstel der ersten Sekunde der Existenz dieses Kosmos, alle Quanten seiner künftigen Atomkerne gebildet worden sein, so müßten es $10^{82}$ bis $10^{83}$ schwere Quanten (eine Zahl mit 83 Stellen!) gewesen sein. Wir folgen hier dem anerkanntesten, dem FRIEDMANN-Modell und, was die Zeitalter betrifft, SEXL. Aber auch wenn wir den möglichen Varianten folgen, die Grundlagen unserer ersten Frage bleiben dieselben: Was hätte eine Universität im Hadronen-Zeitalter unterrichten können? Tatsächlich nur einen kleinen Ausschnitt eines einzigen Fachgebietes – einen Teil der Elementarteilchen-Physik. Weder der Rest der Physik noch Astronomie hätten gelehrt werden können, von Chemie und allen anderen Fächern ganz zu schweigen. Die Gesetzmäßigkeiten, die jene beschreiben, waren noch nicht etabliert. Existent waren ausschließlich die Eigenschaften einiger Quantentypen, allerdings in mehr als $10^{82}$ Anwendungen, also identischen Exemplaren. Hätte unser kosmischer Professor den Fortgang der Schöpfung als eine Konsequenz der ersten Quantengesetze vorhersehen können? Unser kosmischer Professor hätte erwarten können, seine $10^{83}$ Quanten würden sich in alle Winde der Unendlichkeit zerstreuen und der Spuk würde bald vorbei sein. Ganz im Gegenteil jedoch, nimmt das Abenteuer der Schöpfung hier erst seinen Anfang.

Es beginnt nämlich das Zeitalter der Kernreaktionen; denn

*Zeitalter der Hadronen*

*Zeitalter der Kernreaktionen*

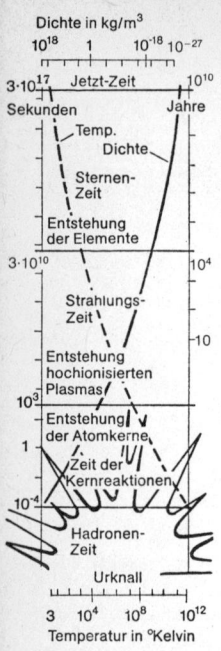

Maße des Urknalls

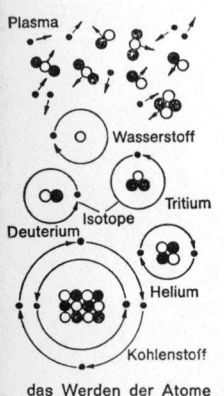

das Werden der Atome

zufällig war der Raum rund um den Urknall leer. Oder genauer, es gab rings um den Urknall noch gar keinen Raum. Er entstand – will der Leser versuchen, sich dies ›vorzustellen‹ – erst mit den auseinanderrasenden Quanten. Zufällig jedenfalls waren rundum kein Raum und keine Temperatur, denn zufällig waren zuvor keine anderen Urknalle, die einen solchen gebildet oder aufgeheizt hätten. Folglich rasten die Quanten ins ›Nichts‹. Und weil dort, wo nichts ist, auch keine Temperatur sein kann, kühlte sich das Rasen schon im Laufe einer Viertelstunde auf ein Zehntausendstel, auf nur mehr hundert Millionen Grad Kelvin ab, und es entstanden die Atomkerne.

Unser kosmischer Professor hätte Protonen und Neutronen in seinen Unterricht aufnehmen können. Nicht viel mehr. Aber seine Gewißheit über deren Gesetzlichkeit konnte so gut wie absolut werden, denn die Zahl bestätigbarer Voraussicht lag noch immer bei $10^{82}$ bis $10^{83}$ Fällen. Von Atomen und Elementen aber konnte er nichts wissen. Es gab sie nicht. Und es hätte sie auch nie gegeben, wäre der sich explosionsartig dehnende Raum an eine Grenze gelangt; wäre er an die Wände eines undurchlässigen Kastens geprallt, heute noch würden in ihm nackte Atomkerne bei hundert Millionen Grad Kelvin durcheinanderrasen.

Wie sich aber herausstellte, gab es auch diesen Kasten nicht. Und unser kosmischer Professor, der sich für die erste Jahrmillion des jungen Kosmos mit Geduld zu wappnen hatte, konnte das nächstwichtige Produkt dieser Welt entstehen sehen: das hochionisierte Plasma. Es war das im Zeitalter der Strahlung. Ab einigen hundert Millionen Grad treten Neutronen mit je einem Proton zum Deuterium-Kern und diese paarweise zu Heliumkernen zusammen. Unser Professor hätte sie ›stripped atoms‹, nackte Atome, nennen können, hätte er ihr Schicksal vorausgesehen. Tatsächlich aber waren es nicht entkleidete, sondern eben noch unbekleidete Kerne der einfachsten späteren Elemente.

Gleichzeitig mehren sich bei solcher Temperatur die leichten Quanten; und zwar zu solchen Mengen, daß sie im Kosmos dominieren. Aber noch sind die Temperaturen zu hoch, als daß die Elektronen in stabile Bahnen um die Kerne gezwungen werden konnten. Sie rasten wie jene frei durcheinander. Wer wen dabei traf und stieß, war längst unvorhersehbar. Der Zufall führte sein Spiel bereits zu seiner ersten großen Entfaltung. Der Kosmos mochte mit vorhersehbaren radialen Bahnen der Teilchen begonnen haben. Die Freiheit der mikrophysikalischen Zustände aber hatte sie längst durcheinandergebracht. Davon später noch mehr. Eine turbulente Bewegung beherrscht die Expansion, die wir chaotisch nennen, weil sie uns die Voraussicht der Einzelbewegung verwehrt. Vergessen wir aber nicht, daß es sich um $10^{82}$ bis $10^{83}$ streng gesetzliche Korpuskel handelt und um ebenso gesetzlich vorhersehbare Folgen nicht vorhersehbarer Begegnung.

Erst nach der ersten Jahrmillion also und einer Abkühlung auf hunderttausend Grad Kelvin beginnen die umhüllten Kerne die nackten zu überwiegen. Eine Wasserstoffwelt entsteht, gefolgt, wenn auch eine Größenordnung dahinter, vom Helium. Über $10^{80}$ Elektronen werden in schwingende Bahnen, die Orbitalen um die Atomkerne gezwungen. Die ersten Elemente sind entstanden. Das Zeitalter der Sterne bereitet sich vor; und wer nun, in unserem kosmischen Institut, Ort und Beschleunigung seiner $10^{80}$ Atomkerne kennt, gewinnt damit Voraussicht über Ort und Beschleunigung von über $10^{80}$ Elektronen.

Nimmt dadurch die Ordnung des Kosmos zu? Zu unserer Überraschung: Nein! Sie hat sich nur verändert. Der Gesetzesgehalt hat zugenommen, aber auf Kosten der Zahl seiner Anwendungen. Von $10^{82}$ oder $10^{83}$ schweren Quanten bleiben nur rund $10^{80}$ in den Atomkernen erhalten. Das Hundert- bis Tausendfache geht verloren, zerstört in eine millionenfache Anzahl kleinster Quanten, zu rund $10^{90}$ Photonen, die als ungeheure Strahlung in die Unendlichkeit des Alls zerstieben, diesem Kosmos als Energie- und Ordnungsquelle nicht mehr verwendbar. Ordnung kann nur mit Ordnung bezahlt werden und, wie wir sehen werden, Anhebung zu höherer nur mit Degradierung zu niedrigerer. Dies wird sich bis zu den höchsten Formen der Ordnung, die wir kennen, bestätigen, bis zur Schöpfung der Säuger, des Faustkeils, der Gotik. Doch zurück zur ersten Materie.

Wieder hätte unser kosmischer Beobachter erwarten können, ein homogenes Universum erkaltenden Gases werde die Folge sein, und wieder stellt es sich heraus, daß die Urmaterie nicht gleichförmig auseinanderstrebt; denn zufälligerweise entstehen Unregelmäßigkeiten, Ballungen, welche sich notwendigerweise zusammenziehen.

Das Zeitalter der Sterne beginnt. Woher aber stammt dieser Zufall in einem Universum, das nur aus Gesetzlichkeit, Quanten und einem einzigen Urimpuls besteht? Er stammt daher, daß ihre Bewegung prinzipiell Freiheiten hat. Der Physiker sagt, Ort und Impuls seien nicht beliebig genau determiniert. So sind auch die Orte der ersten, geringsten

Zeitalter der Sterne

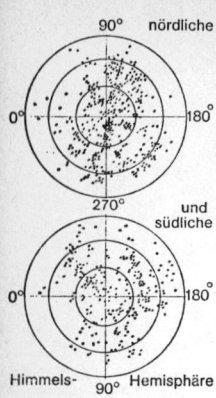

Verteilung der Galaxien (heller als 13m)

Inhomogenitäten nicht vorhersehbar, nur die Notwendigkeit der sich mit ihnen ändernden Gravitationsfelder, die den Vorgang mehr und mehr verstärken, so daß wir heute eine Zufallsverteilung notwendiger Ballungen, der Globulen oder Nebel, in den Weiten des Weltraumes entdecken. Notwendig ist ihre Kontraktion als die Folge der mächtigen Gravitationsfelder, die sie aufbauen. Notwendig ist weiterhin das Steigen der Drucke, das Steigen der Temperatur, auf wieder über eine Milliarde Grad, und das Entstehen im Durchschnitt sonnengroßer Kernreaktoren, in welchen zunächst Wasserstoff zu Helium und dann dieses zu immer schwereren Elementen bis zum Atomgewicht 48 verbrannt wird. Diese Riesenreaktoren sind die Sterne der Galaxien[8].

Und wieder nehmen Vorhersehbarkeit und Gesetzestext zu. Unsere kosmische Universität kann die Fächer Astrophysik und Astrochemie einführen. Wieder setzen diese alles Bisherige voraus, treten aber erst als eine Konsequenz der Inhomogenität der Materie in diese Welt. Die Selbstdifferenzierung schreitet fort. Sie ist nicht final. Sie beruht auf der zufälligen Begegnung notwendiger Ketten von Ereignissen. Und diese realisiert immer nur eine der immer zahlreicher werdenden Alternativen.

Dieselbe Begegnung von Zufall und Notwendigkeit zeigt die Sternverteilung in den Galaxien selbst. Die Galaxis scheint notwendig in eine flache Spirale zu münden, die Lage des Einzelsterns aber folgt der Wahllosigkeit des Zufalls. Schon ein Blick in unseren Sternenhimmel der Milchstraße macht das deutlich.

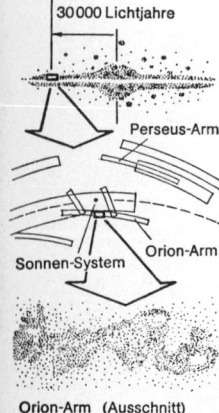

Orion-Arm (Ausschnitt)
die Milchstraße

Ebenso wird nur eine verschwindende Anzahl von alternativen Quantenkombinationen realisierbar. Nur 1000 Typen von Atomkernen können entstehen; und unter den gegebenen Bedingungen, also zum Teil vom Zufall gewollten Notwendigkeiten, sind bloß dreihundert stabil; Repräsentanten von schließlich nur hundert Elementen. Die übrigen, wie zum Beispiel die schweren transuranischen, haben kaum Bestand. Zudem entsteht ein steiles Häufigkeitsgefälle der Elemente nach dem Atomgewicht. Von 10 000 Atomen im All bleiben 8390 Wasserstoff, 1590 Helium, nur 16 werden von den Elementen O, Ne, N und C eingenommen und kaum 5 von allen 90 übrigen[9]. Das Gefälle reicht über zehn Größenordnungen. Bis heute ist unser Kosmos eine fast reine Wasserstoff- oder Wasserstoff-Helium-Welt, in welcher die kompliziertesten, die gesetzes- oder organisationsreichsten Atome zehn Milliarden Mal seltener angewandt sind als die einfachsten.

Die Zunahme an Voraussichten jedoch, welche nun die neuen astrochemischen und astrophysikalischen Fächer enthalten könnten, ist wieder mit Degradierung von Ordnung teuer erkauft. Allein was durch die Kontraktion der Ur-Sonnen und die Verbrennung, die Fusion des Wasserstoffes zu Helium an Gesetzestext gewonnen wird, das geht an der Zahl der Atome, die wieder zu den Einzelquanten der Strahlung zerfallen, verloren. Offenbar müssen vier Wasserstoffatome verbrannt werden, um ein einziges Heliumatom herzustellen. Schon die Strahlung unserer Sonne gibt von der Menge dieses Strahlungsabfalles beredt Zeugnis. Wo überall die Schöpfung baut, fallen Späne.

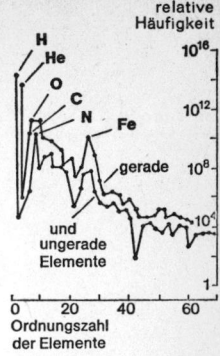

Häufigkeit der Elemente im Kosmos

Hätte nun endlich unser kosmisches Kollegium die Entstehung unserer Erde vorhersehen können? Das Entstehen irgendeiner Erde vielleicht – das Entstehen der unseren keinesfalls.

Das folgende Zeitalter der Protoplaneten nämlich beginnt als die notwendige Folge des zufälligen Zusammentreffens bestimmter Masse und bestimmten Strahlungsdrucks der Zentralmasse mit Masse und Form, mit Impuls und Gegenströmungen des sie umgebenden turbulenten Gas- und Staubringes. Zu kleine Sternmasse beispielsweise reichte zu dessen Kontraktion nicht aus, zu großer Strahlungsdruck fegte ihn völlig in den Weltraum (darum besitzt auch wohl nur jeder zehnte Stern Planeten). Nur unter speziellen Bedingungen also kann das zu annähernd stabilen Ring- und Gegenströmungen führen, deren Muster selbst wieder Zufallsmerkmale enthält, deren notwendige Konsequenz aber die Planetenbildung ist. Diese von KANT und LAPLACE entwickelte, jüngste von WEIZSÄCKER und KUIPER ausgebaute Nebulartheorie leitet aus der Kontraktion der Ringnebel die Protoplaneten ab[10].

Zeitalter der Protoplaneten

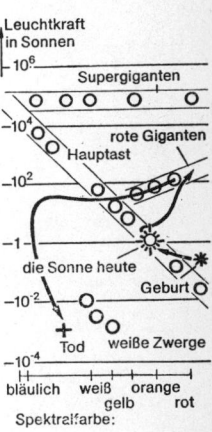

Genesis der Sonne

Es entsteht nun notwendigerweise eine zufällige Anzahl von Wasserstoffriesen, ohne feste Oberfläche, aber mit gewaltigen Atmosphärenhüllen, die jene unserer Erde um das Millionenfache übertreffen. Im Sonnensystem entstanden bekanntlich neun aus vielleicht einem Zehntel der Sonnenmasse. Ein zehnter, der Asteroidenring, scheint die Kontraktion nicht geschafft zu haben oder wurde durch einen Zusammenstoß zerstört. Die Protoplaneten kühlen rascher ab, Kruste und Atmosphäre trennen sich. Chemische Verbindungen entstehen: in den Atmosphären die wasserstoffreichen Gase Methan und Ammoniak ($CH_4$, $NH_3$). In den Planetenkernen synthetisieren, wie UREY zeigte, die schweren Elemente bis zum Uran. Das Kosmoskollegium kann mit

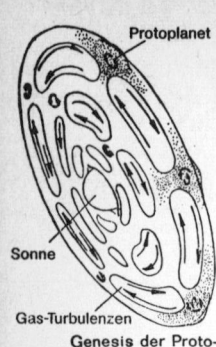

Genesis der Protoplaneten

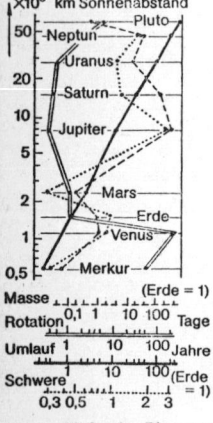

Maße der Planeten

Chemie, Himmelsmechanik und, zögernd, mit der Mineralogie beginnen. Und wieder wird jeder Gewinn an Voraussicht, wie sie deren neue Gesetze – etwa der chemischen Bindungen, Massenbewegungen oder Kristallstrukturen – enthalten, durch Degradierung, Abstrahlung und Materieverlust in die Tiefen des Weltraumes bezahlt. Dennoch vermöchte die schon vergrößerte Kosmosfakultät nicht viel des erst zu Etablierenden vorauszusehen: neue Verbindungen wahrscheinlich, das Leben nicht, den Menschen keinesfalls.

Unter diesen, sich nun immer mehr auffächernden Synthesen neuer Gesetzlichkeit darf ich hier nur mehr einer folgen. Denn alle Fächer anorganischer Naturwissenschaften können nun folgen, von der Meteorologie bis zur Festkörperphysik. Kaum mehr übersehbar werden die neu ermöglichten Voraussichten innerhalb der bereits etablierten Gesetze; von den Capillar- bis zu den Hebelgesetzen.

*Zeitalter der Atmosphären* Verfolgen wir darum nur das Zeitalter der Atmosphären. Es führt recht direkt zu den Voraussetzungen unseres eigenen Entstehens[11]. Unsere heutige Erde ist ein winziger Rest der Proto-Erde. Man muß annehmen, daß der zunehmende Strahlungsdruck der Sonne die riesigen Primäratmosphären der inneren Planeten fast ganz in den Weltraum fegte. Ihre sekundäre Atmosphäre, aus Wasserdampf und Kohlendioxid, vermischt mit den Resten von Wasserstoff, Ammoniak und Methan, entstand aus dem Kern. Der innerste, Merkur, verlor weitgehend auch diese. Der Vorgang ist eine notwendige Folge der zufälligen[12] Lage des Planeten. Unter dieser Atmosphäre entstand das Leben, und erst die Lebensprozesse wandelten sie zu jener dritten, tertiären Atmosphäre, in der wir heute leben. Wäre unsere Erde, nach den Maßen des Sonnensystems, nur um wenige Promille in anderer Lage gewesen, die Alternativen in Richtung auf die Synthese des Menschen wären nicht mehr zugänglich gewesen.

Wieder begegnen sich zufällig notwendige Kausalketten. Die Erdkruste kühlt zu dem Zeitpunkt unter den Siedepunkt des Wassers, als sie noch von mächtigen Dampf-Kohlendioxyd-Ammoniak-Hüllen umgeben ist, und diese wallen noch, als in ihnen unaufhörliche Riesengewitter aufgebaut und entladen werden. Die Urmeere entstehen folglich als ein überdimensionales, heißes und finsteres, energiedurchflutetes Destilliersystem. Die notwendige Folge ist die Bildung immer energiereicherer organischer Verbindungen und deren Anhäufung im Destillat. Es entsteht eine heiße organische Suppe als Voraussetzung des Zeitalters der chemischen Evolution; diese ist die Voraussetzung für ein Zeitalter der Evolution der Organismen, jenes ist Voraussetzung für das Denken und dieses wiederum für die Kultur. Doch von all dem später.

Wir werden auch in den späteren Syntheseschritten der Genesis dieselben Einsichten bestätigt finden, die uns schon die ersten lehrten. Jede Synthese höherer Gesetzlichkeit wird mit Degradierung in der Umgebung des Systems bezahlt. Und jegliche Synthese ist eine notwendige Folge der Vorbedingungen. In deren Begegnung aber wirkt der Zufall mit. Von den Stößen der Quanten zu den Mutationen bis zu den Erfindungen und Entdeckungen wird er die Genesis begleiten.

Diese Welt ist zwar eine notwendige Folge des Urknalls, aber nur eine aus Milliarden möglichen. Gott würfelt, aber er befolgt, wie wir wieder und wieder sehen werden, auch die entstehenden Gesetze[13]. Die Ordnung in dieser Welt ist nicht aus dem Chaos entstanden. Sie war mit dem Knall vorhanden. Nur war es eine niedrige Ordnung, die sich stellenweise in eine höhere transformierte – und die ihre Synthese zu höheren Gesetzen mit Abfuhr degradierter bezahlt. Dieser merkwürdige Zusammenhang verdient nun genauere Untersuchung.


## Herkunft und Wandel der Ordnung

> Was sich dem Nichts entgegenstellt,
> Das Etwas, diese plumpe Welt,
> Soviel ich auch schon unternommen,
> Ich wußte ihr nicht beizukommen.
> (*Mephistopheles*, Faust I 1363)

Der geneigte Leser mag mir bisher geduldig gefolgt sein. Er wird sich aber, wenn er es tat, gesagt haben, daß der Autor in einem Punkte erfolglos war: im Versuch nämlich darzulegen, daß schon alle Ordnung da war, obwohl er nur rasende Quanten vorzuweisen hatte. Des Lesers Vorbehalt verstehe ich. Denn eben das ist der Zusammenhang, den ich selbst als letzten verstanden habe. Ja, ich muß mich auch jetzt noch, da ich dies schreibe, wieder und wieder zur Ordnung rufen, wenn von Ordnung die Rede ist.

Ordnung ist nämlich schon in der Umgangssprache einmal ein quantitativer, ein andermal ein qualitativer Begriff; und zwar nicht aus Unordentlichkeit, sondern höchst gerechtfertigterweise. Die Ordnung etwa von Bausteinen mag vollkommen sein auf einem Material-Lagerplatz, im Bau einer Siloanlage wie in dem einer Kathedrale. Aber selbst wenn die Zahl der in den dreien zur peinlichsten Ordnung gebrachten Bausteine dieselbe wäre, die Qualitäten – die Art sowie unsere Wertvorstellung von diesen Ordnungen sind ganz verschieden.

*Ordnungsgrad und Ordnungsart* Unterscheiden wir also auch wissenschaftlich zwischen Ordnungsgrad und Ordnungsart. Der Ordnungsgrad hat nur quantitative Merkmale; wir kennen ihn schon. Er ist (in $bit_D$) das Produkt aus Gesetz ($bit_G$) und Anwendung (a). Die Ordnungsart hat zunächst qualitativen Charakter. Wir sollten auch sie meßbar machen, denn sie ist täglich mit uns.

Vergessen habe ich zum Beispiel die vielen Einzelermahnungen aus der Kinderzeit, wie »Dein Zimmer ist doch erst zur Hälfte aufgeräumt«. Sie betrafen den Ordnungsgrad. Unvergeßlich aber ist mir die Ratlosigkeit meines Vaters, als er entdeckte, daß ich die Bände seiner Bibliothek peinlich genau umgeordnet hatte; nach der Farbe ihrer Rücken! Dies betraf die Ordnungsart.

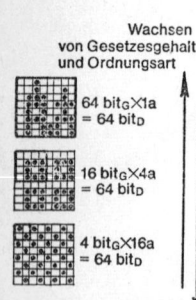

*Wachsen von Gesetzesgehalt und Ordnungsart*

$64\ bit_G \times 1a = 64\ bit_D$

$16\ bit_G \times 4a = 64\ bit_D$

$4\ bit_G \times 16a = 64\ bit_D$

*Wachsen von Redundanz und Anwendung bei gleichem Ordnungsgehalt*

*Ordnung als Gesetz mal Anwendung*

Die Art einer Ordnung hat nichts mit ihrem Umfang zu tun, sondern mit dem Gesetzesgehalt. Und dieser besteht, wie erinnerlich, aus jenen zur Beschreibung oder Konstruktion eines Systems erforderlichen Sätzen, die keine Redundanz enthalten; die also nicht mehr vereinfacht oder weggelassen werden können, ohne den Inhalt zu schmälern. Aus zwei gleichen Exemplaren dieses Buches ist ja um nichts mehr zu erfahren als prinzipiell schon im ersten enthalten wäre. Solche Zweiersysteme enthalten die doppelte Ordnungsmenge: Der Gesetzesgehalt ist aber, wie wir schon wissen, derselbe. Das ändert sich erst, wenn zwei gleiche Atome, Tiere oder Gedanken, in Beziehung treten; wenn sie als Molekül, als Pärchen oder als Diskussion neue Gesetzmäßigkeit synthetisieren. Und immer sind es solch neue Synthesen, die den Gesetzesgehalt wachsen lassen, die wir als die neuen Seinskategorien und Werte einer Ordnung erleben.

Wir erleben das überall. Der Gesetzesgehalt von Buchstaben allein, etwa von HOMERS ›Odyssee‹, ist gering. Wie erinnerlich ist er nicht größer als das Produkt aus jenen 5 bit, die zur Wahl jedes Zeichens erforderlich sind, mal dem Zeichenrepertoire von 32: Das sind 160 bit. Da die ›Odyssee‹ aber 840 000 Zeichen mal 5 bit, also 4 200 000 bit enthält, sind 4 199 968 bit redundant; sie entsprechen Buchstaben, die weggelassen werden könnten, ohne den Nachrichtengehalt zu schmälern, den das Alphabet enthält. Ist die ›Odyssee‹ also ganz unverstanden oder liegt sie noch in den Kästchen des Setzers, so fänden wir einen winzigen Gesetzesgehalt unter Millionen redundanter bits begraben. Erst die sich überordnenden Gesetze, schichtenweise die der Syntax, der Semantik, der Lyrik und des Epos machen das Ganze zu etwas Einzigartigem in dieser Welt, und fast alle Redundanz wird zum Gesetz dieses Werkes.

Wir erleben das nicht minder in den Naturgesetzen. Von deren Gesetzesgehalten gibt uns die Zahl jener Alternativen oder Sätze eine Vorstellung, die zur Beschreibung ihrer Systeme unentbehrlich sind. Das sind, der Größenordnung nach, jeweils etwa so viele wie die jeweilige Schicht an realisierten Typen enthält, nämlich zehn, hundert und tausend der Quanten, Atome und Moleküle, hunderttausend, eine und zehn Millionen der großen Biomoleküle, niederen und höheren Organismen. Wir werden uns dies noch im einzelnen vornehmen. Hier müssen wir uns vor Augen halten, daß die Ausschälung des reinen Gesetzesgehaltes ein Näherungsvorgang der Erkenntnis ist. Auf der einen Seite wächst die Einsicht in neue Merkmale, auf der anderen ist es nicht minder schwierig, die Redundanz im Erkannten zu entfernen, also zu dem zu kommen, was wir den wahren ›Kern der Sache‹ nennen.

Dies darf ich mit einem meßbaren Beispiel anschaulich machen. Nehmen wir an, wir empfingen bei einer Untersuchung aus einem Tedektor zehnmal die Zahlenreihe 2 4 8 16 32 64 128 256, so benötigen wir zu deren Beschreibung in Alternativen 10 (Sendungen) mal 8 Ereignisse, mal 8 bit (das ist die Zahl der Entscheidungen, die minimal zur Bestimmung jedes Einzelereignisses aus einem Repertoire von 256 erforderlich sind; der log. dualis von 256). Das sind also 640 bit. 64 davon beschreiben die erste der Sendungen, den Gesetzesgehalt. Sobald wir aber die quadratische Funktion sehen, können wir dasselbe als $2^1\ 2^2\ 2^3\ 2^4\ 2^5\ 2^6\ 2^7\ 2^8$ schreiben, oder als $2^1 \ldots 2^8$, und der Gesetzesgehalt reduziert sich auf 16 oder 4mal den log. dualis von 8 (= 3), also auf 48 und 12 bit$_G$, auf den Kern der Sache.

Vergleichsweise bleibt der Redundanzgehalt in der Natur sehr hoch: sowohl hinsichtlich der Zahl ihrer identischen Bauteile als auch der Zahl ihrer identischen Repräsentanten. Und beide Redundanzformen – dies sind nun, wie in der Kausalität, die Material- und die Formal-Seiten der Redundanz –, sind mit unserer Wertvorstellung verbunden.

Bleiben wir zunächst bei der inneren oder ›materialen Redundanz‹. Ihr Kehrwert entspricht etwa dem, was wir als

**Redundanzgehalt der Natur**

Differenzierungswert erleben, von der Kette identischer Moleküle der Plastikfaser zum fast redundanzlosen Kettenmolekül der genetischen Information, vom Schwamm zum Menschen, vom Gleichschritt zur Choreographie, aber auch von der Kachelung zum figuralen Mosaik, vom Ziegellager zum Barockschloß und vom Pausezeichen zur Sonate. Die uns so wichtige Skala vom Kommerz zum Handwerk und vom Kunsthandwerk zur Kunst deutet sich an. Und innerhalb aller Systeme nimmt dieser Differenzierungswert mit der Hierarchie der Ordnungsschichten zu. Er steigt von den Quanten der Atome eines Systems, über die Atome seiner Moleküle bis zu den Zellen seiner Gewebe und den Geweben seiner Organe; von den Lauten der Worte bis zu den Worten der Sätze eines Gedichts. Noch beim Menschen erreicht die Redundanz der jeweils identischen Organe, Zellen, Moleküle und Atome jeweils Hunderttausende, Billionen, Trillionen und ($10^{24}$) Quadrillionen.

Die äußere oder ›formale Redundanz‹ wiederum entspricht als Kehrwert dem, was wir als Seltenheitswert erleben. Man denke an Kohle und Diamant, Hering und Quastenflosser, eine 10-Cent-Marke und die Blaue Mauritius. Hier ist die Formseite unserer Wertskala enthalten, vom Massenprodukt zum Einzigartigen, vom Gemeinplatz zum Göttlichen Funken; selbst jene von der Masse zum Individuum Mensch zeichnet sich ab. Und nun finden wir die Werte mit dem Evolutionsgrad steigend, die Redundanz im Verfall. Die größten Zahlen identischer Systeme, $10^{83}$ ja $10^{90}$, fanden wir bei den Quanten, die Zahl der Atome und Moleküle sinkend von $10^{80}$ auf $10^{50}$, bis uns die Arten der Tiere nur mehr mit $10^{15}$ bis $10^{5}$ Individuen begegnen, ja bis sie uns gerade dann besonders wertvoll werden, wenn sie vor unseren Augen aussterben.

Kurzum, wenn von der Ordnung in dieser Welt ernsthaft die Rede sein soll, dann kann diese nicht nur nach ihren Massen, sondern sie muß nicht minder nach ihren Formen verstanden werden. Ordnung ist Gesetz mal Anwendung. Dies ist einfach, aber nicht einfach zu verstehen. Doch war es als erstes darzulegen, als Voraussetzung unseres Verständnisses für die Herkunft niederer und ihren Wandel zu hoher Ordnung.

Alles Weitere ist fast eine Konsequenz. Ja, merkwürdig genug, die Gesetze von der Erhaltung und vom Wandel der Ordnung entsprechen ja ganz jenen, die wir von der Erhaltung und vom Wandel der Energie seit ROBERT MAYER und aus den Hauptsätzen der Thermodynamik seit CLAU-

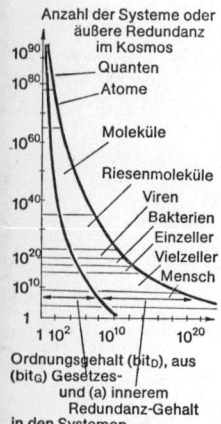

Ordnungsgehalt ($bit_D$), aus ($bit_G$) Gesetzes- und (a) innerem Redundanz-Gehalt in den Systemen

Gesetz und Redundanz in der Natur

sius, BOLTZMANN und NERNST kennen[14]. Selbst ein Ordnungs-Energie-Äquivalent wird sich bilden lassen; doch sei das Sache der Physiker.

Formulieren wir zunächst den Erhaltungssatz. Es kann Ordnung nur aus Ordnung entstehen, nur auf Ordnung beruhen, sagte schon SCHRÖDINGER[15]. Woraus sollte sie sonst bestehen? Organismen bestehen aus einer speziellen Ordnung von Molekülen, diese aus einer der Atome und Atome aus jenen der Quanten; und alle für die Ordnung dieser Welt erforderlichen Quanten waren, so lehren uns die Kosmologen, vorhanden, ja im Überschuß und samt ihrer Ordnung vorhanden. Die Ordnung erklettert nur die höheren Ebenen der ihr möglichen Formen. Was hinzukommt, ist jeweils nur eine neue Festlegung von Lagebeziehungen vorgegebener Bauteile: neue Formursachen, deren alternative Möglichkeiten in ihren Bestandteilen, in ihren Materialursachen schon vorhanden waren; die Bindungskräfte der Atome in ihren Quanten, die der Moleküle in ihren Atomen.

Ordnung nur aus Ordnung

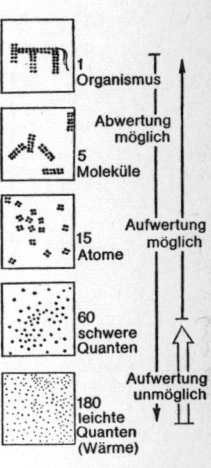

Ebenso kann Ordnung nur in Ordnung zerfallen, und zwar in ihre jeweils niedrigeren Formen: die Ruine in die der Ziegel, diese in die der Tonkörner, aus welchen sie gemacht wurden, die Tonkörner – im Schmelzofen – zu Silikat-Atomen und diese – im Reaktor – zu jenen Quanten, aus welchen sie im Protoplaneten entstanden.

Ordnung nur aus Ordnung

Was an Aufbau gewonnen oder durch Degradierung verlorengeht, das wird, wie wir sogleich sehen werden, der Umgebung des Systems durch Degradierung von Ordnung entzogen oder durch Ausfuhr zugeführt. Der Ordnungsgrad, die Menge der Ordnung in dieser Welt scheint sich nicht zu ändern, nur ihre Ordnungsart wird verändert. Sie umfaßt über $10^{90}$ bit determinierte Entscheidungen[16], das Produkt aus den ihr möglichen Gesetzen und der Zahl von deren Anwendung.

Es besteht also für jedes ihrer Systeme eine Zustandsgröße des Informationsgehaltes (in bit), die wir als Ordnung ($bit_D$) und Unordnung ($bit_I$) beschreiben; und deren Gleichheit innerhalb jedes Systems ist die Voraussetzung des Gleichgewichtes seiner Teile. In jeglichem Gefälle von Ordnung, Determination oder Kenntnis wird letztlich ihr Fließen die Folge sein – ob es sich um die Ordnung der Quanten oder der Materie, um die der Organismen oder um Kulturen handeln mag. Dies entspricht dem Äquivalent des sogenannten O. Hauptsatzes. Der Leser möge mir die apodiktische Kürze vergeben, denn es wird der Inhalt all unserer weiteren Kapitel sein, diese Ansicht zu belegen.

Ordnung als Zustandsgröße

115

**Ordnungswachstum nur in offenen Systemen**

Nun stellen wir fest, daß Ordnungswachstum nur in offenen Systemen möglich ist. In keinem geschlossenen System kann fortgesetzt Ordnung entstehen, ohne daß ihm diese von außen zugeführt oder Unordnung nach außen abgeführt wird. Wir können auch sagen: die Summe aus Indetermination ($bit_I$) und Determination ($bit_D$), aus Unkenntnis und Kenntnis bleibt konstant. Dabei ist ein geschlossenes System in einem Kasten zu denken, dessen Wände von nichts, sei es Materie, Strahlung, Welle oder Wärme, zu durchdringen sind. In einem solchen könnte weder ein Hadronenschwarm zu Wasserstoff werden noch ein Korb Eier zum Hühnerhof. Der Fachmann wird unser Äquivalent zum 1. Hauptsatz erkennen, und wir können dasselbe ausdrücken, wenn wir sagen: Ein Perpetuum mobile wachsender Ordnung ist unmöglich.

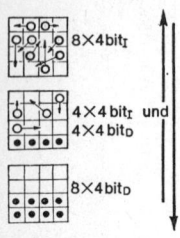

Wachsen von Unkenntnis, Indetermination oder Unordnung

$8 \times 4\, bit_I$

$4 \times 4\, bit_I$ und $4 \times 4\, bit_D$

$8 \times 4\, bit_D$

Wachsen von Kenntnis, Determination oder Ordnung

Zustandsgrößen eines Informations-Gehalts (32 bit)

Das heißt, es ist jegliches Ordnungswachstum nur in Ordnungsgefällen realisierbar. Höhere Ordnung – Grade wie Arten – kann also nur entstehen, wenn das System von einem Strom von Ordnung, der selbst einem Gefälle von Ordnung – von Graden oder Arten – folgt, durchflossen wird. Dies ist das Äquivalent zur ersten Fassung des wichtigen 2. Hauptsatzes, des Entropiesatzes, der Thermodynamik. Organismen, so sagte schon SCHRÖDINGER, fressen Ordnung.

**Ordnungswachstum nur in Ordnungsgefällen**

Wo überall Ordnungsarten wachsen, so setzen wir fort, dort wird Ordnung gefressen. Fressen ist hier fast wörtlich zu nehmen; denn stets werden Zustände der Materie zum Selbstbetrieb einverleibt und erst in degradierter Form wieder abgeschieden. Freilich wurde SCHRÖDINGER auch sogleich zur Rede gestellt für derlei Übertretung[17]. Aber in der Folge hat alle ›Thermodynamik offener Systeme‹ auf ihm aufgebaut.

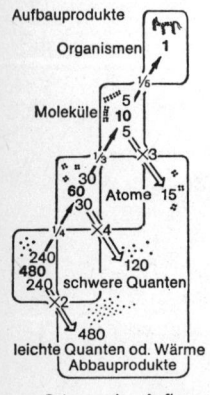

Schema des Aufbaus durch Degradierung

Tatsächlich geht es auch ohne Degradierung und Abfuhr nicht. Wenn, wo immer, irgendeine Ordnung wächst, muß dies mit Abfuhr niedrigerer bezahlt werden. Das Gefälle von der Ein- zur Ausfuhr ist nicht zu umgehen. Wird aus einer Ordnung schwerer Quanten, wie im Zeitalter der Kernreaktionen und der Strahlung, die höhere Ordnung der Wasserstoffatome gebaut oder wird aus dem Wasserstoff der Sonnenreaktoren das höher organisierte Helium gebrannt, so wird stets mit der Abfuhr großer Mengen Photonen, ordnungsärmerer Elementarteilchen bezahlt. Ebenso wird beim Aufbau der Moleküle aus Atomen, der Kristalle aus Lösungen wie beim Betrieb des Eiskastens, das Steigen möglicher Voraussichten über die Lage der Teile innerhalb des Systems durch Minderung der Voraussicht außerhalb bezahlt.

Das geschieht beispielsweise durch Abgabe von Wärme und die damit vergrößerte Unordnung in ihrer Umgebung. Beim Aufbau der grünen Pflanzen sind es Photonen, die gefressen und zu denselben noch niedrigeren Quantenzuständen degradiert werden, denen der langwelligen Strahlung. Und bei tierischen Organismen sowie bei jeglichem Ordnungsschaffen des Menschen, vom Hobeln bis zum Komponieren, sind es stets höher geordnete Moleküle, die verzehrt und, zu niedergeordneten entwertet, ausgeschieden werden müssen. Letztlich geht der Betrieb der ganzen Biosphäre auf den Zustrom von überwiegend Photonen zurück, die diese Erde, zu den Quanten langwelliger Strahlung degradiert, während der nächtlichen Abstrahlung wieder verlassen[18]. Die Anzahl der abgestrahlten Quanten (der Anwendungen also) nimmt dabei in demselben Maße zu, nämlich um das Hundert- bis Zehnmillionenfache, wie die uns mögliche Voraussicht über ihre Lage- und Zustandseigenschaften (über den Gesetzesgehalt also) abnimmt[19].

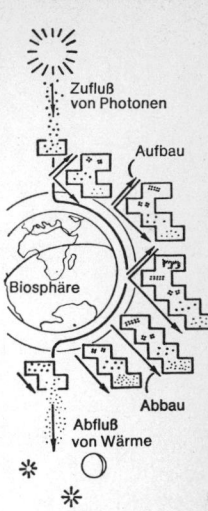

Betrieb der Biosphäre

Der Ausguß, in welchen aller Abfluß, von der Herstellung der Materie bis zu der der Symphonien, letztlich mündet, ist der Intergalaktische Raum. Was sich dort bereits an am weitesten degradierten Zuständen gesammelt hat, gewissermaßen der Staub hinter der Hobelbank der Genesis, das ist jüngst als die kosmische Hintergrundstrahlung bekannt geworden[20]. Sie entspricht der Strahlung eines schwarzen Körpers nahe dem absoluten Nullpunkt, und sie ist so langwellig[21] und arm an Energie, daß ihre korpuskulären Eigenschaften schon weit hinter den Welleneigenschaften zurückbleiben. Die noch als Struktur denkbare Ordnung findet ihre niedersten Zustände.

Aber nicht nur der Aufbau von Ordnung kostet Ordnung, sondern auch die Erhaltung. Wir kennen diese Aufwände von unseren Domen bis zur Erhaltung unser selbst. Auch sie ist nur mit einer steten Degradierung durchfließender Ordnung zu erreichen. Und nicht minder verfällt bei jeder Umsetzung auch alles Unbelebte, von den Gebirgen bis zu den Elementen, wenn auch in längeren Intervallen. Schon dies macht anschaulich, daß in jedem geschlossenen System, obwohl es, in einem seiner Subsysteme, Grade und Arten unglaublicher Ordnung aufbauen kann, ein genereller Verfall der Ordnungsgrade nicht zu vermeiden ist.

Verfall der Ordnungsgrade

Dies entspricht der zweiten Fassung des Entropiesatzes der Thermodynamik. Und wir können wieder seine Konsequenzen ausdrücken, indem wir sagen: In einem geschlossenen System bleibt zwar der Gehalt an Information erhalten, aber

der Durchschnitt an Ordnungsarten und -graden nimmt ab; höhere Ordnung entsteht nur durch eine Degradierung einer größeren Menge zu niedriger; ein geschlossener Kosmos wird in niederen Formen und Gefällen der Ordnung enden.
Und wenn wir der Vollständigkeit halber noch das Äquivalent des 3. Hauptsatzes aufsuchen, so erkennen wir einen Zusammenhang zwischen Ordnungsgrad und Temperatur: Die einem System mögliche Ordnung wird nahe dem, allerdings unerreichbaren, absoluten Nullpunkt am größten. Wir können auch sagen, die Voraussicht hinsichtlich der Lage seiner Bauteile wird am größten, wie es durch das Wegfallen jeder molekularen Wärmebewegung etwa in einem Kristall anschaulich wird.

*Ordnungsgrad und Temperatur*

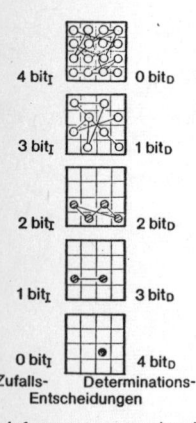

4 bit$_Z$   0 bit$_D$
3 bit$_Z$   1 bit$_D$
2 bit$_Z$   2 bit$_D$
1 bit$_Z$   3 bit$_D$
0 bit$_Z$   4 bit$_D$
Zufalls-   Determinations-
Entscheidungen

*Informationszustand und Bewegung*

Was also wäre mit alledem zu erfahren? Nun, es ist formal gelöst, was paradox erschien. Erstens: daß jede Synthese höherer Ordnungsgrade nur durch die Degradierung von Ordnung betrieben werden kann und daß zweitens die Ordnungsgrade und -arten innerhalb der Systeme, ja innerhalb des ganzen Kosmos lokal steigen und fallen, während der Informationsgehalt sich unverändert erhält. Ich sagte: formal gelöst, weil ja das meiste an Prüfung erst in den folgenden Kapiteln bevorsteht. Man kann aber, wie ich glaube, nun sehen, daß in allen Ebenen höhere Gesetzmäßigkeit auf Kosten der Anwendungszahl niedriger synthetisiert wird und daß sie sich zerfallend wieder in vergrößerte Zahlen niedrigerer auflöst. Man wird erkennen, daß $10^{83}$ Anwendungen auch eines geringen Gesetzesgehaltes, sagen wir von nur 10 bit$_D$, die Potenz gigantischer Ordnungsgrade enthalten. Selbst wenn wir den Entwicklungsaufwand des Ordnungsumfanges der gesamten Biosphäre auch äußerst großzügig mit $10^{50}$ bit$_D$ ($10^{10}$ Generationen mal $10^7$ Arten mal $10^{10}$ Individuen mal $10^{23}$ bit$_D$) berechnen, so könnte in diesem Kosmos noch in Billionen Welten ($10^{12}$) eine gegenüber der unseren trillionenfach ($10^{18}$) höhere Ordnung synthetisiert werden.

Der diesem Kosmos mögliche Ordnungsgehalt, so scheint es, wurde mit einem Schlage geschaffen. Er ist nicht überschreitbar. Er ist aber konzentrierbar, synthetisierbar zu uns ganz unfaßlich hohen Graden und Arten der Ordnung.

# Schöpfung zwischen Zufall und Bestimmung

> Die Sache sieht jetzt anders aus.
> Der Teufel kann nicht aus dem Haus.
> (*Mephistopheles*, Faust I 1407)

Wenn nun, wie ich behaupte, der Ordnungsgehalt dieses Kosmos seit seinem Beginn gegeben war und wenn das Wachsen der Ordnungsgrade und -arten nur einer lokalen Auftürmung vorgegebener Ordnung entspricht, war dann die Entwicklung dieser Welten vorherbestimmt? Ist es die einzige unter den möglichen Welten? Handelt es sich nur um eine Entfaltung, um das bloße Auseinanderfalten eines in seinen Einzelheiten längst festgelegten Planes der Natur? Ist die Genesis final, das heißt die Exekutierung eines Ablaufes mit vorgegebenem Ziel? Nun, wie angenehm es auch wäre, ließe sich in ihr ein schönes Ziel entdecken, wir selbst erwiesen uns dann lediglich als die Marionetten dieser Bühne. Wir wären, samt unserer Geschichte und unserer Zukunft die Konsequenz aus einem Baukasten und seiner Anleitung. Wäre diese Welt final, wir wären einer ihrer unfreiesten Mechanismen.

Wenn dies aber, wie wir zumeist empfinden, nicht so sein kann, ist dann die Genesis ohne Ziel? Ist dann jeder ihrer Syntheseschritte ein Produkt des Zufalls? Nun, wie angenehm es auch wäre, ließe sich in der Genesis das Walten großzügigster Freiheit nachweisen, es wäre folglich auch all unsere Geschichte das Ergebnis blinden Zufalls, und kein Sinn ließe sich mit unserer Existenz verbinden.

Jedoch, ›die Sache sieht jetzt anders aus‹, die Genesis ist, wie wir noch in allen ihren Schichten sehen werden, weder ganz determiniert und final noch ganz undeterminiert und ziellos, so wie wir selbst weder ganz programmiert und unfrei, noch ganz frei und ein der Schöpfung bloß unterlaufener Mißgriff des Zufalls wären. Die Genesis ist selbst-ordnend und selbst-zielsetzend; post-final, wenn man so will. Sie enthält weder einen Sinn von Haus aus, noch blieb sie sinnlos, sondern sie hat sich ihren Sinn, wie wir Menschen es taten, wo immer sie einen hat, selbst geschaffen. Daß es sich hier nicht um eine tröstliche Parabel handelt, eine Wendung, um zwischen Metaphysik und Mechanismus hindurchzuschlüpfen, sondern um einen Wesenszug der Strategie der Genesis, das will ich sogleich zeigen.

Wir müssen zu diesem Ziele nur die im Ablauf der Genesis mögliche und unmögliche Voraussicht vergleichen und dann deren Ursachen aufsuchen.

*mögliche und unmögliche Voraussicht*

Unmöglich muß den ersten Amphibien, als sie bei der Eroberung des Festlandes die fünffingrige Hand entwickelten, die Voraussicht gewesen sein, daß sie sich später vor dem Klavier finden würden, welches (jedenfalls für mich) mit sieben Fingern ungleich leichter zu spielen wäre. Unmöglich war es den Lungenfischen, als sie das Lungengefäß an ein Kiemengefäß anschlossen, die reinen Landtiere vorauszusehen, weil dies zu endlosen Komplikationen in der Sortierung der Blutkreisläufe führen mußte. Nichts, was an neuer Synthese in die Geschichte der Genesis tritt, kann weit in die Zukunft sehen.

Dagegen werden Menschen für immer Säugetiere bleiben, so wie jedes Säugetier ein Wirbeltier geblieben, wie alles Lebendige seit Jahrmilliarden bei einem Nachrichtencode geblieben ist, der ausgerechnet Desoxyribonucleinsäuren verwendet. Alles, was zur Voraussetzung neuer Synthesen wurde, gibt der Evolution immer wieder Richtung. Es ist eine Finalität, die schrittweise mit der Genesis entstehen wird.

**Quellen von Zufall und Notwendigkeit** Um dies funktionell zu sehen, wollen wir nochmals die Quellen von Zufall und Notwendigkeit überblicken. Unter den verschiedenen lehrreichen Gespenstern, welche sich die Physiker ausgedacht haben, interessiert hier der LAPLACEsche Geist. Von ihm wird angenommen, daß er die Impulse und Orte aller Teilchen zu einem bestimmten Zeitpunkt beliebig genau kenne. Und würde er sie kennen, dann überblickte er tatsächlich einen determinierten Kosmos, in all seinen Konsequenzen. Er hätte dann tatsächlich schon in der Hadronenzeit voraussehen können, daß nach 17 Jahrmilliarden am dritten inneren Planeten eines Randsternes eines Rand-Armes in der Rand-Galaxie ›Milchstraße‹ von einem gewissen VIVALDI jenes D-Dur-Konzert geschrieben werden würde. Ja, er hätte voraussehen müssen, was Sie nun gerade von diesem Satz halten, wann jeder von uns seinen nächsten Schnupfen beziehen wird und für wann unsere Todesstunden eingetragen sind. Der LAPLACESCHE Dämon ist aber, gottlob, unmöglich; und zwar deshalb, weil dieser Kosmos einfach nicht voll determiniert ist, weil es prinzipiell unmöglich ist, Ort und Impuls irgendeines Teilchens gleichzeitig beliebig genau zu kennen.

Wir wissen zwar, daß sich die winzigen Unbestimmtheiten, die jedes Teilchen enthält, in großen Massen aufheben. Daher gibt es die ehernen Gesetze der klassischen Physik, zum Beispiel eine Präzision in der Bewegung der Gestirne, die nicht zu übertreffen ist. Es gibt aber nicht minder jene Ketten von Ursachen und Wirkungen, in welchen sich dieselben kleinen Unbestimmtheiten, welche die Struktur der Materie enthält, deutlich, exponentiell, verstärken. Beispielsweise, sagt Sexl, ist es prinzipiell nicht gewiß, daß sich auch nur acht Billardkugeln sogar von idealer Rundung hintereinander treffen, weil selbst die unvorstellbar kleine Unbestimmtheit der Lage der Oberflächenmoleküle in acht weiterzugebenden Treffern achtmal potenziert wird. Und die Endabweichung ist dann schon größer als der Kugeldurchmesser[22]. In Kettenereignissen ist die Voraussicht also gering. Und da die ganze Genesis von Synthese- zu Syntheseschritt mit ihnen operiert, ist ihre Bahn nie ganz vorherzusehen. Wir können auch sagen, sie enthält immer mehrere Alternativen, und nie ist es gewiß, welche sich realisieren wird.

Unser kosmischer Professor, der in jeglicher Epoche nur sehr wenig vorauszusehen vermochte, ist also nicht dümmer als der Geist Laplaces, vielmehr hat er ihm die Kenntnis dieser Unschärferelation[23] voraus. Was nun, wenn er den Geist informierte? Dieser könnte dann bestenfalls auch alle Alternativen voraussehen. Rechnete er von der Zeit der Hadronen bis zu jener des Barocks auch nur mit 18 Syntheseschritten und jeweils nur mit 10 Alternativen, was gewiß niedrig gegriffen ist, dann hätte er $10^{18}$, also Trillionen möglicher Welten vorhersehen müssen. Und wenn er uns nun sagte, daß die Entstehung jenes D-Dur-Konzertes die Möglichkeit nur einer Welt unter einer Trillion gänzlich anderer wäre, dann hätten wir eben wieder nichts erfahren, oder jedenfalls nicht mehr, als daß so gut wie alles möglich werden würde.

Die Alternativen vervielfältigen sich mit dem Wachsen der hierarchischen Schichten und damit mit der Kumulation der Gesetzestexte. Es wäre ein Irrtum zu glauben, daß mit dem Wachsen von Gesetzlichkeit in dieser Welt die Grenzen der Zufallswahl, das, was uns als die Freiheit der Entscheidung so großen Eindruck machte, verschwände. Denn was mit den neuen Texten in das Feld des Determinierten tritt, sind ja immer neue Gebiete möglicher Alternativen. Es ist nicht eine Einengung, es ist eine Wandlung der Freiheit, die wir in allem weiteren Laufe der Genesis zu beobachten haben werden. Der höchste Gesetzeskanon, der des Epos oder des Kontrapunkts, bietet an Freiheit die meiste. Und dies ist wieder eines der fundamentalen Prinzipien der Strategie der Genesis.

*Wandlung der Freiheit*

Schon die erste Materie »kann durch nichts anderes charak-

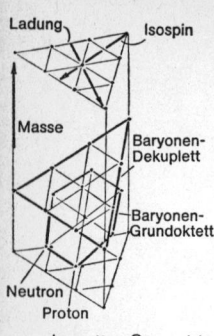

alternative Symmetrie der Quanten

terisiert werden als durch die Form, die an ihr gefunden werden kann«, sagt CARL FRIEDRICH VON WEIZSÄCKER; ja »was gefunden wird, ist eo ipso Form«. Und »wo empirisch eine bestimmte Form gefunden wird, werden jedenfalls einige einfache Alternativen empirisch entscheiden. Dies wird stilisiert in der Grundannahme von ›Uralternativen‹. Alle Formen ›bestehen aus‹ Kombinationen von ›letzten‹ einfachen Alternativen.«[24] Sie bilden von den Symmetrien der Quanten bis zu den Stilen der großen Kunstepochen die Gesetzestexte der Ordnung unserer Welt. Die Freiheit ihrer Entwicklung werden wir aber ebenso durchreichend finden vom atomaren Zufall bis zum Funken des schöpferischen Gedankens.

Die Konsequenz ist fundamental; denn die Genesis ist damit weder final noch ziellos, weder ganz mechanistisch noch zügellos: Zügel, Mechanik und Ziel schafft sie sich schrittweise selbst. Und wir Menschen sind dieses Prinzips bislang weitestgehende Konsequenz. Ein Gott, der nur würfelt, wäre ein Spieler; keines seiner Produkte gewänne einen Sinn. Noch EINSTEIN hatte dies ja beunruhigt. Ein Gott aber, der nie würfelt, baute eine Maschine, und keines seiner Produkte wäre frei. »Gott würfelt also?« fragt MANFRED EIGEN, »Gewiß! Doch Er befolgt auch seine Spielregeln.«[25] Und nur die Spanne zwischen beiden gibt uns Sinn und Freiheit zugleich. Das, wie wir sehen werden, Wesentlichste der Genesis wird damit ein für allemal erreicht: Der Teufel kann nicht mehr aus dem Haus. Mehr und mehr der sich bauenden Ordnung wird sein Wirken verengen; nur, leider, bleibt er drinnen. »Also machte Gott das Firmament und es schied zwischen den Wassern. Da ward aus Abend und Morgen der zweite Tag.«[26]

# 5
# Vom Molekül zum Keim
(Oder: Der dritte Tag)

> Es sind gar wunderbare Sachen!
> Der Teufel hat sie's zwar gelehrt;
> Allein der Teufel kann's nicht machen.
> (*Mephistopheles*, Faust I 2375)

»Es sammle sich das Wasser unter dem Himmel an besonderen Orten, daß man das Trockene sehe... Und Gott nannte das Trockene Erde, und die Sammlung der Wasser nannte er Meer. Und Gott sah, daß es gut war.«[1] Was ist das Gute? Wo beginnt Gut und Böse in diesem Kosmos? Sie werden eben geschaffen; der Keim zum Guten wird nun gelegt; wiewohl mit dem Bösen im Gefolge. In einem hundert Jahrmillionen dauernden Tumult zwischen dem Urmeer und der Uratmosphäre eines winzigen Planeten gewinnt Materie Ziel und Sinn. Was für ein unglaublicher, unwahrscheinlicher Vorgang!

Bislang hätte der Begriff ›Sinn‹ keinen Sinn gehabt. Was der Kosmos bislang enthielt, Quanten, Elemente, Minerale, enthält einen Sinn scheinbar nicht. Und wenn die aus ihnen gebauten Systeme schließlich einen hätten, wo käme er her? Dies wollen wir untersuchen. Ein neues Abenteuer der Genesis beginnt.

Wir werden den Sinn, welchen Materie-Systeme gewinnen, aus den Systembedingungen entstehen sehen, die sie eingehen; die, sagen wir genauer, einzugehen viele von ihnen gezwungen werden. Wer übt aber hier Zwang? Ein neuer Geist? Keineswegs. Es ist die zufällige Notwendigkeit der nun exponentiell wachsenden Schichten immer neuer Außenbedingungen, die sich über den sich türmenden Binnenbedingungen errichten. Zwar würfelt Gott, wie wir wissen, aber er folgt nicht minder seinen Gesetzen. Aus dem quantitativen Wachsen hierarchisch determinierter Schichten entstehen neue Qualitäten. Der Keim zum Leben wird gelegt. Gedächtnis und Codierung, Ökonomie, Wert, Erfolg und Bilanz treten in die Wirklichkeit; die Vorhut des Lebendigen. Es beginnt ein turbulenter Reigen des Wirkens von Wahrscheinlichkeit gegen Wahrscheinlichkeit; das

*Wert, Erfolg und Bilanz*

Abenteuer von Spieltheorie und Stochastik[2] der chemischen Evolution[3].

Und wieder ist die Sache im Grund einfach, wenn wir die Frage in drei Schritten stellen: Was führt zum Ordnen, was zum Differenzieren der Materie, und was schließlich setzt in dieser Phase der Genesis Harmonie und Richtung?

## Erfolge in UREYs heißer Suppe

> Wenn du nicht irrst, kommst du nicht zu Verstand,
> Willst du entsteh'n, entsteh' auf eig'ne Hand!
> (*Mephistopheles*, Faust II 7847)

Wasserstoff  H–H
Methan  H–C–H (mit H oben und unten)
Ammoniak  H–N–H (mit H oben)
Schwefelwasserstoff  H–S–H
Wasser  H–O–H

die wasserstoffreichen Gase

Noch immer ist das Gigantische mit uns. Entstand der Kosmos im Blitzen einer unvorstellbaren Explosion, der Keim des Lebens entstand im Brodeln einer gewaltigen Retorte. Kaum hat die Proto-Erde ihre riesigen Wasserstoff-Helium-Hüllen verloren und der Eisen-Nickel-Silikat-Kern trennt sich von seiner Rest- oder Zweitatmosphäre, so beginnt auch schon die chemische Evolution[4]: Dies vor vier bis fast fünf Jahrmilliarden. Die Erdoberfläche verdichtet zu brodelnder Lava, die Temperatur steigt über 1500° C. Die Atmosphäre, immer noch von einer vielfachen Mächtigkeit der heutigen, besteht aus Wasserstoff, Wasserdampf, Methan mit Schwefelwasserstoff und aus Stickstoff, der sich mit sinkender Temperatur in Ammoniak wandelt. Wahrscheinlich war sie anfangs so dicht, daß kein Licht sie durchdrang; und was die Methan-Ammoniak-Stürme und die Regenunwetter beleuchtete, waren pausenlose schwere Gewitter von oben, und die Lavaströme von unten, auf welchen jeder Niederschlag verzichte.

Urmeer und Urstrand

Erst mit einer Abkühlung unter 100° C entstehen Urmeer und Urstrand; ein finsteres, sauerstoffloses und brodelnd heißes, blitz- und sturmgepeitschtes Kondensat. Damit bildet sich jene riesige Retorte, die in stetem Austausch ihre Dämpfe entläßt, aber alle komplizierteren, schwerer werdenden Moleküle zurückhält und anreichert. Im Satz der Retorte entstehen die Bausteine des Lebendigen. Die ›Urzeugung‹ beginnt. DARWIN hat sie schon 1871 unter Bedingungen eines »warmen Tümpels mit allen Arten von Ammoniak, Phosphorsalzen, Licht, Hitze und Elektrizität«[5] vorhergesehen. Das war jedoch in Vergessenheit geraten. In den zwanziger Jahren taucht der Gedanke neuerlich auf; in Rußland unabhängig wie in England, durch OPARIN und HALDANE[6]. Aber erst nach einer weiteren Generation beginnen

Entladungen zum Vakuum | Elektroden
H₂, CH₄, NH₃, H₂O Gase
kochendes Wasser | zur Kühlung | Falle

Urmeer in der Retorte

die experimentellen Studien durch CALVIN und Mitarbeiter, MILLER und UREY in den USA. Heute sind sie über Laboratorien der ganzen Welt verbreitet[7]. Was ist geschehen? Man hat die Retorte der Urmeere im Labor nachgebaut und begonnen, die chemische Evolution im Labor zu wiederholen. In einem Destillationskreislauf über kochendem Wasser wurde eine Atmosphäre aus Methan, Ammoniak und Wasserstoff von elektrischen Entladungen tagelang durchflutet[8]. Das Resultat ist heute gut bekannt und vielfach bestätigt. Es entstehen immer kompliziertere Verbindungen: zunächst solche wie Formaldehyd oder Essigsäure (übrigens tödlichste Gifte für die lebende Zelle heute)[9] und aus diesen Zucker, Basen und Aminosäuren, wie Glycin oder Alanin, sowie Ketten von Polymeren; die Bausteine der Proteine, des Eiweiß. Jeweils ein Dutzend und mehr Atome verbinden sich in ihnen und Hunderte in Ketten zu gesetzmäßig vorhersehbarer, sich perpetuierend wiederholender Ordnung.

Was also ordnet hier, wodurch und auf welche Kosten? Es ordnen die Bindungsgesetze der Chemie, die nach den Zuständen der Elektronenschalen der anwesenden Atome bereits festgelegt sind. Erzwungen wird sie durch ein verschwenderisches Durchfluten mit Energie, der bei den Entladungen freigesetzten Elektronen. Und die Konten dieser werdenden Ordnung werden ausgeglichen durch wachsende Unordnung rundum, durch das Zerreißen von niedrigeren Molekülen, zum Beispiel von Methan und Ammoniak, sowie durch die massenhafte Degradierung von Quanten, etwa der Elektronen zu langwelliger Strahlung, welche der Retorte oder der Atmosphäre, als Hitze entweicht.

Und wieso hält die höhere Ordnung, wo die niedrigere zerstört wird? Wer selektiert? Es selektiert die Konstellation der Retorte; geplant vom Chemiker, ungeplant im Zusammentreffen von Urmeer und Uratmosphäre des frühen Planeten. Es ist das zunächst eine physikalische Selektion: Jene Regenfluten, welche die höheren Verbindungen aus der Quantenbombardierung in der Atmosphäre in den schützenden Ozean waschen; zusammen mit jener Verdampfung, welche nurmehr die niedrigen Verbindungen entläßt, die höheren zurückhält. Der Ozean sammelt Ordnung, während die Atmosphäre ihren Überschuß an Chaos in den Weltraum entleert. Die Erfolge in UREYS heißer Suppe haben begonnen; vor mindestens vier Milliarden Jahren.

Die Erfolge solch' physikalischer Selektion werden aber bald von einer weiteren übertroffen: von der chemischen Selektion. In ihr vereinigen sich, und zwar lange bevor wir ihre

chemische Evolution

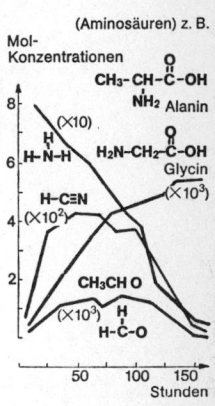

Aminosäure-Synthese in der Retorte

Entstehung eines Polymers

*Vorläufer von Gedächtnis und Selbstreproduktion*

*der Vorläufer der Vorläufer*

*Pyrrol und Formol*

*Oxydation*

*Porphyrin-Ring-System*

ein autokatalytisches System (reflexiver Typ)

Re-Etablierung des Etablierten

Produkte lebendig nennen könnten, ein wichtiger Zustand mit einem folgenreichen Vorgang. Der Chemiker spricht von Stereospezifität und Autokatalyse. Es sind das die direkten Vorläufer von Gedächtnis und Selbstreproduktion. Von beiden war bislang noch nicht die Rede. Und zwar nicht deshalb, weil die vorausgegangenen Zustände dieses Kosmos die beiden noch nicht enthalten hätten, sondern weil sie sich erst jetzt dem nähern, was unsere im Normalbereich bewährten Begriffe damit verbinden. Ihr Prinzip war wohl auch schon dagewesen. Sie aber bis in den Urknall zurückzuverfolgen, hätte, wie wir uns auszudrücken pflegen, wenig Sinn. Wir begegnen wieder jenem Phänomen, das wir bei der schichtenweisen Freilegung der Vorläufer der Vorläufer determinierter Bedingungen die Grenzen nicht in der Sache, sondern in unseren Begriffen finden[10].

Die Gedächtnisfunktion der Stereospezifität des Chemikers beruht auf der Anwendbarkeit – wir können auch sagen: Wiedererkennbarkeit – von Form oder Gestalt. Und sie setzt eine Festlegung voraus, die Determination spezifischer, molekularer Strukturen. Damit werden Strukturen zum Modell, zur Matrize für Strukturen. Sie bewahren nicht nur ihre Ordnung, sie können aufgerufen, angewendet, weitergegeben werden. Durch Reproduktion also gewinnen sie an Bedeutung. Das Wesen der Autokatalyse wiederum ist der Selbstbetrieb der Umordnung andersartiger Molekularstrukturen in die Ordnung des stereospezifischen Modells; in eine Ordnung, die dessen Gedächtnis strukturell bereits enthält. Gedächtnis und Reproduktion bilden damit ein funktionelles Paar von erstaunlicher Effizienz. Sobald dieses Paar durchgesetzt wurde, entwickeln sich sogleich Strukturen exponentiell wachsender Komplexität, exponentiell wachsender Ordnung (Bild S. 114).

Das alles läßt uns schon an das Lebendige denken; ja der Leser mag die Entsprechung mit der Selbstreproduktion des molekularen Gedächtnisses der Keimzellen, selbst der Gedächtnisinhalte in unseren Köpfen, Büchern und Stilrichtungen voraussehen. Dennoch: wir befinden uns immer noch im Präbiotischen, in der Welt noch nicht belebter Moleküle.

Der Erfolg solcher Matrizen-Anwendung, des Gedächtnisses also, beruht auf der Re-Etablierung des Etablierten. Dies ist freilich eine Wortwahl aus der Welt unseres Alltags, aber sie trifft ganz generell den Kern der Sache. Ja, wir begegnen hier der nächsten Schicht in der Strategie der Genesis; einem Prinzip, welches wir – wie wir finden werden – von der Ebene der chemischen Evolution bis zu den Strukturen des Lebendigen, des Denkens und der Zivilisation durchgesetzt und angewendet wird. Der Erfolg der Re-Etablierung des Etablierten selbst beruht nämlich ganz allgemein auf seinen geringen Kosten, wenn wir ihn energetisch erklären. Wenn wir mit Statistik operieren, so beruht er auf der Vergrößerung der Chance erfolgreicher Entscheidungsfindung. Und beide Beschreibungen, jene nach der Ökonomie wie diese nach der Wahrscheinlichkeit, beinhalten ein und denselben Vorteil für die jeweilige Struktur, nämlich eine größere Chance der Erhaltung; des Überlebens, werden wir bei Organismen sagen; des Erfolges in der Zivilisation.

Dies ist alles von fast selbstverständlicher Einfachheit und bedarf dennoch der Erklärung. Was uns nämlich in diesem Kosmos gewöhnlich umgibt, Elemente, Arten, Gebäude, Ideen, das sind jeweils Systeme, die andere, ebenso mögliche, an Beständigkeit übertreffen. Sie sind in allen Ebenen ein Produkt der Selektion; einer Selektion von Binnensystemen innerhalb ihrer jeweiligen Außensysteme: so etwa der Elemente innerhalb von Temperaturen, der Arten innerhalb von Umwelten, der Gebäude innerhalb der Städte, der Ideen innerhalb geistiger Strömungen. Zwar ist jegliches Binnensystem, man erinnere sich der spiegelbildlichen causae materialis und formalis, ein Bestandteil seines Außensystems, aber nicht minder kontrolliert das Außensystem die Zulässigkeit seiner Teile (Bild S. 68). Wer aber konstruiert derlei Beständigkeit?

Nun, wir müssen uns zwar mit der Tatsache abfinden, daß dieser Kosmos als Konstrukteur nur den Zufall kennt, Versuch und Irrtum in seiner ganzen Konzeptlosigkeit, aber er kennt nicht minder die Manipulation des Zufalls, wenn auch diese wieder nur durch den Zufall. Die ganze Weisheit seiner Strategie ist damit verflochten. Es geht immer wieder, von der Materie bis zum Denken, um die Wahrscheinlichkeit erfolgreichen Zufalls, um die Chancen erfolgreicher Entscheidungsfindung, also allgemein-sprachlich um Vorteile und Aussichten, um die Ökonomie des Erfolgs. Und Erfolg ist platterdings nicht mehr als ein relativ höherer Grad an Beständigkeit. Wieder wird der Leser die fast triviale Selbstverständlichkeit dieses Zusammenhanges ahnen, und wieder mag die Weite des Geltungsbereiches eine Erklärung fordern.

Chancen erfolgreicher Entscheidungsfindung
Ökonomie des Erfolgs

Die Chance des Zufalls entspricht dem Kehrwert seines Repertoires. Dies ist ein unumstößliches Gesetz: gewissermaßen die Schranke, welche in einer Welt aus Zufall und Notwendigkeit, von der Determination der Indetermination gesetzt wird. So begrenzt die geometrisch determinierte Gesetzmäßigkeit des Würfels das Repertoire des Würfels auf nur sechs indeterminierte Möglichkeiten; und deshalb ist die Chance eines jeden dieser sechs Ereignisse, auf die Dauer, genau ein Sechstel. Da nun mit der Evolution dieses Kosmos die Merkmale seiner Systeme schnell wachsen, wächst auch das Repertoire, über welches der Zufall in ihnen verfügen kann. Und mit dem wachsenden Repertoire sinkt die Chance des einzelnen Treffers, die Chance des Findens der erfolgreichen, vom Außensystem durch Beständigkeit honorierten Entscheidung.

Man sieht sofort, daß es gar keines zu komplizierten Moleküls bedarf, um die Erfolgschance, es durch wahlloses Würfeln seiner Bestandteile zusammenfügen zu wollen, praktisch auf Null sinken zu lassen. Unsere hundert verschiedenen Elemente ergäben bereits in Molekülen von nur fünf Atomen über $10^{11}$ (hundert Milliarden) unterschiedliche Kombinationen[11]. Bei gleichgroßen Zufallschancen aller Kombinationen wäre die Entstehungswahrscheinlichkeit jedes bestimmten Moleküls geringer als ein Hundertmilliardstel, eine Unmöglichkeit.

In Wahrheit lassen sich aber nicht einmal drei Wasserstoffatome stabil kombinieren; ja durch die Bindungsgesetze der Chemie werden bereits über 99 Milliarden solcher Permutationen als unhaltbar ausgeschieden. Aber selbst mit den nur mehr fünf erfolgreichsten Elementen der chemischen Evolution, H, C, O, N und Fe, errechnet sich die Zufallschance des einzelnen Zwölf-Atom-Moleküls mit weniger als $10^{10}$, einem Zehnmilliardstel[12]. Gelingt es nun, dieses durch Autokatalyse mit Sicherheit zu bilden, so ist der Vorteil riesengroß.

Mag es auch millionenfach unwahrscheinlicher sein, daß Zufallstreffer der Atome den Weg zur Autokatalyse finden, so übertrifft ihre Erfolgswahrscheinlichkeit das wahllose Versuchen noch immer um mehr als das Zehntausendfache, und folglich wird er wahrscheinlich gefunden werden. Er wurde darum auch gefunden; und Strukturen werden zum Modell neuer Strukturen. Die Effizienz, die Ökonomie des Erfolgs dieses neuen Gesetzes der Chemie, beruht wieder auf einer Einengung des Repertoires des Zufalls. Es ist dies wieder einer der Aufbauschritte des Schichten-Determinismus, wie er gleichzeitig differenzierend und einengend die Genesis in dieser Welt begleitet.

*Einengung des Repertoires des Zufalls*

Es regiert zwar immer noch keinerlei Voraussicht oder Verstand, sondern nur die Ungewißheit des Zufalls: Aber je größer das Repertoire des Irrtums wird, je ungewisser der Ausgang ist, je unwahrscheinlicher also der Erfolg, um so mehr engen sich die Möglichkeiten des Zufalls, und zwar wieder nur durch den Zufall, ein. Die Strategie der Genesis sieht vor, daß wachsende Ratlosigkeit selbst ins Garn geht; und zwar ›auf eigene Faust‹. Die erstaunliche Ambivalenz des Zufalles wird allmählich sichtbar. Der Zufall umgeht sich selbst. Beschwindeln allerdings lassen sich seine ›Gesetze‹ nicht; denn diese liegen ja, wie wir wissen, außerhalb des Zufalls. Es sind das die Schranken, die ihm die wachsende Gesetzmäßigkeit setzt. Und wir werden finden, daß jeglicher Kredit, der vom Zufall entlehnt wurde, ihm wird zurückgezahlt werden müssen, früher oder später, und in gleicher Münze. Dies mag selbst der Leser noch nicht vorherzusehen; wie wenig also konnten die Vorgänge der chemischen Evolution damit rechnen.

Um dies zu sehen, wollen wir beobachten, wie nun der ›Wert‹ in diesen Kosmos tritt. Wieder mit zwei abenteuerlichen Gestalten, die der Teufel gelehrt haben mag: der Bank und dem Spieler.

## Über Einsätze, Bank und Spieler

> Nun haben wir's an einem andern Zipfel,
> Was einmal Grund war, ist nun Gipfel.
> Sie gründen auch hierauf die rechten Lehren,
> Das Unterste ins Oberste zu kehren.
> (*Mephistopheles*, Faust II 10087)

Was jenen Teil unserer selbstgemachten Hölle in Betrieb hält, den wir die Spielhölle nennen, das ist unsere Hoffnung auf billigen Erfolg. In ihr steckt die Möglichkeit unverdienten Gewinns und das Paradoxon der Hoffnung im Hoffnungslosen, des Menschen Hang zur Metaphysik. Millionen unserer Ärmsten und Einsamen sind es, die ihre Hoffnung dem Irrationalen entnehmen, ihren Träumen, und diese, mit dem Traumbuch in Zahlen übersetzt, den ebenso unberechenbaren Ratschlüssen des Zufalls anvertrauen, der Zufalls-Spielform ihrer allerdings höchst berechnenden Umwelt, der Lotterie[13]. Es sind dieselben, die in der Schule gelernt haben, daß das Perpetuum mobile eine Unmöglichkeit ist, daß immer einer verlieren muß, wenn ein anderer gewinnt. Wir kehren das Unwahrscheinlichste ins, wenn auch unfaßbar,

Wahrscheinliche. Und dennoch, wenn nur genügend viele verlieren, einer wird den Haupttreffer erhalten, und fassungslos wird seine Freude sein.

Die molekulare Welt unserer chemischen Evolution ist von Fassung und Freude freilich noch weit entfernt, aber *Bank und Spieler* Bank und Spieler hat diese schon konzipiert, und zwar in einer Weise konkret, daß wir ihre Spiele selbst werden spielen können. Dabei sind die Spieler, die Binnensysteme, beispielsweise eine Spezies von Molekülen mit stereospezifisch-autokatalytischen Eigenschaften, und ihre Bank, das Außensystem, ihr Milieu, aus welchem sie ihre Bestandteile zu entnehmen und an welches sie ihren Selektionstribut zu entrichten haben. Dies gilt ja schon seit dem Strahlungszeitalter unseres Kosmos, als in einem Außensystem stiebender Quanten die ersten Binnensysteme der Materie entstehen, die Atome des Wasserstoffs. Was hinzukommt, ist, daß die Reglementierung zwischen den beiden in einem Maße wächst, daß sie bereits die Bezeichnung ›Spielregel‹ verdient; identisch unseren Glücksspielen, sei es mit Würfeln, Investitionen oder Ideologien. Und woraus Spielregeln bestehen, das ist uns ganz geläufig. Es sind das, wie MANFRED EIGEN *Funktionen und Werte* sagt, die im Spiel beiderseits anerkannten Funktionen und Werte[14] vom Einsatz bis zur gewinnenden Sechs im Würfelbecher und von der Eröffnung bis zum Matt im Schach.

So greifbar uns nun die Spielregeln der chemischen Evolution auch schon zu sein scheinen, der Leser möge mich die Sache doch noch von einer zweiten Seite beleuchten lassen: Von der Frage nämlich, was der Spieler von den Ereignissen des Spieles voraussieht. Stets einiges, lautet die Antwort, aber niemals alles. Er kennt die Sechs seines Würfels und weiß nicht, wann sie fallen wird. Er kennt alle Züge der Schachfiguren und weiß nicht, wie der Gegner ziehen wird. Er kennt die Investitionen und die Ideologien, nie aber alle auf sie möglichen Reaktionen. Ja, er kann sie nie vollständig kennenlernen, denn sie ändern sich mit seinem Spiel. Sein Vorteil besteht im Vorsprung seiner Voraussicht. Und diese kann, so muß es eine Strategie aus Zufall und Notwendigkeit wollen, zwar durch Selektion erstaunlich erweitert, aber nie vollständig werden.

Erinnern wir uns: Bislang ordnete ein Tappen des Zufalls in die Falle der Notwendigkeit, und zwar angeführt durch die Selektion aufgewerteter und die Abfuhr abgewerteter Ordnungszustände. Und gefördert durch die Einengung des Repertoires, besonders durch Strukturgedächtnis und Re-Etablierung, vermehrt sich eine niedrige Ordnung: durch

Vermehrung ihrer Anwendung. Die Binnensysteme entsprächen den Bedingungen des Außensystems. Die Spieler hätten die Bank erforscht. Dies ist aber nur unter unveränderlichen Außenbedingungen möglich. Wir hatten vereinfacht. Was aber in den niedrigen Komplexitätsebenen der Materie noch als Vereinfachung zulässig war, ist dies nicht mehr in den höheren.

Wir müssen von nun an mit einer Drift der Spielregeln rechnen, einer Veränderung der Honorare der Bank, die selbst eine Funktion des Spieles ist. Allen weiteren Spielern dieses Kosmos bleibt von nun an ein Quantum Ratlosigkeit erhalten. Damit gewinnt der Begriff der Anpassung, des niemals völlig Angepaßten wegen, erst seinen dauernden (betrüblichen) Sinn. Aber noch eines erklärt diese stete Drift der Spielregeln. Es ist das der nicht versiegende Antrieb in der Evolution, die nie erlahmende Peitsche, die dieses Welttheater zu einem pausenlosen Wechsel seiner Kulissen und Mimen zwingt. Es wäre sonst nicht einzusehen, warum die Genesis des Ordnens nicht besser bei der klaren Ordnung der Kristalle, oder warum sie nicht wenigstens bei der vornehmen Ordnung der Gewächse Halt gemacht hat, die außer Photonen nichts zerstört. Es wäre nicht einzusehen, warum sie mit den Tieren und Menschen Schmerz, Angst und Sorge erzeugen mußte, nur um jene lärmende, übelriechende Gesellschaft zu erzeugen, die nur existieren kann, indem sie die Ordnung der Pflanzen zerstört, ja sich gegenseitig fressen muß, um in jener Technokratie zu enden, die dumm genug ist, sich selbst ins Chaos zurückzuführen. All das wird uns noch beschäftigen. Doch die Weichen zu diesem Vorgang wurden schon lange gestellt; an den Wurzeln des Lebendigen.

*Drift der Spielregeln und Anpassung*

Und an dieser Wurzel finden wir auch sogleich die Regeln ihrer Glücksspiele. Die erste wollen wir die Differenzierungsspielregel nennen. In ihr kommt es darauf an, Binnensysteme neuen Bedingungen ihres Außensystems durch neue Differenzierung anzupassen, um ihre Erhaltung zu sichern. Dies gilt, wie wir sehen werden, ganz allgemein für stereospezifische Autokatalyten im chemischen Milieu ihrer heißen Suppe, für Arten wie für deren Produkte in ihrem Lebensraum.

*die Differenzierungs-Spielregel*

Eine denkbar einfache Spielbedingung wäre folgende: Beginnen wir mit etwa 16 Spielern, Studenten einer Klasse, und einem Lehrer, der Bank. Die Spieler können dabei Molekülketten, Individuen, Maschinen oder Ideen repräsentieren und wir nehmen an, daß sie alle gleich sind, das heißt dasselbe Ordnungsgefüge beinhalten, daß sie sich dieses gemerkt oder notiert haben, wofür sie von der Bank als anwesend toleriert werden. Ein solches Gefüge können wir durch eine Reihe von Kopf-Adler-Entscheidungen symbolisieren, welche jeweils einer Kette zweier Molekül-Arten entsprechen, oder, später, bei Individuen, den Desoxyribonucleinsäurebasen ihres genetischen Gedächtnisses, bei Maschinen oder Ideen den Bauteilen oder Gedanken, die sie zusammensetzen. Nun also verlangt die Bank eine ganz zufallsgeborene Erweiterung dieser Gefüge, sagen wir um die zwei Bauteile ›a-a‹, Adler und Adler, ohne daß die Spieler erfahren, welche zwei es sind.

Die erste Runde des Spiels beginnt. Jeder Spieler darf zwei Münzen, eine große und eine kleine, zweimal werfen. Der erste Doppelwurf gilt für den ersten, der zweite für den zweiten zuzufügenden Gefügeteil. Die große Münze entscheidet dabei darüber, ob, sagen wir bei ›K‹, Kopf, ein zusätzlicher Teil zur Hand ist; das heißt, ob ein geeignetes Molekül vorbeikommt, eine Mutation eintritt, ein Maschinenteil oder Gedanke zufällig verfügbar ist. Dies ist die Wahrscheinlichkeit der Entscheidungsfindung, wie wir sie im Erbmaterial der Organismen als Mutationsrate kennenlernen werden. Die kleinere Münze dagegen entscheidet darüber, um welche der Alternativen es sich dabei handelte, um ›k‹, Kopf, oder ›a‹, Adler. Auch dies ist eine Wahrscheinlichkeit, welche dem Kehrwert des (hier ebenfalls nur zwei Alternativen umfassenden) Repertoires entspricht. Aus vier mal zwei Alternativen (2 x 2 x 2 x 2) erwarten die Spieler 16 verschiedene Zufallsergebnisse. Über diesen wacht nun die Bank.

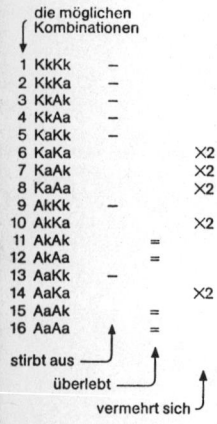

die möglichen Kombinationen

1 KkKk —
2 KkKa —
3 KkAk —
4 KkAa —
5 KaKk —
6 KaKa ×2
7 KaAk ×2
8 KaAa ×2
9 AkKk —
10 AkAk ×2
11 AkAk =
12 AkAa =
13 AaKk —
14 AaKa ×2
15 AaAk =
16 AaAa =

stirbt aus
überlebt
vermehrt sich

ein Differenzierungs-Spiel (erste Spielrunde)

Alle Spieler, die auch nur einen Fehler losten (einen ›k‹-Teil anfügten), sterben aus. Sie dürfen nicht weiterspielen. Im Durchschnitt werden es 7 von 16 sein. Alle, die zufällig nichts veränderten, etwa 4 der 16, dürfen weiterspielen. Hingegen werden alle, die ein oder zwei Erfolge erzielten, etwa 5 der 16, belohnt. Sie dürfen nicht nur die erfolgreichen Änderungen fest einbauen, notieren, und brauchen um diese nicht weiter zu losen, sondern sie dürfen sich auch in der Anzahl verdoppeln. Es darf also ein weiterer Spieler (hier können die ›Ausgestorbenen‹ einspringen) mit dem Ergebnis jedes Erfolgsspielers wieder mitmachen. Das Honorar besteht also im Gedächtnis für erfolgreiche Differenzierung und in größerer Reproduktion.

Die Zahl der Spieler wird zunächst, im Durchschnitt auf 9 von 16, abnehmen, sich aber bald wieder auffüllen. Und man kann leicht voraussehen, daß nach wenigen Generationen, das sind unsere Spielrunden, alle Spieler das ihnen zunächst unbekannte Erfolgsmuster der Bank eingebaut haben werden.

Freilich sind, besonders von MANFRED EIGEN und PETER SCHUSTER, längst ungleich kompliziertere, der Wirklichkeit angepaßtere Spielregeln erprobt worden[15]; und es ist kennzeichnend, daß derlei Kombinatorik[16] derart kompliziert wird, daß sie selbst unsere größten Elektronenrechner überfordern kann. Tatsächlich sind auch in der Natur die Spieler und Generationen sehr zahlreich, die Chancen der Entscheidungsfindung sehr klein, das Repertoire ist groß, die Zahl der möglichen Kombinationen, der Rassen der Spieler, riesig, und die Wechselwirkungen sind fast unübersehbar; das besonders deshalb, weil im Gedächtnis jeder Rasse zudem mit Zufallsfehlern bei der Reproduktion gerechnet werden muß. Aber auch die elaboriertesten Modelle bestätigen das Herrschen dieses »unausweichlichen physikalischen Prinzips«: der Binnensysteme ›notwendiger Zufall‹ in ›zufälliger Notwendigkeit‹ der Außensysteme, wobei »die natürliche Evolution zeigt, daß weder die Endsituation noch der Weg dahin eindeutig vorbestimmt sind«[17]. Schon unser einfachstes Glücksspiel hat das angedeutet.

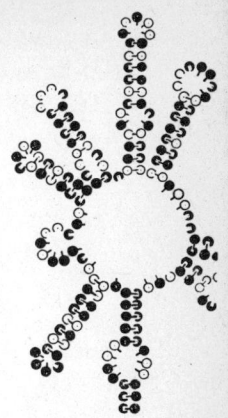

›Glasperlenspiel‹ der Moleküle

notwendiger Zufall in zufälliger Notwendigkeit

Wir haben jedoch mit dieser Differenzierungsregel erst eine der beiden Spielstrategien der Genesis beschrieben. Es bedarf ja nicht vieler Voraussicht, um zu erwarten, daß mit dem Wachsen der Gefüge und des Repertoires der Systeme die Chancen erfolgreicher Änderungen wieder in den Bereich des Unmöglichen sinken. Selbst Spieler und Spielrunden astronomischer Zahl vermöchten das gar nicht auszugleichen[18]. Und wir wissen bereits, daß der Schichten-Determinismus dieser Genesis den Zufall, wo er überhand nimmt, in die eigene Falle führt; daß dort, wo alles möglich wäre, nichts mehr möglich ist, daß in diesem Kosmos eben keineswegs alles möglich bleibt. Die Systembedingungen des Spieles stehen noch aus. Sie erscheinen im Gefolge der wachsenden Komplexität des Spieles von selbst; im Wandel von der Drift zum Trend der Außen- und von der Codierung zur Redundanz der Binnenbedingungen der Systeme. Diese müssen wir kurz untersuchen.

Wie erinnerlich, haben wir den Erfolg der Re-Etablierung bei gleichbleibenden Außenbedingungen abgeleitet. Dies war eine Vereinfachung und in kurzen Maßstäben berechtigt. Aber so wie das Wachsen eines Kristalls seine Umgebung heizt, die Vermehrung der Seerosen ihren See oder die

Ursache von Drift und Trend der Außenbedingungen

der Autos den Verkehr erstickt, wirken alle Änderungen von Binnensystemen, sei es in Zahl oder Art, auf eine Drift der Außenbedingungen. Diese Drift, diese zunächst beliebige Änderung des Milieus, fanden wir als den Auslöser des Differenzierungsspieles. Falls nun diese Änderung durch Binnenstrukturen veranlaßt ist, die selbst bereits Systembedingungen enthalten, die sich also keineswegs mehr in beliebigen Richtungen ändern können, so erhält auch die Drift ihres Milieus eine Richtung, die wir nun als Trend bezeichnen. Man denke nur daran, wie die Vermehrung der Autos auf die der asphaltierten Straßen wirkte, die Vermehrung der Straßen auf die Geschwindigkeit der Autos; diese auf die Begradigung der Straßen usw. Ja, man erinnere sich, wie im funktionalen Kausalprinzip Ursache und Wirkung stets ihre eigene Rückwirkung enthalten müssen. Das Prinzip ist so alt wie die Genesis, nur wird es uns mit zunehmender Komplexität der Systeme immer deutlicher.

Mit dem Trend der Außensysteme entstehen aber wiederum neue Bedingungen für ihre Binnensysteme. Statische Außenbedingungen förderten die niedere Ordnung der Re-Etablierung. In ihnen wurde ja fast nur die Anwendung vermehrt. Die driftenden dagegen schaffen eine höhere Ordnung durch Vermehrung des Gesetzesgehaltes. Die Anpassung fordert gewöhnlich den Einbau von mehr und mehr Gliedern in den Gesetzestext. Die Trends nunmehr erzwingen das entscheidende Wachsen der Form der Ordnung, indem das Unnötige, alle Wiederholung, aus dem Gesetzestext entfernt werden muß. Sie wird konzentriert auf das, was wir den Kern der Sache nennen. Nun also kommt es zum Harmonisieren des Differenzierten.

Wir werden dieses Zusammenhangs sogleich ansichtig, wenn wir noch die zweite Voraussetzung des Systemisierungsspiels untersuchen, die Ursache von Codierung und Redundanz in den Binnenbedingungen.

Unter einem Code verstehen wir eine Festlegung oder Gesetzlichkeit, welche Vorschriften nicht bloß für sich selbst, sondern für ihre meist umfänglicheren Folgen enthält; gewissermaßen eine Vorbedingung für Konsequenzen. Geläufig sind uns solche Codices vom Gesetzbuch über den genetischen und den Morse-Code bis zum Binärcode der Elektronenrechner. Anwendung und Code verhalten sich dabei ähnlich wie Fall und Gesetz. Nehmen wir nun die Strukturen des Differenzierungsspieles zum Ausgang unserer Untersuchung, dann stellen wir fest, daß deren Glieder, jene Ketten von Kopf-Adler-Entscheidungen, die Bezeichnung

*Ursache von Codierung und Redundanz in den Binnenbedingungen*

›Code‹ noch nicht verdienten. Ihre Festlegungen gelten nur für sie selbst. Sie codieren, wie wir uns ausdrücken, noch nicht für weitere Folgen. Doch ändert sich das sofort, wenn einzelne solcher Entscheidungen aus ihrer Gleichrangigkeit heraustreten, indem sie Vorausentscheidungen für andere werden. Wie aber soll das möglich werden?

Der Leser mag des trockenen Tons nun satt sein. Mit zu vielen Wahrscheinlichkeiten wurde seine Geduld schon strapaziert. Ich will ihm darum versichern, daß er das Ärgste geschafft hat und daß wir uns im Herzen der Strategie der Genesis befinden. Alles Weitere, wie erstaunlich auch immer, werden bloß Konsequenzen sein.

Wenn Entscheidungen anderen mit Erfolg den Rang ablaufen sollen, müssen drei Voraussetzungen erfüllt werden. Der Vorgang muß möglich, zulässig und vorteilhaft sein. Erstens: Die Möglichkeit ist eine physikalische, sie ist seit den Vorläufern des Gedächtnisses, der Stereospezifität autokatalytischer Moleküle, gegeben. Zweitens: Die Zulässigkeit entsteht erst; und zwar durch das Überzählig-Werden von Entscheidungen. Dabei gelten Entscheidungen einer Vorschrift oder eines Gesetzestextes, wie erinnerlich, erst dann als überzählig oder redundant, wenn sie weggelassen werden können, ohne daß dabei der Nachrichtengehalt geschmälert werden würde. Wie aber können Entscheidungen überzählig werden, wo sie doch sämtlich durch Notwendigkeit in ihr Team gelost wurden? Derlei tritt ein, wenn die Änderung einer Entscheidung nur bei gleichsinniger Änderung einer anderen desselben Binnensystems vom Außensystem toleriert, ihre Entscheidungsfreiheit also unnötig, ja hinderlich wird. Und dies ist zuletzt eine Konsequenz neuer Funktionen. Nehmen wir ein Beispiel aus der italienischen Sprache. Das ›a‹ in ›mia‹ (meine) darf im Wort selbst ebensowenig fehlen wie die Endung ›a‹ in ›amica‹ (Freundin), wenn das Geschlecht bestimmt sein soll. In ›mia amica‹ aber wird eines der beiden redundant, denn sie dürfen sich nur mehr gemeinsam, etwa in ›mio amico‹ (mein Freund) ändern. Drittens: Was schließlich den Vorteil betrifft, die redundant gewordene Zufallsfreiheit einer Entscheidung auszuschließen, so hängt dieser mit der vergrößerten Chance des Anpassungserfolges zusammen. Dies wird uns die Spielregel zeigen.

In dieser zweiten Regel werden die Entscheidungen, der Code, von ihrer früheren Gleichwertigkeit zu einem System organisiert. Wir können darum von einer Organisierungsspielregel sprechen. In ihr kommt es darauf an, die Erfolgs-

die Organisierungsspielregel

chance der Anpassung einer im Differenzierungsspiel bereits determinierten Ordnung während eines Änderungstrends der Außenbedingungen zu vergrößern.

Eine denkbar einfache Spielregel wäre folgende. Etwa 50 Spieler, jeweils mit einem Ordnungsgefüge aus drei Einheiten und den Alternativen 1, 2, 3, starten als einheitliche Rasse mit dem gleichen Muster 1-1-1. Nun soll nur mit Hilfe des Zufalls, über eine Entwicklungsreihe mit den zulässigen Rassen 1-2-1, 1-1-2, 1-2-2, darauf mit 1-3-2 oder 1-2-3, die den Spielern unbekannte Zielrasse 1-3-3 der Bank gebildet werden. Zusätzlich aber erlauben wir, daß jeder Spieler bei Spielbeginn eine von fünf möglichen Strategien wählt, die darin bestehen, eine Koppelung zwischen zwei Einheiten, (1-1)1, 1(1-1), 1)i(1, zwischen drei Einheiten (1-1-1) herzustellen, oder mit 1-1-1 auf diese zu verzichten [19]. Die Koppelung bedeutet dabei, daß in einer Klammer die erste Einheit auch die folgende(n) innerhalb derselben bestimmt. Wir können auch sagen: Sie ist wie die klammerlosen Einheiten frei, codiert aber für eine oder zwei unfreie.

Nun beginnt die erste Runde. Jeder Spieler lost reihum die Änderung seiner drei Einheiten mit zwei Würfeln. Dabei wählt der eine (sagen wir: der große) Würfel mit $^1/_3$ Wahrscheinlichkeit, in welcher der drei Einheiten eine Änderung einträte, der andere (kleine) eine der drei Alternativen [20]. Es entstehen sogleich rund zwei Dutzend der 57 möglichen Rassen [21], und nun selektiert und honoriert die Bank.

Die Regeln der Bank lauten: Es scheidet aus, wer in der ersten Position keine 1 besitzt, sowie jeder, dessen zweite und dritte Position 3-1 oder 1-3 lautet. Damit treten bereits in der ersten Runde etwa ein Dutzend Spieler ab [22]. Lassen wir sie ›Geister‹ werden, um sie später wieder in das Spiel zu rufen. Die Spieler am richtigen Wege hingegen haben die Chance, im Spiel zu bleiben, ja, nach ihrem Erfolg gestaffelt honoriert, in die nächste Runde zu gehen. Sie dürfen sich in dem Maße vermehren, in dem sie sich der Zielrasse näherten. Wer in den Positionen zwei und drei die Alternativen 1-1 hat, darf nur weiterspielen, die 2-1 und 1-2-Spieler aber werden verdoppelt, 2-2-Spieler vervierfacht, die 3-2- und die 2-3-Spieler verfünffacht, und die 3-3-Zielrassen versechsfacht. Ihre Rekrutierung erfolgt aus der Gruppe der ›Überlebenden‹ sowie der ›Geister‹. Dabei dürfen sich stets die Erfolgreichsten der Reihe nach zuerst auffüllen, solange Überlebende und Geister vorhanden sind. Die Population der Spieler bleibt damit nach der Honorierung jedes Durchganges gleich [23].

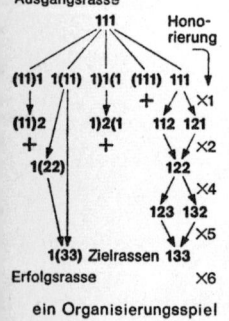

ein Organisierungsspiel

Man sieht voraus, daß in den weiteren Runden zunächst eine Vielzahl von Rassen entsteht, die erfolglosen rasch verschwinden, die erfolgreichen Spieler aber in dem Maße zunehmen werden, als sie der Zielrasse nahekommen. Und tatsächlich wird es nach drei, längstens nach vier Spielrunden nur mehr Spieler der Erfolgsrasse mit der Koppelung 1(3-3) geben können. Die ungekoppelte Zielrasse 1-3-3 hat keine Chance, sich rechtzeitig durchzusetzen. Damit hat der Zufall nicht nur das Erfolgsmuster, sondern auch dessen Entwicklung, gewissermaßen sein Prinzip, den Trend seiner Anforderungen, kopiert.

*Kopie der Trends der Anforderungen*

Freilich war unser Spiel ein denkbar einfaches, und wir haben längst aus Spieltheorie, Stochastik und Zufallsgeschehen wirklichkeitsnähere und die Systemisierung viel weiter führende Programme untersucht[24]. Wir haben das Eintreten der Koppelungen erschwert, ihre Wiederauflösung und Wiederbildung vorgesehen, große Populationen und viele Generationen wirken lassen. Doch die herrschenden Prinzipien erwiesen sich als identisch. Die zufällig richtige Koppelung bietet eine völlig unaufholbare Vergrößerung der Chance des Anpassungserfolges. Und war in unserem Gesellschaftsspiel der Vorteil gegenüber den ungekoppelten Rassen auch erst ein etwa hundertfacher, wir werden im Organisierungsvorgang der komplexeren Spiele bald Vorteile von astronomischer Größe kennenlernen. Der Vorgang also, daß die codierenden Sequenzen neben den Mustern auch das Prinzip der Abstimmung sich entwickelnd anpassender Systeme kopieren, wird damit physikalisch ebenso unausweichlich. Der Zufall zwingt den Code zur Imitation der Entwicklungschancen des von ihm codierten Systems. Dies ist das Herz der Strategie der Genesis; ein simpler Mechanismus der Wahrscheinlichkeit und doch mit beträchtlichen Konsequenzen.

Und wieder ist das Prinzip uralt. Es wurzelt im Vorbelebten, in der chemischen Evolution. Letztlich so tief, wie sich Trends der Veränderungen und das Herrschen von Entscheidungen über Entscheidungen zurückverfolgen lassen – mindestens vier Jahrmilliarden. Aber wieder können wir seine tieferen, alle weitere Entwicklung harmonisierenden Wirkungen, von der Regulation und Regeneration bis zur Temperierung und Orchestrierung der Ereignisse, erst in den komplexesten Systemen deutlich sehen. Das Regulierende in der Wirkung der Organisierung entsteht, wie alles in der Genesis, mit ihr selbst. ›Der Teufel kann's nicht machen.‹
Aber wieder müssen wir fragen, wieso, bei all solcher Vor-

sehung möglicher Vollkommenheit der Methode, die Unvollkommenheit der Produkte dieses Kosmos nach wie vor ihrer eigenen Vollkommenheit die Waage hält. Wo also sitzt der Schalk im Wunderbaren?

## Die Rückzahlung an die Konten des Zufalls

> Da du, o Herr, dich einmal wieder nahst,
> Und fragst, wie alles sich bei uns befinde,
> Und mich sonst gewöhnlich gerne sahst,
> So siehst du mich auch unter dem Gesinde.
>
> (*Mephistopheles*, Faust I 271)

Wenn die Organisierung des Gesetzestextes komplexerer Systeme, wie eben behauptet wurde, der Regulation und Orchestrierung ihrer Entwicklungs-Chancen geradezu gezielt in die Hände arbeitet, dann muß man sich wohl fragen, warum es diese Evolution noch immer nicht weitergebracht hat. Verstehen wir uns hier richtig. Freilich ist das Ergebnis dieser Genesis wunderbar genug. Und wir dürfen keineswegs vergessen, wie unfaßlich es letztlich bleibt, daß an einem Rand einer Randgalaxie Materie sich aufschwingt nachzudenken, beispielsweise, wie wir es eben tun, über die Leistungen der Genesis: Doch nützt keine Bewunderung, die blind wird. Wir müssen auch die Grenzen zu sehen versuchen, welche die Schöpfung ihren Geschöpfen gezogen hat. Das schon deshalb, weil die Chancen unseres eigenen Überlebens von dieser Einsicht abhängen können. Warum also sind aus allen bebrüteten Eiern doch nur schnatternde Vögel, ist selbst aus dem Menschen nur ein Säugetier geworden?

Warum mußten Millionen Arten zugrunde gehen, um jenes hervorzubringen? Warum können wir nur unter Schmerzen geboren werden, als Zerstörer, Verschlinger von Kreaturen existieren; um diese Welt, nach wenigen Jahrzehnten der Mühe, dennoch in jämmerlichem Zerfall und mit der größten Pünktlichkeit wieder zu verlassen? Warum also das Elend in einer Welt unbegrenzter Möglichkeiten?

So aber, das fühlen wir, ist der Sache nicht beizukommen. Außer jener Form des Zufalls, die wir Schicksal nennen, kennen wir ja niemanden im Gesinde der Evolution, dem wir Klage führen könnten. Versuchen wir's also zu verstehen. Und dies gelingt leicht, wenn wir uns erinnern, worauf denn die Erfolge dieser Genesis beruhen.

Die Erfolge aller Zufallsspiele, der Determinierungs- und

Organisierungsspiele, die die Genesis betreiben, beruhen auf einer Vergrößerung der Chance, das Richtige zu treffen. Sie scheinen uns, wie wir uns ausdrücken, dem Zufall abgerungen. Doch die Konten des Zufalls sind nichts, mit dem zu ringen wäre. Sie bestehen nur aus Trefferchance und Repertoire, und diese selbst sind unumstößlich verknüpft. Die eine ist der Kehrwert des anderen. Und was an Trefferchance gewonnen werden kann, muß als Repertoire verlorengehen. Tatsächlich beruht aller Erfolg, wie es der Schichten-Determinismus dieses Kosmos eben vorsieht, lediglich auf der immer effizienteren Reduktion des Repertoires des Zufalls.

*die Konten des Zufalls*

Unser Kinderroulette kann das bereits anschaulich machen. Bei, nehmen wir an, 32 Löchern muß die Chance der Kugel, die Nummer 1 zu treffen, auf die Dauer $1/32$ sein. Wenn aber im Trend der Spielregeln nur mehr die geraden Positionen gewinnen können, dann wird jener Roulettebesitzer unschlagbar werden, der an seinem Spiel versuchsweise die Löcher der ungeraden Positionen zu verschließen beginnt. Seine Trefferchance verdoppelt sich allmählich von $1/32$ auf $1/16$, wie sich das Repertoire, das er dem Spiele läßt, eben von 32 auf 16 halbiert. Und geht der Spieltrend weiter dahin, daß nur mehr die Vielfachen von 4 und schließlich von 8 gewinnen, dann braucht er überhaupt nur mehr die Positionen 8, 16, 24, 32 offenzulassen. Mit einem Achtel an Zufallsmöglichkeiten ist seine Trefferchance verachtfacht. Und dies muß so lange weitergehen, als der Trend seine Richtung beibehält: Bis dem Zufall jede Wahl entzogen ist und wir eine deterministische Maschine vor uns haben, deren Kugel immer in das letzte verbliebene Loch trifft.

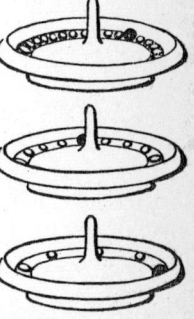

*Zufall und Repertoire*

Wehe aber, der Spieltrend der Bank wechselt und es werden wieder ungerade Positionen honoriert, dann wird unser Erfolgsspieler hoffnungslos verlieren. Sein Nachteil, die richtigen Positionen wieder einzeln und durch Versuch und Irrtum öffnen zu müssen, muß genausogroß sein wie der Spielvorteil, den er durch deren Schließung gewonnen haben mag: in unserem Beispiel ein Achtfacher. Der Zufall ist nicht zu beschwindeln. Der Spieler wird aussterben. Und er mag von den unspezialisierteren Rassen ersetzt werden, falls diese nicht ebenso, dank seiner vorausgegangenen Tüchtigkeit, das Zeitliche schon gesegnet haben.

Wovon also ist die Rede: Zeigt nun die Drift der Außenbedingungen Trends oder aber wechselnde Richtung? Die Antwort lautet, sie zeigte Trends mit wechselnder Richtung. In den kürzesten Zeitmaßstäben durften wir, wie erinnerlich, mit konstanten Außenbedingungen rechnen. In den

*Trends mit wechselnder Richtung*

mittleren zeigte sich ihre Drift. In den längeren wurden ihre Trends, ihr Richtungssinn, sichtbar. In den längsten Maßstäben aber kommt nun ebenso zwingend deren Wechsel zum Vorschein. Die Notwendigkeit dieses Wechsels kennen wir schon: Sie steckt in der prinzipiellen Unvorhersehbarkeit der Wiederbegegnung langer Kausalketten. Sie beruht auf der uns schon bekannten Kumulation der indeterministischen Komponente in den deterministischen Abläufen dieser Genesis; also wieder auf dem Zufall.

Man erinnere sich der Abkühlung der Materie nach dem Urknall und des Wechsels zur neuen Aufheizung in den Sternen, der Genese der Primäratmosphäre und ihrer Wechsel in die Entwicklung jeweils entgegengesetzter Zweit- und Drittatmosphären. Und wir werden das wieder und wieder finden, bis zu den komplexen Außenbedingungen der Organismen. Hundert Millionen Jahre Trends der Kiemenentwicklung werden hingeopfert, sobald die Eroberung des Festlandes den Lungentrend forciert. Der Trend zur Torpedokonstruktion der Fische verfällt dem Trend zur Brückenkonstruktion der Vierfüßer, und auch dieser wird aufgegeben, sobald der aufrechte Gang neue Chancen zu versprechen scheint.

Aber nicht alle Spieler werden vom Wechsel der Trends hinweggerafft. Und zwar alle jene nicht, die der nunmehr doppelten Anforderung genügen können: der Spielregel, welche die Bank vorschreibt, sowie jener, die sie sich selbst zurechtzumachen hatten. Einer äußeren Selektion scheint eine innere gegenüberzutreten, und beide verhalten sich wie Betriebsselektion und Marktselektion. In Wahrheit bleibt es aber bei einer Selektion; so wie ja auch die Selektionsbedingungen der innerbetrieblichen Organisation, wenn auch auf Umwegen, letztlich auf die vielschichtigen Voraussetzungen ihrer Märkte, wenn auch auf die von gestern und vorgestern, zurückgeführt werden können.

*Betriebsselektion und Marktselektion*

Was zum Ausdruck kommt, das sind die, mit der Komplexität der Binnensysteme deutlicher werdenden Binnenbedingungen und die Möglichkeiten, die ihrer eigenen Organisation gesetzt sind. Selektion hatte von jeher zwei Komponenten: Schlüssel und Schloß. Das neue Schloß beinhaltet neue Anforderungen; der alte Schlüssel hat begrenzte Möglichkeiten, sich anzupassen. Das Wandkonzept einer neuen Raumordnung stellt neue Formbedingungen; die Materialbedingungen der Ziegel, die ihnen entsprechen sollen, können nur in Grenzen folgen. Sie selbst sind ja ein Selektionsprodukt der Mauer-Trends von gestern. Es sind die Bedingungen der

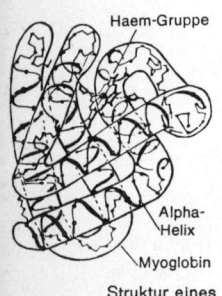

Struktur eines Biomoleküls

causa materialis, die nun an ihrer eigenen causa formalis deutlich werden. Also wieder nichts Neues.

Unverkennbar aber wird nun die Einengung der Anpassungsmöglichkeiten, die den Binnensystemen verbleiben. Sie muß bei Umkehrung der Trendrichtung genauso groß sein wie die Summe aller jener Verbesserungen der Anpassungschancen, die das System durch die Organisation seines Codes bisher konsumiert hat. Was den Konten des Zufalls entlehnt wurde, ist eben in gleicher Münze zurückzuzahlen. Und das gilt nicht nur für die molekulare Welt des Vorbelebten, sondern gilt immer deutlicher für die niederen Organismen, für die höchsten, für ihre Sprachen und Zivilisationen.

Wer also das Spiel der wechselnden Trends überlebt, dem hat der Zufall noch einen Weg gelassen. Und wiewohl die Trends der Außenbedingungen allmählich in beliebig viele Richtungen gegangen sein mögen, die innere Gegenselektion führt zur Kanalisierung des Möglichen. Es werden für jedes System nur mehr wenige Wege sein, die offen bleiben, und diese haben sehr ungleiche Aussichten. Wir werden sehen, daß ihre Zahl in der Regel abnimmt. Wenn eine Art von Systemen ausstirbt, dann sagt uns das, daß sich ihr letzter Weg verschlossen hat. Man wird verstehen, daß es uns nützen müßte, jene Wege zu kennen, die uns selbst geblieben sind; denn der Teufel bleibt unter dem Gesinde.

<small>Gegenselektion und Kanalisierung</small>

Der Keim zum Leben entsteht mit der Codierung seiner Erfahrung, und deren Organisation enthält gleichermaßen die Erweiterung der Erfolgschancen der Anpassung wie die Verengung der gangbaren Möglichkeiten. So unwahrscheinlich groß die Ordnung schon im Keim des Lebendigen wird, so unwahrscheinlich klein wird die Zahl der Wege, die seiner Entwicklung verbleiben. Die Samen des Lebens haben bereits ihre Grenzen in sich; Wege, die ihnen um so weiter vorgezeichnet werden, je weiter sie diese gehen. Etwas ist entstanden, was zum ›Sinn‹ werden wird. Was uns in der Entwicklung des Lebendigen final, wie auf ein Ziel gerichtet erscheint, ist nur Ausrichtung, die am Wege entstand, es ist Finalität im nachhinein. Und was uns in den großen Bahnen der Evolution wie prästabilisierte Harmonie erscheinen wird, ist Abstimmung, die ebenso am Wege entstand, poststabilisierte Harmonie der Genesis.

»Und die Erde ließ aufgehen Gras und Kraut, das sich besamte, ein jegliches nach seiner Art, und Bäume, die da Früchte trugen und ihren eigenen Samen bei sich hatten, ein jegliches nach seiner Art. Und Gott sah, daß es gut war. Da ward aus Abend und Morgen der dritte Tag.«[25]

# 6
# Vom Biomolekül zum Leben
(Oder: Der vierte Tag)

> Es erben sich Gesetz und Rechte
> Wie eine ew'ge Krankheit fort,
> Sie schleppen von Geschlecht sich zu Geschlechte
> Und rücken sanft von Ort zu Ort.
> Vernunft wird Unsinn, Wohltat Plage,
> Weh dir, daß du ein Enkel bist!
> Vom Rechte, was mit uns geboren ist,
> Von dem ist leider! nie die Frage.
> (*Mephistopheles*, Faust I 1972)

»Es werden Lichter an der Feste des Himmels, die da geben Zeichen, Zeiten, Tag und Jahr.«[1] Und im Laufe etwa einer Milliarde solcher Jahre entstanden zwei Dinge: das Licht des Lebens und der Tod. Beide sind diesem Kosmos neu; und beide sind die einfache Konsequenz der Strategie dieser Genesis; ihrer Strategie mit dem molekularen Gedächtnis. Einer ihrer merkwürdigsten Wege bereitet sich vor. Die neue Landschaft, in die er führen muß, wird somit das Hoffnungswie das Verzweiflungsvollste enthalten, das die Genesis über uns verfügt.

Die Ereignisse fallen in die Jugend unseres Planeten, liegen also zweieinhalb bis dreieinhalb Jahrmilliarden zurück. UREYS heiße Suppe kühlte ab. Vielleicht hätte man die Erde schon anfassen können[2]. Die Wolken-Finsternis der Ammoniak-Methan-Gewitter hellt etwas auf. Nach der Wärmestrahlung erreichen immer kürzere Wellen der Sonne das Urmeer. Zunächst Strahlung, die wir als rot, dann als gelb erlebt hätten; bald darauf ultraviolett bis zu sehr kurzen Wellenlängen und hoher Energie, die bis fünf und zehn Meter tief in das Meer dringen[3]. Und in der Atmosphäre, wiewohl sie für uns noch von tödlicher Giftigkeit gewesen wäre, spaltet dieselbe Strahlung aus dem Wasserdampf Ozon, den ersten freien Sauerstoff; wenn auch erst ein Zehntausendstel der heutigen Menge.

Da nun entsteht Leben; in Hunderten Jahrmillionen entstehen die ersten bakterien- und blaualgenähnlichen Wesen. Ihre, rund ein Hundertstel Millimeter großen bläschenförmigen Fossilien sind uns selbst aus über drei Milliarden Jahre altem Feuerstein erhalten[4]. Der Weg zu diesen bereits ungeheuer komplexen Molekülsystemen mußte über die Etablierung einer verläßlichen Energieversorgung und eines nicht minder verläßlichen Gedächtnisses erfolgen; die eine, um den Betrieb zu sichern, das andere, um keine der Errungenschaften einzubüßen, die dem Zufall so kostspielig abgewonnen wurden. Die universelle ›Erfindung‹ des Energiespeichers ist das ATP, das Adenosintriphosphat, die des Gedächtnisses ist die DNS, die Desoxyribonucleinsäure. Dieses ebenso universelle, sich verzweigende und unsterbliche Molekulargedächtnis alles Lebendigen muß uns nun besonders beschäftigen. Das Abenteuer der Genetik beginnt.

unsterbliches Molekulargedächtnis

GREGOR MENDEL fand die erste Spur. Aber die Herren der gelehrten Gesellschaft in Brünn schüttelten nach seinem Vortrag am 8. Februar 1865 über so viel Zahlenspielerei mit Erbsenblüten nur ihre (wahrscheinlich schläfrigen) Köpfe und schickten den Amateur unverstanden heim in seinen Klostergarten[5]. Selbst DARWIN erwähnt MENDELS wichtigste Arbeit. Doch in Händen hatte er sie nie, sondern nur den Titel aus einer Liste abgeschrieben. Mit diesem Start dauerte das Abenteuer bis zur Entschlüsselung des genetischen Codes über hundert Jahre. Und, wie wir bald sehen werden, selbst hier bleibt uns noch ein Grundprinzip aufzuklären: die Ursache der Organisation des genetischen Systems.

Das Unglaubliche erhärtete zur Gewißheit. Die Bau- und Betriebsanleitung aller Organismen, vom Stärkepilz bis zum Menschen, ist immer in einer einzigen Molekülkette codiert niedergelegt und wird als deren einziges Gedächtnis durch die Generationen weitergegeben. Anleitung und Bau hatten sich endgültig getrennt. Zufall und Notwendigkeit treten einander in noch höherer Stufe gegenüber. Die Blaupause gewissermaßen bleibt im Molekularbereich und bewahrt sich damit den Zugang zur Notwendigkeit des atomaren Zufalls, um mit ihm auch weiterhin experimentieren zu können. Das nach der Blaupause gebaute Produkt dagegen tritt in die Welt der Strukturen, die den Zufällen immer wieder neuer Notwendigkeiten ihres Milieus zu entsprechen haben. Ein grausames Spiel veralteter Rechte, aber wunderbarer Möglichkeiten »rückt sanft von Ort zu Ort«. Wunderbar, weil es seine Gesetzmäßigkeit bis zu jener GOETHES und MICHELANGELOS kumulieren konnte. Grausam, weil es jeden seiner Bauten hinopfert, sobald nur der letzte Dachreiter aufgesetzt ist; weil es nur die Blaupausen weiterreicht, die Individuen aller höheren Organismen aber, die Träger des Empfindens wie des Bewußtseins, unerbittlich hinwegrafft.

Trennung von Bau und Anleitung

Die Träger sind wie ein Gleichnis, die vergänglichen Fälle des Gesetzes; und doch wirken sie auf dieses zurück. Zwar wird Anpassung erreichbar, doch nie wird sie vollkommen. Zwar kann sich das Gesetz »das mit uns geboren ist«, verankern, doch stets dominiert das von gestern.

## Der Erfolg des Glasperlenspiels

> Nicht Kunst und Wissenschaft allein,
> Geduld will bei dem Werke sein.
> Ein stiller Geist ist jahrelang geschäftig;
> Die Zeit nur macht die feine Gärung kräftig.
> (*Mephistopheles*, Faust I 2370)

Die Glasperlen dieses Spiels sind nur die Moleküle unserer genetischen Substanz; das Spiel der Glasperlen aber ist ein Spiel um Leben und Tod seiner Spieler. Das Setzen der Perlen regiert der pure Zufall, also das nackte Chaos; und was entsteht, ist die eternale Gesetzmäßigkeit des Lebendigen, also die unfaßlichste Ordnung der Materie. Das Spiel ist zweigesichtig. MANFRED EIGEN, dem wir tiefe Einsicht in seine Regeln danken, hat es als ›Glasperlenspiel‹ treffend charakterisiert[6]; denn man wird sich erinnern, daß HERMANN HESSE unter diesem Titel des Menschen Hoffnung und Scheitern in ihrem Spiel von Natur und Geist symbolisierte.

Kein ambivalenteres Spiel könnte ich mir denken. Es ist ebenso extrem in seinen möglichen Wirkungen, wie unsere Urteile über seine Wirkung widersprechend sind. Einmal erscheint es wie eine Offenbarung, wie jenseits von Kunst und Wissenschaft, als ob ein Gott die großen Lose verteile; ein andermal so hoffnungslos wie die Chancen eines Affen an der Schreibmaschine[7]. Das Wunderbare grenzt ans Absurde. Lassen Sie mich mit dem Wunderbaren beginnen.

Was nämlich die Physiker für die Biologen fanden, ist schon für den Chemiker wunderbar genug. In einer Experimentierzeit von einer halben Jahrmilliarde mußten sich in den Urmeeren einige Systeme stereospezifischer Autokatalyten durchgesetzt haben, sie mußten mehr und mehr der artfremden Molekülsysteme gefressen, also ins eigene Ordnungsmuster umfunktioniert haben. Es waren jene, die ihren Energiebetrieb über das ATP kanalisierten und die ihre eigene Betriebs- und Aufbau-Anleitung mittels der DNS codierten[8]. Denn es zeigt sich, daß dieser Code unter den Bedingungen des irdischen Milieus nicht zu schlagen war; weder in seiner Ökonomie, Beständigkeit und Präzision, noch in seiner Anpassungs- und Aufbaufähigkeit. Er leistet alles: Morsezeichen, Buchstaben, Wort und Sinn. Seine Träger

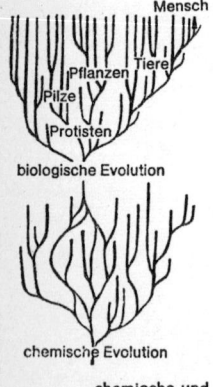

chemische und biologische Evolution

Morsezeichen, Buchstaben, Wort und Sinn

müssen alle anderen Wurzeln des Lebendigen vertilgt haben; denn das gesamte Epos des Lebendigen ist mit ihm geschrieben. In aller Kürze ist das Prinzip folgendes:
Auf einer Zucker-Phosphat-Kette ist eine Zeile von viererlei Morsezeichen aufgebracht: die Desoxyribonucleinsäurebasen; es sind die Purine Guanin und Adenin, G und A, sowie die Pyrimidine Cytosin und Thymin, C und T. Ihr Original, das bereits bei Bakterien eine Länge von zweihunderttausend, beim Menschen von zwei Milliarden Zeichen hat[9], ist auf seiner Leseseite ganz von einer selbstgefertigten Zucker-Phosphat-Matrize bedeckt, wobei im Sinne eines Negativs stets ein Purin mit einem Pyrimidin, G von C wie A von T und umgekehrt C von G wie T von A, schützend verbunden ist. Dieser Doppelstreifen ist entlang seiner Längsachse zur bekannten Doppelhelix zusammengewendelt. Zur Ablesung wird er streckenweise geöffnet, und es wird von der Matrize ein Abschriftband ausgefertigt, indem die entsprechenden vier Basen nunmehr einer Ribonucleinsäure, einer RNS – die wie eine Flaschenpostsuppe um die Doppelhelix driftet – mit ihren Äquivalenten verbunden werden.

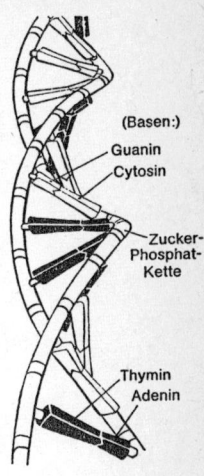

Schema der ›doppelten Helix‹

Diese Abschrift erst, eine Boten-RNS, wird zur Decodierung ihrer Morseschrift dem System zugänglich; wir sagen: ins Plasma gesandt. In entsprechender Weise werden der Matrize auch die Bauanleitungen für Zehntausende gleicher Decodierungsmaschinen entnommen und als Ribosomen-RNS ins Plasma abgegeben. Dort bilden sie sich zu submikroskopischen Setzmaschinen, den Ribosomen, in welche die versandten Abschriftbänder eingefädelt werden. Deren Basen-Sequenzen werden in Dreiergruppen, den Triplets, abgelesen, in ein Alphabet von 20 Buchstaben, die Aminosäuren, übersetzt und diese zu Worten molekular zusammengehäkelt. Diese Molekülketten, die Polypeptidketten, verschlingen sich – wieder nach ihren chemischen Bindungsgesetzen – zu Sätzen, den verwickelten Eiweißstrukturen, die, nach unserem Schriftvergleich, das noch ungleich kompliziertere Epos eines Organismus zusammensetzen. Jedes Teilstück der ganzen Erbinformation des Genoms, das auf die Ausbildung eines definierten Merkmales wirkt, nennt man Gen oder Cistron; es entspricht etwa dem Äquivalent eines Wortes.

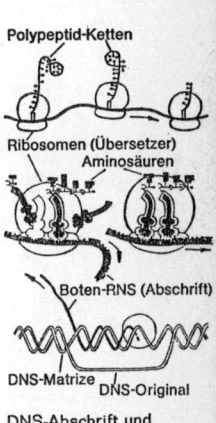

DNS-Abschrift und Übersetzung

Man kann also dem Konstrukteur dieser Evolution schon an seinem Produkt ansehen, worum es ihm gegangen ist: um den Erfolg, um die Ökonomie der Re-Etablierung des Etablierten. Es ging zunächst um den konkurrenzlosen Marktgewinn durch billige Ordnung. Dies ist, wie innerlich, eine

Ökonomie der Re-Etablierung

ebenso fundamentale wie unersetzliche Methode, Erfolg zu haben. Es verbinden sich in diesem ›Wiederhol-Spiel‹ niederster Aufwand für richtige Entscheidungsfindung mit der größten Wahrscheinlichkeit, wieder und wieder Erfolg zu haben – allerdings nur solange, wie in kurzer Sicht die Außenbedingungen sich nicht ändern.

Die Voraussetzung für diese Methode ist stereospezifische Autokatalyse sowie zureichend hohe Präzision. Erstere ist, wie wir wissen, längst eingerichtet, letztere erstaunlich hoch. Unter den Nachkommen eines Individuums zeigt höchstens jedes zehntausendste einen Fehler in einem bestimmten Wort beziehungsweise in einem von dessen Buchstaben. Es ist klar, daß eine so hohe Präzision die identische Reproduktion fördert. Sie setzt allerdings im gleichen Maße die Änderbarkeit herab. Doch dafür wird erst später zu zahlen sein.

Zunächst mußte jedenfalls der Erfolg in der identischen Replikation liegen und einen ›Wiederhol-Schalter‹ etablieren, wie wir ihn von unseren Waschmaschinen, Plattenspielern, Geschirrspülern kennen; der beim Befehl ›Ein‹ immer wieder dasselbe ganze Programm ablaufen läßt. Eine Flut von Abschriften, Kopien und Durchschlägen ist die Folge. Das System erlaubt, Populationen von Milliarden und mehr identischen Individuen zu erzeugen; denn bei jeder Teilung von Original und Matrize schafft sich jedes Original aus dem Reservoir der stereospezifischen Flaschenpost sofort wieder seine Matrize und jede Matrize ihr Original. Bei den Vielzellern erhält zudem jede Einzelzelle die komplette Abschrift; das sind allein in einem einzigen Menschen $10^{14}$, hundert Billionen, Kopien. Und, unglaublich genug, jede von diesen Billionen Zellen, gleich ob in irgendeiner Haarwurzel oder irgendeiner Dickdarmzotte, enthält die Gesamtinformation der Bau- und Betriebsanleitung des ganzen Menschen[10]. Ja mehr noch, sie enthält zudem die Anweisung über all das, was sie in unserem Körper nicht tun soll.

Von diesem Aufwand kann man sich eine Vorstellung machen, wenn man vergleichsweise annähme, daß jeder Mensch dieser Erde eine Bibliothek mit den detaillierten Anleitungen zu allen menschlichen Tätigkeiten bei sich haben müßte – vom Medizinmann bis zum Programmierer, vom Lama bis zum Expressionisten. Und in all diesen Kompendien wäre wiederum alles, bis auf das, was der einzelne tut, als ›nichtzutreffend gestrichen‹. Man sieht, daß präzises Abdrucken noch der geringste Aufwand sein muß.

Aber zu alldem kommt noch die Wiederholung in hundert-

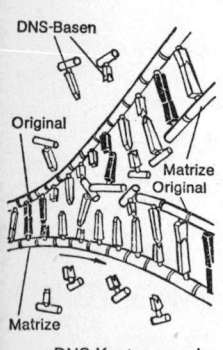

Abschriften, Kopien und Durchschläge

DNS-Basen

Original

Matrize Original

Matrize

DNS-Kopierung oder -Replikation

tausend identischen Generationen[11]; und hinzu kommt, daß in besonders aktiven Zellen Riesenchromosomen mit selbst wieder Hunderten von identischen Kopien entstehen, daß weiter ein und dieselbe Textstelle hundertmal abgeschrieben werden kann und daß zuletzt dieselbe Abschrift in ganzen Ketten molekularer Schreibmaschinen, in den Poly-Ribosomen oder Polysomen, hundertmal übersetzt werden kann. Kurz, Auflagen identischer Gesetzestexte[12] in der astronomischen Dimension von hundert Quintillionen, $10^{32}$, sind also etwas durchaus Gewöhnliches. Im menschlichen Bereich ist dagegen kein Produktionsvorgang bekannt, der auch nur annähernd so große Produktionsziffern aufzuweisen hätte.

Was das Glasperlenspiel als erstes schafft, ist, dank des Wiederholschalters und der Präzision, eine Welt der Normen; eine Welt, selbst im Lebendigen, von erstaunlicher Redundanz, von identischen Bauteilen. Eine Welt der Massen muß die Folge sein; Massen identischer Individuen, Organe, Zellen und Zellteile. Eine Welt des Vorhersehbaren und Prüfbaren; denn die Wiederholung erkannten wir ja als dessen Voraussetzung. Und wir ahnen bereits dieser Normenwelt Einfluß auf die Bildung der Identitäts-, Kausalitäts- und Normenhypothese, die wir unserem ratiomorphen Apparat fest eingebaut fanden; als eine Voraussetzung dessen, was wir unsere Vernunft nennen.

*eine Welt der Normen*

Doch die Regeln der Bank driften, und das Glasperlenspiel muß nun seine nächsten Erfolge in der Differenzierung suchen, im Tausche der erworbenen Perlen, aber noch mehr im Hinzufügen immer neuer. Die Präzision aber, die das ›Wiederhol-Spiel‹ so sehr begünstigte, die Fehlerrate von weniger als $10^{-4}$, einem Zehntausendstel, macht nun das ›Differenzierungs-Spiel‹ mühsam und schwerfällig. Zwar behält jener kleine Würfel unseres Spiels mit seinem C-G-A-T-Repertoire Chancen vernünftiger Größe; aber jener große Würfel, der entscheidet, wann eine Änderung eintreten werde, hat zehntausend Facetten. Zehntausendmal müßten wir ihn für nur eine einzige Erfolgsaussicht rollen. Das ist einer der Gründe, warum das Spiel nur im Elektronenrechner ganz nachvollziehbar ist und warum die Natur geologische Zeiten zu seiner Abwicklung benötigt: im Schnitt wenigstens eine Jahrmillion zur Schaffung einer neuen Art. Das ist aber auch die Voraussetzung der Anpassung komplexerer Systeme.

*Erfolge der Differenzierung*

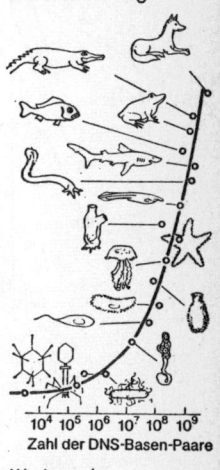

$10^4$ $10^5$ $10^6$ $10^7$ $10^8$ $10^9$
Zahl der DNS-Basen-Paare

Wachsen der Erb-Information

Soll ich beispielsweise mittels eines Roulettes, das ein Repertoire von 26 Buchstaben enthält, ›mio‹ in ›mia‹ verwandeln, so werde ich am ehesten Erfolg haben, wenn ich für jede der drei Positionen eine Mutationsrate von einem Drittel annehme, dem großen Würfel drei Alternativen gebe. Die Chance, das Rechte zu treffen, ist dann $1/3$ mal $1/26$, also immerhin nach 78 Runden zu erwarten. Wollte ich aber in der gleichen Weise den letzten Druckfehler in der Odyssee mit ihren 840 000 Buchstabenpositionen berichtigen, so wäre niemals ein Erfolg möglich; weil ich in jeder Runde fast 280 000 neue Druckfehler in den Satz brächte. Um Erfolg haben zu können, müßte ich die Mutationsrate auf ein Hunderttausendstel senken und hunderttausendmal öfter spielen. Diesen Weg hatte das Differenzierungsspiel zu wählen.

*Wachsen und Scheiden der Morsestreifen*

Die Folge ist ein sehr langsames Wachsen und Scheiden der Morsestreifen. Sie hatten im Präbiotischen mit wenigen Zeichen zu beginnen und haben, wie erinnerlich, nun im Menschen zwei Milliarden erreicht. Mit wie vielen verschiedenen Streifen sie begannen, das wissen wir noch nicht, wahrscheinlich mit vielen. Doch nur ganz wenige setzten sich bis ins Lebendige durch[13]. Aber mit der Entfaltung des Lebens trennen sich auch immer wieder die Schicksalsgemeinschaften des Streifens. Werden nämlich Mitglieder solcher sich mischend kombinierender Gemeinschaften so verschieden, daß ihre Bastarde keinen Erfolg mehr haben, dann trennen sich die Ströme, und es entsteht das, was wir ›neue Arten‹ nennen. Zwei Millionen lebender Arten, noch fließender Arme des Hauptstromes, kennen wir heute. Noch einmal so viele gibt es wohl noch zu entdecken.

Dennoch blieben ihre Grundmuster identisch. So weiß man aus der Entwicklungsphysiologie, daß beispielsweise die Befehle zur Gliederung in der Wirbelsäulenregion des Körpers (Bild S. 174) noch von allen Wirbeltieren gleich verstanden werden[14], daß die Buchstabenfolge, die das für die Atmung wichtige Cytochrom-c codiert, von der Stärke bis zum Menschen fast gleich geblieben ist[15]. Die Dialekte haben sich gewandelt. Aber nichts von der Sprache, selbst ihrer ältesten Worte, wurde fortgewürfelt oder umgelost.

Hier grenzt nun das Wunderbare ans Absurde. Der alte Widerspruch ist nun ganz zur Hand: Denn wie wäre es zu verstehen, daß die Grundverse eines Epos auch durch Quintillionen von Verbesserungsversuchen in nichts zu verändern waren? Und wie, umgekehrt, könnte jemals ein Epos durch den Zufall von Druckfehlern verbessert werden? Welche Chance hätte der Affe an der Schreibmaschine, selbst wenn wir auch immerfort das bessere Zufallsprodukt aus-

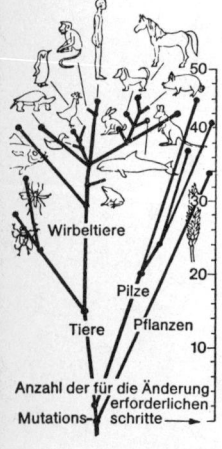

*Stammbaum des Cytochrom-c Moleküls*

*nochmals der Affe an der Schreibmaschine*

wählen? Wie wäre je eine Hausform zu verschönen, auch wenn wir noch so oft die Baumaterialien von den Wagen kippen? All das ist ja schon oft und von verschiedenster Seite besorgt gefragt worden[16]. Wir brauchen nur mehr die Wahrscheinlichkeiten zu überschlagen, um von diesen Unwahrscheinlichkeiten eine Vorstellung zu bekommen. Steigt das Repertoire eines Spiels auf an die hundert Millionen independenter Ereignisse, dann ist die Zufallswahrscheinlichkeit jedes einzelnen eben nur mehr ein Hundertmillionstel. Und wäre sie hinaufsetzbar auf ein Millionstel, dann würden sich die Fehler in jedem Durchgang verhundertfachen. Und steht die Zeit für hundert Millionen Spiele nicht zur Verfügung, dann wird ein dauernder Erfolg eben völlig unwahrscheinlich. Doch ist auch das noch nicht das ganze Problem.

Hinzu kommt, daß die meisten erfolgreichen Änderungen der Phäne, der Eigenschaften der Organismen also, die Änderung mehrerer Entscheidungen voraussetzen[17]. Ist aber die Mutationsrate $10^{-4}$, dann ist die Wahrscheinlichkeit, daß zwei, vier und zehn richtige zusammentreffen, wie schon SIMPSON zeigte, nur mehr $10^{-8}$, $10^{-16}$ und $10^{-40}$, ein Zehntausend-Hexillionstel, bereits eine kosmische Unmöglichkeit[18]. »Geduld will bei dem Werke sein?« Der Teufel lacht zu Recht. Denn zu alldem wissen wir, daß die meisten Gen-Entscheidungen mehrere Eigenschaften beeinflussen[19]. Der Vorteil der einen wird ein Nachteil in der anderen. Wo ist das Spiel hingeraten? Die Chancen des Zufalls werden Unmöglichkeiten. Das Spiel wird absurd.

### Der Wettstreit der Moleküle

> Und ist man erst der Herr zu drei,
> Dann hakelt man das vierte bei;
> Da geht es denn dem fünften schlecht,
> Hat man Gewalt, so hat man Recht.
> (*Mephistopheles*, Faust II 11181)

Das Spiel wird aber nicht absurd, ganz im Gegenteil; seine Strategien beginnen sich nun erst voll zu entfalten; ungeachtet dessen, daß dies lange unmöglich schien. Ja, wir sehen die Dinge schon voraus, wenn wir uns erinnern, daß der Zufall dort, wo er keine Chance mehr hat, in seine eigene Falle geht. Das Repertoire des Zufalls wird neuerlich drastisch reduziert. Die Entscheidungen bleiben eben nicht independent. Sie werden in Systeme gepreßt. Sie hakeln sich »das vierte bei«. Der Gesetzestext ist in Wahrheit kein

Morsestreifen, sondern eine Formelsammlung. Das molekulare Epos ist bis zum letzten Vers ein organisiertes Ganzes. Wie groß war meine Erwartung als Student, die erste Gen-Karte zu sehen. Dies ist die vergrößerte Zeichnung der Chromosomen eines Organismus, in welche die Perlenkette jener Eigenschaften eingetragen ist, für die das Experiment den Ort ihrer codierenden Entscheidungen klarlegte. Und wie tief war meine Enttäuschung: Augenfarben, Beinlängen und Atmungsfermente, Borstenlängen, Flügeladern und Fruchtbarkeit stehen in sinnlosem Wirrwarr hintereinander – Kram aus der Mottenschachtel, von einem Narren aufgefädelt. Und die Enttäuschung wurde zur Entmutigung, da meine Lehrer keinen Grund sahen, hier Ordnung zu erwarten. Wieso aber wurde die Mischung der Verse zugelassen? Worin bestand dann das Epos?

Und wenn die Kette der Entscheidungen nun doch organisiert wäre; wer hätte sie organisiert? Wer lenkte die Auswahl ihrer zufälligen Verknüpfung? Sinnvoll könnten dies nur ihre eigenen Wirkungen tun. Dann aber wirkte die Wirkung auf ihre Ursache. Die Kausalität wäre verkehrt. Um dies als eine Unmöglichkeit klarzustellen, kannte die klassische Genetik schon damals nach WEISMANN die Doktrin, und das Dogma der molekularen Genetik vertiefte dies bald mit dem Erlaß: »Eine Rückwirkung des Körpers auf seine Gene ist nicht möglich!« Freilich ist nicht zu erwarten, daß die Übersetzung einer Botschaft auf die Botschaft selbst oder die Abschrift auf das Original wirken sollte. Wir kennen das aus der Kausalkette im Schokolade-Automaten. Auch innerhalb dieses Kastens ist die Kausalität eine Einbahn, und weder kann das Herausfallen der Packung auf die Wägung noch die Wägung auf den Einwurf zurückwirken. Aber daß das Entstehen von Schokolade-Automaten aus dieser Sicht allein nicht zu verstehen ist, das haben wir uns auch schon klargemacht.

> die Doktrin und das Dogma

> Rückwirkungen auf die Ursache

Wir müssen im Gesamtsystem also mit Rückwirkungen auf die Ursache rechnen, denn kein Vorgang ist ganz isoliert; keine Materialursache erspart eine Erklärung der Formursache; und die Henne kann so wenig die alleinige Ursache des Eies sein, wie das Ei die alleinige Ursache der Henne sein könnte. Wir wissen das ja im Prinzip seit GALILEI und NEWTON[20]. Aber auch in der Biologie hat man begonnen, wie BERTALANFFY und PAUL WEISS, auf Beachtung der Systembedingungen zu drängen[21]. Auf dieser Grundlage mag nun Aussicht sein, das Problem zu lösen. Und wir müssen hier nochmals einige Sorgfalt aufwenden, weil wir im Falle

einer Lösung das zentrale Dogma der Genetik brächen, ja eine prinzipielle Erweiterung unseres Evolutionskonzeptes einführten, mit ziemlich weitreichenden Konsequenzen.
Erinnern wir uns des ›Organisierungsspieles‹ (Bild S. 136). Als seine Voraussetzung erkannten wir den Trend in der Honorierung durch die Bank, das Redundantwerden von Entscheidungen und das Code-Gedächtnis, das eine Rangfolge von Entscheidungen zuläßt. Die Existenz von Trends der Milieuwirkung ist für Organismen eine Selbstverständlichkeit. Es ist selbstverständlich, daß die Chance des Schutzes eines Igels in der Versteifung seiner Haare zu Stacheln liegt und nicht in der Beschleunigung seiner Flucht; und daß sie beim Hasen in noch effektiverer Flucht liegt und keineswegs in einer Versteifung der Haare zu Stacheln. Das Redundantwerden und die Rangfolge dagegen lohnen die Untersuchung.
Der Leser wird mir wieder bestätigen, daß die Endung ›a‹ in ›mia‹, wie in ›amica‹, zur Geschlechtsbestimmung unentbehrlich bleibt, solange diese getrennt verwendet werden; daß aber im System ›mia amica‹ eines entbehrlich würde. Und er wird mir ebenfalls wieder bestätigen, daß es wesentlich ökonomischer ist, eine kostspielige Nachricht auf das zu kondensieren, was wir den ›Kern einer Sache‹ genannt haben. Dies ist nun in den genetischen Nachrichten im besonderen Maße gegeben, denn die Kosten ihrer Zusammenstellung werden sich als sehr hoch erweisen.
In den biologischen Systemen entsteht nun das Überzähligwerden von Entscheidungen durch den Zusammenhang von funktionaler Dependenz und Redundanz. Die Sache wird uns leicht zugänglich, wenn wir den Nutzen der Freiheit der Entscheidungen dem der Freiheit der Ereignisse gegenüberstellen, für welche jene codieren.

*Dependenz und Redundanz*

Nehmen wir das Beispiel zweier Knochen. Solange diese in einem Organismus getrennt liegen und als independente Teile funktionieren, wird es nützlich sein, wenn die Formen, sagen wir ihrer Stirnflächen, unabhängig voneinander codiert werden. Unabhängigkeit funktionaler Entwicklung setzt ja Independenz der genetischen Grundlagen voraus. Das ändert sich jedoch in dem Maße, in dem jene Stirnflächen in eine funktionelle Beziehung treten, zum Beispiel gemeinsam ein Gelenk bilden. Dann wird die Unabhängigkeit ihrer genetischen Entscheidungen nutzlos, ja hinderlich. Denn man kann sich leicht vorstellen, daß ein solches System nur dann erfolgreich zu ändern ist, wenn sich beide Entscheidungen gleichzeitig und gleichsinnig ändern. Die

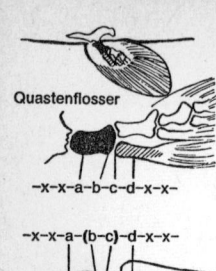

Quastenflosser

−x−x−a−b−c−d−x−x−

−x−x−a−(b−c)−d−x−x−

Mensch

Unfreiheit funktioneller Entscheidungen

Freiheit einer der beiden Entscheidungen wird redundant und sogar zum Nachteil: ein Nachteil, der in dem Maße wächst, wie die Wahrscheinlichkeit des Zusammentreffens zweier gleichsinniger Mutationen sinkt.

Wir können ihn sogar recht genau angeben. Rechnen wir mit einer Mutationsrate von $10^{-4}$ und auch nur 10 möglichen Ausprägungen, dann ist die Realisationswahrscheinlichkeit einer bestimmten Ausprägung $10^{-5}$, ein Hunderttausendstel. Die Wahrscheinlichkeit aber, daß zwei solche Ereignisse zusammentreffen, ist $10^{-5}$ mal $10^{-5}$, also nur mehr $10^{-10}$, ein Zehnmilliardstel. Der entstandene Nachteil entspricht dem Kehrwert des Quotienten $(1/[10^{-10}/10^{-5}])$; er ist ein hunderttausendfacher. Und schon bei einer geringen Anzahl dependenter Entscheidungen wüchse er ins Astronomische. Der Zufall hat seine Chancen verloren, und wir sehen bereits voraus, daß die Natur einen neuen Weg einschlagen wird.

Er muß dahin gehen, Entscheidungen für dependente Funktionen selbst in Abhängigkeit zu bringen. Gelingt dies dem Zufall auch bei nur zwei solchen Entscheidungen, so ist ein derartiger Vorteil der Gleichschaltung bereits so groß wie $10^5$, eben ein hunderttausendfacher; bei vier Entscheidungen $10^{20}$, ein hunderttrillionenfacher. Es mag nun wesentlich schwieriger sein, eine Gleichschaltung einzubauen als eine Einzelentscheidung zu ändern. Aber wir sehen sofort, daß ihr Vorteil so groß ist, daß der Zufall wohl diesen Weg gegangen sein wird.

Vorteil der Gleichschaltung

Kennt man nun Gleichschaltungen im Genom? Tatsächlich! Sie sind von MONOD, JACOB und ENGELSBERG entdeckt und in den letzten Jahren grundsätzlich aufgeklärt worden[22] – eine der erstaunlichsten Leistungen der molekularen Genetik. Dieses Regulator-Repressor-System bringt nun genetische Entscheidungen zu genetischen Entscheidungen. Das Regulator-Gen sendet Mengen molekularer Schlüssel – die Repressoren – in die Flaschenpost des umgebenden Plasmas, und wo sie im Genom das passende Schloß finden – eine Entscheidungsgruppe, die Operator-Gen heißt –, schließen sie dessen Funktionen ab, oder aber die Repressoren werden durch Induktor-Moleküle inaktiviert und öffnen sie[23].

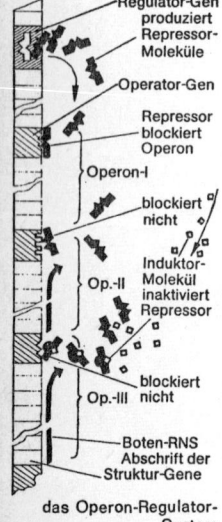

Regulator-Gen produziert Repressor-Moleküle

Operator-Gen

Repressor blockiert Operon

Operon-I

blockiert nicht

Op.-II  Induktor-Molekül inaktiviert Repressor

Op.-III  blockiert nicht

Boten-RNS Abschrift der Struktur-Gene

das Operon-Regulator-System

Der Operator regiert indessen selbst als ein Vorschalter, eine Vorentscheidung, über die Abschreibbarkeit einer ganzen Reihe von Entscheidungsgruppen wie ein Klammerausdruck in der Algebra über seinen Inhalt. Man spricht von einem Operon und den in ihm befindlichen Struktur-Genen. Der Vorteil der Vorschaltung kann nun so groß werden wie die Wahrscheinlichkeit der Entscheidungen, die für

Vorteile der Vorschaltung

eine Veränderung eingespart werden. Ist es etwa nötig, die Nachrichten von vier Struktur-Genen gemeinsam abzuschalten, so beträgt die Realisationswahrscheinlichkeit im nicht organisierten Genom $10^{-4}$ mal $10^{-4}$ mal $10^{-4}$ mal $10^{-4}$, also $10^{-16}$. Sind sie aber zu einem Operon organisiert, dann genügt es, den Operator zu treffen[24]. Diese Wahrscheinlichkeit ist nur $10^{-4}$. Der Vorteil entspricht dem Quotienten der Kehrwerte, $10^{16}$ durch $10^4$, also $10^{12}$, er ist ein billionenfacher.

Die Bedingungen unseres Organisierungsspieles sind also im System der Gene voll erfüllt. Soweit ich nun voraussehe, müßte das genetische Material aller Organismen in dieser Weise organisiert sein. Ja, man ist sich unter den molekularen Genetikern einig, daß mit den entdeckten Schaltmethoden noch viel kompliziertere, mehr- und vielschichtige Rangfolgen von Vor- und Vor-Entscheidungen zu erwarten sind und der Aufklärung harren[25]. Dies müssen dann notwendigerweise hierarchische Schaltmuster sein. Der Vergleich mit dem Morsestreifen war also oberflächlich. Mit seinen Serien von Wechselbeziehungen, Voraussetzungen, Vorzeichen und Klammerausdrücken, seiner Größen und Einheiten, ändert sich Grundsätzliches. Der Morsestreifen wird zur Formelsammlung; und diese hat die niedere Ordnungsform der Normbauteile längst durch einen ganz bestimmten Satz algebraischer Oberbedingungen von Interdependenzen hierarchisch überbaut.

*der Morsestreifen wird zur Formelsammlung*

Die außerordentlichen Evolutionsvorteile dieser Schaltungen erklären zunächst, wieso derartige Komplikationen wie die Operon- und Regulatorsysteme allein durch den Zufall eingebaut werden konnten[26]. Die Organisation dieser Systeme selbst aber erklärt noch viel mehr. Die Gliederung in Untereinheiten und deren Verdrahtung mittels Flaschenpost erklärt, warum Einzelmerkmale fast beliebig aufgefädelt sein können und warum der ganze Code-Streifen selbst in jene Einzelstreifen zerschnitten sein kann, die wir Chromosomen nennen[27]; beispielsweise 22 Paare, sowie die Geschlechts-Chromosomen x und y beim Menschen. Sie erklärt, was noch wichtiger ist, daß ganze Komplexe von Merkmalen, die von vielen Hunderten von Einzelentscheidungen determiniert werden, überhaupt, ja in harmonisch abgestimmter Weise, modifiziert werden können. Was dabei in Erstaunen versetzt: diese Gliederung zu System-Mustern der Entscheidungen wird uns (in Kapitel 7) die Erklärung dafür werden, daß auch die Muster der Ereignisse, die der Merkmale also – seien es die Gestalten der Organismen oder deren Verwandtschaft –, eine Gliederung in

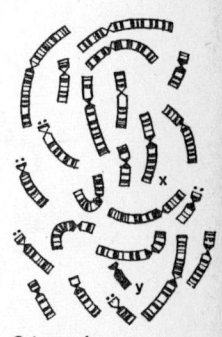

Schema der 24 Chromosomen des Menschen

dieselben Formen normativer, interdependenter und hierarchischer Ordnung zeigen. Damit ist der Genesis die bislang erstaunlichste Einengung des Zufalls geglückt. Die unglaublichste Ordnung wird der Materie dadurch möglich. Die erreichbare Voraussicht über die Organisation der Lebewesen erreicht riesige Ausmaße.

Tatsächlich werden wir die Konsequenzen dieser Muster bis in unsere Zivilisation verfolgen können. Da nämlich der Zufall, der genetische Information ordnet, nicht in beliebige Fallen geht, sondern in die von Norm, Interdependenz und Hierarchie-Mustern und diese in aller organischen Struktur wiederkehren müssen, wird auch die Ursache unserer entsprechenden Denkmuster sichtbar. Da dieselben Muster auch als Voraussetzungen unseres Denkens wiederkehren, können die Naturmuster nicht die Folge der Denkmuster sein, sondern nur die Denkmuster eine Folge der Naturmuster. Nicht die Denkordnung ordnet die Natur, diese hat vielmehr unser Denken geordnet. Doch sei nicht zu weit vorgegriffen.

Wir müssen uns vielmehr nochmals umsehen. Der Wettstreit der Moleküle also hat über dem System des genetischen Morsestreifens einen Schaltungs-Überbau durchgesetzt, ein epigenetisches System, wie Genetiker und Entwicklungsphysiologen dasselbe in seherischer Voraussicht schon längst nennen. Aber gerade die Führenden dieses Faches, wie BALTZER, KÜHN, WADDINGTON, erkannten seine schier hoffnungslose Komplikation; und da vor unserer Theorie Mechanik und Notwendigkeit seines Zustandekommens nicht sichtbar waren, mochte man fast an Wunder glauben[28]. Überschlagen wir also nochmals den Mechanismus seiner Notwendigkeit.

*ein epigenetisches System*

Die Ursache des Epigenesesystems sind seine enormen Evolutionsvorteile; und diese beruhen auf der Vermeidung des Wartens auf unnötige und unpassende Entscheidungen. Möglich wird dies durch Überordnung von Entscheidungen. Die Muster, welche diese Überordnungen einnehmen können, sind die einfacher arithmetischer Beziehungen. Aber die Anleitung zu ihrer Bildung kommt von den Ereignissen, für welche diese Entscheidungen codieren. Niemals hätten sie die Logik ihrer Schaltung selbst gefunden. Die Anleitung steckt in den Funktionssystemen, zu welchen die Evolution die Merkmale der Organismen zusammenführt. Damit hat die Kausalität wieder ihre zu erwartenden zwei Seiten. Die Form-Ursache wirkt auf die Materialursache zurück. Zwar bestimmt die Bauanleitung den Bau, aber die Baupraxis wirkt auf deren Organisation zurück. Somit wirken Merkmale auf ihre Anleitung: Diese kopiert allmählich ihre eigene Praxis. Das Epigenesesystem imitiert seine Aufgaben. Entscheidungen und Ereignisse bilden einen Wirkkreis, eine Einheit. Das zentrale Dogma der Genetik ist gebrochen. Die Konsequenzen für die Genesis sind noch kaum zu übersehen.

Es entsteht das, was wir als eine ›innere Zweckmäßigkeit‹ erleben, was wir einen ›inneren Sinn‹ nennen können, ähnlich einer Hermeneutik des Lebendigen. In den nächst höheren Ebenen der Komplexität wird das noch deutlicher werden. Der Sinn ist das Ergebnis einer Selbststeuerung der organischen Organisation, die, wiewohl unter zweckmäßiger Anleitung von außen etabliert, sich aber, durch die Etablierung, vom Außen verselbständigt. Kann man diese Anleitung und Verselbständigung nicht sehen, dann fehlt auch die kausale Erklärung. Und akzeptiert man das Dogma, dann fehlt sogar der Weg zu ihrer Suche. In dieser Lage war zweierlei möglich, entweder mußte man Unlösbares anerkennen oder seine Phänomene verkleinern. Anerkannte man es, dann blieb für GOETHEs Zeit nur die Annahme eines esoterischen Prinzips, für die Gegenwart die eines trans- oder akausalen; je nachdem, ob man die Hoffnung auf die Entdeckung eines Kausalzusammenhanges noch nicht oder doch schon aufgeben wollte. »Es wird höchst unwahrscheinlich«, stellt NICOLAI HARTMANN fest, der nicht aufgab, und BALTZER unterstrich es wiederholt, »daß hier nicht noch eine andere und uns noch ganz unbekannte Form von Determination im Spiele wäre, ein spezieller Nexus organicus«²⁹. Wer denkend aufgab, der wurde Vitalist und setzte sogleich die Entelechie anstelle möglicher Kausalität; eine prästabilisierte Harmonie an die Stelle einer wissenschaftlichen Hypothese. Nun mochte man zur Beruhigung das Einzelproblem verkleinern, aber als Ganzes war es nicht wegzudiskutieren. Als das Rätsel der Harmonie blieb es ein Dorn im Fleisch auch der modernen Biologie.

ein ›innerer Sinn‹

ein Nexus organicus

Wir können nun das Rätsel lösen. Sämtliche Fragen, die wir (in Kapitel 2) als ›Die Rätsel der Harmonie‹ zusammenstellten, verhalten sich zur entdeckten ›Selbstorganisation des epigenetischen Systems‹ wie die Fälle zum Gesetz. Sie sind, wie wir das von einer Theorie, die neuen Raum gewinnt, erwarten, allesamt aus dem übergeordneten Prinzip zu erklären.

Das Rätsel der Synorganisation löst sich als erstes. Die Entscheidungen für dependente Funktionen werden sehr bald

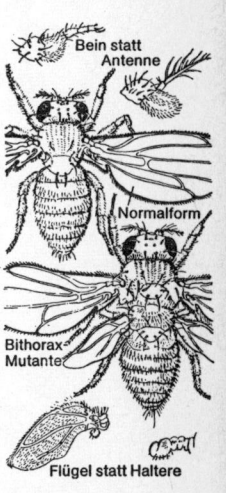

System-Mutationen der Obstfliege

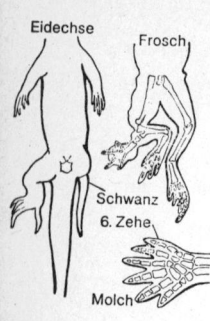

Eidechse Frosch
Schwanz
6. Zehe
Molch
Heteromorphosen

in Wechselabhängigkeit geschaltet werden müssen. Alle Funktionen werden genetisch richtig verdrahtet; nicht nur die uns wunderlichen. Aller Bau der Gelenke und Bänder, Muskel-, Gefäß- und Nervenverbindungen steuert sich, zu Zehntausenden, selbst. Und diese Zusammenschaltung muß so weit führen, daß ganze Organe, ja Körperregionen letztlich von einem einzigen Hauptschalter abhängen. Wird dieser durch einen Fehler nochmals gedrückt, so muß eben ein ganzes Organ, eine ganze Region, in sich sinnvoll, in ihrer Verdoppelung oder am falschen Orte jedoch sinnlos, wiedergebildet werden. Wären jene Mehrfachbildungen (Bild S. 176), die Heteromorphosen und System-Mutationen, nicht bekannt, unser Prinzip müßte sie sogar fordern. Es sind das ja nur die Fehler, die dem universellen Prinzip regulativer Selbststeuerung der Regeneration unterlaufen können. Sie sind aber bekannt, und zwar in großer Zahl. Und immer mehr werden entdeckt werden und das Prinzip der Selbstorganisation dokumentieren, das wir entdeckten.

Der Wettstreit der Moleküle also führt zur Selbstordnung des epigenetischen Systems. Der Nexus organicus entspricht seiner Verdrahtung. Die Folge ist eine sich im nachhinein stabilisierende, eben eine poststabilisierte Harmonie. Ja, es entspricht nochmals der Ambivalenz des Zufalles, daß gerade jener Forscher, der den grundlegenden Mechanismus der Selbststeuerung, der Selbst-Sinngebung des Epigenesesystems entdeckte, JACQUES MONOD, des Zufalls-Ursprungs wegen den Sinn der Kreatur leugnet[30]. MONOD verkannte die Lage, wenn er meinte, jener habe keinen Sinn. Wir sind nach den gemachten Erfahrungen vielmehr in der Lage, zu versichern: In Wahrheit hatte er einen! Schon seine wunderbare Entdeckung bestätigt dies. Dieser Selbstsinn, der mit der Kreatur selbst entsteht, der sich sein eigenes Viertes und Fünftes unterwirft, schafft sich sein eigenes Recht. Sinn und Zweck sind eine Konsequenz der Kreatur; eine Folge der Strategie der Genesis.

# Ei oder Henne

> Was soll uns denn das ew'ge Schaffen!
> Geschaffenes zu nichts hinwegzuraffen!
> »Da ist's vorbei!« Was ist daran zu lesen?
> Es ist so gut, als wär' es nicht gewesen,
> Und treibt sich doch im Kreis, als wenn es wäre.
> Ich liebte mir dafür das Ewig-Leere.
> (*Mephistopheles*, Faust II 11598)

Noch, so muß der Leser vermuten, scheinen wir ganz im Kreis der Moleküle zu treiben, tief unter den kommenden Strukturen und Gestalten. Doch ist dies nicht so. Und dieser Mangel ist wohl auf meine Ungeschicklichkeit oder auf unsere Denkstruktur zurückzuführen, die nur eindimensionale Abläufe unzerlegt darstellen kann. In Wahrheit kann ja keine Schaltung von Molekülen ohne die Anleitung durch jene Funktionen selektiert werden, für welche diese codieren. Weder die molekularen Entscheidungen noch die Ereignisse – die ja bereits in die Welt der Strukturen gehören – betreiben für sich die Evolution; vielmehr betreiben sie einander. Nur wird von der Welt der Strukturen erst in Kapitel 7 ausführlicher die Rede sein können.

Wir vermögen uns zwar die Geschichte des molekularen Gedächtnisses sowie die der organischen Strukturen getrennt vorzustellen; verstehen können wir sie aber nur gemeinsam. Sie sind selbst ihre wechselseitigen Ursachen. In derselben Weise wie die Henne nicht vor dem Ei noch das Ei vor der Henne gewesen sein kann, so ist keines ohne das andere möglich. Sie bilden einen endlosen Regreß. So leicht wir aber jenen klassischen Spaß[31] durchschauen, so schwer fällt es uns, seine biologische Kausalität zu durchleuchten.

*wechselseitige Ursachen*

So wurde mit der Abstammungstheorie in Händen schon vor hundert Jahren klar, daß die Entwicklungsstadien der Keime, vom Ei zum erwachsenen Organismus, jenen Stadien ähneln, welche die Ahnenreihe der Erwachsenen selbst durchlaufen hat. Und seit HAECKELS Definition[32] sagt man: die Keimesentwicklung ist eine Wiederholung der Stammesentwicklung. Das aber hieße: die Henne war vor dem Ei. Fünf Jahrzehnte später korrigierte man[33], daß es eigentlich die Stammesentwicklung wäre, welche den Endzuständen der Keimesentwicklung folgte. Das aber hieße: Das Ei war vor der Henne! Nun, wir wissen – sie bilden eine ursächliche Einheit. Nur leider ist das nicht leicht zu veranschaulichen. Und eben deshalb muß ich mich hier des Vertrauens des Lesers nochmals versichern. Denn wir werden sogleich sehen, daß die Geschichte der Entscheidungen genauso die der Ereignismuster wiederholen muß wie die der Ereignisse die Muster der Entscheidungen. Diese Wiederholung ist einer jener Tribute, welche die Rückzahlung an die Kassen des Zufalls fordert.

Wir haben zu dieser Einsicht bereits alle Voraussetzungen erarbeitet. So erinnern wir uns, daß das Anlegen schon der mittleren Zeitskala Trends der Milieubedingungen erkennen läßt, die zur Organisierung der Befehle führen. Ihr Vorteil beruht auf der Einengung des Repertoires des Zufalls. Und wir erinnern uns auch, daß in der langen Zeitskala, die wir hier anlegen müssen, die Trends wechseln und daß dadurch die gewonnenen Vorteile in der bisherigen Anpassungsrichtung durch eine Erschwerung der Anpassung in anderen Richtungen bezahlt werden müssen. Die Einengung des Repertoires des Zufalls ist ein Grundprinzip dieser Genesis; eines sich deterministisch differenzierenden Kosmos. Aber sie hat auch zwei Seiten: die Einengung erhöht zwar die Trefferchance innerhalb des Repertoires, aber nur in dem Maße, wie sie an Möglichkeiten außerhalb desselben verliert.

Die einmal determinierte Bauanleitung eines Organismus kann man darum als einen Ausschluß aller anderen Alternativen des Zufalls auffassen. Und da ihre Kopierung mit der größten Präzision erfolgt, jedes Hinzuexperimentieren von Änderungen aber mit dem größten Risiko, so wird sie mit erstaunlicher Stetigkeit vererbt – kontrolliert von der Betriebsselektion möglicher Schaltungen wie von der Marktselektion akzeptabler Funktionen. Das Ergebnis ist das Phänomen der Tradierung – ein schleppender, konservativer und kanalisierter Modus möglicher Veränderung. Wir werden es auch in Zivilisation und Denken wiederfinden. Tradierung ist das vierte der universellen Muster, welchen diese Evolution zu entsprechen hat.

Erfolg der Wiederholung
Man kann sich vom Erfolg der Wiederholung eine erste Vorstellung machen, wenn man sich erinnert, daß bei der identischen Replikation eines Blaupause-Merkmals höchstens jedes zehntausendste Mal ein Fehler unterläuft, daß aber, umgekehrt, auch nur jedes zehntausendste Mal eine Änderung möglich ist, von welcher vielleicht jede hundertste Erfolg haben kann. Die Erfolgschance der identischen Wiederholung übertrifft also die der Änderung bereits um $10^6$, das Millionenfache. Im organisierten Genom werden die Differenzen aber noch wesentlich krasser. Läuft der neue Trend dem alten entgegen, so müßten gerade jene Entscheidun-

gen, die durch Organisierung eingespart wurden, wieder nur mit Hilfe des Zufalls, hinzuexperimentiert werden. Schon bei zwei, drei und vier solcher Erfordernisse sinkt ihre gleichzeitige Realisationschance auf ($10^{-6} \cdot 10^{-6}$) $10^{-12}$, ein Billionstel, ein Trillionstel und ein Quadrillionstel ($10^{-18}$ und $10^{-24}$). Und da selbst bei Riesenpopulationen von, sagen wir, hundert Milliarden ($10^{11}$) Individuen und größten Generationsfolgen, von 20 Generationen jährlich mal fünfhundert Jahrmillionen ($20 \cdot 5 \cdot 10^8$), nur $10^{21}$ reale Chancen $10^{24}$ erforderlichen gegenüberstehen, wird schon die einfachste Entflechtung des Genoms ganz unwahrscheinlich[34]. Diese Zahlenverhältnisse sind wohl so durchsichtig, daß wir die entsprechenden Entflechtungsspielregeln zur Illustration gar nicht mehr benötigen. Denn es werden nicht drei oder vier, sondern in jeder Art Hunderte und Tausende Gen-Entscheidungen organisiert verflochten sein.

An den höher verflochtenen Entscheidungen kann also gar nicht mehr gerüttelt werden. Und wenn das so ist, dann muß die Folge eine Selbstkanalisierung des Schicksals sein. ›Selbst‹ deshalb, weil die Anleitung und Durchsetzung jeder dieser Verflechtungen von jedem Ast des Stammbaumes selbst etabliert wird. Wir fanden ja im ganzen Kosmos keine anderen Konstrukteure als die zufällige Begegnung von Kausalketten und die Beständigkeitsbedingungen der Binnensysteme in Außensystemen. Für das Belebte sagen wir: die Zufallsbegegnung der Arten mit neuen Milieubedingungen und die Selektion der variierenden Individuen. Nun bestimmt zwar das, was variieren sollte, die Funktion der Strukturen, aber das, was variieren kann, die Organisation des Genoms. Und das Milieu wacht darüber, was von den Variationen toleriert werden kann. Diese Organisation des Genoms selbst aber ist eine Konsequenz der Organisation der Funktionen von gestern. Die Selbst-Kanalisierung ist besiegelt: nicht minder aber auch eine Selbst-Richtung, etwas, das wie Planung, Ziel und Absicht aussieht. Doch ist es ein Projektieren aus dem Vergangenen, ein Zielen ohne Ziel, eine Teleologie a posteriori.

Selbstkanalisierung des Schicksals

Wir brauchen dies nur mehr in Einzelschritten zu denken, um zu erkennen, daß dann jede Entwicklung genetischer Organisation auf der Nachahmung der Funktionsmuster von gestern, diese auf der von vorgestern und vorvorgestern beruhen muß. Das epigenetische System muß darum zum Großteil aus der Geschichte seiner nachgeahmten Funktionen bestehen. Seine Entfaltung im Keime muß seine eigene Geschichte wiederholen. Dies verlangt die Tradierung der

Geschichte nachgeahmter Funktionen

Strukturschichten seiner eigenen Synthese. Und damit besitzen wir nun die kausale Begründung von HAECKELS Gesetz durch das nächst-übergeordnete Prinzip. Tatsächlich besaßen wir noch keine[35].

Unvergleichlich verläßlicher mußte es werden, bei den erstaunlichsten Umwegen zu bleiben, als deren Abkürzungen zu versuchen; denn dort wartet die Sicherheit des Etablierten, hier die Unsicherheit des Experiments. Freilich ist an dieser tradierten Geschichte manches verändert worden, Kompliziertes vereinfacht, Oberflächliches abgeschliffen, ja Neues hinzugekommen. Stets unterlag ja alle Embryonalentwicklung nicht minder dem Beschuß der Selektion. Doch ist das Überkommene, das Palingenetische in unseren Keimen, von den Kiemenspalten bis zum Haarpelz, verständlich trennbar vom Hinzuexperimentieren, Caenogenetischen, vom Dottersack bis zur Nabelschnur.

Tatsächlich treten uns die alten und versteckten Entscheidungsmuster, die wir im Epigenesesystem als erhalten postulieren, überall entgegen. Ja die Begriffe Archigenotypus und Kryptotypus sind durch die überzeugenden Studien von WADDINGTON und von OSCHE schon dafür eingerichtet. Und wieder lösen sich Rätsel reihenweise; eben jene der Harmonie und des Werdens, in deren alten Widersprüchen wir schon eingangs eine Hoffnung der Kreatur beschlossen fanden: die Hoffnung, daß das Werden der Ordnung in der Strategie ihrer Konstrukteure läge.

*Archigenotypus und Kryptotypus*

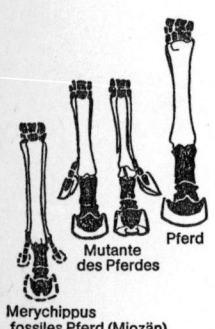

Pferd
Mutante des Pferdes
Merychippus fossiles Pferd (Miozän)

*spontaner Atavismus*

Sofort löst sich das Rätsel des Atavismus, beispielsweise das Auftreten eines Schwänzchens (Bild S. 175), ja von Kiemenporen beim Menschen; des spontanen Atavismus, wo nachweislich ein einziger Schaltfehler, wie beim Hauspferd, den dreizehigen Lauf des Urpferdes wieder zum Vorschein bringt. Ja es erklärt sich, daß die Gestalt der Organismen überhaupt nur historisch zu verstehen ist; daß fast sämtliche Merkmale auch des Menschen atavistische Züge haben und in ihrer wirren Konzeption nur aus ihren Funktionen von gestern und vorgestern konstruktiv zu begreifen sind. Wir verstehen die Langsamkeit der Rudimentation des Funktionslosen (Bild S. 161), ja Hinderlichen, zum Beispiel des Schwanzmuskelchens beim Menschen[36] sowie seines Wurmfortsatzes. Es steht nun außer Frage, daß die Rudimente, wenn keine Funktion im Milieu, so Funktionen im Flechtwerk der Datenverarbeitung haben. Damit lösen sich auch die Rätsel der Induktionsmuster, daß etwa die Bildung unserer Augenblase vom Gehirn, die der Linse von der Augenblase und die der Hornhaut von der Linse kommandiert wird (Bild S. 190);

denn das jeweils Ältere muß die Bauhütte des Jüngeren sein, der Zubau nach dem Altbau orientiert werden. Wir verstehen die Abfolge der Rudimentation, warum zum Beispiel bei den Augen der Höhlenfische und -molche erst die Hornhaut, dann die Linse und erst zuletzt die Augenblase schwindet, der Sehnerv am Hirn aber noch erhalten bleibt[37], denn auch der Abbruch kann nur von außen nach innen erfolgen. Und wir verstehen das Rätsel der Homodynamie, dem zufolge derlei Befehle in einer Weise erhalten bleiben, daß sie bei der Transplantation in Tiere anderer Ordnungen, ja Klassen, verstanden werden, die schon über Hunderte von Jahrmillionen getrennte Wege gegangen sind (Bild S. 161). Sie sind mehrfach verflochten und voraussetzungsvoll; und deshalb ist die Erfolgschance jeder möglichen Zufallsänderung praktisch Null. Die Ordnung der Kreatur bewacht sich selbst. Sie erreicht damit riesige und eternale Dimensionen. Aber noch mehr wird deutlich. Es wird, angesichts der sich türmenden Regulative und Ausschlußvorschriften klar, daß von einer beliebigen Permutation der Merkmale keine Rede mehr sein kann. So ist das Wachsen der genetischen Information von zweihunderttausend auf zwei Milliarden Codezeichen vom Bakterium bis zum Menschen (Bild S. 147) ganz überwiegend auf eine Vermehrung der übergeordneten Schaltungen zurückzuführen[38]. Um die völlig astronomischen Zahlen bei Arten, die der Zufall wohl hätte wollen können, hat er sich selbst gebracht. Weniger als ein Decillionstel ($10^{-60}$) des physikalisch Möglichen wurde biologisch möglich; etwa $10^7$ von $10^{70}$ Arten. Was jedoch für den Biophysiker »noch gänzlich jenseits jeder Erklärung« schien[39], wird nun auch physikalische Notwendigkeit. Die Fallen, in die der Zufall geht, mehren sich mit seinem Repertoire. Und wenn es um die großen Bahnen geht, gewissermaßen um die Dialekte der epigenetischen Sprache (Bild S. 75), so sind es überhaupt nur mehr ein bis zwei Dutzend derselben; es verstehen ja noch alle Wirbeltiere, vom Fisch zum Amphib und zum Vogel, dieselben Befehle. WADDINGTON hat für diese Urformen GOETHES Architypus-Begriff wiederverwendet[40]. Erst beim Studium von Struktur und Gestalt werden wir das Seherische dieser Erkenntnis voll würdigen können.

Die Flechtweisen der Aufbauvorschriften sind also begrenzt; und folglich sind dies auch die Bahnen, die ihre Entwicklung nehmen können. Sie sind allesamt gerichtet, und sie bewegen sich folglich so, als hätten sie ein Ziel vor Augen. In Wahrheit ist es ein ›inneres Ziel‹, das sie dirigiert. Und dieses wird durchgesetzt von einer rigorosen Selektion, den soge-

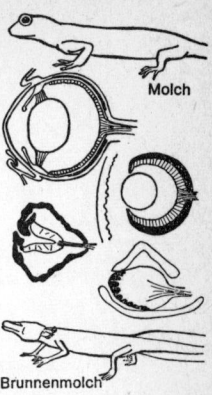

Molch

Brunnenmolch

Verlauf der Rudimentation des Auges

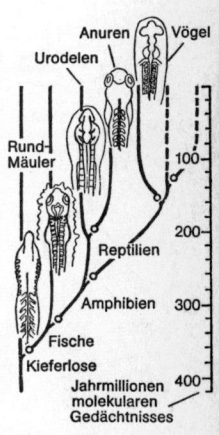

Spannweite der Homodynamie

ein ›inneres Ziel‹

nannten Letalfaktoren, einer Betriebsselektion, die von den Trägern der in den Populationen auftretenden Änderungen bereits runde 95 % hinwegrafft[41], noch lange bevor diese den Markt erreichen; meist schon, bevor sie das erblicken, was wir das Licht der Welt zu nennen pflegen. Und wenn auch ein kleiner Anteil das Milieu erreicht, so ist, wie bei der Mutante des vagina-losen Huhnes, doch kein mögliches Milieu denkbar, in welchem seine Sippe sich besser fortpflanzen könnte als die unveränderte. Freilich entscheidet letztlich immer irgendwie das Milieu. Deshalb wollen wir auch nicht eine innere einer äußeren Selektion gegenüberstellen. Aber es ist keineswegs DARWINS ›Kampf ums Dasein‹, sondern die Prüfung der Betriebstüchtigkeit auf einer viel früheren, prinzipielleren Ebene. Im Durchschnitt trägt jeder zweite Keim eine solche Änderung, aber nur 5 % derselben erreichen die Prüfung durch den Markt. Und sollte es die Menschheit noch einmal so weit bringen, sich nicht mehr wechselweise zu erschlagen und auszuhungern, dann wird sie ihren gesamten riesigen Selektionstribut, mindestens jeden dritten der keimenden Menschen, allein der Betriebsselektion zu opfern haben.

Man sieht, es ist eine ganz geheimnislose Mechanik, welche die Erhaltung jenes inneren Sinns überwacht. Denn wenn der Evolution die Selektion von 5 % aller Zufallsänderungen genügt, um das Wunder der Anpassung zu etablieren, werden ihr 95 % genügen, um die Beibehaltung der eingeschlagenen Richtungen und mit der Richtung das Ziel durchzusetzen. Tatsächlich dominiert das Richtungshafte die ganze Evolution. Sie führt zu den Bahnen, die, wie wir sehen werden, alle organische Entwicklung lenken, zu den Einheiten der Verwandtschaftsgruppen und damit überhaupt erst zur Beschreibbarkeit des Organischen. All das ist noch klarzulegen. Unser Denken selbst ist ja unter der Anleitung dieser ordnenden Vorgänge entstanden, so daß wir vergessen haben, uns über sie zu wundern. Wir staunen nicht mehr über die parallelen Bahnen, die die Stammbäume des Lebendigen ausmachen. Nur wo die Parallelen zu offensichtlich werden, treten sie uns als das Problem der Parallel-Evolution entgegen; und die Diskussion, ob dies, wie bei Wolf und Beutelwolf, Außenfaktoren zu erklären vermögen oder doch eine ›innere‹ Ordnung anzunehmen wäre, ist zu keiner Lösung gelangt.

Nun, der ›innere‹, richtende Mechanismus beginnt sich anzudeuten. Jedenfalls die eine, die molekulare Hälfte des in Systembedingungen vernetzten Zusammenhanges. Die an-

Beutelwolf

Wolf

Parallelismus in der Evolution

dere, die morphologische Hälfte werden wir im folgenden Teil klarlegen. Fragen wir aber noch, bevor wir weitergehen: sind Ziel und Richtung tatsächlich dasselbe?

Seit ARISTOTELES' finis und telos sehen wir, daß Ziele aus einer Final- oder Endursache angestrebt werden; in der Verbindung aus Ziel und Streben sehen wir die Zielstrebigkeit, die Teleologie. Und es sieht so aus, als ob zuerst das Ziel dagewesen sein müßte, um dann die Richtung einzuschlagen. Wer hätte es setzen können? Ein teleologischer Gottesbeweis schien vorzuliegen, der auch noch den Kritiker KANT tief beeindruckte. Unsere Bewunderung kann nun nicht minder sein, wenn wir fanden, daß Ziele als Folge entstehen; erst zufällig und dann aus der Notwendigkeit entsteht Richtung; daß also niemand da sein mußte, der sie von allem Anfang an setzte. Die Evolution zielt nicht. Sie verlangt nur die Einhaltung des Möglichen. Damit entsteht mit dem Möglichen die Richtung. Und alle Richtung hat irgendein Ziel; und dieses wird immer enger und bestimmter. Ziele sind keine Voraussetzungen dieser Genesis, sie sind ihre Folge. Es liegt in der Strategie der Genesis, mit ihren Schöpfungen deren Ziele zu setzen. Wenn unser LAPLACEscher Geist Gott gekannt haben sollte, wußte er doch nicht, wo er wohnt.

*Mechanismen und Teleologie*

Unter den unendlich vielen Alternativen, die der Zufall der Genesis hätte einräumen müssen, war immer nur eine Welt der Quanten mit der Zufallsmöglichkeit der Welt der Protoplaneten, eine Planetenwelt mit der Möglichkeit des Lebendigen, eine Wirbeltierwelt mit der Möglichkeit der Affen und eine Menschenwelt mit den Schöpfungen VIVALDIS.

Das Licht des Strebens nach dem Licht des Vollkommenen ist eine ihrer Möglichkeiten. Es liegt zwischen Zufall und Notwendigkeit, zwischen Freiheit und Determination. Eine Welt ohne Zufall enthielte, wie wir noch sehen werden, keine Freiheit, eine ohne Notwendigkeit gewänne keinen Sinn. Das Wunderbare am Konzept dieser Genesis ist nicht ihr definiertes Ziel. Wir wären sonst nur mechanische Puppen. Das Wunderbare ist, daß ihre Strategie beides vorsieht, Sinn und Freiheit; daß wir in Grenzen frei zum eigenen Sinn gelangen können, vielleicht bis zum Licht der Schöpfung selber; gefördert durch »das ew'ge Schaffen« von »Gesetz und Rechten«, gleichermaßen glücklich sinnbegabt wie dramatisch behindert durch das ewige Hinweggraffen und das Erbe unserer eigenen Geschichte. »... und er setzte die Lichter an die Feste des Himmels, die schieden das Licht von der Finsternis. Und Gott sah, daß es gut war. Da ward aus Abend und Morgen der vierte Tag.«[42]

# 7
# Von der Struktur zur Gestalt
(Oder: Der fünfte Tag)

> Und dem verdammten Zeug der Thier- und Menschenbrut,
> Dem ist nun gar nichts anzuhaben.
> Wie viele hab' ich schon begraben!
> Und immer zirkuliert ein neues, frisches Blut.
> So geht es fort, man möchte rasend werden!
> Der Luft, dem Wasser wie der Erden
> Entwinden tausend Keime sich.
> (*Mephistopheles*, Faust I 1369)

»Und Gott der Herr sprach: Es rege sich das Wasser mit webenden und lebendigen Tieren, und Gevögel fliege auf Erden unter der Feste des Himmels. Und er schuf große Walfische und allerlei Getier, das da lebt und webt, davon das Wasser sich regte, ein jegliches nach seiner Art.«[1] Das bislang umfassendste Abenteuer der Genesis beginnt. Wieder tritt völlig Neues in Erscheinung; Gestalten bilden sich, angefüllt mit Funktionen, mit Zweck und Absicht. Der ›Sinn‹, noch dunkel im Molekularen, tritt nun voll ins Licht unserer eigenen Tage. Im Kosmos entstehen Vorteil, Ökonomie und Tüchtigkeit im Schatten von Konkurrenz, Jagd und Vertilgung. Nichts von alledem hatte er vordem gekannt. Und mit ihnen wandeln sich die Fälle der Gesetze zum Vergänglichen, zum Sterblichen; sie werden, wie GOETHE sagt, zum Gleichnis.

Den Strategen dieser Genesis kommt es dabei auf keine ihrer Gestalten an: im Gegenteil. Es ist ja ihr Verfahren, sämtliche ihrer Bauten, Hütte wie Kathedrale, kaum daß der letzte Dachreiter aufgesetzt ist, wieder einzureißen, um lediglich neue Pausen der Pläne vervielfacht weiterzugeben. Der Bau ist ihr Gleichnis, der Plan ist das Gesetz. Ihm »entwinden tausend Keime sich«. Und doch sind, verkehrt herum, die Bauten das Wesen, da sie, trotz ihrer fast augenblickshaften Lebensspannen, die Prüfsteine für die Funktionen sind, deren Organisation, wie wir wissen, die Pläne stetig verbessert nachzuahmen haben. Das alte Wechselspiel von Material- und Formursache gewinnt immer mehr das Aussehen von Antriebs- und Zweckursache. Dabei bleiben die beiden alten Konstrukteure blind und kurzsichtig. Die Zufallsänderung im Plan des Genoms, die wir nun Mutation nennen, bleibt blind für die Aufgaben der Bauten. Und die Auswahl der geeigneten Bauten, nun Selektion geheißen, vermag über

*die Gestalt als Gleichnis*

die Opportunität des Augenblicks nicht im geringsten hinauszusehen.
Nur ein dritter Konstrukteur endlich kann wenigstens zurückschauen. Wir kennen ihn zwar schon aus dem Wettstreit der Moleküle, doch vermag er sich erst mit der Komplikation der Bauten voll zu entwickeln. Er ordnet, mit dem Rücken zur Zukunft, die Planung, die Organisation der auf den Fließbändern der Keimesentwicklung auf ihn zurollenden Bauteile. Und obwohl sie alle drei nichts voraussehen, schufen sie gemeinsam doch alle Bahnen der Evolution der Organismen; die großen eternalen wie die tausendfältig kleinen und verirrten. Sie steigerten den Umfang der Ordnung, das uns Vorhersehbare und Beschreibbare, um zwanzig Größenordnungen, das Hunderttrillionenfache; sie schufen viele Millionen Arten, unter welchen zwei Millionen uns lebend bekannter wir eine sind. Und sie taten das nahtlos über eine Zeit von drei Jahrmilliarden, aus der Zeit der Urmeere bis zu der unseren. Da wollte der Teufel rasend werden.

*hunderttrillionenfache Ordnung*

Erdrevolutionen haben uns vieles von dieser Geschichte verwischt. Aber allein das letzte Sechstel, die letzten fünfhundert Jahrmillionen, haben uns in den Felsen eine Dokumentation erhalten, die über die Dimension des Herganges keinen Zweifel läßt. Ja selbst das uns lebendig überkommene ließ die Biologie entstehen, von ARISTOTELES bis LINNÉ, mit LAMARCK und DARWIN und von GOETHE bis LORENZ; und eines der umfassendsten und vornehmsten Theoreme unserer Kultur entstand mit ihr, die Erkenntnis unserer eigenen Herkunft.
Betriebsquelle und Kosten blieben dieselben: offene chemophysikalische Systeme wurden auf ihre Beständigkeit hin selektiert. Betrieben durch verschwenderischen Durchzug von Energie und verschwenderischen Verschleiß an Ordnung, wurde zunächst nur Ordnung der Photonen gefressen, die von der Sonne in die Biosphäre flutet; aber bald wurde begonnen, deren autotrophe, das heißt selbstgemachte Ordnung zu fressen, bis schließlich diese Fresser, ja die Fresser der Fresser ihre Fresser fanden, hinauf bis zur Krönung dieser Schöpfung. Und aller Abfall, letztlich nur mehr die zerstreute Energie der langen Wellen, der Kehricht degradierter Ordnung, fegte, wie schon erwähnt, jahrmilliardenlang mit Lichtgeschwindigkeit aus der Biosphäre davon, um irgendwo die Kälte des intergalaktischen Raumes etwas aufzuwärmen.
Gewiß, wir sehen das meiste nun schon voraus. Ich wollte auch nur daran erinnern, daß jetzt das bislang umfassendste

Abenteuer der Genesis beginnt. Gewaltige Bibliotheken, tiefe weltanschauliche Kontroversen liegen uns am Wege. Beschränken wir uns darum um so mehr auf den Mechanismus der Strategie und das Notwendige ihrer Konsequenzen.


### Der Erfolg der Massen

> Wenn ich sechs Hengste zahlen kann,
> sind ihre Kräfte nicht die meine?
> Ich renne zu und bin ein rechter Mann,
> Als hätt' ich vierundzwanzig Beine.
> (*Mephistopheles*, Faust I 1824)

Wie also plant man ohne Plan; wie wird disponiert, wenn Voraussicht nie zur Stelle ist? Wir sehen es voraus: von der Hand in den Mund! Und da die Höhenflüge der Schöpfung, oder doch, was uns so scheinen will, keineswegs das Ziel, vielmehr nur die Folge ihrer Strategie sein können, beginnt die Ordnung der lebendigen Strukturen mit der billigsten. Die Genesis des Lebendigen beginnt überall damit, das Einfachste, das ihr molekulares Gedächtnis faßt, ohne Ende immer wieder herzusagen; ja sie ist, wo immer sie nicht zu höherer Ordnung gezwungen wurde, bis heute dabeigeblieben. »Sind ihre Kräfte nicht die meine?« Und wir werden uns später eingestehen müssen, daß das auch in den Vorgängen unseres Denkens und den Produkten unserer Zivilisation nicht anders geworden ist: »Als hätt' ich vierundzwanzig Beine.«

die Kosten der Entscheidungsfindung

Die Strategie, die dahintersteht, kennen wir schon. Es geht um die Kosten der Entscheidungsfindung, um den Aufwand den es kostet, eine neue Entscheidung richtig zu treffen. Es geht der Schöpfung paradoxerweise zunächst immer darum, das Schöpferische zu vermeiden; und zu ihrer Strategie kommt nichts Neues hinzu, nur die Konsequenzen wachsen mit der sich türmenden Komplexität des Lebendigen. Die Strategie enthält noch immer nicht mehr, als den notwendigen Zufall in den Binnensystemen nach den zufälligen Notwendigkeiten der Außensysteme einzufangen. Nach den Bedingungen des molekularen Gedächtnisses kostet ja, wie wir sahen, eine neue Entscheidung mindestens das Zehntausendfache der Reproduktion einer alten. Dies ist der Kehrwert der Mutationsrate, welcher als Treffer-Unwahrscheinlichkeit oder als Wartezeit auf den Treffer, jedenfalls stets als eine ökonomische Größe in die Bilanz kommt. Und er ist noch zu multiplizieren mit dem Repertoire des Zufalls, weil man weiß, daß von den dem Zufall möglichen Entscheidungen nur eine akzeptierbar sein wird. Nehmen wir das Repertoire im Durchschnitt nur mit hundert Möglichkeiten an, was bescheiden ist, so steigen die Kosten bereits auf das Millionenfache. Nachdem aber meist mit der Änderung eines Gens noch nicht viel getan ist, vielmehr die gleichzeitige Änderung mehrerer Gene zu wünschen wäre, multiplizieren sich diese Kosten noch mit sich selbst, so daß schon bei zwei und drei Neuentscheidungen billionen- und trillionenfache Aufwände warten.

Freilich steht unter dem Bruchstrich solcher Kosten die Honorierung durch die Bank für die neue Entscheidung: der Selektionsdruck. Doch würde der Druck auf die Spieler, die die neue Entscheidung noch suchen, äquivalent, billionenfach, sie würden allesamt aussterben, lange bevor auch nur einer die richtige gefunden hätte.

Die Priorität der identischen Replikation ist daher unverkennbar; und nicht minder sind es die raschen Durchbrüche, die der Genesis mit ihrer Hilfe in allen Ebenen gelingen. Einige davon kennen wir schon. Replikationen mit bloßer Trennung vom Original-Strang kennen wir als Riesenchromosomen, Stränge von Hunderten entstehen. Replikationen, welche die Chromosomen, nicht aber die Zelle verlassen, führen zu Zellbauteilen oder Organellen. Als Wimpern beispielsweise, als Ribosomen und identische Eiweißmoleküle, sehen wir sie zu Hunderten, Hunderttausenden und Hundertmillionen entstehen. Replikationen mit folgender Zellteilung führen hingegen zu den Zellstaaten. In den Geweben der Vielzeller, etwa im Parenchym eines Schwammes wie in der Hirnrinde des Menschen, entstehen bis $10^{12}$, also Billiarden identischer Replika. Die Erythrozyten eines Menschenlebens erreichen sogar $10^{15}$, tausend Billiarden. Das Vielzeller-Individuum bringt es also schon auf Trillionen und Quadrillionen identischer Bauteile. Replika mit räumlicher Trennung der Individualitäten führen zu den Populationen; Milliarden beim Menschen, und wieder Trillionen und Quadrillionen bei niederen Organismen (Bild S. 114). Und auch diese Zahlen sind noch mit Millionen und Billionen Generationen zu multiplizieren. Die Produkte daraus sind, wie man sieht, völlig astronomische Zahlen. Der Erfolg, das Etablierte zu re-etablieren, ist enorm. Die niedere Ordnung, die, wie beim Kristall, mit wenig Gesetzestext und Riesenzahlen wiederholter Anwendung operiert, überschwemmt die Strukturen und Populationen alles Lebendigen.

die raschen Durchbrüche

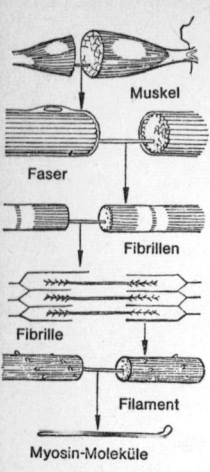

Muskel
Faser
Fibrillen
Fibrille
Filament
Myosin-Moleküle

Hierarchie von Normteilen

eine Welt der Normen und Standards

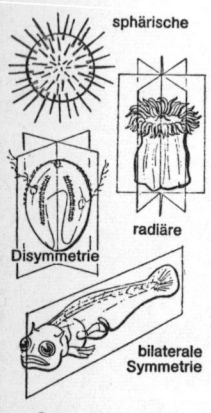

sphärische
radiäre
Disymmetrie
bilaterale Symmetrie

Symmetrien der Tiere

Aber nicht minder setzt sich dieses Prinzip auch in jeder der Zwischenschichten durch – in den Organellen wie in den Organen. So enthält jeder Muskel Hunderte von Fasern, und diese enthalten jeweils wieder Hunderte von Fibrillen, Filamenten und Myosin-Molekülen. Der Pelz eines Bären besteht aus zehn Millionen in sich komplizierter, identisch gebauter Haare, und eine große Tanne besitzt gar hundert Millionen identischer Nadeln. Auch manche Gebisse und Wirbelsäulen bestehen aus völlig ununterscheidbaren Zähnen und Wirbeln. Zwar sinken die Zahlen mit der Komplikation und der Differenzierung; dennoch sind Identitäten von den Extremitäten bis zu den Augen überall verfolgbar. Ja selbst ganze Körperabschnitte können sich, wie es schon die Segmente von Regenwurm oder Tausendfuß andeuten, hundertfach wiederholen. Der Biologe spricht von homonomen Bauteilen. Und Massen von identischen Zellteilen, Zellen, Homonoma und Individuen zu produzieren, ist ebenso billig wie erfolgreich. Es verbindet sich verläßliche Einfügung in die Außenbedingungen mit einer fast unbeschränkten Reserve gegen Verluste.

Eine Welt von Normen und Standards ist die Folge. Ein Blick auf einen Ameisenhaufen, ein Schwimmbad, das Blätterdach eines Waldes, die Ziegeldächer einer Stadt, die Buchstaben dieses Buches, können davon schon überzeugen. Und wiederum sind alle aus Material- und Formalnormen zusammengesetzt. Zu den erwähnten Strukturnormen kommen meist noch Lagenormen, so daß mit einem Normteil nicht nur die Struktur, sondern auch die Lage der anderen vorauszusehen ist. Wir kennen Reihen wie bei Segmenten und Wirbeln, Flächenmuster, aber auch jene speziellen Lage-Identitäten, die wir Symmetrien nennen. Und wieder beginnt die Evolution mit vielen identischen Sektoren, wie bei der sphärischen und radiären Symmetrie vieler Pflanzen, Polypen und Quallen, und sie reicht bis zur Bilateralsymmetrie, die, wie noch in unserem Bauplan, nurmehr zwei spiegelbildliche Hälften kennt. Schon den frühen Morphologen war diese Evolution aufgefallen. Sie ist ein Spezialfall der Differenzierung, des Übergangs vom Massenprodukt zur Individualisierung, wobei identische Replika allmählich durch individuellen Gesetzestext ersetzt worden sind.

Akzeptiert man den Startvorteil der primitiven Massenordnung, so muß man sich doch noch fragen, wie ihre Beständigkeit zu verstehen sei. Es zeigt sich nämlich, daß diese Massenbauteile außerordentlich alt und um so weniger änderbar werden, je zahlreicher und tiefer sie in der Organisa-

tion der Organismen eingebaut sind. Es handelt sich um den
universellen Zusammenhang von Individualität, Kollektiv   Toleranz und
und Toleranz; im Grunde genommen also um die Intoleranz   Kollektiv
des Kollektivs gegenüber der Individualisierung seiner Mitglieder. Und der Leser sieht voraus, daß wir auch dieses
Prinzip der Genesis bis in den Bereich unserer Zivilisation
samt ihrer Produkte werden verfolgen können. Nur: daß es
sich nicht bloß um äußerliche Ähnlichkeit, sondern um das
Vorliegen völlig identischer Evolutionsgesetze handelt, das
wird man vielleicht noch nicht für möglich halten. Seien wir
also schon hier umsichtig, wo es uns noch nicht so schwer
fällt, objektiv zu sein.

Tatsächlich, und ich nenne je nur ein Beispiel, haben das
Haar, die Sehzelle, das Cilium, das Chromosom seit ihrer
Entstehung jeweils an der Wurzel der Säugetiere, der Protisten, ja der Organismen überhaupt, das Prinzip ihrer Struktur nirgends geändert, und zwar über Millionen Arten und
Zeitspannen von 200 Millionen bis 2,5 Milliarden Jahren.
Im Vergleich zu solchen Äonen sind selbst Kontinente und
Gebirge ephemere Erscheinungen. Dabei wäre die Zahl der
mutativen Änderungschancen in den Populationen und solchen Zeitspannen völlig astronomisch. Dennoch ändern sich
diese Merkmale nicht. Und man muß sich vor Augen halten,
wie nützlich es etwa den Fledermäusen oder Flughörnchen
gewesen wäre, hätten sie das Haar durch die Feder ersetzen, hätten die verkehrt stehenden Sehzellen wenigstens umgedreht werden können[2]. Es muß eine Selektion vorliegen,
die um Größenordnungen strenger als die übliche ist; eine
Art Überselektion, in welcher Systembedingungen die Betriebs- und die Marktselektion zu einer gegenseitigen Verstärkung führen.

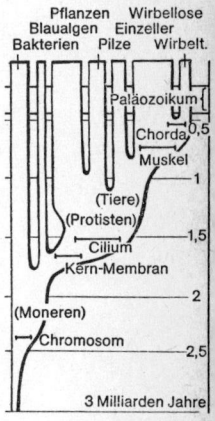

Alter von Normteilen

Nehmen wir Gelegenheit, diese normative Überselektion   normative
gleich zu durchleuchten. Sie ist die erste von vier Formen   Überselektion
der systembedingten Selektion, die wir kennenlernen werden. Auf der Betriebsseite beruht sie darauf, daß es sehr
schwer ist, etablierte Kollektivbefehle nur mit Hilfe des Zufalls zu entflechten, weil stets die ganze Sippe für den Erfolg haftet. Wir können nämlich sicher sein, daß gleiche Bauteile stets auf denselben genetischen Befehlen beruhen, daß
eine Änderung derselben alle gleichen Teile ändert. Jede individuelle Änderung ist darum schwierig. Es ist das dieselbe
Schwierigkeit in der Kollektivbürde, wie sie uns etwa ein
genereller Erlaß auferlegte, nämlich die richtigen Ausnahmebestimmungen blind zu treffen. Es wird für die durch die
identische Replikation konsumierten Anpassungsvorteile in

gleicher Währung mit Anpassungserschwerungen bezahlt. Auf der Marktseite wird nun die Kollektivleistung getestet; und drei Effekte sind dabei interessant.

Der erste ist ein direkter Kollektiveffekt, nach welchem die Chance erfolgreicher Änderung mit der Zahl der Beteiligten sinkt. Bei der kleinen Beinzahl eines Krebses etwa besteht noch eine passable Wahrscheinlichkeit, im Falle einer generellen Änderung eine funktionell richtige Paßfläche im Milieu zu treffen; bei der großen des Tausendfußes wird sie sehr gering. Erwerbe ich eine von der Norm abweichende Schraube, dann mag ich in meiner Kramschachtel noch eine passend abnorme Mutter finden. Erwirbt eine Industrie davon eine Million, so wird ihr Muttern-Lager sicher versagen. Sie erweisen sich als unbrauchbar.

Der zweite ist ein Vernetzungseffekt, nach welchem die Chancen mit der Zahl der Funktionen sinken, die das uniforme Kollektiv zu erfüllen hat. Ein geeignetes Beispiel sind wieder die Cilien. Sie finden sich in Milliardenzahlen im menschlichen Körper, auf Epithelzellen wie im Hoden. Sie bewegen die Spermien, treiben das Ei durch den Eileiter, reinigen die Nebenhöhlen und die Eustachische Röhre, bewegen die Rückenmarksflüssigkeit, beteiligen sich beim Schallempfang, bedecken die Riechschleimhaut und vermitteln die Gleichgewichtsempfindung. Jede kollektive Änderung, mag sie auch da oder dort einen Vorteil bringen, muß anderenorts zur Katastrophe führen, muß taube, unfruchtbare oder gleichgewichtsgestörte Individuen der Selektion opfern –. So wie eine Mutante des Schraubenkopfes der Zierschrauben in einem Automobilwerk mit Glück zur Verschönerung einer Serie führen kann. Eine solche Mutante aller Schrauben jedoch würde aber mindestens einen Funktionsteil lahmlegen, und die ganze Serie stürbe aus.

Der dritte ist ein Positionseffekt, nach welchem die Chance erfolgreicher Änderung mit der Zahl jener anderen Funktionen sinkt, die von der zu ändernden abhängen. Es ist klar, daß die Mutante des Grundrisses eines Wohnhauses nichts an der Sorgfalt änderte, mit der die Wände gemauert oder die Ziegel gebrannt sind. Umgekehrt würde die Mutante bröckliger Ziegel das Haus zusammenfallen lassen, gleichgültig, wie gerade jede Mauer und wie vorzüglich der Grundriß gefertigt ist. Entsprechend finden wir in peripheren Normteilen öfter kollektive Änderung, etwa die Haare zu Igelstacheln verstärkt oder zum Horn des Rhinozeros verklebt. Die Veränderungen tieferer Systeme, wie die der Wirbelsäule, sind schon geringer. Und je weiter wir durch die

Bauteile hinuntersteigen, zu den Geweben und Zelltypen, Membranen und Pyrimidinbasen, um so unveränderlicher erweisen sich die Normen.

Es ist also gar nicht zu verkennen, daß die Masse des Kollektivs schon in der Ebene der Strukturen ein Diktat führt, das mit den Bedürfnissen der Anpassung nichts direkt gemein hat, ja jenen Interessen sogar entgegenwirken kann. Es ist klar, daß die etablierten Reglements ebenso nicht nur mit Nutzen und Zweckdienlichkeit zu tun haben, sondern auch mit der zufälligen Lage und Struktur des Kollektivs, also mit dessen Möglichkeiten.

Der Erfolg der Masse hat es verursacht, daß im Genom auf allen Ebenen auf identische Replikation geschaltet werden kann. Nun folgt die Rückwirkung. Die Entflechtung der Schaltung, wird sie erforderlich, erweist sich als sehr schwierig.

Die Intoleranz anatomischer Sippenhaftung ist die Folge. Sie schließt nun den Kreis, den Rückkoppelungseffekt der Systembedingungen, in die das Kollektiv geraten ist. Sie hat, und hier sehen wir das noch leicht, gewiß nichts mit Vernunft zu tun. Solche Intoleranz ist nichts als die Abzahlung jener Hypothek, die das Kollektiv zur Erfolgsverbürgung, zur Sicherheit seiner Mitglieder also, bereits konsumiert hat. Wie vertraut mögen manchem Leser diese Dinge schon klingen.

Die normative Selektion ist der Anpassung durch Differenzierung zweifellos eine Hürde; und zahllos müssen die Arten sein, die hinweggerafft wurden, weil auch nur eines ihrer Kollektive sie nicht nehmen konnte. Aber ebenso ist sie immer wieder genommen worden; einmal durch gleichartige Änderung aller Mitglieder, ein andermal durch Individualisierung einzelner oder doch einzelner Gruppen. Keine Evolution der Gestalten wäre ansonsten möglich geworden. Und das läßt uns zweierlei voraussehen. Zum einen ahnen wir, wie groß der Selektionsdruck stets gewesen sein muß, der auf Differenzierung und Individualisation wirkt; wie groß also ihr Erfolg ist und wohl bleiben wird. Zum anderen ahnen wir, wie schwer er zu erreichen ist, wenn wir uns vor Augen halten, daß selbst unsere eigene anatomische Organisation von den Augen bis zu den Proteinen, Tausende von normierten Kollektiven enthält, deren identische Mitglieder Trillionenzahlen erreichen können; wenn wir uns vor diese, ja selbst schon normierten Augen halten, daß auch in uns selbst der Anteil billiger Massenordnung jenen der höheren Individualordnung um viele Größenordnungen übertrifft.

Differenzierung und Individualisation

Dies wird sichtbar, wenn man sich unserer Definition der Ordnung als eines Produktes aus Gesetz mal Anwendung erinnert. Wir besitzen dann drei Ansätze, um das Verhältnis zwischen dem reinen Gesetzestext der Struktur eines Menschen und seinem gesamten Ordnungsgehalt, also unter Einschluß aller Redundanz oder Wiederholung, abzuschätzen. Erstens gelingt das, wie DANCOFF und auch QUASTLER zeigten, nach der Berechnung der Zufalls-Unwahrscheinlichkeit der Lage der Moleküle, im Vergleich jener, die das Genom oder die Keimzelle enthält, zu jener des ganzen Menschen[3]. Zweitens kann man sich diesem Verhältnis nähern, wenn man den Informationsgehalt des genetischen Textes einer Zelle mit dem aller Zellen eines Menschen vergleicht[4]. Und drittens ermöglicht dies der Vergleich der Anzahl sich nicht wiederholender Einzelmerkmale unserer Struktur mal deren Anzahl identischer Replika, die wir in der Struktur jedes menschlichen Individuums vorhersehen können[5]. Dabei zeigt es sich in auffallend übereinstimmender Weise, daß der Gesetzesgehalt zwischen $10^7$ und $10^8$ – also viele Millionen –, der ganze Ordnungsgehalt aber $10^{24}$ bis $10^{26}$ – einige bis viele Quadrillionen – ausmachen muß. Die Differenz bemißt sich somit auf einige Trillionen identischer Anwendungen; und die primitive Massenordnung von vielen Trillionen übertrifft also die höhere der Millionen einmaliger Bauelemente um viele Milliarden.

das Ausmaß an Redundanz

Es ist interessant, daß das Ausmaß an Redundanz, wie sie in solch riesigen Zahlen noch in den differenziertesten Kreaturen nachweisbar ist, die Biologen nicht ratlos machte. Man verglich sogleich mit den Bausteinen und (Mönchs-) Zellen der Zivilisation, deren Redundanz bereits als ein selbstverständlicher Charakter dieser Welt erschien. Erst den Biophysikern wurde jene Trillionenlücke in der Ordnung der Organismen zum Rätsel[6]. Wir haben sie durch die Ökonomie der Wiederanwendung identischen Gesetzestextes als ein Prinzip primitiven Ordnungschaffens erklärt.

Es scheint paradox, daß die Strategie dieser Genesis, die letzten Endes auf Differenzierung, Entmassung, Individualisation hin wirkt, stets mit der Schaffung uniformer Massen beginnen muß; ja daß eine nivellierende, desindividualisierende Selektion einsetzt, um jene durchzusetzen. Aber eine Evolution aus Zufall und Notwendigkeit schafft das nicht anders. Die Systembedingungen der Erfolgsaussichten setzen dies durch; und zwar ohne jede Voraussicht darauf, daß dieselben Erfolgschancen auf längere Sicht gerade das gegenteilige Prinzip vorschreiben werden. Aber die Schaffung

des Individuellen, des reinen Gesetzestextes, macht große
Aufwände. Neue, richtige Entcheidungen zu finden ist so
kostspielig, wie guter Rat teuer ist. Letztlich wird von der
Evolution nicht die scheinbare Sicherheit in der Masse, sondern die adaptive Freiheit des Individualisierten gewogen
werden. Aber mit den Aufwänden muß hausgehalten werden; und bis zur einzigartigen Individualität ist noch ein
weiter Weg.

## Die Chancen der Baupläne

> Wer will was Lebendig's erkennen und beschreiben,
> Sucht erst den Geist herauszutreiben,
> Dann hat er Theile in seiner Hand,
> Fehlt leider! nur das geist'ge Band.
> (*Mephistopheles*, Faust I 1936)

Fragen wir also noch einmal: Wie entstehen in dieser Evolution Pläne ohne Planer? Denn die Welt der Massen und Normen, ihr erstes Produkt, sieht noch nach keinem Plane aus.
Dennoch enthält sie schon jene beiden Eigenschaften, aus
welchen auch die kompliziertesten ihrer Pläne hervorgehen
werden: die Selbständigkeit der Teile, die Individualität,
wie die Bürde ihrer Abhängigkeiten, die Dependenz. Mit
ihrer Hilfe entsteht nun jene Welt differenzierter Gesetzestexte, die wir Gewebe, Organe und Körperregionen nennen,
entstehen die Ordnungen, Klassen und Reiche des Lebendigen.
Schichten und Netze immer neuer, komplexerer Systeme
entstehen, Spezialisierung greift um sich, die Begriffe Funktion und Zweck bekommen ihren Sinn, die Begriffe Individualität und Identität erweiterten Inhalt. Zunächst sind
alle neuen Systeme Individualitäten im gewohnten Sinne ihrer Eigenartigkeit und Unteilbarkeit, zunächst soll die von
ihnen erwartete Funktion, ihr Zweck nicht zerstört werden.
Aber ihre individuellen Würden wachsen oder schwinden zu
Super- oder Subindividualitäten verschiedenster Abhängigkeiten. So werden Organe, knospende Subindividualitäten,
zu selbständigen Individuen und umgekehrt koloniebilden-
de Individuen durch neue Spezialisation zu Organen; bis
wir schließlich in den Funktions-Systemen jeglicher Schicht,
sei es Kopf, Schädel, Kiefer oder Eckzahn, Eigenart und
funktionelle Unteilbarkeit vorfinden. Unsere Gewißheit ihrer realen Existenz beruht auf der wieder und wieder bestätigten Voraussicht, gleiche Systeme unter gleichen Be-

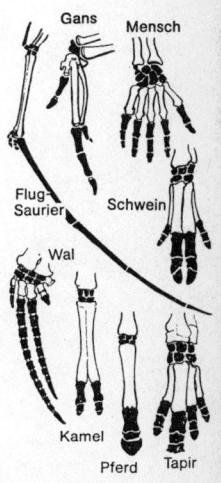

Homologie des Handskeletts

dingungen wiederzufinden: unseren Mittelfinger beispielsweise in der Hand aller Vierfüßer, selbst in der Flosse des Delphins und im Flügel eines Sauriers, nicht aber in der Flosse des Tintenfisches und nicht im Flügel des Schmetterlings.

Der Fachmann erkennt in dieser Unterscheidung bereits das Theorem der Homologie: der Grundlage des biologischen Vergleichs und der Erforschung von Verwandtschaft und Evolution. Es ist einer der biologischen Spezialfälle des von uns (in Kapitel 3) gelösten allgemeinen Vergleichstheorems. Es ermöglicht, Homologes (Bild S. 73), Wesensgleiches, von Analogem, also Funktions- und Zufallsgleichem, zu sondern (Bild S. 74 und S. 76). Es scheidet Wesentliches von Unwesentlichem der Verwandtschaft, und deshalb bedeutet es den Zugang sowohl zu den Synthesen der biologischen Gestalt, dem Typus und dem natürlichen System wie auch zum Rätsel und zur Kontroverse über sie. Den Schlüssel zum Homologietheorem können wir nun in den wachsenden Formen von Dependenz und funktioneller Bürde finden, in die wir alle organischen Systeme werden eingehen sehen. Diese nämlich entwickeln das funktionale Band, den Sinn-Zusammenhang sämtlicher Teile, das ›Wesentliche‹ der Struktur, die riesigen Spannweiten der Homologien, die Pläne im nachhinein.

*Dependenz und funktionelle Bürde*

In keinem Gesamtsystem sind die Subsysteme voneinander unabhängig. Sie sind alle abhängig. Nur die Grade ihrer Abhängigkeit und deren Muster sind verschieden. Die einfachste Form ist die Wechselabhängigkeit, die Interdependenz zweier gleichrangiger Systeme, wie wir das aus allen Ebenen, von Schraube und Mutter, Auto und Straße, Hahn und Hennen, Staat und Gesellschaft, weidlich kennen. Ihre Entwicklung läßt sich in der Evolution überall verfolgen.

Treten beispielsweise zwei getrennte Stützknochen zur Bildung eines Gelenkes zusammen, so entsteht, wie (aus Kapitel 6) erinnerlich, eine Abhängigkeit zwischen den beiden Gelenkflächen. Soll das Gelenk funktionieren, dann kann die eine Fläche nicht mehr ohne die andere geändert werden. Und die Abhängigkeit nimmt mit der Komplikation und der erforderlichen Präzision des Gelenkes zu (Bild S. 152). In dieselbe Abhängigkeit treten aber auch zwei zunächst independente Muskel, sobald sie über dem Gelenk zu Antagonisten, Strecker und Beuger, werden. In wiederum dieselbe Abhängigkeit tritt die Gelenkachse gegenüber den Muskelansätzen und so fort.

Mit solchem Zusammentritt von Strukturen zu neuen Funk-

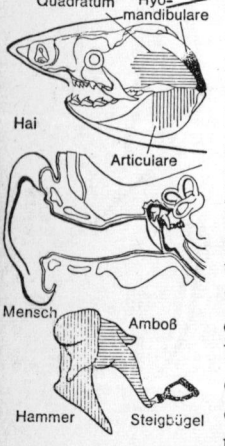

*Spannweite der Homologie*

tionen wächst aber noch etwas Wesentliches mit: die Zahl der zugehörigen genetischen Entscheidungen. Damit vergrößert sich das Repertoire des Zufalls, und die Chancen erfolgreicher Zufallstreffer sinken folglich bald in den Bereich des Aussichtslosen. Erwarten wir bei der Ausformung einer Gelenkfläche auch nur einen Befehl und hundert Änderungsmöglichkeiten, also eine Mutationswahrscheinlichkeit von $10^{-4}$ mal einer Trefferwahrscheinlichkeit von $10^{-2}$, so könnte man noch unter $10^6$, also einer Million Versuche, Erfolg haben. Die Evolution hätte noch passable Chancen. Für das System zweier Gelenkflächen wären aber bereits $10^6$ mal $10^6$, das sind eine Billion Versuche, erforderlich. Die Chancen sinken also weiter um das Millionenfache. Bei drei und vier solchen Abhängigen schwänden sie mit einem Trillionstel und Quadrillionstel in die völlige Unmöglichkeit. Gelänge aber die Gleichschaltung dieser Befehle, so reduzierte sich das Repertoire des unerwünschten Zufalls im gleichen Maße, wie sich die Anpassungschance wieder vergrößert, nämlich trillionenfach. Die Evolution muß die Gleichschaltung erfunden haben. Tatsächlich, wie wir (aus Kapitel 6) wissen, hat sie das. Die Funktionsmuster müssen von den Schaltungen ihrer Befehle nachgeahmt werden.

Unser Beispiel kann für sehr viele gelten, denn solche Interdependenz entsteht überall. Wo immer sich dauerhafte Funktionsmuster durchsetzen, ist mit der Etablierung der entsprechenden Schaltmuster zu rechnen. Kurz, wir lösen ein zweites Mal, nun von der Strukturseite, die Rätsel der Harmonie von der Synorganisation bis zur Regulation oder Homöosis (Bild S. 155). Und der ›Nexus organicus‹ enthüllt sich von seiner zweiten Seite als das Muster der Funktionen, eben als jenes geistige Band, das nicht zerschnitten werden darf, will man die Strategie des Lebendigen verstehen. Tatsächlich muß die Vernetzung den ganzen Organismus in all seinen Komplexitätsschichten durchdringen, die modernen Merkmale wie die alten und versteckten des Archi- und Kryptotypus. Es wäre sonst nicht zu verstehen, daß alte Merkmale, wie zum Beispiel beim Hauspferd der mehrhufige Lauf des Urpferdes (Bild S. 160), ein Schwänzchen, ein Pelzgesicht, die Milchleiste, ja sogar als Halsfistel noch die Kiemenporen beim erwachsenen Menschen, in völlig richtiger Anordnung ihrer Subsysteme wieder auftreten können. Sonst wäre nicht zu verstehen, daß die regulative Wechselwirkung, wie die Fehler der Verdopplung zeigen, von der richtigen Strukturierung zwecklos verdoppelter Hände, Finger (Bild S. 156), ganzer Schwänze und Köpfe, ja Körper-

die universelle Interdependenz

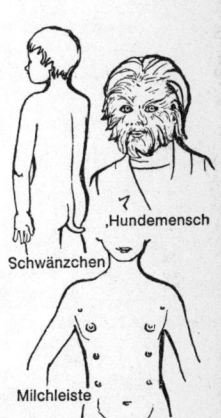

›Hundemensch‹
Schwänzchen
Milchleiste

Atavismen beim Menschen

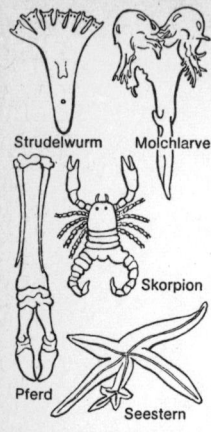

Strudelwurm  Molchlarve
Skorpion
Pferd
Seestern
Doppelbildungen

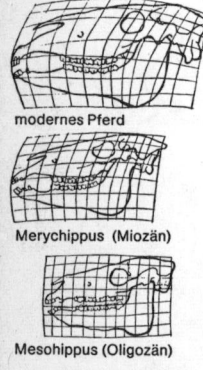

modernes Pferd
Merychippus (Miozän)
Mesohippus (Oligozän)
Hyracotherium (Eozän)
Transformation des Pferdeschädels

regionen bis zu der völligen Verdoppelung der eineiigen Zwillinge reichen könnte, die uns dann gar nicht mehr als Entwicklungsfehler erscheinen.

Derlei Abweichungen machen uns nur auf die Leistungen dieser Schaltung besonders aufmerksam, denn der Vorgang der störungslosen Regeneration und Regulation und der kompletten Keimesentwicklung ist ja um nichts geringer zu schätzen. Ja wir verstehen, daß dieses »geist'ge Band« überhaupt erst die Adaptierung und damit die evolutive Entwicklung komplexer Systeme möglich macht. Es reduziert das Repertoire des Zufalls um astronomische Dimensionen. Es ist die Voraussetzung für die Handhabbarkeit des Komplexen schlechthin, daß jetzt Herzen, Beine, Hirne, Rümpfe und Köpfe in diesen Kosmos treten, die sonst unmöglich wären.

Die Möglichkeiten scheinen nun unbegrenzt. Doch auch das scheint nur so, denn die zweite Rückwirkung, jetzt also die der etablierten Schaltmuster auf die tolerierbaren Strukturmuster, steht vor der Tür; die Toleranz der Dependenz. Wir wissen ja, daß all das, was durch die Vernetzung an Adaptierungs-Vorteil in einer Richtung gewonnen wurde, als Adaptierungs-Hindernis in allen anderen Richtungen verlorengeht. Die Kosten der Entflechtung von morgen müssen dem Gewinn aus der Verflechtung von gestern entsprechen. Je vollkommener die Regulative werden, um so mehr alternative Adaptierungsrichtungen müssen sich verschließen. Freiheit wird durch Unfreiheit bezahlt. Die Gestalten bezahlen ihre Evolution durch Kanalisierung.

Das ist der Grund, warum ein Delphin kein Fisch, eine Fledermaus nie mehr ein Vogel werden kann, warum wir Menschen stets am Wege der Primaten, Säuger und Wirbeltiere bleiben müssen, gleich auf welchem Planeten wir noch einmal herumtraben sollten. Und jede Abweichung von diesem Weg ist ebenso unwahrscheinlich wie die Geburt des Vogel Greif und des Nasobem, der Rhinogradentiere[7] und der Welt des HIERONYMUS BOSCH.

Dies ist der Grund, warum sich Bahnen in der Evolution bilden, warum sie sich immer mehr in die Zeitachse strecken – ERNST MAYR spricht treffend von den hohlen Kurven[8] – und weswegen sie immer mehr so aussehen, als zielten sie auf etwas hin, als hätten sie etwas vor, einen Plan. Es ist der Grund, warum sich alle erfolgreiche Änderung nur im größten Gleichmaße der Cartesischen Transformationen vollzieht, als wäre, was wir darin erleben, die Harmonie des Werdens, eine Absicht, die Ursache. Sie ist aber nur die Folge. Nicht mehr Absicht ist in ihr als die, zu überleben. Und niemand hat der Evolution Ziel oder Plan mitgegeben.

Die Ursache dieses Zielens deutet sich an. Aber an die Ursache der Pläne führt uns noch näher ein spezielles Dependenzmuster heran, dem alle Schöpfung in ihren Gestalten folgt, das Muster der Hierarchie. Es folgt nicht unmittelbar den Erfordernissen der kleinen Welt der Funktionen, vielmehr zunächst einem Prinzip, das mathematischen Symmetrien[9] verwandter ist, ja Ähnlichkeit mit dem der Potenzen hat. Ihm folgt die Welt der Funktionen eher mittelbar, jedoch wieder zu ihrem unmittelbaren Vorteil: noch besserer Adaptierbarkeit. Wieder ist es ein Grundprinzip der Organisation dieses Kosmos; und es beruht darauf, die Dependenzen nunmehr nicht nebeneinander, sondern gewissermaßen übereinander anzuordnen. Damit finden sich ranggleiche Subsysteme unter der Domäne eines jeweils ranghöheren Supersystems; wobei ein solches Supersystem mit anderen ranggleichen wieder das nächsthöhere Supersystem zusammensetzt; und so fort. Tatsächlich reicht dieses Prinzip von den Materie-Bestandteilen bis zu jenen unserer Kulturen und bildet die Grundlage des universellen Schichtendeterminismus dieser Welt. (Man vergleiche die Bilder S. 178 und 182, 205, 206, 229, 230, 268.)

*das Muster der Hierarchie*

Der Leser wird sich erinnern, daß dieses Prinzip schon in der chemischen und kosmischen Evolution wirksam war; denn viele gleichrangige Wirkungsquanten formen ein Elektron, viele Elektronen die Schalen eines Atoms, viele gleichrangige Atome ein Molekül (Bild S. 106 und S. 125), viele Peptidmoleküle eine Eiweißkette. Aber im Lebendigen wird diese Hierarchie der Bauteile erst zu einem so gewaltigen Schichtensystem, daß es uns, mit seinem Rückkoppelungsmechanismus, als Problem erscheint. Es organisiert nun sämtliche Schichten des Organischen und setzt sich, wie PAUL WEISS es schon so deutlich machte[10], in allen seinen Produkten fort, bis in die Denk-, Sozial- und Wirtschaftsstrukturen. Und wieder entsprechen die Kollektive der Subsysteme den Material- oder Wirkursachen, während ihr jeweiliges Supersystem die Form-Ursache enthält oder wie eine Zweckursache aussehen kann. So sehen wir »das geist'ge Band« schon in allen Richtungen das Lebendige durchziehen.

Was nun notwendigerweise die universelle Hierarchie der Strukturen und Gestalten entstehen läßt, das kennen wir schon. Es ist dies dasselbe Redundant- und Unnötig-, ja Hinderlich-Werden genetischer Entscheidungen, sobald die von ihnen codierten Strukturen in funktionelle Abhängigkeit tre-

*die universelle Hierarchie*

ten; nunmehr sogar zu ganzen Gruppen innerhalb übergeordneter Funktionen. Der Vorteil einer Nachahmung der hierarchischen Funktionsmuster durch hierarchische Schaltmuster im Genom ist außerordentlich. Er ist wieder so groß wie der Kehrwert des Produktes aus der Mutations- und Trefferwahrscheinlichkeit aller eingesparten Mutationen. Wie erinnerlich bedeutet das bei zwei, drei und vier überbrückten genetischen Einzelentscheidungen Vorteile in der Größenordnung von Billionen, Trillionen und Quadrillionen.

In der Hierarchie fügen sich aber nicht nur wenige, sondern viele Abhängigkeiten zusammen. Wir können also sicher sein, daß die hierarchische Verdrahtung im Genom durchgesetzt werden mußte; kennte man sie nicht, wir könnten auch sie postulieren. Tatsächlich aber kennt man sie. Es sind das jene genetischen Klammerausdrücke, die uns als Operonen vertraut sind (Bild S. 152); in den Klammern stehen dabei gleichrangige Struktur-Gene unter dem Kommando eines Schalt-Gens, des Operator-Gens, vor der Klammer. Und man erwartet, wie erinnerlich, daß auch solche Operator-Gene wieder als gleichrangige Kollektive unter den Befehlen eines Super-Operators stehen, was in der Molekulargenetik als Gruppenschlüssel bezeichnet wird.

Funktionell führen zwei Wege zur Hierarchie. Der eine beginnt im Kollektiv der Normen und fügt differenzierend Abhängigkeiten für jeweils ganze Subkollektive hinzu. Der andere beginnt bei der simplen Dependenz weniger Merkmale und schafft, durch Ausbau und Zubau immer weiterer ebensolcher Systeme, ein System der Ränge. Meist beginnt die Hierarchie in der primitiven Form einer Massen-Hierarchie, in welcher große Zahlen gleicher Mitglieder (Bild S. 268) unter ein Kommando gestellt werden – entsprechend den Rekruten der Armeen, die diese als Individuen zu differenzieren nicht bereit oder in der Lage sind. Ihren organisatorischen Höhepunkt erreicht sie in einer Dichotom- oder Alternativ-Hierarchie, wo nur wenige, letztlich nur zwei Untersysteme von je einem Obersystem dirigiert werden. Unsere hochorganisierten Produktionsstätten sind von solcher Gliederung. Schließlich endet sie manchmal in der Senilform einer Schachtelhierarchie, wo sich, wie in den altgewordenen Privilegien der Kammerherrn oder den Spitzen der Kabinette, Rang über Rang türmt; wobei die Ränge, mit nurmehr formalem Inhalt, nicht mehr funktionell, sondern lediglich als historische Reminiszenzen zu verstehen sind (Bild S. 269).

Differenzierend beispielsweise entsteht die Hierarchie der Wirbelsäule aus etwa einem halben Dutzend Stücken pro

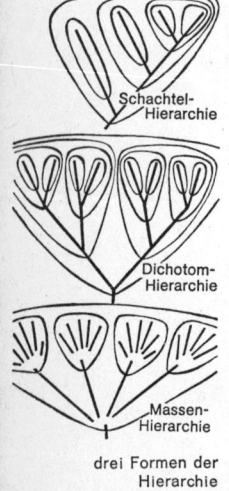

Schachtel-Hierarchie

Dichotom-Hierarchie

Massen-Hierarchie

drei Formen der Hierarchie

Segment, die sich zunächst zu den vielen ganz gleichen Wirbeln der Fische zusammenschließen. Erst später gewinnen einzelne Abschnitte, von der Hals- bis zur Schwanzregion, eine eigene Subordnung. Und es können unter diesen einzelne Wirbel, wie der erste und zweite Halswirbel, noch weitere Subsysteme bilden. In diesem Falle hat der zweite, der Kopfwender, als Drehzapfen den Körper des ersten, des Kopfneigers, hinzubekommen. Dabei bleiben stets die funktionellen Überordnungen erhalten, denn es hätte katastrophale Folgen, wenn sich die Einzelwirbel der Säule, ja selbst nur ihre Gelenkflächen, unabhängig voneinander änderten; und es wäre ein Ding der Unmöglichkeit, sie alle unabhängig und gleichzeitig durch den Zufall gleichsinnig modifizieren zu wollen. Eine Trefferchance derart geringen Ausmaßes ist, wie wir wissen, in diesem Kosmos nicht mehr enthalten. Die den Funktionsmustern folgende genetische Verdrahtung muß bereits sehr kompliziert sein. Das zeigen nach WADDINGTON die Mutationen, zum Beispiel eine Mutation der Maus[11], bei welcher der Kopfwender den Drehzapfen verliert, der Kopfneiger aber seinen Körper wieder zurückerhält.

Aufbauend entsteht die Hierarchie der Gefäße; beispielsweise das Arterien-System von der ersten Brustflosse bis zu unserem Bauplan, wo es sich schrittweise in die Subsysteme von Schulterpartie, Arm, Hand und Finger verästelt. Dabei zeigt es sich, daß von der Hauptarterie des Daumens nur fünf individuell erkennbare und daher benennbare Sub-Arterien abhängen, von der des Armes bereits 80, vom Aortenbogen 400 und von der innersten, der Aortenwurzel, sogar über 1000. Ein Defekt je eines solchen Systems führte zu 5, 80, 400 und 1000 Ausfällen ihrer Subsysteme. Damit erkennt man sogleich die völlige Verschiedenheit der Ränge; und zwar an den funktionell ganz ungleichen Bürdegraden, an der Zahl der Funktionsverantwortungen, die sie tragen.

Die völlig ungleiche Toleranz der Ränge ist damit bereits funktionell abzuschätzen. Eine mutative Änderung etwa der großen Daumenarterie wird von der Selektion nur an der Leistung ihrer fünf untergeordneten Subsysteme getestet, eine der Armarterie aber bereits an der von 80 und so fort. Und es wird mit steigender Bürde immer unwahrscheinlicher, daß eine Zufallsänderung für sämtliche Subsysteme einen Vorteil bringen kann. Je grundlegender die Verantwortung, um so unwahrscheinlicher wird der Erfolg der Änderung.

Beispielsweise könnte in der Autoindustrie eine Metall-wird-

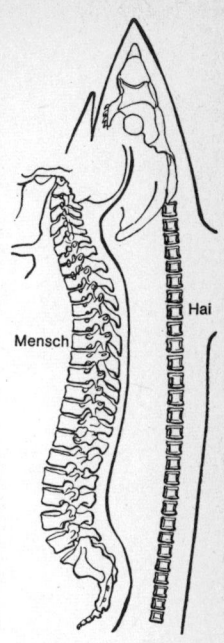

Differenzierung der Wirbel

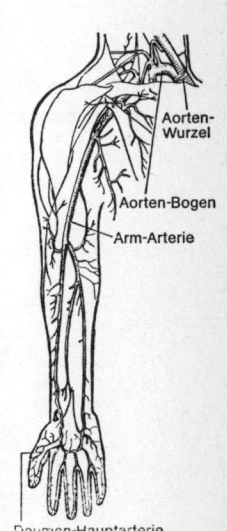

Arterien-System des Arms

**Toleranz der Ränge** Plastik-Mutante Erfolg haben, wenn sie nur die Zierleisten betrifft; nur mehr ungewissen Erfolg, wenn sie sich weiter auf alle Teile der Karosserie erstreckte, und sicher keinen, wenn sie sämtliche Teile des Autos umfaßte. In einer Evolution, in welcher die Änderungen nur vom Zufall abhängen, die Prüfungen aber von Notwendigkeiten, muß die Trefferwahrscheinlichkeit wie die Toleranz der Selektion mit der Zahl der Dependenten exponentiell sinken.

Zu diesen funktionellen Toleranzunterschieden, die selbst schon über viele Dezimalen reichen, kommen aber noch die genetischen. Da das Schaltmuster der Gene die Funktionsmuster der Merkmale weitgehend kopiert haben wird, um im Komplexbereich überhaupt tolerable Änderungen erreichen zu können, wird auch die Verdrahtung der Entscheidungen nur mehr Modifikationen in den einmal eingeschlagenen Richtungen zulassen. Wir müssen darum erwarten, daß die Stetigkeit der Merkmale von ihrer hierarchischen Bürde abhängen und bei großer Bürde sehr groß werden wird.

Tatsächlich ist dies im höchsten Maße so. Und eben diese Tatsache enthält die gemeinsame Erklärung für das Historische in der lebenden Gestalt, für die Erkennbarkeit ihrer Verwandtschaft und die Erkenntnis des Natürlichen Systems. Sie enthält die Begründung dafür, daß das Lebendige Vorhersehbares enthält, also überhaupt beschreibbar ist.

Der Leser droht gewiß ob der vielerlei Knochen und Gefäße zu ermüden, aber seine Mühe mag sich gelohnt haben, denn **das Theorem der** nun besitzen wir den kausalen Schlüssel zum Theorem der **Homologie** Homologie, die Begründung unserer Bewertung von Ähnlichkeit; und das bringt der gesamten biologischen Strukturforschung die vermißte kausale Basis. Nicht daß die Morphologen, Anatomen, Systematiker bislang in Irrtümern befangen gewesen oder zu falschen Resultaten gelangt wären. Ganz im Gegenteil. Ich stelle dies mit Erleichterung, ja mit Genugtuung fest. Sie haben durch Generationen Tausende von Merkmalen von Millionen Arten in einem Ausmaße richtig zum Natürlichen System geordnet, daß darauf eines der gewichtigsten Theoreme des Menschen errichtet werden konnte: die Erkenntnis seiner Abkunft. Also war auch ihre Methode völlig richtig. Sie bestand darin, die Analogien, die Zufallsähnlichkeiten, abzusondern und nach dem Gewichte der Homologien, der Wesensähnlichkeiten, die natürlichen Verwandtschaftsgrade aufzudecken. Ich sagte ›bestand‹, denn trotz ihres Erfolges, trotz des in sich widerspruchslosen Ergebnisses eines Stammbaumes von Millionen Arten, wird

die Methode von vielen heutigen Biologen für einen Zirkelschluß gehalten, und die ganze Strukturforschung, unglaublich genug, ist dabei, über ihre eigenen Beine zu fallen, und mit ihr das grundlegendste Theorem der Biologie.
Dieses Dilemma der Morphologie ist ein spezieller Fall des uns schon bekannten Dilemmas der Vernunft und der Induktion. Und zum drittenmal illustriert es die Fabel von der tückischen Spinne, die den Tausendfuß befragt, wie er denn mit so vielen Beinen laufen könne; bis dieser, nach wiederholten und erfolglosen Versuchen, diesen Vorgang zu erklären, feststellen muß, daß er nun nicht mehr laufen kann. In der Biologie heute lautet die Frage, wie denn Gewißheit über das Vorliegen einer Homologie gewonnen werde und, noch mehr, wie diese nun zu gewichten sei; wobei man feststellen muß, daß der Vorgang nicht einwandfrei zu rationalisieren ist. Man mußte sich, in Bedrängnis, auf Qualitäten wie große Formenkenntnis, die Erfahrung, das Gefühl, ja die ›Kunst‹ des Systematikers berufen[12]; für die Kritiker scheinbar ein Geständnis, daß die Methode nicht in die Wissenschaften gehöre, sondern zu den Künsten. Denn woher kämen die Urteile? Und wenn die Merkmale nicht im nachhinein, sondern a priori gewogen werden, dann könne auch das Ergebnis nicht mehr beinhalten als das Gutdünken der Systematiker, nicht mehr als eine Projektion seines Ordnungsbedürfnisses in die Natur sein. Der Geist ist ausgetrieben, »das geist'ge Band« zerrissen, der Teufel kann wieder lachen.
Wir aber haben inzwischen das Problem gelöst. Wir besitzen alle vier Einsichten, die dazu nötig sind.
Erstens wissen wir: Homologa sind Realitäten; es sind die Fälle von Gesetzen. Jedes homologisierbare Merkmal ist ein gleicher Fall desselben Gesetzes, welches in einer kaum mehr zu entflechtenden Verdrahtung genetisch determiniert ist. Homologa sind damit so real wie die Arten oder wie die Individuen einer Population. Ja sie übertreffen diese alle an Beständigkeit. Sie sind das Beständigste in der Evolution überhaupt. Die meisten übertreffen die Lebensdauer der Arten um mehr als das Hundertfache, die der Individuen um das Hundertmillionenfache[13]. Könnten wir die Evolution seit dem Kambrium in einem Film von 17 Minuten Dauer ablaufen sehen, so wechselten die Arten alle zwei Sekunden, die Artmerkmale in jeder Fünftelsekunde, die Individuen in Millionstelsekunden. Viele Wesensgleichheiten aber, bei Wirbeltieren etwa die des Auges, der Wirbel-Gliederung, mancher Teile der Gefäße, des Herzens, des Hirns, der Hirn-

die Realität der Homologa

nerven, des Rückenmarks, stünden in völliger Ruhe, obwohl sich vielerlei der äußeren Erscheinung in einem nicht mehr zu fassenden Trubel der Ereignisse wandelte. Die Homologa sind der Ausdruck der eternalen Gesetze der Evolution, nach ihnen zu suchen, war also höchst gerechtfertigt. Zweitens fanden wir (in Kapitel 3) heraus, wie wir über das Herrschen von Gesetzmäßigkeit Gewißheit erlangen können; ihre Wahrscheinlichkeit nämlich durch ein Kalkül der Wahrscheinlichkeit, welches von der Selektion schon unserem ratiomorphen Apparat eingebaut wurde. Es gilt uneingeschränkt auch für die Gesetzeserkenntnis der Homologie und lautet: Je unwahrscheinlicher es ist, die Wiederholung eines vergleichbaren Ereignisses für Zufall zu erklären, um so gewisser muß es ein Fall derselben Gesetzmäßigkeit sein. Dabei fanden wir, daß es die gleiche Unwahrscheinlichkeit ist, ob bei einer Münze zehnmal nacheinander der Adler fällt oder ob bei einem Wurfe von zehn Münzen alle gleichzeitig den Adler zeigen. Vergleichbare Ereignisse, die sukzedanen wie die simultanen, fanden wir gleichermaßen in der Potenz über der Zufallswahrscheinlichkeit des Einzelereignisses. Die Zufallswahrscheinlichkeit also, daß zehn Münzen auch bei zehn Würfen den Adler zeigten, wäre $(1/2)^{10 \times 10}$ oder $2^{-100}$; das ist $7,9 \times 10^{-31}$ also weniger als ein Quintillionstel; eine Zahl hinter 31 Nullen; eine Unmöglichkeit für den Zufall. Genauso operiert das Empfinden des Morphologen. Als Simultan-Ereignisse gelten ihm die vergleichbaren Lage- und Strukturmerkmale eines Homologons; wie wir sehen werden: die Subhomologa eines Superhomologons. Als Sukzedan-Ereignisse gilt ihm die Anzahl der darin repräsentativ vergleichbaren Arten.[14] Räumt man jedem Homologon auch nur eine einzige Alternative ein, dann betrüge die Zufallswahrscheinlichkeit eines Organs, das – wie etwa der zweite Halswirbel – mit zehn Homologa auch nur in zehn Arten untersucht wäre, nur mehr ein Quintillionstel; in dreißig Arten ist das eine Zahl hinter mehr als hundert Nullen. Derlei auch nur einmal durch den Zufall zu erwürfeln verlangt mehr Experimente, als Quanten in diesem Kosmos existieren. Alle zweiten Halswirbel müssen daher auf derselben Gesetzmäßigkeit beruhen, wesensgleich sein, das heißt also homolog. Tatsächlich liegen die Gewißheiten noch wesentlich höher, wenn man bedenkt, daß allein die Wirbelsäule der Säugetiere mit über 4000 homologen Einzelmerkmalen in über 3700 Arten auftritt. Der Grad an Gewißheit erreicht den physikalischer Gesetze; etwa jenen, daß ein Streichholz, das ich fallen lasse, dem Gesetz der Gravitation folgen werde – und nicht nach

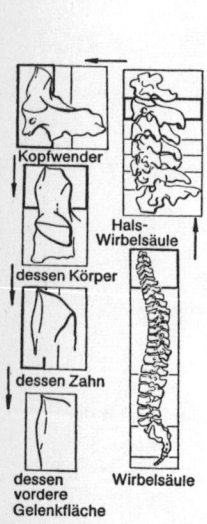

Hierarchie der Homologa

oben fliegt, weil die Zufallsrichtung der Wärmebewegung einmal gleichzeitig alle seine Moleküle nach oben führt. Wenn es Gewißheit überhaupt geben kann, so in der biologischen Ordnung.

Drittens wissen wir, was wie gewogen wird. Das Gewicht eines Merkmals wird nämlich, auf ein begrenztes Feld von Wesensähnlichkeiten bezogen, nach dem Grade bestimmt, mit welchem es sich mit diesem, und nur mit diesem, deckt: Koinzidenzen versus Koinzidenzlücken und Antikoinzidenzen. Vollkommen deckt sich beispielsweise das Haar mit dem Ähnlichkeitsfeld der Säugetiere; und es ist in seiner Bauart in keiner anderen Tiergruppe bekannt; teilweise nur die Augen-Linse, denn es gibt einige Säuger ohne, dagegen Vertreter gänzlich anderer Tiergruppen (Bild S. 74) mit derselben; und am zufälligsten ist das Vorkommen etwa eines weißen Stirnflecks, denn er tritt nur vereinzelt und beziehungslos bei Arten verschiedenster Tiergruppen auf. Diese drei Fälle sind, entsprechend den Feldern ihrer Ähnlichkeit, wie wir bereits (aus Kapitel 3) wissen, Ähnlichkeiten aufgrund identischer Binnenursachen, identischer Außenursachen und verschiedener Zufallsursachen. Auch diese Gliederung war dem erfahrenen Systematiker vorbewußt[15]. Es handelt sich also zweifellos um eine Wägung im nachhinein, beruhend auf der Erfahrung aus dem Vergleich. Sie funktioniert einwandfrei im Gehirn des Systematikers. Nur ihre quantitative Fassung ist noch in Arbeit.

Viertens schließlich haben wir erkannt, wieso es in unserem Gehirn einen Verrechnungsapparat geben kann, der Gesetzmäßigkeit zwar richtig finden und Vergleiche zutreffend wägen kann, ohne daß wir ihn bereits ganz zu rationalisieren vermochten. Es ist wieder jener ratiomorphe Apparat, den BRUNSWICK voraussah, den KARL POPPER und KONRAD LORENZ und wir selbst hier aufzudecken begannen. Es ist wieder jenes Selektionsprodukt, das durchgesetzt wurde, weil es lange vor dem mittelbaren Nutzen seines Bewußtwerdens um seinen unmittelbaren Nutzen ging, als Säuger, als Vierfüßer, ja als Wirbeltier zu überleben; die Ähnlichkeiten von Freund und Feind nahezu einwandfrei und rasch zu verrechnen. Selbstverständlich war die Kunst, die Gesetze dieser Welt zu empfinden, vor der Wissenschaft, sie zu beschreiben.

Diese Homologa bilden nun zusammen alles Wesensgleiche der Organismen; von den submikroskopischen Homologa unter den Molekülen (Bild S. 148), bis zu den Riesen ganzer Bewegungs-, Gefäß- und Nervensysteme. Und es wird uns nicht wundernehmen, daß sie, als der strukturelle Ausdruck

*ihr Gewicht*

jenes Kreislaufes der Gesetzesfindung zwischen funktionellen und genetischen Bürdemustern, alle Organismen mit normativen, interdependenten und hierarchischen Grundmustern durchdringen.

Diese Wesensähnlichkeiten, diese Gleichnisse oder Fälle derselben Gesetzestexte setzen nun mit ihren Mustern an Fixierungs- und Freiheitsgraden das zusammen, was bislang das größte Rätsel der Ordnung des Lebendigen darstellte:

**Typus und Metamorphose**  Typus und Metamorphose. Es war GOETHE, der das Prinzip seherisch als erster erfaßte. Er schreibt dem Typus »eine Konsequenz, eine Regel, zu, wonach wir voraussetzen, daß sie [die Natur] verfahren werde ... und eine Metamorphose, welche die in dem Typus benannten Teile durch alle Tiergeschlechter immerfort verändert.«[16] Eben das haben wir als Realität gefunden, aber wissen nun auch, warum die Natur so verfahren werde. Der Typus jeder Verwandtschaftsgruppe[17], ob Wirbeltier, Vierfüßer oder Säuger, umfaßt sämtliche ihrer unverbrüchlich repräsentierten Homologa sowie die Metamorphose als das Muster der Freiheitsgrade, mit den Richtungen und Möglichkeiten weiterer Anpassung, die ihnen zwischen den Bürdesystemen der Verdrahtung und der funktionellen Dependenzen bleiben. Dabei setzt jeder Typus alle, die im Rang vor ihm stehen, voraus; der Typus der Säuger den der Vierfüßer, dieser den der Wirbeltiere; Schichten, die dann gemeinsam den Bauplan eines jeden seiner Repräsentanten festlegen. Dies ist freilich ein vieldimensionales, komplexes Gesetzeswerk – ebensoschwer vorzustellen wie unabwendbar in seinen Festlegungen.

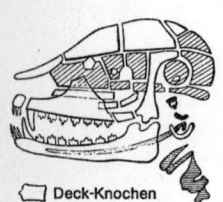

◻ Deck-Knochen
▨ Ersatz-Knochen
▩ Bogen-Anteile
▪ Ohr-Knochen

Typus des Säugerschädels

Mächtige hierarchische Schichten türmen den Typus-Gesetzen immer lastendere Bürden auf, immer gewaltigere Massen normierter Subsysteme. So bebürdet das gesamte Bewegungs- und Nervensystem die Wirbelsäule, diese ihre Regionen, weiter die Einzelwirbel, diese ihre Trage-, Schutz- und Gleitteile, jene wieder Millionen Knochenbalken, Milliarden von Zellen, Billionen von Organellen, Trillionen von Ketten bestimmter Eiweißmoleküle; und sie diktieren deren Materialtoleranzen, wie diese, in der Gegenrichtung, die Möglichkeiten der Formtoleranzen limitieren.

Wo uns die Milieu-Anpassung nur die Ähnlichkeit der funktionellen Analogie vorhersehen läßt, gibt uns die System-

**die Voraussicht der ›inneren‹ Gesetze**  Anpassung die Voraussicht der ›inneren‹ Gesetze, der Wesensähnlichkeit; die Definitionen aller systematischen Gruppen, wie sie die Systematiker von den Gattungen bis zu den Reichen zu Hunderttausenden schon definierten.

Allen Teilen sind die möglichen Wege eingeengt, aber eben

dadurch sind sie auch gangbar geworden. Die hoffnungslose Weite des Repertoires ist drastisch kanalisiert. Der Zufall ist limitiert. Die Evolution aus Zufall und Notwendigkeit schafft mit wachsender Komplexität dem Zufall immer engere Gassen.

Während aber die Fundamente der Baupläne immer mehr belastet und unveränderlich werden, bauen immer neue Systeme auf ihnen auf. Die neuen bringen die neuen Freiheiten in die Evolution, und sie belasten gleichzeitig die alten. Auf der Rückensaite, der Chorda der Vor-Wirbeltiere, baut die Wirbelsäule, an dieser ankern die Extremitäten, an diesen bilden sich Tatzen aus oder Klauen und Hufe. Auf den determinierten Kiefern und Schädeln entsteht die Vielfalt der Zähne, Hörner und Geweihe, und aus den unveränderlichen Strukturen des Haares oder der Feder entfalten sich fast unbelastet und daher freizügig die Phantasien der Zeichnungen und Muster. Immer neue Anforderungen des Milieus fordern immer neue Strukturen, die zugleich viele der alten fixieren. So ist eine Zunahme der Komplikation, eine Anagenese, überall die Folge, wo neue Möglichkeiten ergriffen werden können, wo nicht Milieu oder Struktur zur Einhaltung urtümlicher Bedingungen oder wo eine drastische Reduktion der Anforderungen zur Rückläufigkeit der Parasiten zwingt; wo unter Verlust von Hirn und höheren Sinnen nur mehr Gonadensäcke bleiben, die uns zeigen, was aus einer Evolution ohne Differenzierung der Anforderungen Garstiges geworden wäre.

Selbst ein und dasselbe Organ ist im Inneren zur Unveränderlichkeit bebürdet und am Ende der Funktionskette frei. So sind seit hundert Jahrmillionen der erste Halswirbel und der Aortenstamm nicht mehr zu verändern gewesen, aber die Zahl der Schwanzwirbel oder das Muster der Endgefäße im Daumen ist kaum bei zwei Brüdern gleich. Die Unterschiede der Fixierungsgrade betragen Hunderte von Millionen. Und man sieht sofort, daß dafür nicht allein die blinden Begegnungen mit immer neuen Anforderungen der Umwelt verantwortlich sein können, sondern vor allem die Bedingungen in den Systemen selbst; »das geist'ge Band« im Lebendigen.

So, wie nun jede Struktur in der Evolution ihren Sinn bekommen hat, so bekam jede mit ihrem Sinn ihre Richtung. Und wie jede Richtung zulässiger Fortbildung auf etwas hinweist, das wie ein Ziel erscheint, so haben alle Strukturen ihr Ziel. Mag das Zielfeld der Zeichnungen und Gehörne noch unbestimmt sein, das der Chancen der Herzen und Gehirne ist längst eng umrissen. Der ganze riesige Stammbaum des Lebendigen ist reale Ordnung, ein Kanon von Gesetzmäßigkeiten; und jegliche der Millionen Bahnen hat ihre Richtung, ihren Sinn und ihr Ziel. So auch die unsere.

## Planloses, Planendes oder Geplantes

> Der ganze Strudel strebt nach oben;
> Du glaubst zu schieben und du wirst geschoben.
> (*Mephistopheles*, Faust I 4416)

Nach den Vorstellungen in des Teufels Küche wurden wir nur geschoben; hin- und hergestoßen vom Urschleim zum Fisch und vom Affen zum Technokraten. Und da derlei nicht geplant sein kann und weil sich auch dahinter kein Planer finden läßt, wäre alles Resultat opportunistischer Reaktion auf den puren Zufall. Und weil der Zufall keine Richtung kennt und keine Ziele hat, könnte auch die Genesis keine Richtung, könnten ihre Geschöpfe kein Ziel und das Ganze keinen Sinn haben, wir allen voran. Gottlob aber beruht diese Vorstellung auf zureichender Unkenntnis. Ihr ist die Systemwirkung entgangen, die den Zufall gegen den Zufall selbst wirken läßt, die aus dem Sinnlosen Sinn erzeugt.

Nun ließ sich aber tatsächlich kein Planer finden, der den Ablauf dieser Genesis determiniert hätte. Wir fanden, daß sie nicht einmal dem LAPLACEschen Weltgeist vorhersehbar war. Er sagte ja nur, es könne so gut wie alles möglich werden; somit auch jenes D-Dur-Konzert. Und damit ist nichts vorhergesehen. Dies ist aber nicht minder ein Segen, denn ansonsten enthielte dieser Kosmos, wie erinnerlich, keine Freiheit. Wir wären sonst mechanische Puppen, und all unser Denken und Streben wäre wieder nur eine teuflische Täuschung.

Die Strategie dieser Genesis hat sich vielmehr den Zufall ebenso erhalten, wie sie immer mehr Notwendigkeit schuf; sie hat die Freiheit erhalten, wie sie ihr mehr und mehr Sinn gegeben hat. Die Lösung liegt zwischen der planlosen und der geplanten Genesis. Wir kennen sie schon. Sie liegt im

*ein System der Selbstplanung* — System der Selbstplanung; im System der Wechselwirkungen von Zufall und Notwendigkeit, von Sub- und Supersystem, von Material- und Formursache in diesem Kosmos.

*Begegnung der Systeme* — In der Begegnung der Systeme herrscht zwar auch im Lebendigen noch derselbe Zufall, wie wir ihn seit der kosmischen und chemischen Evolution kennen. Aber mit der Reaktion auf die Begegnung treten Notwendigkeiten auf, welche das Repertoire des fernerhin Möglichen einengen. Und eben diese Begegnungen häufen sich im Werden von den Strukturen zu den Gestalten. Schicht für Schicht entsteht; immer neue Supersysteme überbauen die alten mit neuen Formbedingungen, neuem Binnenmilieu. So ist etwa für einen Cilien-Querbalken das Milieu, in dem er entstehen und existieren kann, ausschließlich der Ort zwischen den Cilium-Achsen, für eine Cilium-Achse der Cilien-Schaft, für diesen das Cilium, für das Cilium die Epithelzelle, für diese das Epithel, für ein Epithel beispielsweise die Eustachische Röhre, für diese das Innenohr, für das Innenohr das Ohr, für ein Ohr solcher Art nur ein Schädel und für einen solchen Schädel ausschließlich ein Wirbeltier. Und erst für das Wirbeltier existiert jenes Außenmilieu, das wir vor Augen haben. Es wäre ganz falsch zu glauben, dies wäre das einzige Milieu, an dessen Bedingungen sich die Selektion orientiert. Es überlebt nicht nur das tüchtige Wirbeltier in einem Außenmilieu, es überlebt auch die tüchtigste Epithelzelle im Epithelmilieu, ja eine jede der Schichten überlebt nur deshalb, weil sämtliche niedrigeren überleben.

Aber auch alle höheren Schichten müssen erfolgreich sein. Es gilt ja wieder die Umkehrung. Ja letztlich bleibt keine der Milieuschichten unbeeinflußt von den Materialien, die sie enthält. Wie oft schon sahen wir das Wechselwirken der causa materialis und formalis. Die zahlreichen Schichten nun verzahnen also Dispositionen um Dispositionen, und diese fügen sich selbst zu jenen Systemen, die sich von Geplantem, von Dispositionen im voraus, nur mehr nach ihrer Entstehung unterscheiden.

Nun mag man sagen, das bedachten wir schon. Was wir aber noch kaum bedacht haben, ist der dramatische Effekt, der aus der Bedeutung der Pläne folgt. Diese Genesis sieht ja vor, daß nicht an ihren Bauten selbst weitergebaut werden kann, sondern nur an den Planpausen. Der Organismus ist nur Gleichnis, ein Fall seines genetischen Kanons. Nur dessen Änderung kann Bestand haben. Sollte, vergleichsweise, an einer gotischen Kathedrale auch nur ein Ornamentchen verbessert werden, so gelänge das nach diesem Prinzip nur dadurch, daß Kathedralen immer wieder aufgebaut und wieder völlig niedergerissen würden, bis einmal, beim Pausen der Pläne, jenes Ornamentchen irrtümlich zum Besseren verändert wird. Daher werden in der Evolution bekanntlich alle Bauten, Hüttchen wie Prunkschlösser, sobald auch nur der letzte Dachreiter sitzt, sogleich erbarmungslos wieder eingerissen. Gewiß ein schauderhafter Vor-

*Bedeutung der Pläne*

gang, weil er im Lebendigen ein Grundproblem unser selbst enthält: den unentrinnbaren Tod.

Die Fehler der Evolution werden deutlich. Säße unser Bewußtsein in den Planpausen, wir zählten weiterhin zu den Unsterblichen; und der somatische Tod wäre nicht dramatischer als das Scheren eines Bartes. Doch die Evolution hat keine Voraussicht. Sie ließ das Bewußtsein im Soma entstehen, als es noch unbedeutend war. Und beide müssen nun immer wieder diese Welt verlassen; auch die Geister, die bedeutend wurden.

Tatsächlich hat es die Evolution der Gestalten, wo immer sie die Vermehrung auf direktem Wege versuchte – wir sagen ungeschlechtlich, also durch Teilung und Regeneration des Restes –, nicht weit gebracht. Der große Schritt bestand in der geschlechtlichen Fortpflanzung, in der Kombination je zweier Pläne also. Und eben das verlangt eine völlige Rückkehr zu den Planpausen, wie kompliziert ihre Bauten auch immer geworden sein mögen.

Allerdings enthält die Planpause auch die gesamte Bauanleitung; in dem uns schon bekannten epigenetischen System. Da aber keiner der Maurer und Poliere weiß, was er baut, kann zunächst ausschließlich die sklavische Befolgung der Anleitung Aussicht auf Erfolg haben. Dieser Erfolg der Adoptivordnung beruht also auf der Einsparung eines riesigen Volumens an Entscheidungsfindungen, von welchen wir wissen, daß sie schon in geringer Zahl vom Zufall nicht mehr zu schaffen sind. Wir fanden, daß schon eine Folge von nur Hunderten von richtigen Zufallsentscheidungen die Möglichkeiten dieses Kosmos übersteigt. Hier sind aber deren Millionen zu fordern. Und wir brauchen gar nicht mehr nachzurechnen, um überzeugt sein zu können, daß Ordnung nur auf Ordnung aufbauen kann. Das erkannte ja schon SCHRÖDINGER vor einer Generation[18].

*Erfolg der Adoptivordnung*

Da nun seit Hunderten von Jahrmillionen die Bauanleitungen sklavisch kopiert und befolgt werden müssen, müssen sie die ganze Geschichte der Bauten beinhalten. Übersetzt in die uns anschaulichere Zivilisation bedeutet das, daß eine Automobilfabrik auch noch Erfindungsgeschichte und Bauanleitung des Steinzeitrades in ihren Archiven haben muß; ja, daß das Steinzeitrad tatsächlich gefertigt werden muß, weil die Abteilung, die das Bronzezeitrad bauen soll, bekanntlich wiederum weder weiß, was sie baut, noch über mehr Anleitung verfügen kann als eben jene, die das Steinzeit- zum Bronzezeitrad entwickelte, und so weiter. Freilich wickelt sich all das bis zum modernen Autorad unsichtbar in den Gemäuern des Werkes ab. Das ist der Vorgang der Entwicklungsphysiologie. Wenn aber ein Fehler passiert, wenn durch einen Abschreibfehler eine Mutation oder durch eine Werksstörung[19] das Fließband der Entwicklung stockt, dann rollt tatsächlich ein Volkswagen auf den Markt, der etwa an der linken hinteren Halbachse ein Steinzeitrad montiert hat; mit der Steinaxt behauen, mit dem Fiedeldrill gebohrt[20]. Ein Stocken des Fließbandes in auch nur einer der tausend Produktionsstrecken läßt das hervortreten, was wir als Atavismen kennen: das dreizehige Hauspferd zum Beispiel; Pelz, Schwänzchen, Milchleisten und Kiemenporen beim Menschen (Bild S. 160 und S. 175).

Tatsächlich stockt das Fließband auch oft. Wir erinnern uns, daß 95 von 100 mutierten Keimen der Selektion bereits im Werke geopfert werden. Und trotz der Vielfalt der Atavismen, die wir kennen, rekrutieren sie sich ja nur aus jener kleinen Auswahl solcher Aufbaustörungen, welche die Betriebsselektion bis zur Sichtbarkeit, bis zum Markt also, durchläßt.

Wir stehen also nochmals vor einer betrieblichen Selektion, die mit ihren normativen bis hierarchischen Prinzipien durchgreifen wird. Denn was wir dem Erfolg der Massen und der Pläne hinzufügten, das ist nur die Zeitachse, die immer weiter vom Plan zum Bau führt; es ist das die Intoleranz der Tradierung, die darauf zu achten hat, daß der Aufbau-Ablauf ungestört erhalten wird. Und es ist klar, daß die Erhaltung der Tradition der Vorgänge, die es zu bewachen gilt, nochmals eine Richtungskomponente in die Evolution der Gestalten bringt. Es ist nicht minder klar, daß damit der Ablauf der Embryonalentwicklung die wesentlichsten Züge der Stammesentwicklung wiederholen muß. Zum zweitenmal sehen wir den Grund für HAECKELS Gesetz. Es ist so notwendig, daß wir es fordern könnten, kennte man es nicht. Aber man kennt es; und tausendfältig bestätigen es die Larven und Embryonen. Die Notwendigkeit ständigen Wiederaufbaues wirkt auf die passende Verdrahtung der Entscheidungen, und diese wirken auf das Aufbaumuster zurück. Und das, was in den Entwicklungstrends der mittleren Zeitskala erhärtete, muß – entgegen den Anforderungen der Trendwechsel in den langen Zeiten – erhalten werden. Es ist wieder eine Gegenselektion nach den Betriebsbedingungen, die alle Umwege einhalten läßt; die jeden Vogel zwingt, embryonal ein Fisch zu sein, die es aber dem Delphin nicht mehr erlaubt, ein Fisch zu werden, obwohl er es war und so sehr es ihm wieder nützen würde.

*Intoleranz der Tradierung*

Wir könnten den Reigen der Systembedingungen im Werden der Gestalten abschließen, träten mit der Tradierung nicht noch drei Phänomene in diese Genesis, die sie, bis hinauf in die Ebene der Kulturen, nicht mehr verlassen werden: die Lage der Formursache, der Wechsel der Funktionen und die Freiheit der Vereinfachung.

ihre Formursache · Was erstens die Lage der Formursache betrifft, so befindet sich diese zumeist außerhalb des zu Formenden; und zwar in jenem Bauteil, aus welchem der neue hervorgeht. So wie die Pläne des Dombaues in der Pfarre und die der Pfarre in der Gemeinde lagen, aus welcher sie hervorgingen, so liegen die Bauanleitungen für die Augenblase in der Hirnbasis, die für die Linse in der Augenblase und jene für die Hornhaut in der Linse. In der Entwicklungsphysiologie spricht man von Organisatoren sowie Induktionswirkungen[21], was der Kanzlei und Bauaufsicht sowie der Fließstrecke von deren Befehlen entspricht. Das muß so sein, weil eine Neubildung schrittweise auf Bestehendem aufbauen muß. Man denke daran, daß die Fundamente eines Hauses nach dem Grundstücksplan, die Mauern nach den Fundamenten und die Einbaukästen nach den Wänden bestimmt werden. Es wäre absurd, die Position der Kastenbeschläge von den Grundstücksgrenzen aus anzugeben. Die Rätsel von Organisator und Induktion erweisen sich als Notwendigkeiten ihrer eigenen Geschichte.

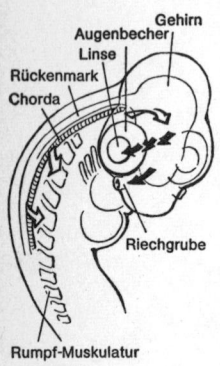

Gehirn
Augenbecher
Linse
Rückenmark
Chorda
Riechgrube
Rumpf-Muskulatur
Bahnen der Induktion

ihre Funktionen · Was zweitens die Funktion tradierter Bauteile betrifft, so können sie beliebig wechseln. So wie definitive Organe, beispielsweise Kieferteile der Urfische, zu unseren Gehörknöcheln (Bild S. 174), Darmsäcke zur Lunge werden, können auch Embryonalorgane alle Endfunktionen verlieren und nur mehr die Aufbauanleitung für jene Organe beinhalten, von deren Endfunktion sie überbaut oder ganz verdrängt wurden. So gehen die Endfunktionen der Rückensaite oder Chorda, der Vorniere, der Kiemen, der Schwanzmuskel beim Menschen völlig verloren; aber ihre später erworbenen Befehlsfunktionen für die Organisation des Rückens, der Ur- und Nachniere, der Halsdrüsen und der tiefen Beckenganglien bleiben und machen sie unentbehrlich. Das hat schon OSCHE vermutet. So wie bei wiederholten Dombauten anstelle des Pfarrhofes nur mehr eine Bauhütte erforderlich bleibt, in der zwar nicht mehr die Erstbenützer, die Trostsuchenden, sondern nur mehr die früheren Sekundärbenützer, die Baupoliere, ihre Instruktionen erhalten.

ihre Freiheit · Und was drittens die evolutive Freiheit der Embryonalorgane betrifft, so ist auch sie von besonderer Art. Freilich verbleiben sie im vollen Beschuß mutativer Erfindungen, aber die Selektion kann nur zustimmen, wenn das Endergebnis nicht verunsichert wird. Denn in der Keimesentwicklung haben wir den ersten echt finalen Ablauf der Genesis vor uns. Das Ei hat einen eindeutigen Zweck, ein einziges Ziel: die nächste Henne zu bilden, so wie der Henne letzter Zweck das Erbrüten neuer Eier ist. Freilich, ein Selbstzweck im Ganzen, aber eine echte Finalität im Keim. Alles Oberflächliche, Unbelastete wird fortselektiert. Von den Farbmustern, Schuppenzierden und Stacheln unserer Fisch- oder Reptilienahnen bleibt nicht die Spur. Gesicht und Gestalt werden grob vereinfacht. Was bleibt sind Schemata, Symbole der Aufträge. Ist das Individuum ein Gleichnis seines gesetzlichen Kanons, dann sind seine Embryonalstadien Schemata von dessen Geschichte.

Es bestätigt sich also, daß derlei Fixierungen embryologischer Wiederholung den Richtungssinn der Evolution nochmals verstärken. Und doch sind sie selbst nur die Folge des Richtungssinns der Stammesentwicklung, die sie wiederholen. Beide sind, wie Ei und Henne, ihre wechselseitigen Ursachen; und ihre gemeinsame Kanalisierung ist verursacht durch die Rückzahlung an die Konten des Zufalls. Denn der Zufall ist zwar zu umgehen, aber nicht zu beschwindeln. Was durch Systemisierung der Funktionen an Anpassungsvorteilen gewonnen wurde, muß als Beschränkung der möglichen Anpassungsrichtungen verlorengehen.

*Rückzahlung an die Konten des Zufalls*

Daher ist auch unsere eigene Gestalt beileibe nicht auf unsere Zwecke hin gemacht, sondern ein Kompromiß ihrer eigenen Geschichte. Und sie enthält mehr Geschichte als Anpassung. Nur Großhirn, Kehlkopf und Hände beispielsweise sind in progressiver Entwicklung[22]. Der Rest ist ja Plan eines Urfisches, zur Brückenkonstruktion eines Kriechtieres zurechtgebastelt, und auch diese Brücke ist noch auf nur zwei ihrer Beine aufgerichtet. Allein mit der Aufrichtung haben wir uns, wie schon gesagt, Schwindel, Bandscheibenschwäche, Leistenbruch, Hämorrhoiden, Krampfadern und Senkfüße eingehandelt. Selbst echte Konstruktionsfehler gibt es viele. Erinnern wir uns: der Film im Auge ist verkehrt eingelegt, Speise- und Atemwege kreuzen sich, das Ei muß durch die Leibeshöhle und die Geburt durch den einzigen nicht erweiterbaren Knochenring unseres Körpers. Unser ganzer Körper ist ein Kompromiß seiner Geschichte, der nach wenigen Jahrzehnten kompromißvollen Lebens auch noch verläßlich, samt seinem Bewußtsein – und wieder unnötigerweise – das Zeitliche zu segnen hat. Wir wären eine katastrophale Planung, hätte uns jemand geplant. Doch, soweit wir sehen, können wir uns nirgends beklagen. Denn niemand hat uns geplant. Unser Plan ist eben nur mit uns entstanden; und unsere Mängel nicht minder wie unsere Hoffnungen.

Dies mag man nun im Bereich der Strukturen noch als eine Laune der Natur hinnehmen. Sobald wir aber dasselbe im Bereich von Empfindungen und Bewußtsein werden wiederfinden, mag es manchem die Laune verderben.

Was nun auch immer die Zufälle der Lebenswege aller Kreatur an krausen Wendungen bescheren mögen, das Wesentliche ihrer Gesetze baut unbeirrbar weiter am Kanon ihrer Gestaltung und den Möglichkeiten ihres Schicksals. Darauf also beruht die Harmonie des Werdens. Immer mehr entzieht die Evolution all ihre Gestalten der Sinnlosigkeit des Zufalls. Sie schränkt mit dem Wachsen der Pläne die gangbaren Wege ein, die mit ihnen ihr Ziel entstehen lassen und ihren Sinn, der sie letztlich selber sind. Das Rätsel der Gestalten beschreibt das Wesen der Zustände, das Rätsel des Stammbaumes das Wesen des Werdens dieses Sinns, und die Rätsel der Harmonie beschreiben das Wesen der geistigen Bande, die diesen knüpfen.

*Harmonie des Werdens*

Tatsächlich kann kein komplexes Ding nur von einer Seite ganz verstanden werden, und keine unserer vier Ansichten von der Ursache könnte es vollständig erklären. Und keine Schicht enthält die Ursache ganz. Weder ist das Milieu die ganze Ursache der Selektion, noch ist eine Molekülkette die ganze Ursache der Entwicklung. Tatsächlich also waren unsere Evolutionstheorien unvollständig. Zum einen enthält die Strategie dieses physikalischen Kosmos nicht nur den Verfall, sondern eben auch den Aufbau seiner Ordnung. Zum anderen ist das Lebendige nicht nur das Produkt des Zufalls, sondern eben auch immer mehr das seiner eigenen Notwendigkeit. Die Evolution ist weder planlos noch geplant; ihre Pläne entstehen mit ihr selbst. Ihre Harmonie ist weder eingebildet noch prästabilisiert; das Lebendige ist poststabilisierte Harmonie der Materie.

Die Neo-Darwinisten sind im Irrtum, wenn sie meinen, man könne dieser Genesis mit Doktrin oder Dogma die Kreisläufe ihrer Systembedingungen untersagen. Molekülgesetze allein machen so wenig die Gestalten wie Zellen die Zivilisation oder ein Individuum unsere Kultur. Dieser Irrtum ist ebenso gravierend wie seine Umkehrung im Neo-Lamarckismus oder, deutlicher noch, im Vitalismus, der die Ursache der ›vis vitalis‹ nun jenseits der Moleküle im Primat eines

Bildungstriebes, in der Entelechie sucht. »Es ist zu dumm, es immer wieder sagen zu müssen, daß zwei halbe Wahrheiten noch keine ganze machen.«[23] Nun aber sagen wir es wieder gerne, einmal weil wir die Lücke zwischen den halben Wahrheiten durch Systembedingungen schlossen und weil es, wie wir sehen werden, bereits eine Überlebensfrage wird, die ganze Strategie dieser Genesis zu verstehen und welchen Sinn wir ihr zu entnehmen haben.

die Lücke zwischen den halben Wahrheiten

Einen Kosmos, der nur der Entropie folgt, scheint es ebensowenig zu geben wie einen, der nur zur Ordnung gesteuert würde. Unser Kosmos enthält beide. Denn so wie die wachsende Entropie als letzte Konsequenz der Material- oder Wirkursache erscheint, erscheint die wachsende Ordnung als letzte Folge der Form- oder Finalursachen. Nur die Logik unseres Verrechnungsapparates sah sie getrennt.

Ebenso bleiben die biologischen Theorien unvollständig, solange sie nicht auch das Flechtwerk anerkennen, das alle Schichten verbindet; Materialismus und Neo-Darwinismus solange, als sie die Rückwirkungen der Oberschichten, Vitalismus und Neo-Lamarckismus solange, als sie die Unterschichten nicht erkennen; solange also, als einmal die inneren, ein andermal die äußeren Ursachen, die Wirkung der Super- oder der Subsysteme, die Formal- oder die Materialursachen jeweils nicht anerkannt werden.

So kann weder die Zufallschance des Individuums vor die Rechte seines Milieus noch die Zufallschance des Milieus vor die Rechte des Individuums gesetzt werden. Weder kann das Individuum ungestraft auf Kosten seiner Gesellschaft, noch kann die Gesellschaft ungestraft auf Kosten ihrer Individuen Nutzen ziehen. Weder der Kapitalismus noch der Kommunismus liegen am Mittelweg dieser Genesis. Weder vermöchten wir zu schieben, noch werden wir geschoben. Hier irrt sogar der Teufel. Beide Milieutheorien sind biologisch falsch. Eine Theorie der Systembedingungen muß die Wege erkennen, welche die Selbstplanung der Kreatur einräumt: Für den Menschen – den Weg zum Humanen. Aber das sind Konsequenzen, die wir erst in den nächsten Seinsschichten deutlich werden sehen können.

Hier soll es uns vorerst genügen, daß auch die Strategie der Genesis der Gestalten im Felde zwischen Zufall und Notwendigkeit operiert, daß auch hier der Zufall in die Fallen des Repertoireverlustes geht, daß aber seine Freiheit nie verschwindet, obwohl immer mehr gerichtete Notwendigkeit, Ziel und damit Sinn entsteht. Die Strategie erhält dem Lebendigen Sinn und Freiheit gleichermaßen.

Man wird das Versöhnliche erkennen, wenn man bedenkt, wieviel an profundem Denken nun seine Widersprüchlichkeit verliert; daß in all den großen Theorien von der Genesis der Kreatur ein Stück der ganzen Wahrheit steckte. Unter verschwenderischer Abfuhr von Chaos entsteht in einer schier unfaßlichen Ordnung – eine, die wir schon zu fassen beginnen. »Und Gott segnete sie und sprach; seid fruchtbar und mehret euch und erfüllet das Wasser des Meeres; und das Gefieder mehre sich auf Erden. Da ward aus Abend und Morgen der fünfte Tag.«[24]

# 8
# Vom Regelkreis zum Denken
(Oder: Der sechste Tag)

> So nimmt ein Kind der Mutter Brust
> Nicht gleich von Anfang willig an,
> Doch bald ernährt es sich mit Lust,
> So wird's Euch an der Weisheit Brüsten
> Mit jedem Tage mehr gelüsten.
> (*Mephistopheles*, Faust I 1889)

»Und Gott sprach: Lasset uns Menschen machen, ein Bild, das uns gleich sei, die da herrschen über die Fische im Meer und über die Vögel unter dem Himmel und über das Vieh und über die ganze Erde und über alles Gewürm, das auf Erden kriecht.«[1] Dieser nächste Schritt der Genesis ist längst im Gange. Er führt vom Lebendigen zum Bewußtsein. Für mich als Biologen scheint er nicht besonders groß zu sein; geringer als jener, der vom Molekül zum Leben führte. Tatsächlich wird auch nur das Prinzip erweitert, Nachrichten über Nachrichten zu geben; und dieses ist ja selbst ein Teil des Lebendigen. Abenteuerlich aber sind die Konsequenzen. Die Welt beginnt, sich in sich selbst abzubilden; und das ebenso richtig und millionenfach identisch wie einseitig und tausendfach widersprüchlich. Und die Folgen sind ebenso segensreich wie unheilvoll. Deshalb verdient all dies unsere besondere Aufmerksamkeit: als das sechste Abenteuer der Genesis.

Dazu bedarf es noch nicht einmal mehr als der uns schon vertrauten Perspektive; wir werden mit biologischen Begriffen bis weit in den komplexen Bereich der neuen Phänomene operieren können. Hinzuzufügen haben wir lediglich, was schon im letzten Schritt eine Auslassung zur Vereinfachung war. Wir müssen anerkennen, daß das Milieu nicht nur straft und lohnt, durch Tod und Vermehrung, sondern daß es Nachrichten enthält, die wahrgenommen werden können, ja die einfach ›als wahrgenommen‹ werden müssen, soll auf entscheidende Überlebensvorteile nicht verzichtet werden. Die Hypothese ihrer Realität wird vom Leben gefordert; was den hypothetischen Realismus unserer Haltung begründet. Wir haben also nicht mehr zu tun, als das Milieu in der nächst vollständigeren Weise ernstzunehmen; nämlich als die Formursachen jenes Supersystems, in welchem die

Systeme der Organismen selbst wieder nur Subsysteme, also die Materialursachen der Systembedingungen dieser Genesis, darstellen.

Und wieder entsteht völlig Neues aus der Begegnung von Altem. Es entstehen Sender und Empfänger, Verständnis und Mißverständnis; kurz: es entsteht Information im Sinn der Zeit, in der wir leben. Es entsteht das Urteil und mit ihm das Vorurteil, das nur mit Mühe zum neuen Urteil werden kann. Und was dieser Kosmos bisher noch nicht kannte, Wahrheit und Dummheit, Weisheit und der blanke Unsinn treten aus der Schöpfung. Zwar erscheinen diese, wie der Leser fühlt, wie Trivialitäten unserer Tage; gewiß, doch bemerkenswert genug ist der Vorgang ihres Werdens.

*Sender und Empfänger*

In der Komplexität der Strukturen und Gestalten liegt also bereits die Möglichkeit der Erkenntnis; ja wir werden von diesem neuen Stockwerk aus sehen können, daß deren Evolution selbst schon ein Erkenntnisvorgang war. Und war es am Wege vom Molekül zum Keim anders? Ist nicht alle Evolution am selben Wege? Steckt nicht in der Dualität von Welle und Korpuskel der Quanten bereits der Gegensatz von Kraft und Information – Macht versus Weisheit in der Dualität der Materie? Mag das nun tatsächlich so sein; aber »daß Materie denken könne«, so erinnern wir uns an VON WEIZSÄCKER[2], das »bleibt im mechanischen Weltbild ein leeres Postulat«. Die Dehnung unserer Begriffe ist nicht minder eine Quelle des Irrtums wie eine Verabsolutierung ihrer Grenzen. Sagen wir: die Materie enthält die Möglichkeit des Denkens, so mögen wir der Sache näher sein.

Aber wiederum war das Denken weder von der Evolution vorgeplant noch von irgendeiner ihrer Kreaturen gewollt worden. Die Kreatur wurde dazu angehalten, und zwar durch die zufällige Begegnung ihrer Information speichernden Strukturen mit einem Information enthaltenden Milieu. Zunächst entstand dieser Widerspiegel der Welt als der Kreaturen untergeordnetstes Organ, und es dauerte Jahrmilliarden, bis er für jene, die denken, zum Wesen des Lebens wurde – getragen von der am Ende untergeordneten Struktur des Körpers. Dieser Widerspiegel ist mit beträchtlicher Mühe geschliffen worden. Die Ordnung, die er abbildend vermehrt, ist verschwindend gegen das Chaos, das seine Werkstätten hinterließen, ja immer noch hinterlassen. Der Entropiesatz holt sich auch hier riesige Beute. Milliarden Kreaturen wurden seinen Fehlern geopfert. Ja, wir selbst opfern noch immer. Mit Demagogie, Krieg und Revolte zahlen nun unsere Zivilisationen für die Fehler, die dem Spiegel

*Schaffung des Spiegels*

noch anhaften. Und dennoch wurde er geschaffen, weil er, mit Glück, die Beständigkeit von Binnensystemen innerhalb der Informationsbedingungen ihrer Außensysteme erhöhen kann. Weil er, das Repertoire des Zufalls neuerlich verengend, die hypothetische Realität verläßlicher treffen kann. Wo immer die Rechnung positiv blieb, dort wurden die Spiegel geschaffen, während Hunderter von Jahrmillionen, lange vor dem Bewußtsein.

Das Prinzip der Schaffung neuer Ordnung bleibt das alte. Es ist wiederum der Fang des notwendigen Zufalls – in der Falle zufälliger Notwendigkeit verminderten Repertoires –, welcher durch die Kanalisation der alten Freiheiten neue schafft. Und es sind wieder die Zufälle, die für ihre Aufgabe völlig richtige Teilabbildungen der Welt entstehen lassen, die mit dem Trend der Bedingungen Entwicklungsrichtung erhalten und mit dem Wechsel dieser Trends am Ziel vorbeigehen, veralten und einfach falsch werden können. Zuzusehen, wie das geschieht, mag lohnen. Es kann nützlich sein zu sehen, wie getreulich, aber auch wie untreu uns gerade jenes Organ berät, von welchem wir uns am ehesten eine Lösung unserer Probleme erwarten.

<small>richtige Teilabbildungen</small>

Was ich auf den nächsten Seiten entwickeln werde, stammt wohl fast alles von KONRAD LORENZ; aus seinem Werk, aus Kollegs und aus Gesprächen. Ich kann darum nur angeben, was von Dritten gesagt wurde, und den nachsichtigen Leser bitten, alles, was ihm einleuchtet, LORENZ zuzuschreiben[3], den ganzen Rest aber dem Ungeschick meiner Feder.

Die Schöpfung bereitet nun den Menschen vor; aber wiederum so ambivalent, wie es schon ein anderer meiner Lehrer sah, LUDWIG VON BERTALANFFY[4]. Sie tut's in drei Schichten. Zu Anfang schafft sie die Nachricht, dann das Gefühl, zuletzt das Bewußtsein, und mit ihm den ›Schrecken‹, den Schmerz und die Angst. So zahlt die Kreatur weiterhin für jeden Gewinn, und stets wieder mit der gleichen Münze. »Für nichts«, sagt MOROWITZ, »ist auch nichts zu haben, nicht einmal Information.«[5] Die Schöpfung also bereitet den Menschen vor, die Quelle der Weisheit; und immer noch läßt sie den Teufel im Gefolge.

## Die Vorurteile der Moleküle

> Mein Freund, die Kunst ist alt und neu,
> Es war die Art zu allen Zeiten,
> Durch Drei und Eins, und Eins und Drei
> Irrtum statt Wahrheit zu verbreiten.
> (*Mephistopheles*, Faust I 2559)

Gleichzeitiges nicht gleichzeitig sagen zu können, zählt bereits zu den vielen Folgen der Mängel unseres Denkapparates. Dem ist zuzuschreiben, daß ich, wo wir Strukturen und Gestalten entwickelten, nicht gleichzeitig Reizbarkeit und Regelung sagen konnte. Letztere sind ja genausosehr Voraussetzung alles Lebendigen wie die ersten. Sie setzen einander voraus; sie tragen sich gegenseitig.

Schon die einfachsten Differenzierungen, noch in UREYS heißer Suppe vor über zwei Jahrmilliarden, setzten Reaktionen auf molekulare Nachrichten voraus sowie regelnde Wirkung auf die entstehenden Strukturen. Und diese Regelkreise müssen gemerkt und vererbt werden. Dies erst bringt den entscheidenden Vorteil, den Zusammenhang nicht immer wieder durch ganze Serien glücklicher Zufälle erwürfeln zu müssen. Ein Vorgang übrigens, von dem wir bereits wissen, daß seine Erfolgschancen schon bei der geringsten Komplikation völlig schwinden. Es handelt sich also um einen Vorteil, der genauso gewaltig ist wie die Kosten – wir können auch sagen die Unwahrscheinlichkeit – jener zufällig richtigen Entscheidungsfindung, die dem System erspart wurden. In der Umgangssprache können wir die Festlegung, die ein solcher Regelkreis enthält, ein Urteil nennen, das ebenso wertvoll ist, wie ›guter Rat‹ für den völlig Ratlosen teuer sein kann.

Nun muß sich das bereits in den Mikroben der Urmeere abgespielt haben, weit vor jeder zelligen Gliederung und noch viel weiter vor der Erfindung der ersten Nervenzelle. Die ersten Regelkreise sind also in einem Subsystem urtümlicher Zellen zu suchen. Jenes uralte Subsystem nun, das sich nicht nur etwas merken, sondern das Gemerkte der Zelle wie all ihren Nachkommen stets auf Abruf zur Verfügung stellen kann, das ist der Doppelfaden der Desoxyribonucleinsäuren.

*der Erfolg der Codices* — Die Chancen erblicher Regelung abrufbarer Erfahrung erwarten wir als einen Erfolg der Codices, festgelegt in den uns schon bekannten Basen der DNS.

Eine solche Mechanik der ältesten Speicherung lebendiger Erfahrung ist nun keineswegs meine abenteuerliche Hypothese. Ganz im Gegenteil: das erste bei Mikroben voll aufgeklärte Regelsystem ist ganz von dieser Art. Es ist dies die von PARDEE, JACOB und MONOD 1959 entdeckte Steuerung der Zuckerverdauung beim Coli-Bakterium[6]. Sie funktioniert folgendermaßen: Ein Regulatorgen produziert Mengen eines Moleküls, Repressormoleküle, die wie Flaschenpost durch das Plasma driften und wie eine Verriegelung auf das Operatorgen wirken, den Einschalter einer Reihe von Strukturgenen. Wir haben solch ein Operator-Strukturgene-System als das die Lactose-Produktion codierende Lac-Operon schon kennengelernt (Bild S. 152). Ist nun Zucker im Milieu vorhanden, so driften seine Moleküle ins Plasma, legen sich an die Repressormoleküle und verändern diese dadurch so, daß sie den Operator nicht mehr verriegeln können. Folglich werden die Strukturgene laufend abgelesen und die Botschaften in die zuckerspaltende Lactose übersetzt. Ist der Zucker abgebaut, so kann der Repressor nicht mehr deformiert werden; er verriegelt den Operator, und die Produktion der Lactose wird eingestellt. Sobald aber Zucker erneut auftritt, schaltet die Produktion wieder ein. Der Regelkreis ist geschlossen.

Dieses genetische Programm ist ohne Zweifel das Selektionsprodukt einer großen Anzahl blinder Zufallsversuche. Seine Entstehung war zwar in den Möglichkeiten der DNS vorgerichtet, die spezielle Lösung dieses Regelproblems aber keineswegs vorherzusehen. Die uns schon wohl vertraute Strategie der Genesis setzt sich nun in den Regulationen, in der Etablierung solcher geschlossenen Programme, fort. Die Richtung, in welcher der Zufall in die Falle gehen wird, ist vorbestimmt, die Art, in der die Falle wirkt, ist neu. Sie ist so unvorhersehbar wie die Begegnung einer speziellen Lebensleistung mit einer neuen Milieubedingung. Diese Beziehung zwischen der Kanalisation des Möglichen und der Freiheit der zufälligen Erfindung wird uns weiterbegleiten bis in unser eigenes Denken.

Der urtümliche Erkenntnisvorgang, den wir beschrieben, beruht also auf einem Lernen der Moleküle. Der geschlossene Regelkreis zieht zwar durchs Plasma; mit der Erfahrung aber, die er enthält, ist er an der Erbinformation verankert. Gelernt wird also durch blindes Versuchen, ein Prinzip, das sich auch weiterhin als universell erweisen wird – vorläufig durch Versuch und Irrtum der Mutationen, also mit der erstaunlichen Langsamkeit von nur einer Lernchance in zehntausend Reproduktionsschritten. Es bringt einen äußerst langfristigen Informationsgewinn für die Lösung eines Problems und einen äußerst kurzfristigen Informationsgewinn für die Erkenntnis seiner variablen Größen.

das Lernen der Moleküle

Solch erbliche Regelkreise geschlossener Programme durchflechten nun alle Bauschichten aller Organismen, vom Einzeller bis zum Menschen; gleich ob die Meldung des eingetroffenen Problems, der Schlüsselreiz, aus dem Inneren oder von der Oberfläche des Organismus stammt oder gar mittels Fernsinnesorganen auch aus großen Distanzen gemeldet wird; ob er nur von einer Spezialzelle registriert und der Regelkreis über spezielle Nervenbahnen wieder zu einem speziellen Effektor-Organ gelenkt wird. Immer geht es darum, dem Organismus oder einem seiner Systeme die Entscheidungsfindung für die Problemlösung dadurch abzunehmen, daß die bislang erfolgreichste Lösung als die wahrscheinlich auch künftig beste Lösung fest programmiert wird. Es ist also ein Urteilen im voraus; ein Vorurteil der Moleküle.

*die Baustufen der Erbkoordinationen*
Als die ersten Baustufen solch starrer Erbkoordinationen kennt man das Kinese-, Phobie- und Taxie-Verhalten; ihre Entwicklung schildert KONRAD LORENZ in der ›Rückseite des Spiegels‹. Es sind das zunächst einfache und schließlich komplizierte unbedingte Reflexe[8]. Obwohl von ihnen bis zur Struktur unseres Denkapparates noch ein weiter Weg zu gehen sein wird, finden wir bereits in den einfachsten Verhaltensweisen die Grundregeln jenes hypothetischen Realismus, der es uns möglich macht, diese Welt in uns ziemlich richtig widerzuspiegeln.

In der phobischen Ausweichreaktion des Pantoffeltierchens etwa ereignet sich stereotyp das Folgende: Trifft das Vorderende auf ein Hindernis, so wimpert dieser Einzeller kurz seine Bahn zurück und zieht erst nach einer kleinen Wendung weiter seines Weges. Dieses Programm enthält bereits die Hypothese des scheinbar Wahren, die Identitäts- und Spuren der Dependenzhypothesen.

Ein solcher Regelkreis enthält ja zunächst die Annahme, daß dem Schlüsselreiz des Anstoßens wahrscheinlich etwas außerhalb des Systems entspricht. Weiter folgt er der Annahme, daß hinter einem identischen Reiz wieder eine identische Sache stehen werde, eine, die also Eigenschaften besitzt, die den früheren ähnlich sein werden; daß die Sache nicht etwa sofort verschwinden werde oder daß sie verändert, zu fressen, zu durchdringen oder wegzuschieben wäre, und daß sie sich kurz darauf nicht an anderer Stelle befinden werde. Damit gelingt es, gleich ob es sich um ein Sandkorn, einen Wattefaden, eine Luftblase oder die Wand des mikroskopischen Aquariums handelt, das zu ›abstrahieren‹, was wir ein Hindernis nennen würden. Wie winzig der Ausschnitt aus der Wirklichkeit auch immer sein mag, den der

Regelkreis dieser Reaktion abbildet, er ist völlig richtig erfaßt. Auch ist es korrekt, von der Frühform eines Abstraktions-Vorganges zu sprechen, denn die Systeme der sich kreuzenden Pantoffeltier-Populationen mögen schon vielerlei Hypothesen mit den verschiedensten Regelkreisen versucht haben. Die Selektion wählte die zutreffendste aus; das Selektion-Population-System abstrahierte das Wesen der Sache. Nun sind keineswegs die Pantoffeltiere die Weisen des Protisten-Reiches. Dieser epochemachende Lernvorgang der Moleküle ist so alt wie die lebendige Struktur; und er wird nie mehr aufgegeben; auch nicht von den Reflexen des Menschen.

Freilich, die Regelkreise nehmen zu. Zecken beispielsweise abstrahieren ›Säugetier‹ mit zwei Schlüsselreizen. Auf den Geruch von Buttersäure folgt der Befehl ›fallen lassen‹, die Wahrnehmung von 37° C signalisiert den Treffer und befiehlt ›einbohren‹. Keine verläßlichere wie ökonomischere Methode scheint denkbar, unter allen Naturdingen die Säuger zu abstrahieren. Und damit haben wir auch schon den unausweichlichen Grund, ja den Zwang, sie zu etablieren.

*die Zunahme der Regelkreise*

Auch uns regeln zahllose erbliche Programme über ferne, oberflächliche und innere Nachrichten wie Tränen-, Speichel-, Schweißdrüsen, Herzschlag und so fort. Den Blutdruck beispielsweise mißt der Glomus caroticum an den Halsschlagadern und meldet ihn an die Wandspannungen aller Blutgefäße. Für Oberflächen-Nachrichten ist der Patellar-Reflex typisch, jener bekannte Reaktionstest gesunder Steuerung, der eine plötzliche Sehnenspannung in das Kommando ›Streckmuskel des Beines kontrahieren‹ verwandelt: beim Arzt durch einen Schlag unter die Kniescheibe, in der Natur bei jedem Schritt und Sprung blitzschnell ausgelöst. Aber nicht minder haben auch alle Fernsinne ihre Programme. BERNHARD HASSENSTEINS ›Biologische Kybernetik‹ macht sie besonders anschaulich[9]. Ein Beispiel soll hier für viele stehen: der Nick-Lese-Versuch. Man halte dieses Buch vor Augen und mache kräftige Nickbewegungen mit dem Kopf. Man wird finden, dennoch lesen zu können, denn die Augenmuskel kompensieren die Bewegung des Kopfes sehr genau. Nun aber halte man den Kopf ruhig und bewege das Buch mit den Armen in gleichem Winkel und Tempo. Die Zeilen werden fast verschwimmen, das Lesen ist kaum mehr möglich, obwohl die Augen auch diesmal zu kompensieren trachten. Ursache: die Kopfbewegung selbst steuert die Augenkompensation, programmiert uns von alters her vorzüglich. Man lege nun die Finger auf die geschlossenen Augen,

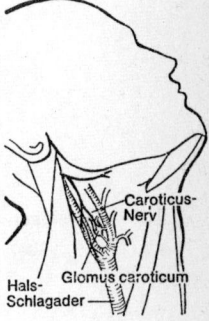

*ein Regler-Organ*

und man wird beim Nicken den Automatismus der Kompensation fühlen. Bei Armbewegungen aber bleiben sie ruhig. Und nichts von alledem, vom ›Automaten Mensch‹, ist uns bewußt.

<small>Normen und geringe Toleranzen</small>

Wo also Moleküle sich starre Programme einprägen, muß der Erfolg der Codices wieder einmal auf Normen mit geringen Toleranzen beruhen. Und das muß neben den codifizierten Normen der Regelung auch für die der Nachricht gelten. Die Normierung des Schlüsselreizes ist bei den niederen Sinnen ein noch geringes Problem. Denn vom Tastreiz des Pantoffeltieres bis zu den Wärme- oder Druckfühlern in unserer Haut ist die Beschränktheit des Sensors selbst ein zureichender Filter.

Dies ändert sich aber mit der Entwicklung der höheren Sinnesorgane. Da diese nun eine Vielfalt von Nachrichten in den Körper schleusen, müssen ihnen innere Filter nachgeschaltet werden. Das einzelne Programm darf nur von seinem angeborenen Auslösemuster erreicht werden. Tatsächlich ließ sich die Wirkung dieser Innenfilter seit LORENZ, UEXKÜLL, TINBERGEN und KUENEN als angeborene Auslöse-Mechanismen, kurz AAM, hinter allem komplexen Nachrichtenempfang nachweisen[10]. Sie sitzen in der Verschaltung schon der Sinneszellen oder der folgenden Ganglien.

Die Filterung ist erstaunlich rigoros. Das Grillen-Weibchen etwa ›hört‹ aus allem Hörbaren nichts als den Lockruf des Männchens. Die Treffsicherheit der Reaktion wird also wieder auf Kosten des Repertoires aller zufällig möglichen Reize erhöht. Sollen wir sagen: zum Nutzen der Dümmsten? Das Wort paßt hier noch schlecht. Noch immer ist es die Gegenläufigkeit von Treffsicherheit und Beschränktheit innerhalb der Reaktion und erst zuletzt die seines Trägers. Trefferchance und Repertoire des Zufalls bleiben eben durch die ganze Genesis ihre eigenen Kehrwerte.

<small>das Filter-Auslöser-System</small>

Mit der Erfindung des Filter-Auslöser-Systems gewinnt dieses auch schon wieder Eigenleben. Aus der bunten, aber verwirrenden Welt, die empfangen werden kann, werden Schemata und Symbole herausgeschält. Und folglich wird auch die lebendige Umwelt von der Selektion zur Produktion von Symbolen und Signalen angehalten. Wieder wird Sicherheit auf Kosten des Repertoires gewonnen; aber wieder entsteht ein Kreislauf neuer schöpferischer Freiheiten, bis auch er wieder, von den nächstfolgenden Freiheiten, in die Erstarrung getrieben wird. Von der Vielfalt dieser Kreisläufe gibt EIBL-EIBESFELDTS Lehrbuch eine Vorstellung[11]. So entstehen in der Mundhöhle von Singvögeln Fütterungssignale, bei

Männchen fast aller Wirbeltiergruppen Balzsignale, ohne welche die Weibchen ratlos blieben; es bilden sich Symbole für die Zuneigung, wie auch für Unterwerfung (Bild S. 239) und Aufforderung zur Flucht; ja, wie das Leben zu sein pflegt, wird diese Praxis zugleich zu Täuschung, der Mimikry (Bild S. 76), mißbraucht[12]. Selbst im Menschen wirken diese Filter noch, man möchte sagen: wider jede Vernunft. Ein Beispiel für viele ist das ›Kindchenschema‹, wo ein runder, stirngewölbter, großäugiger, relativ großer Kopf, Zuneigung auslöst zu dem, was wir als ›herzig‹ empfinden, sowie Zuwendung, Euphorie, Streichelbedürfnis und die Produktion von Koselauten; ungeachtet unserer besseren Einsicht, daß es unbegründet sei, den Spaniel, die Angorakatze, die Kohlmeise anziehender zu finden als den Windhund, den Löwen und den Fischreiher. Trickfilm und Werbung leben davon, daß wir auf derlei Tricks verläßlich hereinfallen.

»Wenn man unter natürlichen Bedingungen zu sehen bekommt«, sagt KONRAD LORENZ, »mit welcher Sicherheit und Zweckmäßigkeit ein AAM dem Organismus mitteilt, welche besondere Verhaltensweise unter den obwaltenden Umständen arterhaltend sinnvoll ist, so neigt man dazu, die Menge der Information zu überschätzen, die in ihm enthalten ist«[13]. Sie ist enttäuschend gering; und dies hat wieder zwei Seiten. Die Einfachheit der Symbolik enthält nämlich Verläßlichkeit wie Manipulierbarkeit. Für nichts ist nichts zu haben, Einsparung von Information schon gar nicht.

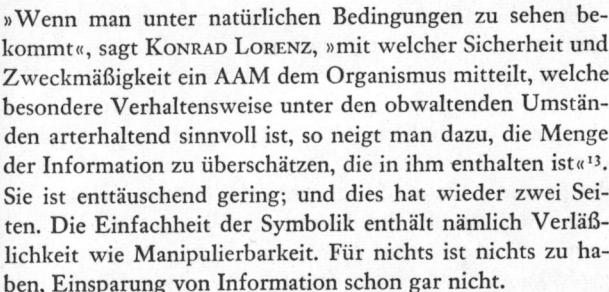

›Kindchen-Schema‹

Was alles den Konten des Zufalls für so billig erreichte Sicherheit zu berappen sein wird, das sei erst am Schluß zusammengestellt. Hier ist aber noch dreier Probleme zu gedenken, die eine direkte Konsequenz solcher Vereinfachung sind: Übertreibung, Trauma und Prägung.

Übertriebene Symbole wirken oft als überoptimale Auslöser. Für ein Silbermöwenküken wirkt ein roter Stab mit weißen Ringen attraktiver als die naturgetreue Attrappe des Kopfes der Mutter. Leuchtkäfermännchen bevorzugen zwar das Leuchtmuster ihrer Weibchen, aber eine gelblich leuchtende Taschenlampe ist ihnen dennoch lieber. Stellt man einen Austernfischer vor die Wahl, sein Ei oder ein überdimensionales Papp-Ei ins Nest zurückzurollen, so wird er letzteres wählen. Überoptimale Auslöser, auf die wir selbst hereinfallen, finden wir in den Comic-Strips, in der Pornographie und Abortgraphik. Was uns hier an männlichen Kraft-Visagen, Stiernacken und Schultern vorgesetzt wird, würde uns, mit Vernunft betrachtet, ebenso schrecken wie

überoptimale Auslöser

Austernfischer
ein überoptimaler Auslöser

203

jene Kombinationen mächtiger Busen und Hüften mit Wespentaillen, Babygesichtern und rehhaften Gelenken. Und dennoch – die Auflagen beweisen Nachfrage und Erfolg.
Ebenso irrational ist das Trauma, die Folge eines erschütternden Erlebnisses. In ihm werden zufällige Symbolmerkmale des Erlebnisses so verallgemeinert, daß auf dessen Wiederholung nicht mehr adäquat reagiert werden kann. Von Hunden bis zum Menschen sind sie wohlbekannt.

*Trauma und Prägung*  Und nicht minder irrational ist schließlich die Prägung. Hier wird in einer sensiblen Lebensphase ein Ereignis, das nun gänzlich zufällig sein kann, zum Symbol für die ganze Sache genommen. Der angeborene Lehrmeister, die ererbte Schaltung, erspart sich durch die Prägetechnik den Einbau komplizierter Nachrichten, wie beispielsweise die Art, wie der Geschlechtspartner oder die Beute aussehen soll. Sie setzt dabei auf die hohe Wahrscheinlichkeit, daß zur Prägephase das rechte Prägeobjekt vor Augen sein wird. Entsprechend führt es auch zu irreparablem Irrtum. Bei Ameisen werden die sozialen Reaktionen jedes Individuums auf jene Art geprägt, deren Individuen ihnen beim Schlüpfen behilflich waren. Folgerichtig haben einige Ameisenarten diesen Vertrauensvorschuß zur Sklavenhaltung artfremder Individuen umfunktioniert. Die Beispiele sind sehr zahlreich, ja die ganze Verhaltensforschung zieht Nutzen daraus, daß viele Tierarten auf den Menschen, selbst auf seine Hand, geprägt werden können. Daß es auch in unserer Jugend Prägephasen gibt, steht außer Zweifel. Was unsere Gesellschaft über Demagogie und Störung der Elternbindung Gefährliches in jungen Menschen anrichtet, das werden wir in der Genesis der Zivilisation erörtern.

Nun kommt unser Thema bereits den individuellen Lernvorgängen nahe. Wir müssen aber vor diesen noch die Systembedingungen des molekular Erlernten untersuchen sowie die Rückzahlung ihres Kredits an die Konten des Zufalls.

*System-Strukturen der Erbkoordination*  Von den System-Strukturen der Erbkoordination in den Organismen kann man sich ein erstes Bild machen, wenn man sich klarmacht, daß sie alle aus vielen Schichten bestehen, die mehrfach hierarchisch verdrahtet sind. PAUL WEISS zeigte schon früh[14], daß allein die Schaltung der Motorik wenigstens sechs Schichten enthält. Sehr viele Einzelbefehle sind zum Befehl an einen Muskel, diese zu den Antagonistengruppen um ein Gelenk zusammengefaßt, die Gruppen zu koordinierten Befehlen für eine Extremität, die Extremitäten zueinander und endlich alle Extremitäten zur Bewegung des ganzen Körpers geordnet. Solche Gesamtprogramme wiederum besitzen völlig festgelegte Abfolgen und Alternativen, wie wir das von allen Stereotypien der Bewegungsabfolgen kennen; wie sie etwa dem Abflug des Haushuhnes vorausgehen, oder wie sie uns vom Pferd geläufig sind, das nur drei koordinierte Programme der Gangart besitzt. Selbst die Bewegungen, welche die Spanische Hofreitschule ihren Lipizzanern andressiert, erweisen sich alle als in den Programmen des Pferdeverhaltens bereits vorgesehen.

ERICH VON HOLST und NIKO TINBERGEN haben schließlich nachgewiesen, daß darüber hinaus auch noch die Programme sämtlicher Instinktbewegungen hierarchisch geordnet, wie BAERENDS zeigte, sogar mehrfach hierarchisch verdrahtet sind. Die enormen Vorteile der hierarchischen Organisation und damit den Selektionszwang, der sie durchsetzt, haben wir schon seit der Entstehung des Lebens verfolgt. Vielleicht wäre es meinem Leser danach geradezu unglaubhaft, wenn sie hier ausblieben. Sie bleiben sogar nicht nur erhalten, sondern setzen sich, wie wir sehen werden, noch bis ins Denken, die Sprache und die Zivilisation fort.

Da man jedoch die Realität und Notwendigkeit der hierarchischen Programme von den Biomolekülen bis zu den Gestalten bislang nicht gesehen hat, setzt die Diskussion heute noch am programmierten Verhalten an. Und da jene eine Grundnahrung unserer weltanschaulichen Konfusionen bildet, sei auf sie sogleich hingewiesen. Worum geht es? Es geht seit der Entdeckung der vererbten Programme darum, daß sie mancher nicht wahrhaben will; einmal weil der programmierte Mensch ihm unheimlich erscheint und weil es sich erweisen könnte, daß Menschen verschieden programmiert sind; zum anderen weil man, wie SKINNER es für angebracht hält, den Menschen tatsächlich selbst programmieren möchte[15]. Hier reichen sich Reduktionismus und Behaviourismus, Sozial- und Wissenschafts-Darwinismus die Hände. Man will nicht sehen, daß es gefährlich ist, die Wurzeln des Bösen zu vertuschen, und daß es inhuman ist, mit der Leugnung der dem Menschen eingeborenen Wege auch seine nichtmateriellen Ziele in Frage zu stellen. Doch von alledem später mehr. Hier war nur nachzuweisen, daß bereits das molekular Gelernte niemals ohne Programmierung wirken könnte.

Schon bei einem bloßen Bewegungsablauf, der mit einer Reihenfolge von nur 16 Positionen funktioniert, sind 16 faktoriell (16!) gleich 2 mal $10^{13}$, also zwanzig Billionen Kombinationen möglich. Müßte die richtige Kombination durch

Bewegungs-Stereotypie

Vorteile der hierarchischen Organisation

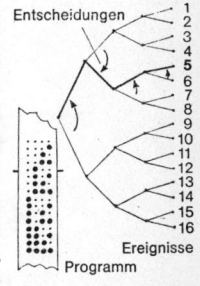

hierarchische Schaltung

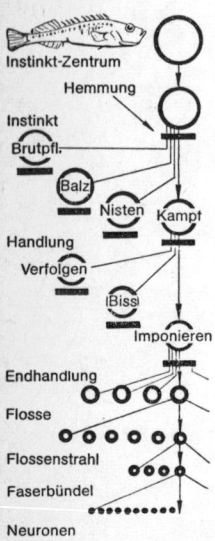

Hierarchie der Instinkte

**die hierarchischen Programme**

**Die endogenen Systembedingungen**

den Zufall gefunden werden, so wären, selbst bei einer Geschwindigkeit von tausend Entscheidungen pro Sekunde, tausend Jahre erforderlich. Ein Programm benötigt dagegen nur rund fünfzig Entscheidungen[16] und schaltet dieselbe Bewegung in fünf Hundertstelsekunden. Hier stünde ein Jahrhundert wirren Zuckens gegenüber schlagartig richtigem Handeln. Nicht minder absurd wäre ein die Programmlosigkeit kompensierender Speicher. Nähmen wir zum Speichern jeder der Kombinationen auch nur eine einzige unserer kleinsten Nervenzellen, dann benötigte die Unterbringung ein Volumen von über zweihundert Menschenhirnen[17]. Leben bedeutet Ausscheiden des Zufalls; und Lernen bedeutet dies im höchsten Maß. Alle Evolution ist ein Ausscheiden des Zufalls, »ein kognitiver Prozeß«, sagt KONRAD LORENZ; und wer das leugnet, so setzen wir fort, verkennt die Genesis.

Wären die molekularen Lernprogramme nicht bekannt, wir hätten sie fordern können. VON HOLST, LORENZ, TINBERGEN, BAERENDS haben sie aufgeklärt: die hierarchischen Programme der Instinkthandlungen, von den Wirbellosen bis zum Menschen. Welch absurde Welt wäre es, in der Weibchen zufällig als Nistmaterial zusammengetragen würden, in der Eier angebalzt oder in der zur Flucht nur die Kiefer bewegt würden. Aber die Welt der programmierten Instinkte ist nicht absurd. Sie spiegelt die hypothetische Wirklichkeit vorzüglich wider. Erst wo die Instinkte geschwächt werden, kann sie absurd werden: in der Welt des Menschen.

Tatsächlich sind die Instinkt-Koordinationen in einem Maße milieugetreu richtig, daß sie sich zu wiederum völlig neuen, zu endogenen Systembedingungen verselbständigten. Die Reize, die eine Handlung auslösen, können nun sogar innerhalb des Nervensystems endogen vorbereitet werden. Die Erbkoordinationen lenken nur ihre Bahnen. Die Programme müssen also bei Abruf nicht erst angekurbelt werden, die Hähne sind vorgespannt und nur verriegelt. Fehlt die Verriegelung, so können sie sinnwidrig pausenlos ablaufen: Wie ein Regenwurm ohne Oberschlundganglion nicht aufhören kann zu kriechen, eine solche Krabbe nicht aufhören kann zu fressen. Werden sie zu lange nicht entriegelt, so sinken die Auslöseschwellen, oder sie können in ein falsches Muster überspringen, ja wie im Leerlauf durchdrehen.

Neu entstehen also Hemmungs-Mechanismen und Appetenz-Verhalten. Das heißt, der Organismus braucht nicht mehr auf die Zufallsbegegnung mit der auslösenden Reiz-Situation zu warten, sondern begibt sich nach ihr auf die Suche, um, wie beim Niesen, mit der erlösenden Entriegelung den quälenden Stau loszuwerden. Wieder wird also der Zufall gefangen, der Erfolg wahrscheinlicher, der Vorgang ökonomischer, die Welt vorhersehbarer.

Für den Menschen kann solch endogene Produktion von Erregung, wie im Aggressionstrieb, zu schmerzlichen und tragischen Folgen führen[18]; besonders deshalb, weil, wie wir sehen werden, durch die Bedingungen der Zivilisation die Auslösung zu lange nicht oder an völlig falscher Stelle erfolgen kann: um sich in blinder Ungerechtigkeit gerade am Nächststehenden oder an Minoritäten zu entladen.

Damit sind wir schon am Ende der Liste der Erfolge, wie sie das Vorurteil der Moleküle dem Leben bringt. Die Kanalisierung des möglichen Erfolges wird sichtbar. Wir brauchen uns nur der Folge jener Bürden erinnern, die wir schon in den Systembedingungen von Leben und Gestalt nachgewiesen haben. Jedes Programm, jede Schaltung oder genützte Dependenz, gewinnt durch die Einengung des Zufalls an Trefferchance, aber es verliert durch die entsprechende Einengung seines Repertoires an Möglichkeiten. Eine molekulare Schaltung nur mit Hilfe des Zufalls richtig zu entflechten kann um nichts leichter sein, als sie mittels Zufall richtig zu verdrahten. Je grundlegender die Verflechtung, um so unwahrscheinlicher die Erfolgsaussicht, sie nochmals zu entwirren.

die Kanalisierung des möglichen Erfolges

Wir müssen darum nachdrücklich feststellen, daß auch die Erbkoordinationen voll der historischen Reste, daß sie historische Gestalten sind wie ihre morphologische Grundlage. Auch dies ist mit sehr vielen Beispielen belegbar. Tiefer Verankertes wird nutzlos mitgeschleppt oder eher zu fremden Bedeutungen umfunktioniert, tradiert als aufgegeben. Beispielsweise zeigen Makaken Balancebewegungen mit dem Schwanz, Nandus Flatterbewegungen mit den Flügeln, obwohl diese Organe seit zehn und zwanzig Jahrmillionen Rudimente sind. Hirsche drohen mit jenem Eckzahn ihrer Vorfahren, der seit dreißig Jahrmillionen im Verschwinden ist. Nestparasitische Vögel machen Nestbaubewegungen, früher bodennistende Baumbrüter Eiroll-Bewegungen in der Luft und um den Nestrand. Es sind unverkennbare Atavismen des Verhaltens.

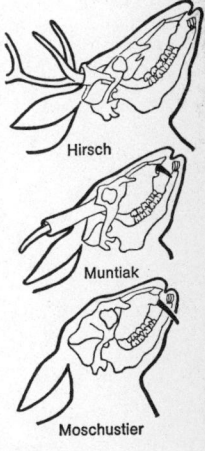

Hirsch

Muntjak

Moschustier

Verhaltens-Atavismus

So beginnt sich nun auch das Tradierte im Verhalten des Menschen zu enthüllen. Das Zähnezeigen mit Luftausstoßen, das wir Lachen nennen, muß aus der hassenden Drohbewegung der Gruppe gegen Dritte zur Begrüßungs- und Einigungszeremonie geworden sein, und nur im ›Auslachen‹

ist sein Aggressionscharakter erhalten geblieben. Aber auch das Grüßen, das Geschenkebringen ins fremde Revier, die Beschwichtigungsgebärden des mit Bücklingen Rückwärtsgehens, die Kampfdrohung des Aufstampfens, selbst das Zeremoniell des Küssens haben ihre Wurzeln, wie EIBL-EIBESFELDT zeigt, tief in der Welt unserer tierischen Vorfahren[19].

Wie im Gestaltbereich werden auch die Programme, wenn überholt, von der Selektion so lange toleriert, wie kein Ersatz gefunden ist und sie sich nicht direkt gegen die Art wenden. Sie wirken damit richtend auf die Bahnen des Möglichen wie jene. Die Kenntnis der vererbten Programme des Menschen muß also für die Prognosen seiner Chancen in der Zukunft von sehr großer Bedeutung sein.

Die Erfolge der molekularen Programme sind gewaltig. Von den einfachsten Regelkreisen der Bakterien bis zu den komplizierten Instinkthierarchien der Säugetiere schufen sie Millionen verschiedene, dieser Welt völlig entsprechende Reaktionen, die zwar alle richtig, aber ebenso unvollständig sind. In dem beschränkten Normalbereich, für welchen sie selektiert wurden, sind ihre Hypothesen richtig. Für den großen Restbereich sind sie schlechthin falsch, denn sie unterstellen die Annahme, es gäbe ihn nicht. Und wo immer dieser Normalbereich überschritten wird, beginnt die Rückzahlung an die Konten des Zufalls.

*die Rückzahlung an die Konten des Zufalls*

Übersetzt in unsere Alltagssprache, beruht ja der Erfolg der geschlossenen Programme in ihren, in Molekülstrukturen vererblichen, kollektiven Vorurteilen als Ersatz für zu findende Einzelurteile. Und da hier Urteile nur mit Hilfe des Zufalls gefunden werden können, muß ihr Erfolg so groß sein wie das Repertoire der Fehler, die sie vermeiden. Wir kennen dies seit der Evolution der Keime. »Mein Freund«, sagt Mephisto, »das Spiel ist alt und neu.«

Gelingt es einem Spieler, durch fünf glückliche Mutationen aus einem Repertoire von, sagen wir, sechs möglichen Alternativurteilen zufällig alle bis auf das richtige Urteil auszuschließen, so wird er sechsmal so oft richtig entscheiden. Wird aber plötzlich eines der ausgeschlossenen Urteile als das richtige honoriert, dann wird er gegenüber dem unspezialisierten Spieler, der beim Raten blieb, sechsfach im Nachteil sein. Er muß ja zur Urteilsfindung auch noch von den ausgeschlossenen Alternativen die richtige ins Repertoire zurückwürfeln.

Verlangt ein Wechsel der Bedingungen, die ausgeschlossenen Urteile des Repertoires wiederzufinden, so muß aller dem Zufall abgenommener Vorteil des Vorurteils als Nachteil der Entscheidungsfindung an die Konten des Zufalls zurückgezahlt werden. Alt im Spiel ist der Würfel, neu, daß es sich um Urteile handelt, wie nämlich die Programme der Organismen diese Welt beurteilen.

Freilich geht es nicht nur um sechsfache Vor- und Nachteile, sondern um Riesendimensionen, denn die Anzahl der Fehlurteile, die die Programme vermeiden, wächst mit ihrer Selektivität ins Astronomische. Vielfach werden darum Entflechtungen einfach unmöglich werden; besonders, wenn die Organisierungs-Spielregel die Entscheidungen längst zu hierarchischen Systemen verflocht. Das kennen wir ja schon. Wo nun überall »Irrtum statt Wahrheit« verbreitet ist, das können wir der Enge der Programme entnehmen. Beispielsweise werden fast alle Kleintiere des Bodens bei steigender Trockenheit auf ›positiv geotaktisch‹ geschaltet. Das heißt, sie kriechen zwischen den Krumen hinunter. Dieser Regelkreis bildet die Wahrscheinlichkeit nach, daß es dorthin fast immer feuchter wird. Trocknet aber der Bodenbiologe Erde in einem Trichter, so fallen sie allesamt in den sicheren Tod des unter demselben wartenden Sammelglases. Keine der tausend Arten und der Millionen Individuen konnte mit dieser Bedingung rechnen. Der Anblick der Heereszüge im Zweiten Weltkrieg rief in mir dieses Bild immer wieder wach. Was alles von dieser Welt wir vergleichsweise nicht begreifen, ist schwer zu sagen. Im Wesen des Unbekannten liegt es ja, nicht bekannt zu sein. Daß es aber sehr viel sein muß, das steht ganz außer Frage.

Es ist zwar wunderbar, wenn dem Putenküken die Deckungssuche vor dem Raubvogel angeboren ist; aber es ist enttäuschend, wenn es sich vor einer großen Fliege, die an der Zimmerdecke kriecht, genauso fürchtet. Es ist wunderbar, daß die Ratte den ganzen Nestbauvorgang erbt; aber es ist enttäuschend, daß sie bei Mangel an Nistmaterial fortgesetzt den eigenen Schwanz zum Nest trägt. Es ist wunderbar, daß das Lachen Menschen zu einen vermag, aber es ist enttäuschend, daß schon das Schwenken einer Fahne unter Geschrei sie völlig kopflos machen kann.

*Irrtum statt Wahrheit*

## Die Vorurteile der Schaltungen

> Mein theurer Freund, ich rath' euch drum
> Zuerst Collegium Logicum
> Da wird der Geist euch wohl dressiert,
> In spanische Stiefeln eingeschnürt,
> Daß er bedächtiger so fort an
> Hinschleiche die Gedankenbahn
> Und nicht etwa, die Kreuz' und Quer,
> Irrlichteliere hin und her.
>
> (*Mephistopheles*, Faust I 1910)

Wieder tritt völlig Neues in die Welt, wir können es die Kausalität nennen, Logik oder Denken, jedenfalls jene neue Form der Einsicht, die deren Vorstufe ist. Daß die Annahme, Materie könne denken, keinen Sinn hat, stellten wir schon fest; wie sie zu denken beginnt, das können wir nun verfolgen. Und wieder kann es nur geschehen unter der Voraussetzung aller bisherigen Errungenschaften, namentlich unter der Aufsicht der angeborenen Lehrmeister, der Vorurteile der Moleküle. Und wieder hat es zu geschehen, weil das Repertoire, zu groß werdend, den Zufall in die Falle zwingt. Wieder entstehen neue Freiheiten auf Kosten der alten; und wieder wird der Vorgang mit der Produktion eines Überschusses an Konfusion, an Entropie-Abfuhr bezahlt.

*das assoziierende Individuum*

Jenes Neue, das dieser Kosmos noch nicht kannte, ist das assoziierende Individuum, eine neue Individualität. Bisher enthielt jedenfalls unsere Biosphäre nur identische Individuen, ähnlich den Stücken von Buchauflagen mit ihren jeweils identischen Druckfehlern. Ihre Individualität entsteht erst mit ihren Chancen zu lernen. Sie stellen Verknüpfungen zwischen ihren Regelkreisen her; wobei sie sich so verhalten, als ob die in ihrer Wahrnehmungswelt mit großer Regelmäßigkeit koinzidierenden Ereignisse tatsächlich zusammengehörten. Die Kausalitätshypothese ist geboren. Denn tatsächlich muß das, was regelmäßig koinzidiert, ursächlich verknüpft sein. Wann die Evolution diese ›Entdeckung‹ machte, wissen wir nicht genau. Im Kambrium jedenfalls, vor einer halben Jahrmilliarde also, muß sie sich schon bewährt haben. Und, wie wir sehen werden, ist der Alltag unserer Zivilisation noch nicht über sie hinausgekommen. Selbst die Logik und der Empirismus von DAVID HUME bis KARL POPPER wurden durch dessen ›Unlogik‹ verunsichert[20].

Wieder stammt das klassische Beispiel von KONRAD LORENZ[21]. Er beobachtet, daß sich die halbwilden Bergziegen im armenischen Hochland bei Donnergrollen in Höhlen zurückziehen: in ›sinnvoller Voraussicht‹ des kommenden Regengusses. Aber beim Donner einer Sprengung taten sie dasselbe. Man sieht, das Urteil im voraus ist richtig und falsch. Richtig ist das Urteil: Auf Gedonner folgt meist Regen. Falsch ist das Urteil: Auf Gedonner folgt immer Regen. Die hypothetische Näherung ist richtig, der zwingende Schluß ist falsch. Das Allgemeine, das Gewitter, läßt sich aus dem Speziellen, fernem Donner, Leuchten, Dunkeln, nicht zwingend erschließen. Darin haben die Empiristen recht. Es läßt sich – wie wir schon wissen – nur mit Wahrscheinlichkeiten ausdrücken; wenn auch, bei zahllosen bestätigten Voraussichten, mit einer an Sicherheit grenzenden Wahrscheinlichkeit: zum Beispiel daß die Sonne morgen wieder aufgehen, daß dieses Buch, losgelassen, fallen werde.

Erkenntnis ist ein asymptotischer Prozeß nach Umfang und Gewißheit zunehmender Voraussicht. Unsere Logik ist keineswegs seine Voraussetzung, sondern eine seiner Konsequenzen. Zunächst muß der Erkenntnisprozeß die Logik belehrt haben. Erst viel später, unter den Systembedingungen des Bewußtseins, kann sie wieder auf ihn zurückwirken. Der neue Erkenntnisvorgang des Individuums beruht auf einer inneren Verknüpfung dessen, was außen häufig gemeinsam erscheint. In seiner einfachsten Form ist es der bedingte Reflex. Das klassische Experiment ist das von PAWLOW[22]. Läutet man Hunden vor der Mahlzeit regelmäßig die ›Essensglocke‹, so tropft den Armen auch dann der Speichel, wenn nur die Glocke tönt. Es wird also der eine Nachrichtenkanal mit einem zweiten und bislang von ihm unabhängigen verdrahtet; eine Nachricht, etwa eine optische Wahrnehmung des Futters, mit einer akustischen assoziiert. Wie das in der Schaltung des Nervensystems aussehen muß, ist bekannt[23]. Daß es sich nachbauen läßt, bewiesen ZEMANEKS elektronische Schildkröten, die wie PAWLOWS Hunde lernten, vergaßen und wieder lernten[24]. Wiederholt und gleichzeitig durchflossene Leiter können eine Verbindung zwischen sich selbständig öffnen. Bezüglich der Nerven hat man gute Gründe zur Annahme, daß bereits bestehende Synapsen, die Verbindungen zwischen Nervenzellen, durchgängiger werden und so die Verbindung herstellen.

Daß der Vorgang notwendigerweise auf der Grundlage der bereits zahlreichen und hierarchisch organisierten, ererbten Regelkreise aufbauen muß, auf den angeborenen Lehrmeistern, ist wichtig, erkannt zu werden. Es wäre ungleich unökonomischer und nach den Trefferchancen des Zufalls eine völlige Unmöglichkeit, sollte anstelle einer Verknüpfung des

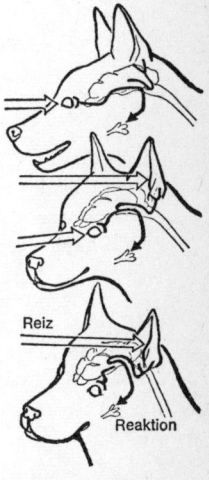

der bedingte Reflex

ein bedingter Reflex

die angeborenen Lehrmeister

bestehenden ein gänzlich neuer Regelkreis gebaut werden. Wenn beispielsweise der Reiz des ›Essensläutens‹ beim Pawlowschen Hund freie Wahl hätte, sich seinen Weg zur ›Futtermeldung‹ zu suchen, so müßten wir zwischen Innenohr, Gehirn und Muskulatur der Speicheldrüse gewiß wenigstens 16 Schaltinstanzen einrechnen. Wäre kein angeborener Lehrmeister vorhanden, so wären die 16 wahllos permutierbar. Das ergäbe die uns schon bekannten zwanzig Billionen Möglichkeiten, und ein Hund müßte 100 Jahre experimentieren, um die richtige Passage für die Nachricht zu finden. Eine solche Annahme wäre wieder absurd. Sobald man aber auch nur einen Schritt von dieser Absurdität abweicht, muß man vorbereitete Bahnen akzeptieren, und es bleibt nurmehr die Frage, wie viele von diesen benützt werden. Aber auch dies kann mit unserer bisherigen Kenntnis von der Strategie der Genesis bereits beantwortet werden. Die Antwort muß lauten: möglichst viele.

Freilich kann auch auf den angeborenen Lehrmeistern nur mit der Freiheit des Zufalls weitergebaut werden, denn es ist keine Instanz denkbar, die einem akustischen Reiz sagen könnte, warum er ausgerechnet auf eine Speicheldrüse drücken soll. Aber wir haben vom Zufall längst erfahren, daß seine Chancen in der Genesis nur mit der Abnahme seines Repertoires steigen. Der Erfolg der Freiheit des Zufalls muß sich mit mathematischer Notwendigkeit wieder dort durchsetzen, wo ihm die umfänglichsten Vorbedingungen, die präzisesten Verdrahtungsvorschriften vorausgesetzt werden. Kurz, die neue Freiheit des individuellen Lernens ist, den ›Gesetzen der Wahrscheinlichkeit‹ zufolge, überhaupt nur

die Öffnung geschlossener Programme als eine Öffnung geschlossener Programme möglich. Denn was wir oberflächlich ›Zufallsgesetze‹ nennen, daß etwa die Sechs eine Chance von einem Sechstel hat, beruht ja ausschließlich auf den, dem Zufall entzogenen, determinierten Gesetzmäßigkeiten des Würfels.

Das individuelle Lernen war im Zeitalter der Protisten noch nicht vorherzusehen. In den kambrischen Meeren aber war es bereits für viele eine unvermeidliche Notwendigkeit. Fünfhunderttausend Pflanzen- und Protistenarten bevölkern heute noch unseren Planeten, deren Trillionen Individuen allesamt individuell noch nie etwas gelernt haben. Lernen setzt ein komplexes Nervensystem voraus. Und dieses ist die Folge zunehmender Ansprüche an die erblichen Regelkreise und ihre hierarchische Verdrahtung. Ist aber seine Komplikation so groß, daß es wahrscheinlicher wird, im Laufe des individuellen Lebens eine richtige Verbindung herzustellen, als deren Erfindung dem Genom zu überlassen, so wird das Lernen von der Strategie der Genesis zwingend durchgesetzt.

Niemand ist in jener Phase der Genesis gefragt worden, ob er lernen möchte. Die Komplikation des Zentralnervensystems ist es, die Krebse, Spinnen, Insekten, Tintenfische, Wirbeltiere jeweils unabhängig voneinander und unerbittlich dazu gezwungen hat. Der kognitive Prozeß wurde ja dadurch für das Individuum auf das Millionenfache beschleunigt. Eine wunderbare Errungenschaft, doch schon wieder mit der ganzen Ambivalenz aller Errungenschaften dieser Genesis. Sie ist nicht erblich. Alles Erlernte muß von nun an mit ins Grab genommen werden. Gerade das Individuelle der erst geborenen Individualität muß sterben. Und erst viel später wird sich eine neue Freiheit, ein neuer Ausweg eröffnen.

Die erblichen Gedächtnisinhalte sitzen, wie wir erfuhren, in der Erbsubstanz. Wo die individuellen sitzen, die sogenannten Engramme, wissen wir noch nicht. Wahrscheinlich um das Genom. Das legt schon die Geschichte des Lernens seit dem der Moleküle nahe, aber auch die unzweideutige Beteiligung der RNS an den individuellen Lernvorgängen[25].

Was nun entsteht, sind die individuellen Vorurteile. Ihre Funktion ist prinzipiell dieselbe wie die der Vorurteile der Moleküle. Es geht darum, auf einen Zustand im Außensystem – den Donner, die Essensglocke – sofort und auch unter Vermeidung gefährdender Experimente reagieren zu können; selbst auf die Gefahr, sich gelegentlich zu täuschen. Die arterhaltende Funktion ist solange gegeben, wie der Erfolg der Hypothese, die im einzelnen Vorurteil steckt, den Mißerfolg überwiegt. Damit entsteht die Vorstufe eines Weltbildes; das ist ein Hypothesensystem, welches im Bereich der Lebenserfordernisse, also im Selektionsbereich, die Wirklichkeit ziemlich richtig beurteilt.

die individuellen Vorurteile

Freilich geschieht das in der Zwangsjacke aller Vorbedingungen des Systems; eines Systems genormter Gehirne und Schaltungen, Nerven, Ganglienzellen und Ribonucleinsäuren im Inneren und eines Systems von Massennormen im System des Milieus. Jene standardisierte Welt der Normen und engen Toleranzen, die aus den Beschränktheiten der Wahrnehmung entstand und zum identischen Wiedererkennen entwickelt wurde, wird aus Gründen der Trefferchance und der Ökonomie erhalten.

Aber freilich geschieht dies auch auf einer hierarchischen Lernmatrix, deren Verknüpfung ja, wie wir wissen, von den

eine hierarchische Lernmatrix

einfachsten Muskelkoordinationen bis zu den obersten Instanzen der Instinkte längst vorbereitet ist. Und es steht außer Frage, daß auch die Handlungen des Menschen hierarchisch organisiert sind[26]. Damit sind wir auch schon inmitten der Kontroversen der Lerntheorien, die auf den Unterschieden in der Komplexität des Erlernbaren ebenso beruhen wie auf dem der Standpunkte. Es ist ja offenbar zweierlei, ob man versucht, einen Tanzschritt oder die Relativitätstheorie elegant reproduzieren zu können; und dennoch nennen wir beides ›lernen‹.

In der Kontroverse der Lerntheorien wiederholt sich ein viertes Mal die Konfrontation der atomistischen und der ganzheitlichen Lösungsversuche. Was wir in den einzelnen Ebenen der Komplexität als exekutive versus funktionale Kausalität, als Reduktionismus versus Holismus und als Behaviourismus versus Ethologie beschrieben, heißt nun Reiz-Reaktions-Theorie versus kognitive Theorie[27].

Das Reiz-Reaktions-Konzept vermeint, mit peripheren Schaltungen, namentlich von Bewegungen, sowie mit der Verwendung von Gewohnheiten zum Erlernen von Reaktionen und Vorgängen auszukommen. Das kognitive Konzept hingegen vermag die Dinge vor allem durch zentralnervöse Schaltungen, namentlich von Erinnerungen und Erwartungen, sowie durch die Verwendung kognitiver Strukturen zum Erlernen von Sachverhalten und Gesetzen zu erfassen. Dort also Vertrauen auf Versuch und Irrtum, hier die Überzeugung der Mitwirkung von Einsicht.

Was ist aber Irrtum und Einsicht? Das ist der entscheidende Punkt. Irrtum ist ein Kind des Zufalls. Er enthält die Enttäuschung einer Voraussicht, zeigt also jenen Bereich an, in welchem das Vorurteil des Individuums Notwendigkeiten erwartet, aber dem Zufall begegnet. Und das Arsenal der Enttäuschungen sowie die Häufigkeit des Irrtums entspricht jenem Repertoire, welches dem Zufall im Rahmen jedes Vorurteils gelassen ist. Einsicht ist das genaue Gegenteil. Sie herrscht, wo sich Voraussicht von Notwendigkeit bestätigt. Und wiewohl wir den Begriff ›Einsicht‹ als Ehrentitel für kognitive Schaltungen anerkennen, jene aber, die für immer geringere Aufgaben ebenfalls die richtige Lösung besitzen, als ihre Vorstufen; hinunter bis zum Erkennen von Zucker durch das Lac-Operon des Coli-Bakteriums.

Nun wissen wir, daß die Evolution auch der kognitiven Vorgänge nur zwischen Zufall und Notwendigkeit vor sich gehen kann; aber wir wissen auch, daß die Erfolge nur bei kleinen Freiheiten des Zufalls groß werden können. Je kom-

plexer der Gegenstand des Lernens, um so mehr Einsicht muß den Zufallsbereich des Versuchens einengen, soll die Aussicht auf Erfolg erhalten bleiben.
Entsprechend sahen wir in jeglichem System als Folge seiner wachsenden Komplexität neue Eigenschaften entstehen. So ist es auch mit den Systembedingungen des Lernens. Wieder können wir das Werden von Rückkoppelungen verfolgen und von Verselbständigungen, und als Konsequenz wiederum das Entstehen von völlig Neuem für diesen Kosmos: das Entstehen von Denken und Bewußtsein.

*Systembedingungen des Lernens*

Beide Neuerungen, Rückkoppelungen wie Verselbständigungen, beginnen wohl wieder tief in der Geschichte der kambrischen Meere. Aber auch wenn es mit unendllicher Langsamkeit begann, die Entwicklung verläuft wieder exponentiell; beschleunigt in den höheren Tierstämmen, explosionsartig auf dem Weg zum Menschen.

Die Rückkoppelung ist durch von Holst und Mittelstaedt als das Reafferenz-Prinzip bekannt geworden[28]; es enthält die Rückmeldung des Erfolges aus der Tätigkeit des Organismus selbst. Fühle ich die Bewegung eines Astes, den ich schüttle, so ist die Nachricht eine völlig andere, als wenn ich fühle, daß er vom Wind geschüttelt wird. Damit ist eine Kontrollinstanz, ein Überwachungssystem geschaffen, das universell in allen hierarchischen Instanzen verwendet werden kann, das im Prinzip wohl noch dasselbe ist, wenn wir letzten Endes über unsere Gedanken und Reflexionen reflektieren.

Die Verselbständigungen des Systems wiederum kennt man mit fünf Erscheinungsformen, wie wiederum Lorenz erkannte, die zusammen die ›Wurzeln des Denkens‹[29] bilden. Hier steht als erstes die Leistung der Abstraktion, die dem Hund beispielsweise aus allen Hunderassen den Artgenossen oder das bekannte Individuum aus all seinen möglichen Stellungen meldet. Die Einengung des Zufalls ist mittels solcher Abstraktion außerordentlich. Auch unsere Kleinkinder besitzen diese Fähigkeit im höchsten Maße, lange bevor sie die Klasse der »Wauwau« begrifflich zu fassen vermöchten. Selbst der erfahrene Systematiker kann in Verlegenheit kommen, wenn er die äußerst komplexen Wahrscheinlichkeitsverrechnungen, die ihn aus dem Hintergrunde seines Denkens zu seiner Auffassung leiten, begrifflich darlegen soll.

*die Wurzeln des Denkens*

Als zwei weitere Errungenschaften entstehen die Repräsentation des Raumes im Zentralnervensystem und die darangepaßte kontrollierte Motorik, die Willkürbewegung. Sie führt zu so erstaunlichen Leistungen wie dem Jagen der Gemse über Blockhalden, dem Tollen der Affen um die Gitterwände, ohne auf die Stellen der Tritte oder Griffe hinsehen zu müssen. Es genügt, sie Sekundenbruchteile zuvor gesehen und mit der Eigenbewegung verrechnet zu haben. Der Raum beginnt, sich im Nervensystem zu wiederholen; und zwar so vollständig, daß schließlich in diesem, stellvertretenden Raum experimentiert werden kann. Bekannt sind die Experimente mit Menschenaffen[30]. Das Problem, etwa eine Kiste unter die hoch hängende Banane unterzustellen, um diese zu erreichen, löst der Affe bereits ›im Kopf‹. Anstatt beliebig planlose Handlungen zu setzen, vollziehen sich diese bereits im gedachten Raum; erst die am ehesten erfolgversprechendste wird, und zwar spontan, vollzogen.

Die erste Form des Denkens ist geschaffen. Ja, solch unbenanntes Denken[31], wie es KOEHLER nannte, mußte bei zureichender Raum-Repräsentation geschaffen werden, weil der Vorteil wiederum enorm ist. Dieser besteht darin, nicht die eigene Energie der Ungewißheit des Zufallsversuches auszusetzen, die eigene Haut, ja das Leben zu riskieren, sondern nur einen Gedanken verwerfen zu müssen: statt des Individuums die Hypothese sterben zu lassen[32].

*unbenanntes Denken*

Wie das Lernen war auch das Entstehen des Denkens nicht vorherzusehen. Und wie jenes war es von niemandem angestrebt. Wie sich das Lernen als eine Folge zu groß werdenden Repertoires der Erbkoordinationen erwies, erweist sich die Schöpfung des Denkens als die notwendige Folge zu groß werdenden Repertoires des Erlernten. Wieder führt die Strategie der Genesis den Zufall in die Falle. Aber es sind noch zwei weitere Errungenschaften, deren notwendige Entwicklung und zufällige Begegnung die Schöpfung des Denkens förderten: Neugier und Spiel mit der Entdeckung des eigenen Seins sowie Nachahmung und Tradierung.

*Neugier und Spiel*

Neugierverhalten und Spiel sind verwandt und setzen beide eine hohe Organisation voraus; ein großes Repertoire angeborener Lehrmeister und eine Entspanntheit, die nur aus der Sicherheit konsolidiert erscheinender Lebensumstände entstehen kann. Wir kennen derlei von den Jungen einiger Vögel und vieler Säuger. Das für die Genesis Neue besteht wieder in einer Verselbständigung des Vorganges; darin, daß nicht mehr alleine das Gelernte, sondern bereits das Lernen selbst zum Ziel der Handlung geworden ist. Wieder ist ein neuer Verstärkerkreis entstanden. Er entsteht mit der Bereitschaft, immer mehr beliebige Gegenstände biologisch relevant zu finden, um an ihnen die ganze Reihenfolge arterhaltender Instinktbewegungen durchzuprobieren: beispielsweise Hassen, Angriff, Zerkleinern, Verschleppen beim jungen Kolkraben, Lauern, Rivalenkampf, Verteidigung beim Kätzchen. Mit jeder Reaktion wird dem unbekannten Gegenstand – etwa einem Polster, einem Wollknäuel – die ihm anhaftende Ungewißheit entzogen. Bei Affen wird sogar schon der eigene Körper, allem voran die Hand, Gegenstand der Neugier – ein Weg, der zur Entdeckung des Ich und zur Philosophie führen wird. Die Strategie der Genesis bleibt dabei stets dieselbe. Wird mit der Zahl der ins Interesse tretenden Gegenstände und mit diesen das Repertoire der Ungewißheiten, die Ratlosigkeit, zu groß, so wird ihnen ebenso schrittweise ihr Zufallscharakter entzogen. Freilich jeweils nur hinsichtlich der uns höchst gering erscheinenden biologisch relevanten Eigenschaften: ob sie wohl gefährlich, zu zerlegen, zu fressen und schließlich wegzuschleppen seien. Gewiß, die Eigenschaften unseres eigenen Interesses haben zugenommen: Doch sind sie nicht minder einseitig und beschämend wenige genug.

Spiel ›Rivalenkampf‹

Größer ist unser Fortschritt in Nachahmung und Tradierung. Nachahmung durch das Lernen des Genoms ist in der Natur weit verbreitet. Man denke an die Mimikry, von den Orchideen (Bild S. 76) bis zu den Fischen. Nachahmung durch das Lernen des Individuums ist dagegen selten und, wie zufällig, bei wenigen ganz verschiedenen Vögeln verbreitet. Tatsächlich gibt es auch wenig, was nachzuahmen den Aufwand lohnte. Aber wo er lohnt, dort setzt die Nachahmung ein, und das Gelernte wird sogleich weitergegeben, tradiert. Gut bekannt ist das von Makaken einer japanischen Station, wo ein junges Weibchen das Kartoffelwaschen erfand und das Sortieren von Sand und Weizen, indem sie beides ins Wasser warf und das schwimmende Futter auffischte. Diesen zweifellos lohnenden Vorgang haben ihm über ein Dutzend ihrer jungen Kumpane abgeguckt und bereits über Generationen weitergegeben.

Nachahmung und Tradierung

Aber so, wie uns die Systembedingungen des Lernens der Moleküle an das Lernen der Schaltungen heranführten, so führen uns dessen Systembedingungen bereits an das Gebiet des Denkens. Dies ist das Lernen im gedachten Raum, in der im Zentralnervensystem substituierten Wirklichkeit, in der Vorstellung. Doch bevor wir dort ganz eintreten, müssen wir noch die Kosten überschlagen, die Rückzahlung an die dem Zufall entlehnten Konten.

Das Lernen der Schaltungen beruht wie das der Moleküle auf dem Prinzip des Einfangens des Zufalls; und die Chancen des Erfolgs müssen mit jeder Verringerung des Repertoires des Zufalls wachsen. Alle kognitive Errungenschaft

*die Kanalisierung möglichen Erfolges*

entspricht somit weiterhin einem Beschneiden der Freiheiten des Zufalls und führt, wenn auch auf immer höheren Ebenen, zu einer Kanalisierung möglichen Erfolges. Auch bei der Problemlösung durch das Lernen verhalten sich Evolutionschance und Zufallsvielfalt gegenläufig. Dies mag paradox erscheinen, wenn man übersieht, daß dieser Antagonismus zwischen Freiheit auf der einen Seite und Beschränkung, wir können auch sagen Kanalisierung, Richtungsweisung oder Sinn, auf der anderen mit seinem Wirken auch gleichzeitig immer komplexere Ebenen erklettert.

Daß der Löwe nicht das Fliegen, die Taube nicht das Brüllen erlernen kann, scheint uns eine Trivialität aus der Welt der Fabel. Daß aber alle Zirkusdressur, selbst die der Spanischen Hofreitschule, nicht mehr erlernen läßt, als neue Verflechtung alter Erbkoordinationen, ist schon auffallender. Alles Lernen ist kanalisiert und muß es sein, weil unter unzähligen denkbaren Lernmatrices in einem Körper nur wenige realisiert sein können. Das behende Durchlaufen einer Wegstrecke beispielsweise wird durch das Aneinanderfügen eingefahrener Bewegungen erlernt[33]. So wird von einer Wasserspitzmaus ein eingelerntes Hindernis, wird es fortgenommen, zunächst dennoch übersprungen und sein Fehlen erst danach mit Desorientierung registriert; ebenso wie wir tagelang danebengreifen, wenn der Schalthebel am neuen Wagen an ganz anderer Stelle angebracht ist. Auch der Ort des Lernkanals ist festgelegt. So zeigte es sich, daß man Ratten eine Nahrung nur dann abdressieren kann, wenn man bei ihnen zusätzlich eine Übelkeit hervorrief, die von den Eingeweiden aus gemeldet wird.

Was uns selbst lernunmöglich ist, ist schwer zu sagen, weil wir keine Ahnung von dem haben können, was uns nicht zugänglich ist. Vom Spektrum der elektromagnetischen Wellen sehen wir keinen billionsten Teil. Nicht einmal Infrarot oder Ultraviolett können wir sehen lernen; auch nicht, daß Weiß alle Farben enthält. Die Schaltung ist fest verdrahtet. Auch die Verrechnung zwischen den Sinnesorganen ist nicht zu ändern. Bekannt ist der Scherz mit der innen als Zimmer bemalten Kiste, in der man auf einem festen Sitz Platz nimmt. Wird die Kiste nun langsam um eine horizontale Achse gedreht, so vemeint man unweigerlich vom Sitz zu stürzen. Die Gleichgewichtsverrechnung ist nicht in der Lage, die optische Verrechnung zu belehren. Stürzte der Sitz aber mit dem Zimmer, dann ›trauten wir unseren Augen nicht‹. Auch kann wiederum das Auge das Gleichgewichtsorgan nicht korrigieren. Nicht seekrank zu werden,

*der Drehkasten*

ist nicht zu erlernen. Manche vermögen sie nicht einmal im Kino zu vermeiden, wenn das Abenteuerschiff auf der Leinwand zu lange gegen den Sturm kämpft.

Nicht minder wäre es verfehlt zu meinen, die alten Lehrmeister könnten durch die neuen Freiheiten auf der Lernebene ersetzt werden. Die ganze Evolution zum Lebendigen und bis zu den komplexen Gestalten hat uns gelehrt, daß Systeme um so stärker fixiert werden, je mehr neue auf ihnen aufbauen. Wir wissen, daß sie ihre funktionellen Bürden erst dann abwerfen könnten, wenn alle auf ihnen fußenden Aufbauten zu ersetzen wären. Und das wird mit deren Zahl und Wichtigkeit schließlich ausgeschlossen.

Sobald die Grenzen jenes Selektionsbereiches erreicht werden, der früher einmal, vielleicht in der Kreidezeit oder im Devon, die Lehrmeister schuf, endet deren Adaptierbarkeit; zumeist für immer. Werden die Grenzen aber vom Wandel der Umwelt überschritten, dann beginnt, wie stets, die Rückzahlung an die Konten des Zufalls; und zwar mit derselben Notwendigkeit wie in allen bisherigen Ebenen.

> die Rückzahlung an die Konten des Zufalls

Die Mehrzahl der Schuldner wird von den Wechseln, mit welchen sie sich die Erfolge ihrer Spezialisierung vom Zufall erkauft haben, hinweggerafft worden sein. Dies ist der übliche Tribut an Entropie und Chaos. Wo immer eine Lernweise erst am Rande ihrer Ausrottung steht, können wir diese Zusammenhänge noch sehen. Vier Beispiele mögen das zum Abschluß illustrieren.

Die Dohle lernt, welches Nistmaterial geeignet ist, aus der Reafferenz seines festen Hängenbleibens beim Einschieben in den Nestbau. In unserem Industrie-Milieu bieten sich nun Drahtstücke und Blechstreifen als besonders befriedigend an. Sie verhängen sich nämlich besonders gut. Sie werden zum überoptimalen Auslöser, folglich bevorzugt verwendet und zu dem, was wir ein Laster nennen. Die Brut aber geht zugrunde, denn Eisen kann die Brutwärme nicht halten. – Hühner wiederum flüchten stets in der Richtung, in der eines ihrer Augen den Feind nicht mehr sieht. Diese treffliche Methode versagt auf Autostraßen, wo ihnen kein Feind kreuz und quer folgt, sondern sie sich nur verfolgt fühlen. Verliert, glücklich am Straßenrande, ein Auge den Feind aus der Sicht, so rennen sie wieder hinüber und dann wieder zurück. Welche Hoffnung kann ihnen eine motorisierte Welt noch bieten? – Bei erfahrungslosen Jungdohlen genügt es, ihnen, bei gleichzeitigem Produzieren ihres charakteristischen Schnarrlautes, einige Male ein Tier, etwa eine Katze, zu zeigen, um ihnen dieses für immer als

Feindbild einzuprägen. Nun zeigt das Experiment, daß sich dies, wenn man eine Dohle vorzeigt, selbst gegen die eigenen Artgenossen manipulieren läßt.

Und damit sind wir schon beim Menschen. Er besitzt ebenso schutzlose Lernkanäle – alte Lehrmeister, deren früher wohl aus Vertrauen begründende Verläßlichkeit durch die Mittel unserer neuen Lebensbedingungen leicht zu hintergehen ist. Mit BERNHARD HASSENSTEIN müssen wir heute überzeugt sein, daß es genügt, dem Kleinkind die Mutter oft genug zu entziehen[34], sie etwa durch die Tagesmütter in den Heimen unserer Industriegesellschaft zu ersetzen, um die Gefahr, daß sie seelisch verkrüppeln, drastisch zu erhöhen[35]. Aber weder ist das die einzige Prägephase des Menschen, noch sind es nur die sensiblen Lebensabschnitte, in welchen der Mensch als ungewollt Lernender seiner Freiheiten beraubt wird. Wie Werbung, Propaganda, Fahnen und Ideologien ihn wider seinen Willen, ja wider sein Bewußtsein, zu manipulieren vermögen, dürfte nicht mehr zu den Geheimnissen zählen, wiewohl es der Wissenschaft wiederholt verboten wurde, die Mechanismen aufzuklären[36]. Doch davon später mehr.

Gewiß, mit dem Lernen des Individuums hat die Genesis erst den Weg zur Individualität geschaffen, einer Freiheit ganz neuer Dimension. Erfolg aber konnte die neue Freiheit nur in vorgegebenen Bahnen haben; als Freiheit in spanischen Stiefeln, nicht als die des Irrlichts; eingeengt zum Dahinschleichen und gefährdet von der Dressur.

### Die Vorurteile der Vorstellung

> Nachher, vor allen andern Sachen,
> Müßt Ihr Euch an die Metaphysik machen!
> Da seht, daß ihr tiefsinnig faßt,
> Was in des Menschen Hirn nicht paßt;
> Für was drein geht und nicht drein geht,
> Ein prächtig Wort zu Diensten steht.
> (*Mephistopheles*, Faust I 1948)

Gewiß, nun folgt das Wort. Die Genesis setzt an zum nächsten großen Schritt. So scheint es, durch die Lücken der Überlieferung. Aber wieder ist es ein jahrmillionenlanges, harmonisches Fließen gewesen, von der Notwendigkeit der einen Systembedingungen in die der folgenden, noch komplexeren; in das Dreiersystem von Denken, Bewußtsein und Sprache.

Wieder richten sich die Wege selbst, entsteht ein neuer Sinn, ohne maschinenhaft geplant zu sein. Lediglich, weil unser Denken nicht *nur* vorgeplant wurde, ist es nicht ganz unfrei, und weil es nicht *nur* der Zufall schuf, ist es nicht ganz ohne Sinn. Die Strategie dieser Genesis hat sich noch immer nicht geändert, doch ihre Produkte kommen dem näher, mit dem wir frei zu operieren meinen, unserer Vernunft. Der Mensch war also nicht geplant. Tatsächlich treffen sich die Kausalketten der Voraussetzungen der Menschwerdung zufällig. Aber die Konsequenzen ihrer Begegnung sind ausschließlich Notwendigkeiten, neue Systembedingungen; neue Formursachen, innerhalb deren die alten Formursachen zu Materialursachen, die sich zufällig begegnenden Supersysteme notwendig zu Subsystemen werden. Niemand wollte denken, sich seiner bewußt werden oder sprechen. Die so unvorhersehbaren wie gewaltigen Vorteile der neuen Systembedingungen haben die Schöpfung von Denken, Bewußtwerden und Sprache erzwungen: wieder durch das Einengen des Zufalls die höhere Trefferchance, eine neue Ökonomie der Entscheidungsfindung. Das alte Spiel zwischen notwendigem Zufall und zufälliger Notwendigkeit wird aber nun ganz nach innen verlegt; und jetzt entstehen im Inneren des Zentralnervensystems die erforderlichen Urteile im voraus, die Vorurteile der Vorstellung.

Die Zufälle der Menschwerdung liegen also in der Unvorhersehbarkeit der Begegnung ihrer Ursachen. Als aus den frühen Reptilien die ersten häßlichen Säuger entstanden, hätte ihnen niemand ihre Chancen prophezeien können. Die Saurier beherrschen noch alle Elemente. Und als vordem die ersten Fische ans Land stiegen, war noch nicht einmal ausgemacht, ob nicht das Tintenfischhirn das aussichtsreichere wäre. Auch der LAPLACEsche Geist hätte das, wie wir wissen, nicht gewußt. Vielleicht haben die ersten Vierfüßer sogar der Tüchtigkeit des Tintenfischhirnes wegen das Meer verlassen.

*die Zufälle der Menschwerdung*

Die Menschwerdung setzt die Begegnung von fünf Prämissen voraus, um die ›Wurzeln des Denkens‹, wie wir schon sahen, zum gemeinsamen Stamm zu vereinen. Zunächst hohes Abstraktionsvermögen. Es benötigt eine beträchtliche Hirngröße (Bild S. 242). Die Entwicklung der Raum-Repräsentanz wiederum verlangt das Leben in komplexen Raumstrukturen, etwa im dichten Geäst, sowie vorderständige Augen. Die Entwicklung des Neugierverhaltens braucht eine konsolidierte, kinderschützende Sozietät (Bild S. 264 und 265); und der Weg zur Selbstexploration eine vor dem Ge-

sicht operierende Greifhand. Und endlich war eine geringe Spezialisierung zu fordern, um der Willkürbewegung ein großes Repertoire zu sichern; um aber auch rückwirkend eine neue Spezialisierung schaffen zu können[37], ein Extremorgan in ganz neuer Art – ein mächtiges Großhirn.
Dabei mochten hinsichtlich des Großhirns die Delphine die bestdisponierten sein; hinsichtlich des Raumlebens die Eichhörner, der Augenstellung die Eulen, der Sozietät die Raubtiere, es mochten die Baumfrösche eine gute Greifhand, die Halbaffen die geringste Spezialisierung zeigen. Die Kombination all dieser Prämissen war aber nur bei einer einzigen Tiergruppe gegeben, bei den Höheren Affen. Und unter diesen ist es wieder eine kleine Gruppe, die der Proconsulen, die vor zwanzig Jahrmillionen die Herausforderung annahmen, mit all diesen Anlagen aus dem Tropenwald hinaus in die Steppen zu ziehen und diese zu erobern. Damit entstehen der Ramapithecus und weiter die Formen des Australopithecus und vor zwei Jahrmillionen, dicht vor dem Werden der Gattung Homo, die ersten Steinwerkzeuge[38].
In diesen achtzehn Jahrmillionen haben sich in wechselseitiger Verstärkung vier Dinge vorbereitet: Werkzeuggebrauch, Bewußtsein, Sprache und die Tradierung durch Nachahmung.

*die notwendigen Voraussetzungen*

Mit ihrem Zusammenwirken ist einer der größten Schritte in der Evolution getan. Die Vererbung individueller Erfahrung ist erreicht. Die Geschwindigkeit der Evolution kann sich nun vertausendfachen. In nur zwei Jahrmillionen verdreifacht sich das Hirnvolumen. Wir selbst treten auf die Bühne: Der Homo sapiens, wie wir uns, in bekannter Bescheidenheit, den ›weisen Menschen‹ nennen. Er ist ausgestattet mit einem neuen Extremorgan, den tief gefurchten Hemisphären, die ihn jetzt in die Lage versetzen, nicht nur den Höhlenbären auszurotten und den Nachbarn, den Neandertaler, sondern auch weiter den ganzen Planeten zu ruinieren.
War es nun nicht vorherzusehen, ob und in welchen Gestalten die Vererbung individueller Erfahrung aus der Schöpfung steigen würde, die notwendigen Voraussetzungen einer solchen Menschwerdung aber sind vorbestimmt. Es sind das die Wurzeln des Denkens selbst, samt ihrer eigenen angeborenen Lehrmeister; jene Systembedingungen, die jedem Denken den Weg bereiten müssen. Es sind das die Leistungen des nicht bewußten Verrechnungs- oder Weltbildapparates in den Sinnesorganen und in den Schaltungen des Gehirns. Dies ist der ratiomorphe Apparat, wie ihn

*der ratiomorphe Apparat*

schon BRUNSWIK gekannt hat[39], seiner vernunftähnlichen Vorgangsweise wegen.

Wir kennen ihn bereits. Wir haben seiner Entwicklung bisher dieses ganze Kapitel gewidmet. Wir mußten (in Kapitel 3) sogar von ihm ausgehen, um wahrscheinlich zu machen, daß wir überhaupt von Dingen reden, die existieren.

Dieser Apparat verhält sich nun so, als wäre nichts Merkbares ganz gewiß, aber alles annähernd Gewisse wahrscheinlich real. Er enthält die konsequente Fortsetzung jener Methode des Wissensgewinns, die bereits erfolgreich die Evolution der Keime, des Lebens und aller Gestalten betrieben hat. Er ist, wie DONALD CAMPBELL treffend sagt[40], hypothetischer Realist.

In seiner Struktur enthält er eine Reihe von Hypothesen, die auf der Verrechnung von Wahrscheinlichkeiten beruhen; besser: Wahrscheinlichkeiten, deren Verrechnungsweise unser Bewußtsein nachvollziehen kann, wenn wir das annehmen. Im Ansatz zu unserer Studie (in Kapitel 3) haben wir sie vorausgesehen, nun studieren wir ihre Entstehung. Direkt wird uns der Apparat nicht einsichtig. Dies zählt zu seinen Kennzeichen. Erst wo sein Verrechnungsergebnis von der Erwartung unserer bewußten Kalkulation abweicht, fällt er überhaupt auf. Wir erleben solche Abweichungen von der Erwartung, von der Logik unseres Bewußtseins, als eine Täuschung und vermuten, nicht ganz zu Unrecht, eine Täuschung der Sinne und – wie wir uns ausdrücken – ›trauen‹ dann unseren Augen nicht. Die sogenannten optischen Täuschungen sind ja allgemein bekannt und werden selbst in der bildenden Kunst, von der Illusion der Deckengemälde bis zur besinnlichen Groteske MAURITS ESCHERS[41], systematisch angewandt. Sogar Trickfilm, Film und Fernsehen täuschen uns Raum und harmonische Bewegung vor, wo es beide nicht gibt.

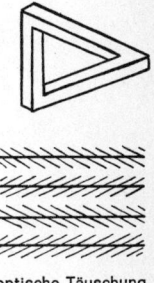

optische Täuschung

Damit wurde man zuerst im optischen Verrechnungsbereich der ganz erstaunlichen positiven Leistungen gewahr, und es entstanden mit EHRENFELS und WERTHEIMER[42] die europäischen Schulen der Gestaltpsychologie, die heute über amerikanische auf die Neurophysiologie, Verhaltenslehre und Pädagogik zurückwirken. Ihr umfangreiches Material gipfelt in den Prägnanz- und Konstanzgesetzen und in jenen der Transponierbarkeit. Sie zeigen, daß die Verrechnung auf die Zusammensetzung komplexer, auch im Wandel wiedererkennbarer Einheiten, der Gestalten, abzielt; wovon schon Affen in der erstaunlichsten Weise profitieren. Unsere Identitätshypothese ist deren Voraussetzung.

Darüber hinaus verfügt der ratiomorphe Apparat über ein Gedächtnis, das unser Bewußtes um Größenordnungen übertrifft[43]. Ja unsere Unfähigkeit, viele Merkmale gleichzeitig zu denken, muß ein Haupthindernis sein, Gestalten zu rationalisieren. Zudem aber enthält der Apparat noch die Hypothesen des scheinbar Wahren, der Kausalität und der Dependenzen mit der Tradierung; jede vor einem Hintergrund komplexer Verrechnungen. Gemeinsam setzen sie das nicht bewußte Problemlösen zusammen. Sie sind die völlig unentbehrliche Voraussetzung dafür, es allmählich in das Bewußtsein treten zu lassen.

Nun ist es nicht verwunderlich, daß hier, bereits in der Nähe des bewußten Denkens und dessen, was wir den ›freien Willen‹ nennen, nochmals Widerstände auftauchen. Man möchte die Einengung durch Gesetzmäßigkeit und damit den ganzen ratiomorphen Apparat nicht wahrhaben. Emotionell ist das verständlich, nach den Gesetzen der Wahrscheinlichkeit aber absurd. Wären die Denkkanäle, die der Apparat zuläßt, auch nur in dem Maße offen, daß zur Lösungsfindung unsere bekannten 16 Entscheidungen, hier als Einzelinhalte eines Denkvorganges, frei kombinierbar wären, wir könnten erst nach hundert Jahren Denkens auf die Lösung einer solch winzigen Aufgabe hoffen.

Man könnte zwar einwenden, daß das Hin und Her um die Bedeutung der Gestaltgesetze ohnedies schon fast hundert Jahre dauerte. Solch einem Pessimisten müssen wir sagen, daß die Aufgabe unseres Beispiels allzu einfach war. Nehmen wir einen mittleren Schwierigkeitsgrad: eine Aufgabe mit 65 Einheiten, wie sie etwa die Bestimmung einer Tierart, der Zusammenbau eines Plattenspielers oder die Planung eines Familienurlaubes enthält. Bei freier Permutation ergäben sich mehr als $10^{90}$ Möglichkeiten. Dies überträfe die Zahl aller Quanten des Kosmos. Die Sache wäre also tatsächlich absurd. Freiheit ist eine besondere Art von Gesetzmäßigkeit, keineswegs ihr Mangel. Doch davon später mehr. Das Freiheitsproblem darf ich erst im Rahmen unserer Gesellschaftsprobleme erörtern. Hier muß zunächst die Feststellung genügen, daß Denken ohne den Gesetzeskanon des ratiomorphen Apparates ein Ding der Unmöglichkeit wäre.

Wo wir nun immer in dieser Genesis neue Systeme am Wege der Verselbständigung sahen, traten auch neue Freiheiten wie neue Kontrollinstanzen auf den Plan. Die Perfektion eines ratiomorphen Apparates erlaubt nun als neue Freiheit den Einsatz der Vorstellung; seine Komplexität hingegen verlangt, daß ein neues Regulativ, als Absicht oder bewußter Wille, unter den zu zahlreich werdenden Alternativen die verengende Entscheidung treffe. Wir befinden uns damit vor dem ehrwürdigen Problem des Bewußtseins. Auf Uraltem entsteht wieder notwendig das Neue.

*das ehrwürdige Problem des Bewußtseins*

Ein gutes Gedächtnis eines guten ratiomorphen Apparates macht es, wie wir aus Experimenten wissen, schon den Menschenaffen möglich, Gedächtnisinhalte abzurufen und mit ihnen anstelle von Außenreizen zu operieren[44]. Der Vorgang, mit Versuch und Irrtum das Richtige zu treffen, wird nach innen verlegt. Der Vorteil ist enorm. Die Versuche verlaufen schneller, und alle Gefährdung wird vermieden. Daß Denken ein Probehandeln mit herabgesetztem Risiko ist, erkannte schon SIGMUND FREUD. Nun erst kann immer wieder, wie wir voraussahen, die Theorie für seinen Träger sterben. Der Weg mußte also gegangen werden. Erfolg haben wieder die Urteile im voraus; doch sind es nun die Vorurteile der Vorstellung.

Mit der Vorstellung, mit der Abrufung von Wahrnehmungsinhalten aus dem Gedächtnis und deren Kombinationen, gewissermaßen mit der Projektion der gespeicherten Filmbilder auf der Leinwand des Reizempfanges, kommt ein altes Problem zum Vorschein. Was ist das Erlebnis eines Reizes? Zweifellos nicht mehr als ein Symbol für den Reiz in der Codeform dessen, was wir nun das Bewußtsein nennen. Nur der naive Realist kann meinen, daß es ›rot‹, ›süß‹ oder ›schön‹ außerhalb des Gehirnes gebe. Sie sind codierte Einheiten für die Perzeption bestimmter Wellenlängen, Moleküleigenschaften und Proportionen. Aber auch dieser Code muß uralt sein. Denn auch wenn ein Fisch auf eine Wellenlänge, wenn das Pantoffeltier auf einen Widerstand, das Colibakterium auf Zucker reagiert, muß es für sie codifizierte Gedächtniszustände geben, wie etwa die Nicht-Blockierung des Lactose-Operons durch die Veränderung der Repressormoleküle (Bild S. 152). Es mag sein, daß sich diese Codices von ihrem Träger, dem Gehirn, so unterscheiden wie die Alternativen des genetischen Codes von den Nucleinsäuren, die Alternativen der Quanten oder der Information von den Wellen oder der Energie der Materie. SCHRÖDINGER ist wohl als einer der ersten für eine solche Universalität des Dualismus der Materie eingetreten[45].

Neu hingegen und entsprechend erst ganz oberflächlich im Gebrauch ist das bewußte Denken. »Entgegen der populären Meinung«, so stellt die Psychologie heute fest, »ist das eigentliche Denken nicht mit einem besonders hohen Grad von Bewußtsein ausgestattet; es gelangt vielmehr zu seinen Resultaten, ohne daß die einzelnen Zwischenstufen auch wirklich im Erlebnis deutlich würden. Am Ende steht dann oft das von Bühler so bezeichnete ›Aha-Erlebnis‹ des mehr oder minder plötzlichen, bisweilen ganz unvermuteten Bescheidwissens.«[46] Wie man, so bestätigt Konrad Lorenz die Beobachtung Carl Friedrich v. Weizsäckers, »zunächst nur mit Sicherheit weiß, daß man die Lösung hat, aber noch nicht, wie sie aussieht«[47]. Mit Arthur Koestler konnten wir sogar vermuten, daß neben diesem ›Aha‹ auftauchender rationaler Lösung auch das ›Ah‹-Erlebnis des Schönen und das ›Haha‹ des Witzes aus den nichtbewußten Schlüssen stammen[48]. Ob und wann sich die Lösung einstellt, ist kaum zu beeinflussen. Die Zufallskomponente ist offensichtlich. Die Volksweisheit sagt: »Den Seinen gibt's der Herr im Schlaf.«

Es steht jedenfalls außer Frage, daß das bewußte Denken eine nur dünne Oberschicht bildet. Es kann weder unabhängig von den ratiomorphen Schaltmustern entstehen, noch diese mit fremden Verfahren kontrollieren. Selbst das denkende Finden einer Lösung muß, wie wir es stets erleben können, eine Zufallskomponente enthalten. Unsere Leistung besteht nun darin, den Zufallsraum des Suchens durch die Prämissen der Überlegung so einzuengen, daß das Repertoire des Zufalls klein, also die Trefferchance groß wird, das Gesuchte aber noch innerhalb des Repertoires liegt. Bewußtes Denken beruht auf einer absichtsvollen Beschränkung des Zufalls. Die Strategie der Genesis erweist sich wieder als unverändert, auch die Ambivalenz all ihrer Leistungen bestätigt sich.

Die Ambivalenz des neuen Spiels aber beruht darauf, daß Vorstellungen völlig unvergleichbar werden. Es läßt sich nicht einmal bestimmen, was eine Farbe in irgendeinem Gehirn bedeutet, außer in meinem eigenen. Die Individualisation wird zwar vollständig; bezahlt aber wird sie mit dem Objektivitätsmangel des Idealismus, der Einsamkeit des Existenzialismus und mit dem sicheren Tod der Seele.

Tatsächlich finden wir auch im Denken, sei es das unbewußte oder das bewußte, nicht nur den notwendigen Zufall, sondern auch alle alten Muster der Ordnung wieder; dieselben Dependenzmuster, wie wir sie aus dem Entstehen der Keime, des Lebens wie der Gestalten in identischer Weise kennengelernt haben.

*Norm, Toleranz und Zahl*  Das älteste Denkmuster ist wohl wieder im Zusammenhang von Norm, Toleranz und Zahl gegeben. Die Bedingungen des Denkursprunges fordern ihn ebenso wie die Ziele des

Denkens, des unbenannten wie des benannten, begrifflichen. Wir erinnern uns, daß die bestätigte Voraussicht identischer Ereignisse die Voraussetzung jeder Kenntnis ist. Und wir müssen uns vor Augen halten, daß die Vorstellung vor der Aufgabe steht, eine möglichst große Menge an Fakten, einen Kosmos voll der Ereignisse, in nur eineinhalb Litern Nervenmasse unterzubringen. Material- wie Formalursache scheinen hier gemeinsam durch Normierung auf äußerste Ökonomie zu drängen.

Beispielsweise dürfte ein Forstrevisor in Österreich im Laufe seines Lebens zehn Millionen Fichten, ein New Yorker Zeitungsverkäufer ebenso viele Menschen sehen. Sie sich individuell merken zu wollen überstiege jede Fassungskraft. Vergleichsweise umfaßt ein großer Wortschatz nur ein Zweihundertstel dieser Zahl. Ohne die Intoleranz der Normen ›Fichte‹ und ›Mensch‹ könnten sie nicht denken, obwohl jeder zugeben würde, daß nicht zwei jener Bäume oder Menschen gleich gewesen sind. Wir werden sehen, daß sämtliche Normen – von der Zahl bis zu den Standards der Ethik – ebenso unvermeidlich zu sein scheinen.

Ohne Strukturnormen, aber auch ohne Lagenormen, wie der Reihen, Raster oder Symmetrien, kann nichts gedacht, ja nicht einmal irgend etwas phantasiert werden. Die Systembedingungen der normativen Überselektion, die wir zuletzt am Aufbau der Gestalten wirkend fanden, zwingt auch hier, aus der Re-Etablierung des Etablierten Nutzen zu ziehen, jener primitiven Ordnung, welche hier wie dort die Aufwände der Entscheidungsfindung für den Einzelfall vermeiden kann, um dennoch im Normalbereich die Trefferchance des Urteils zureichend hoch zu halten.

Diese Hypothesen vom Identischen kennen wir schon seit den Pantoffeltierchen; eine Näherung an die Wirklichkeit, die im Grunde ebenso falsch wie in der Praxis bewährt, folglich von den einfachsten Reflexen bis zu den abstraktesten Vorstellungen angewendet ist. In den Gesetzen der Logik führt sie in den Hochkulturen zu ihrem ersten Gipfel. So ist es auch mit der Zahl, mit welcher, wie zum Beispiel RENSCH zeigte, schon Vögel und Säuger umgehen können[49], die aber auch bei Kindern und Primitiven, nach PIAGET, noch ganz an Gegenständen hängt[50]. Auch sie verselbständigt sich erst in den Hochkulturen zur höheren Mathematik. Dabei kann die Zahl auch in ihrer höchsten Form nur soweit der Wirklichkeit entsprechen, soweit sie ganz abstrakt ist. »Die Zählmaschine«, sagt LORENZ, »arbeitet wie ein Schaufelbagger, der ein Schäufelchen von irgend etwas zum vorhergehenden addiert. Wirklich stimmig und widerspruchsfrei ist ihre Arbeit nur, solange sie leer läuft und immer nur das Wiederkehren ihrer einzigen Schaufel, der Eins, abzählt.«[51] Selbst die Gleichung i + i = ii ist nur so lange richtig, wie das "+" keinerlei Qualitäten enthält[52]. Es ist ja auch nicht dasselbe, ob wir einen Wurm zweigeteilt oder ob wir ihm ein Männchen beigegeben oder das Schlüpfen seines ersten Jungen beobachtet haben. Was die Abstraktion der Zahl schon geleistet hat, von der Physik bis zu den Zinseszinsen, das ist bekannt genug; weniger bekannt ist aber, was sie schon alles verdarb.

*Sprache: eine Konsequenz des Bewußtseins*

Bevor ich nun die Wiederkehr auch der übrigen Ordnungsmuster schildere, sei der Schritt zur Sprache verfolgt. Zu sehr sind wir schon in seine Nähe gelangt. Sie ist eine Konsequenz des Systems des Bewußtseins. Gewiß, die Sprache hat tiefe Wurzeln. So ist es völlig zutreffend, mit KARL VON FRISCH bereits von einer Sprache der Bienen zu sprechen[53]. Auch in ihr wird ein Wahrnehmungsinhalt durch ein Symbol, hier durch eine bestimmte Schrittfolge, mitgeteilt. Hohe Entwicklung aber erfährt die Sprache erst – darin sind auch die Theorien der Sprachentstehung einig – mit der des Bewußtseins. Das Bewußtsein beinhaltet ja schon Symbole wie ›rot‹, ›süß‹ und ›schön‹ für Wellenlängen, Molekülstrukturen und Proportionen. Und es muß ungleich leichter sein, die inneren Symbole wieder in äußere zu übersetzen, als sie selbst zu entwickeln. Ähnlich hat die Schrift als Übersetzung in eine dritte Symbolik erst auf der Grundlage der Sprachsymbolik Erfolg gehabt. Aber ebenso muß der Erfolg dieser Übersetzbarkeit, die Sprache selbst, auf eine Förderung der inneren Symbole, der Vorstellungen, zurückgewirkt haben.

Daß die entwickeltste Sprache auf unserem Planeten eine Lautsprache ist, ist wieder ein Zufall. Er beruht auf der zufälligen Begegnung höchstentwickelten Bewußtseins mit einem passablen Entwicklungszustand der Stimmorgane. Besäßen Bienen oder Tintenfische ein so differenziertes Bewußtsein, so hätten erstere wohl unsere Sprachleistung über eine Stummensprache erreicht oder letztere über die rasch veränderlichen Zeichnungen ihrer Haut sogar eine mehrdimensionale Sprache entwickeln können. Wiederum als Notwendigkeit wurde aber unsere Sprache durchgesetzt. Das Ausmaß, mit welchem sie nun, in der Ebene der Kommunikation und der Tradierung, den Zufall einengt und die Ratlosigkeit beschränkt, ist so groß, daß dem Bewußtsein ohne Sprache keine Chance blieb.

Und selbstverständlich setzt die Sprache auch alle anderen Ordnungsmuster fort, jene Hierarchie und Interdependenz, unter deren Aufsicht bereits Bewußtsein und Denken, Instinkte und Reflexe, ja die organischen Strukturen überhaupt entstanden sind.

Hierarchie und Interdependenz

Schon die vorbewußte Willenshandlung des Kleinkindes und der Primitiven ist hierarchisch organisiert[54]. Ebenso ist es die Sprache; die primitivste, die Eskimosprache, wie die unsere. So haben Subjekt und Prädikat erst innerhalb ihres Obersystems, des Satzes, ihren Sinn, wie das Prädikat erst durch seine Untersysteme, Verb und Objekt, seinen Inhalt bekommt. Und es zeigt sich, daß diese hierarchische Struktur sowohl bei der Konzeption einer Mitteilung als auch bei der Deutung des Gehörten beachtet wird[55]. Auch erinnern wir uns, daß die Deutung der Klänge von der ganzen Kette der Form- oder Oberbedingungen, vom Gedanken zum Satz, zum Wort, zur Silbe, zum Buchstaben bestimmt wird; gleichzeitig wird jeder Sinn in der Gegenrichtung von derselben Kette der Material- oder Unterbedingungen bestimmt. Diese ›Logik‹ der Norm- und Hierarchiestrukturen zählt wieder zu den angeborenen Lehrmeistern. Erst das erklärt die Schnelligkeit des Spracherwerbs unserer Kinder. »Das Kind lernt«, wie OTTO KOEHLER einmal treffend gesagt hat, »nicht im eigentlichen Sinn das Sprechen, es lernt nur Vokabeln.«[56] Ihre ›Logik‹ ist angeboren. Sie ist das ›sapiens‹ im Menschen.

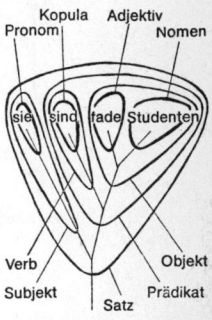

Hierarchie der Sprache

Aber nicht nur die Struktur der Sprache, auch die ihrer Begriffe ist interdependent und hierarchisch organisiert. Wie erinnerlich, erhält jeglicher Begriff erst durch eine Anzahl interdependenter Unterbegriffe seinen Inhalt und durch die Serie der Oberbegriffe, in welchen er steht, seinen Sinn. So enthält der Begriff ›Apfel‹ durch die Materialbestimmung aller Apfel-Eigenschaften aller Apfel-Rassen, die wir kennen, seinen Inhalt und durch die Formalbestimmung seiner Zugehörigkeit zu Früchten, Pflanzen und Lebendigem seinen ausschließlichen Sinn. Und es ist höchst kennzeichnend, daß jede denkbare hierarchische Sequenz nach oben in Begriffen wie Raum, Zeit, Substanz oder Sein endet, für die wir keinen übergeordneten Sinn mehr anzugeben vermögen: eine Unsicherheit, die wir als das Problem des A-priori erleben. Ebenso endet jede Sequenz nach unten in Begriffen wie Punkt, Zahl oder Null, für welche wir keine Inhalte mehr finden – eine Unsicherheit, die zu den Problemen der Axiome gehört.

Unhierarchisch läßt sich nicht denken und wiederum nicht

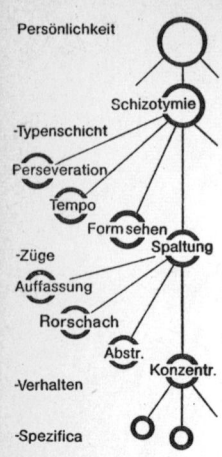

hierarchische Struktur der Persönlichkeit

Interdependenz-Lücken bei Hieronymus Bosch

einmal phantasieren, weil jeder aus seiner Hierarchieposition verdrängte Begriff gleichzeitig Sinn und Inhalt verliert. Nicht einmal mit einer Lösung der Interdependenzen kommt das Denken weit. Schon eine erste Lockerung solchen Sinns führt in die Welt des HIERONYMUS BOSCH, des Surrealismus, der absurden Träume und endet im Wahnsinn. Aber immer noch sind Teile benennbar. Löst man auch deren Interdependenzen, so ist das Chaos vollendet, das Produkt im Wortsinn unbeschreiblich. Sogar die Struktur der Persönlichkeit ist hierarchisch organisiert[56a].

Die Natur- und Denkmuster sind in einem Maße komplex und übereinstimmend, daß an eine Zufallsähnlichkeit nicht zu denken ist. Und da die Naturmuster ebenso real sind, wie sie die älteren sind, müssen die Denkmuster eine Kopie der Naturmuster sein. Das muß zum einen eine Folge der Materialursache sein, weil es sich um die Oberschicht eines Stapels von Systemen handelt, die wir alle als Voraussetzungen der folgenden und alle normativ, interdependent und hierarchisch organisiert fanden. Aber auch die Formursache drängt auf dieselben funktionsanalogen Muster, denn es muß stets das Ziel der Selektion gewesen sein, diejenigen Verrechnungssysteme zu bevorzugen, die die Wirklichkeit am ökonomischsten widerspiegelten, am entsprechendsten voraussahen.

Da die Natur durch unzählige Interdependenzen gekennzeichnet ist, von Ast und Blatt bis zu Feder und Schnabel, und die Wahrnehmung jedes Merkmals all seine Dependenten voraussehen läßt, ist das Prinzip von unschätzbarem Vorteil. Und da die Natur tatsächlich hierarchisch geordnet ist, können ihre Systeme mit einem Bruchteil an Aufwand entdeckt, wiedererkannt, gespeichert und aus dem Gedächtnis abgerufen werden: im Optimalfall der Dichotom-Hierarchie mit einer Ökonomie, die sich wie eine Zahl zu ihrem log. zwei verhält. Im Falle von 1024 hierarchisch geordneten Gegenständen kann der einzelne Gegenstand durch 10 Alternativfragen, die immer wieder die Menge halbieren, gefunden werden. 1014 Fragen werden unnötig.

Da es bei der Entscheidungsfindung, Speicherung, beim Wiedererkennen und Wiederfinden im Gedächtnis zweifellos um Trefferchancen und Ökonomie geht, muß auch das Hierarchieprinzip so weit wie möglich angewendet sein. Bekanntlich reicht es ja vom Erfolg der Spiele, etwa dem des Beruferatens, bis zur Organisation von Computern.

Durch die vielen Ebenen der Komplexität, in welchen der Zufall die Ratlosigkeit immer wieder in die Falle treiben und neue Ordnung aufbauen mußte, ist nun längst ein Zustand erreicht, in welchem Ordnung aus den Organismen auszufließen beginnt: so als wäre der Topf übervoll. Die Bienen bauen exakte Waben, wo vordem keine waren, Vögel ordnen Reiser zu Nestern, der Mensch ordnet Steine zu Waffen, Wohnung und Kunstwerk.

Und dennoch ist der Beitrag des einzelnen meist verschwindend. Alles Erreichte ist fast ausschließlich wieder ein Erfolg der Adoptivordnung. Zunächst werden alle angeborenen Lehrmeister übernommen. Dies ist keines Individuums Verdienst. Ferner wird der ganze Kanon der jeweiligen Kultur tradiert; die Grundworte aller Sprachen werden vielleicht schon seit der Eiszeit überliefert. Dies ist aber höchstens ein Verdienst wie das der Franzosen, fortgesetzt französisch zu sprechen. Und es ist noch ein weiter Weg, um sein eigener Lehrmeister zu werden, um seiner Kultur noch ein Quentchen hinzuzufügen. Ja, selbst dieses Neue, das Schöpferische, enthält ein gerüttelt Maß an Tradition, ist stets jemandes Kind; ein Kind der Renaissance, der Aufklärung oder des hypothetischen Realismus.

Interdependenz-Lücken im Surrealismus

Erfolg der Adoptivordnung

Wieder wirken alle Materialursachen des Denkens, gemeinsam mit den Formursachen seines Zwecks, auf die Nützung der Tradierung. Da alles, was sich beobachten läßt, seine Vorgänger hat und da die Adoptierung des bereits Selektionserprobten die Mühe und die Unsicherheit unzähliger Entscheidungsfindungen erspart, ist der ganze Denkapparat darauf eingestellt: Er vertraut der Tradierungshypothese. Der Volksmund sagt: Natur macht keine Sprünge.

Zwar, in der Phantasie läßt sich diese Hypothese lockern. Das Ergebnis ist eine Wunderwelt; etwa jene der un-glaublichen Verwandlungen in unseren Märchen. Aber wir trauen der Lockerung nicht und glauben sie nicht, ein jeder nach den Maßen seiner bisherigen Erziehung und Erfahrung. Die Tricks des Vorstadtzauberers, der zwei Hüte in drei Hennen verwandelt, amüsieren uns nur. In der Praxis jedoch ruhen wir nicht, solange uns eine solche Metamorphose nicht erklärbar wird, und sei es durch eine noch so gewagte Hypothese. Wissenschaftliche Theorien und der Aberglaube nähren sich gleichermaßen aus derselben Quelle. Sie enthalten beide den Vorteil, sich anstelle eines weiten Sammelsuriums nur das Prinzip einer Metamorphose merken zu müssen; statt der Ratlosigkeit wieder ein Urteil im voraus zu besitzen, wenn auch, wie ja immer, ein hypothetisches. Die Befriedigung dessen, was wir als Erklärung erleben, hängt damit zusammen.

Adoptivordnung durch Tradierung bedeutet nun nicht nur, daß fortgesetzt mit Vorurteilen operiert wird, sondern daß es sich noch dazu um Vorurteile handelt, die in einer Selektion von gestern entstanden, aber heute anzuwenden sind. Die richtende Komponente im Denken wird allmählich sichtbar.

Doch ist die Tradierung nur eine der Komponenten. Wir haben ja einen ganzen Schichtenbau angeborener Lehrmeister vorgefunden und ein komplettes System universeller Hypothesen, das mit ihnen entstand; also einen ganzen Kanon von Vorwegnahmen, Vorurteilen und Zwangsvorstellungen. Sie sind zwar alle im Normalbereich der Selektion als geeignete Vereinfachungen, als noch eben zulässiger Ersatz für das Finden von Entscheidungen ausgewählt worden. Aber wir wissen bereits: an den Grenzen dieser Normalbereiche von gestern und vorgestern müssen sie versagen. Der Bereich ihrer Richtigkeit ist beschränkt, entlang der Zeitachse kanalisiert. Sie enthalten eine Kanalisierung der Vernunft, weil wir gemeinhin das, was wir als System von Hypothesen und Vorurteilen erkannten, für allgemeine Wahrheiten, Selbstverständlichkeiten und objektive Urteile halten.

*Kanalisierung der Vernunft*

Es handelt sich um eine Ambivalenz des Denkens, die darauf beruht, daß jene fortgesetzte Einengung des Repertoires des Zufalls, auf dessen Hilfe die Treffer- und Erfolgschance, also der kognitive Erfolg der Genesis beruht, eben auch das Repertoire des Denkbaren einengt; und daß – töricherweise – das nur Denkbare für real, das Undenkbare aber vom Denken für fiktiv gehalten wird.

Da ich annehmen kann, daß mein Denken in derselben Zwangsjacke steckt wie das jener, deren Produkte zu kritisieren ich mich nun aufschwingen muß, habe ich auch zu erwarten, daß meine Kritik nur die Oberfläche jener Kanalisierung unserer Vernunft erreicht; kurz, daß das Debakel ungleich tiefer dringen muß, als ich es anzudeuten vermag. Aber ich kann jedenfalls versuchen, das aus unserer Studie sichtbar Werdende mit wenigen Beispielen zu illustrieren.

*Unbelehrbarkeit*

Erstens zählt hierher die Unbelehrbarkeit des ratiomorphen Apparates. Davon war schon die Rede. Noch nicht aber davon, daß – wie Konrad Lorenz zeigte[58] – er die Fallstricke unserer rationalen Hypothesenbildung »geradezu als eine Karikatur« demonstrieren kann. Man lasse beispielsweise einen zarten Drahtkantenwürfel um eine senkrechte Diagonale vor einem Spiegel rotieren und betrachte ihn einäugig so, daß sich die Drehachse des Spiegelbildes mit der des Originals deckt. Man vermeint dann das kleinere, weil fernere, Spiegelbild innerhalb des Originals und die gegengleichen Drehrichtungen auf denselben Drehsinn umspringen zu sehen; außerdem scheint einer der Würfel einen »merkwürdigen Bauchtanz« zu vollführen: eine Kompensation dafür, daß bei ihm das hinten Liegende, optisch Verkleinerte, theoretisch jeweils vorne gedacht ist und umgekehrt. Es werden also mit dem Erfolg einer möglichst einfachen Erklärung beliebig komplizierte Zusatzannahmen in den Gegenstand hineinphantasiert; Wahrscheinlichkeit oder Ökonomie der Erklärung auf Kosten der Wahrscheinlichkeit des Gegenstandes. Und das in einer rational völlig unbelehrbaren Weise! Tatsächlich ist die Wissenschaftsgeschichte voll von passenden Beispielen[59]; und der geneigte Leser wird verstehen, daß ich mir beim Niederschreiben dieses Bandes derlei oft vor Augen gestellt habe.

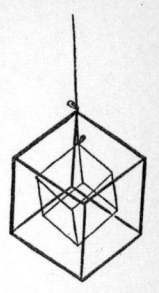

der Drahtkanten-Würfel

Ein zweiter Mangel liegt in der Simplifikation des Komplexen: in der Meinung, daß das, was sich vereinfacht vorstellen läßt, tatsächlich so einfach sei. Hierher gehört die Zwangsvorstellung der Identitäten, gehören die Strukturnormen des ›Nichts-anderes-als‹, die Lagenormen der Symmetrie. So hat man jahrhundertelang an der Meinung festgehalten, die Weltkarte müsse symmetrisch sein. Hierher gehört die Zwangsvorstellung von einer dreidimensionalen und von einer dichotomen Welt, so, als wären die weiteren Dimensionen nur Rechenkunststücke, so, als enthielte sie immer wieder zwei Möglichkeiten. Auch die Zwangsvorstellung von den linearen Abläufen und Konsequenzen ist hier einschlägig: die Schwierigkeit, sich exponentielle Faktoren recht zu vergegenwärtigen und Kausalität in ihrer funktionellen Vernetzung zu verstehen. Man denke an die Geschichte vom König, der nicht voraussehen kann, worauf er sich einläßt, als er dem Weisen zusagt, ihm auf das erste Feld eines Schachbrettes ein Getreidekorn zu geben und auf jedes weitere immer die doppelte Menge. Sie ist kennzeichnend für unsere eigene Unfähigkeit, das Umweltproblem zu begreifen[60].

**Simplifikation des Komplexen**

Besonders gravierend ist unser Irrtum, Kausalität auf lineare Abläufe zu reduzieren. Die Ursache ist, wie erinnerlich, unser exekutives Verhalten und eine Abneigung, Rückwirkungen von Wirkungen zureichend in Betracht zu ziehen. Tatsächlich ist es uns höchst beschwerlich, vernetzte Vorgänge zu denken. Die Linearität unserer Sprache ist dafür wohl Ausdruck und Ursache zugleich. Wir vermögen nicht einmal, zwei einfachen Zahlenreihen gleichzeitig zu folgen. Man versuche nur, etwa auf dem Heimweg, Menschen und Fahrzeuge getrennt zu zählen. Man wird, wie ein Kind, für den kleineren der beiden Speicher die Finger zur Hilfe nehmen müssen und, wenn ihre Anzahl nicht mehr reicht, alles durcheinanderbringen.

Was Wunder also, daß viele extreme Empiristen, die Reduktionisten, die Behaviouristen, die Reiz-Reaktions-Psychologen, die Sozial-Darwinisten, gerade dort das Vertraute einer runden Welt erleben, wo sie dieselbe eben zerkrümelt haben; und was Wunder, wenn viele das, was ich hier sagen muß, nicht werden hören wollen.

Vorurteile für Urteile

Ein dritter Mangel unserer Denkprogrammierung besteht darin, daß wir unsere Vorurteile für Urteile halten; wobei wir uns, wiederum törichterweise, unserer Sache um so gewisser wähnen, je älter und genereller diese Vorurteile sind. Wir wissen zwar jetzt, daß diese Haltung jeder Wahrscheinlichkeit zuwiderläuft, daß Sicherheit des Urteils eher ein Gradmesser für den Mangel an Weisheit ist. Aber dummerweise drängen das Sicherheitsbedürfnis des Denkapparates und seine Belohnung durch die Sozietät von jeher in die Gegenrichtung. Derlei summarische Vorurteile, die das individuelle Lernen früh erwirbt und die das Individuum meist ein Leben lang konserviert, kennt man als ›Einstellungen‹, als ›Überzeugung‹ und ›Gesinnung‹.

Was die experimentelle Wiener Psychologie Hubert Rohrachers hier entdeckte, erweist sich als eine glatte Konsequenz jener Strategie der Genesis, die wir bereits unverändert seit der Schaffung des Kosmos beobachteten. Derlei Gesinnungen kommen durch eine unkontrollierte Auswahl im Repertoire der objektiv gegebenen Wahrnehmungsinhalte zustande, indem gerade nur das gesehen wird, was man erwartet; und sie wirken, allmählich zu einer Komponente der Persönlichkeit verankert, als »Reproduktionen früherer Entscheidungen, die in entsprechenden Problemsituationen automatisch auftreten und den Erlebnisablauf im Sinne früherer, tief eingewurzelter Entscheidungen steuern.«[61]

Die Funktion ihres Selektionsvorteiles besteht im reflexartigen Auftauchen einer Problemlösung, das heißt in der Ökonomie ihres Ersatzes für Nachdenken, in hoher Trefferchance im Normalbereich sowie in der Stabilisierung der Persönlichkeit durch das Gefühl der unwiderlegbaren Richtigkeit des eigenen Standpunktes: also im Selbstgefühl, die Situation zu beherrschen. Denn, so folgen wir Hubert

Rohracher weiter, »was wäre ein erwachsener Mensch ohne solche Einstellungen – er wäre ständig der Ratlosigkeit und Unsicherheit preisgegeben, er müßte sich ununterbrochen in lange, mühsame und schwierige Überlegungen einlassen, er wüßte nicht, wo er in der geistigen Wirklichkeit steht.«[62] Gewiß, des einzelnen Einstellungen sind selektive Beschränkungen auf seine Fassungskraft, aber die Konflikte zwischen ihnen sind die üble Konsequenz.

Ein vierter Mangel beruht auf der Gestaltung des Zufälligen, besonders dort, wo wir uns selbst verwickelt meinen. Sternbilder zu sehen, wo ihnen in der Realität nichts entspricht, ist harmlos, das Geschäft mit der Astrologie aber bereits ein Humbug. Die Handlese- und Wahrsagekünste sind seine Fortsetzung. Aus vielen Experimenten, in welchen Versuchspersonen beauftragt werden, in den Zeichen eines ihnen unbekannten Zufallsgenerators eine Gesetzmäßigkeit zu finden, weiß man, daß sie eine solche tatsächlich finden. Aufklärung des Irrtums löst starke Ablehnung aus, und manche Versuchspersonen haben über lange Zeit und in affektbetonter Weise versucht, nunmehr den Versuchsleiter eines Irrtums zu überführen[63].

Gestaltung des Zufälligen

Nun kann es zwar nicht schaden, auch dort Gesetzlichkeit zu vermuten, wo es keine geben kann; aber es ist zu dumm, daß es gerade die fiktiven Gesetze sind, durch welche wir höchst affektvoll in Konflikt geraten, wofür unsere Geschichte voll der Beispiele ist.

Ein fünfter Mangel unserer ererbten Denkstruktur besteht in dem Bedürfnis einer Erklärung des Unerklärlichen: es also nicht nur, wie Goethe riet, »still zu verehren«. Der Kreis schließt sich, denn nun ist es die ganze Palette unserer Deutungsversuche, von der Wissenschaft bis zum Aberglauben, die von diesem Antrieb profitiert. Doch sind es diesmal nicht die Empiristen, welche nur die Einzelteilchen dieser Welt für die Realität halten, sondern im Gegenteil die Idealisten, oder besser die ›Ideisten‹, welche all das für Realität halten, was sich denken läßt; und zwar deshalb, weil es sich denken läßt.

Erklärung des Unerklärlichen

Nun ist zwar wieder nicht zu bezweifeln, daß Ideen Funktionen haben. Im Rahmen des Erforschlichen führen sie zur Bildung der Theorien; im Rahmen des Unerforschlichen führen sie zur nicht minder nötigen Rundung jeweils irgendeines der denkbaren Weltbilder. Bleibt einer mit seinen ›Weltgesetzen‹ allein, so wird er zum Eigenbrötler. Wenige werden zu Sektierern. Finden solcherlei ›Weltgesetze‹ aber große Verbreitung, so gewinnen sie, was wir noch genauer untersuchen werden, eine neue, gruppeneinende Funktion und werden damit zu Selbstverständlichkeiten; das heißt, sie werden nicht nur zum Ersatz für das Denken, sondern auch zum Ersatz für mangelnde Erfahrung.

Man kann sich nun anstelle von Fakten auf die sogenannte ›allgemeine Meinung‹ berufen, erreicht die erleichternde Reduktion des Vorstellbaren, einen Abbau von Unsicherheit, höhere Trefferchance innerhalb des sozialen Selektionsbereiches sowie die beruhigende ›Rechtfertigung‹ der selbstetablierten Gesetze: nicht bewußt etablierter Gesetze, denn absichtliche Irreführung ist, so wollen wir vertrauen, der seltenere Fall. Häufiger erfolgt die Etablierung wohl über den eben geschilderten Vorgang der Entstehung von Gesinnung.

Das Ergebnis sind Systeme von Denkvorschriften, die den doppelten Vorzug genießen, in sich völlig richtig sein und im neugewonnenen Freiheitsraum des ›rein Geistigen‹ schweben zu können; metaphysische, religiöse wie ideologische. Wir sind aber nun der Entstehung von Ebenen neuer evolutiver Freiheit schon zu oft begegnet, um noch die Erwartung zu hegen, nunmehr würde die neue Freiheit endlich nicht mehr von den nachfolgenden kognitiven Evolutionsgesetzen in ihre Schranken verwiesen werden. Tatsächlich zeigt es sich schon in dem Augenblick, wo eine Mehrzahl solcher Denkvorschriften nebeneinandersteht, daß sie alle untereinander unverträglich sind und daß es vorerst keine Instanz zwischen ihnen gibt, die entscheiden könnte, was nun richtig und was falsch wäre.

Nun ist gewiß gegen eine bunte Welt pluralistischer Weltbilder nichts einzuwenden. Der Nachteil entsteht jedoch durch die Unverträglichkeit der Wahrheitsansprüche, auf welchen sie bestehen, und durch ihre Rechtsansprüche, aufgrund ihrer jeweils vermeintlichen Wahrheit über jeweils alle anderen richten zu dürfen. Da eröffnen sich nun die negativen Konten auf besonders schmerzvolle Weise. Doch sei nicht vorgegriffen. Hier soll die Feststellung genügen, daß auch unser ererbtes Bedürfnis, selbst das Unerklärliche zu erklären, eine drastische Kanalisierung unseres Denkens zur Folge haben kann.

Alle fünf Mechanismen sind gleichzeitig Antriebe wie Dämme entlang des Flusses uns möglicher Erkenntnis; Beispiele zur Ambivalenz unseres Verstandes.

*die Rückzahlung an die Konten des Zufalls* Um in jenes Gebiet zu gelangen, in welchem nun unerbittlich die Rückzahlungen an die Konten des Zufalls gefordert werden, bedarf es nur mehr eines kleinen Schrittes. Wir haben diesen Vorgang bisher noch in jeder Bauschicht der Genesis beobachtet; und zwar stets an jener Stelle, wo die alten Systeme in Selektions- oder Milieubedingungen eintreten, für welche sie nicht selektiert waren. Hier nun ist jene Hypothek zurückzuzahlen, die der kognitive Prozeß bei der Entstehung des Systems, zur Absicherung seines Werdens, durch eine Beschränkung des Repertoires dem Zufall entlehnt hat. Der Würfel, der sein Repertoire auf sechs Sechser reduziert, wird, wie wir wissen, solange die Selektion die Sechs honoriert, sechsfach im Vorteil sein. Er wird aber sicher verlieren, sollte die Selektion neuerdings auf der Zwei bestehen.

So konnte unser Weltbildapparat in dem Ausmaß Anpassungsvorteile genießen, in dem er alle Möglichkeiten jenseits des Selektionsbereiches ausschloß; allerdings bei unveränderten Selektionsbedingungen. Gerät er an dessen Grenzen, so zahlt er durch Kanalisierung; er wird komisch, weil er, wie es EUGEN ROTH beschreibt, »dann doch dem Wahn erliegt und nur mehr das will, was er kriegt«. Gerät er aber über dessen Grenzen hinaus, dann zahlt er, nach CHRISTIAN MORGENSTERN, mit barem Unsinn, und seine Rolle wird tragisch, »weil, so schließt er messerscharf, nichts sein kann, was nicht sein darf«.

Kurz, nach den ›Gesetzen des Zufalls‹, das sind die Schranken, die seinem Repertoire von Gesetzlichkeit rundum gesetzt werden, muß billige Ordnung mit Dummheit bezahlt werden. Die Macht des Vorurteils innerhalb des Selektionsbereiches hat außerhalb desselben seine Ohnmacht zur Folge.

Nun war das Selektionsziel im Werden der Gestalten in der ersten, der genetischen Evolution, das bloße Überleben; und in seinen Grenzen wurden im Laufe von drei Jahrmilliarden die kognitiven Hypothesen des Lebendigen schichtenweise in die Vorurteile der Moleküle, der Schaltungen und der Vorstellungen eingebaut. Die Dinge funktionierten; einige Millionen Arten haben überlebt. Und nun bricht eine Art aus, wird zur zweiten, einer Über-Evolution, gezwungen und überrennt die alten Rhythmen und Grenzen, als ob sie gescheiter werden wollte als die Genesis – nicht wissend, daß sie denselben Gesetzen gehorcht. Gewiß, so sieht der Leser voraus, werde ich auch hier nur die oberflächlichsten Schichten der entstehenden Schäden aufdecken können, nur einige Flanken jenes Geländes aus Unangepaßtheit, in welches uns die Evolution geführt hat. Aber sie sind so zeitgemäß, daß die Erwähnung je eines Beispiels nützen sollte.

**Gleichheitsschäden** Aus den Ineffizienzen der Identitätshypothese folgt etwas, was wir die Gleichheitsschäden nennen könnten. Diese beruhen auf der irrigen Annahme, die Dinge dieser Welt wären in an sich gleiche und ungleiche zu sortieren. So haben wir uns zwar endlich, zumindest auf dem Papier, auf die Ansicht geeinigt, daß die Menschen gleich seien, von Geburt, als Kreatur, vor dem Richter und vor Gott; und dennoch verlangt die Humanität nicht nur die Gleichheit der Brüderlichkeit, sondern auch die der Freiheit. Diese aber enthält die Freiheit zur Individualität, und das ist das Recht zur Ungleichheit. ROUSSEAU hatte wohl recht, wenn er meinte, daß der Menschen Ungleichheit aus der Gleichheit ihrer Vorfahren entstand[64]. Solange nur die Gene und Schaltungen der gut gemischten Populationen lernen konnten, waren ihre Mitglieder völlig unindividuelle Individuen und so austauschbar, wie das ›a = a‹ unserer Logik. Erst die zweite Evolution hat uns mit dem individuellen Lernen die Chance der Individualität gebracht. Aber ROUSSEAU irrt, wenn er meint, eine Rückkehr zur Würde der Gleichheit wäre erreichbar, ohne dafür mit der Würde der Freiheit zu bezahlen.

Gewiß, das Problem ist so alt wie die Individualität, und man hat sich bekanntlich in immer effektiverer Weise um seine Lösung bemüht – aber, törichterweise, mit dem Steinbeil, der Guillotine und der Bombe. Für jene billige Ordnung, die wir aus der falsch werdenden Identitätshypothese beziehen, zahlen wir fortgesetzt mit der Produktion von Unheil und Chaos. Der Entropie-Satz, nicht unsere Vernunft macht hier Geschichte.

**Exekutivschäden** Aufgrund der Ineffizienzen der Kausalitätshypothese zahlen wir wiederum mit Exekutivschäden. Die exekutive Kausalitätshypothese baut auf der irrigen Annahme, daß Ursachen gerade Reihen bilden. Sie ist uns, wie erinnerlich, seit der Erfindung der bedingten Reflexe eingebaut und durch übernommene Bürden immer tiefer verankert worden; und sie mochte bis zum ersten Steinbeil zureichen. Ja sie reicht sogar heute noch für unseren Alltag. Im Prinzip jedoch war sie von jeher falsch. Wo überall aber das exekutierende Individuum beginnt, Wirkungen zu setzen, die über den Bereich seiner selbst hinauswirken, wird sie zudem gefährlich: Nur im nachhinein läßt sich das rationalisieren. Denn weder der sumerische Erfinder des Rades noch der persische der Goldmünze hätte das Chaos von Motorisierung und Kapital vorhersehen können. Zwar ist die Geschichte nicht arm an Sehern und Mahnern. Aber gefolgt wird nicht jenen, die mehr sehen, sondern jenen, die mehr exekutieren: Caesaren und Heerführern, Magnaten und Revolutionären; heute den Ideologen, der Diktatur, sei es der des Kapitals oder der des Proletariats. Und keineswegs ist es die Sicht der Weisen, sondern es ist das Exekutieren der exekutivsten Außenminister der exekutivsten Mächte, welches uns die Weltnachrichten in aller Welt als das Wesentlichste vorsetzen.

Gewiß, auch dieses Problem ist alt; so alt wie die Macht. Und das Gewinnen von Einsicht in die Rückwirkungen aller Wirkungen ist so mühsam, belastend und unbelohnt, daß man es stets für wunderliche Rätsel der Gedanken gehalten hat. Wie einfach und verantwortungsfrei scheint dagegen der Reduktionismus für das Denken, der Glauben an die exekutive Tüchtigkeit des Individuums und an den exekutiven Fortschritt der Zivilisation. Aber fatalerweise ist es gerade die Ineffizienz unserer Einsicht, die uns genau in den Teufelskreis des Umweltproblems führt, in eine Weltzerstörung; denn wer die Macht hat, kann mit der Macht nicht brechen. Diese Hypothek unserer billigen Exekutivordnung mit Chaos zu berappen wird besonders schmerzlich sein. Die Wechsel werden nun fällig; und wieder kann es der Entropiesatz sein, der allein Geschichte macht.

Zwei weitere Gruppen von Schäden hängen mit Mängeln unserer ratiomorphen Dependenzhypothesen zusammen; und zwar wiederum mit Vereinfachungen, die im Bereich der ersten Evolution nützlich waren, im Bereich der zweiten aber mit konsequenter Regelmäßigkeit der Arterhaltung entgegenwirken.

Die einen sind die Enthemmungsschäden. Die Selektion hat den Waffenbesitz bei aggressiven, sozial lebenden Arten dadurch entschärft, daß sie die Rivalenkämpfe zu Ritualen umlenkte oder Hemmungen einbaute, die ernste Verletzungen verhindern. So kann ein Hund den Unterlegenen, wenn dieser in Demutstellung Bauchseite und Kehle darbietet, nicht mehr beißen[65]. Für den gesunden Mann bildet der Anblick eines weinenden Mädchens die nötige Hemmung, es nicht schlagen zu können. Aber die Technik der zweiten Evolution beginnt, uns diese Bilder, und mit ihnen die Hemmungsmechanismen, zu entziehen. Derselbe Mann, der kein Mädchen schlagen könnte, kann nun, hoch im Flugzeug, durchaus jenen roten Knopf drücken, der sehr viele solcher Mädchen unter dem Bombenteppich begräbt[66].

Gewiß, nun kann man auf die Moral verweisen, die in der zweiten Evolution, wie um die verlorenen Hemmungen zu ersetzen, entstanden ist. Auch übertrifft ihre Differenzie-

Enthemmungsschäden

Demutstellung des unterlegenen Hundes

rung den Instinkt des Hundes wohl bei weitem. Aber, dummerweise, erweist sich ihr Mechanismus als im Ernstfall unverläßlich; seine Effektivität ist dem des Hundes unterlegen. Unsere Moral hat nicht nur immer wieder versagt, sie fördert auch völlig verkehrte Bilder. Nennen wir das Verhalten eines Menschen ›tierisch‹, wenn etwa ein Vater seine ganze Familie ermordet, so können wir sicher sein, daß dies bei keinem Tiere vorkommt. Nennen wir es ›allzu menschlich‹, wenn ein Hungernder stiehlt, so läßt sich dies gewiß bei allen Tieren finden. Bestialität ist kein Privileg der Tiere.

**Prägungsschäden** Die anderen Mängel gehören zu den Prägungsschäden. Wie erinnerlich, erspart sich die erste Evolution den erblichen Einbau komplizierter Anleitungen durch die Prägung, also durch das Vertrauen auf die überwältigende Wahrscheinlichkeit, daß der Unerfahrene zur rechten Zeit dem rechten Lehrmeister begegnen werde; der Hingabe der Mutter, dem Bild der Eltern, des Partners. Sie verläßt sich zu Recht auf die Aussicht, daß zur rechten Zeit unbewußt das Rechte gelernt werde. In der zweiten Evolution hingegen können nun viele darauf bauen, daß zur rechten Zeit unbewußt das Falsche gelernt werde. Wir sind diesem unbewußten Lernen auch völlig ausgeliefert. Dadurch ist unser Denken tatsächlich zu manipulieren. Unser Gehirn erweist sich als waschbar. Von dieser Ineffizienz unseres Weltbildapparates lebt die ganze Zivilisation, von der Werbung über die ›öffentliche Meinung‹ bis zur Ideologie.

Gewiß kann man sich hier auf das Regulativ der Vernunft berufen, doch erweist sich die Vernunft fatalerweise als ein Vehikel, das uns, wird es seiner urtümlichen Antriebe beraubt, noch nie weit gebracht hat. Es ist wohl eine Modelaune, wenn sich eine Milliarde Menschen in weiten Hosen und kurzen Röcken die Notwendigkeit von engen Hosen und langen Röcken einreden läßt und daß dieselbe Milliarde Individuen, nunmehr in engen Hosen und langen Röcken, bald darauf nichts dringlicher als weite Hosen und kurze Röcke wünscht. Aber man muß kein Kenner der Geschichte sein, um zu wissen, wie bald sich das Komische verliert; daß Heere durch verschiedene Uniformen, Nationen durch verschiedene Ideologien geteilt und gegeneinander aufgebracht werden können, ja daß die öffentliche Meinung bereit gemacht werden kann, all solchen Betrug als ›politische Notwendigkeit‹ anzuerkennen.

So also, wie alle Mechanismen, die die Erkenntnis fördern, auch zu ihrer Kanalisierung führen, können jene, die zum Zwecke der Arterhaltung selektiert wurden, nunmehr jenseits des alten Selektionsbereiches sich in mörderischer Weise gegen die Art wenden; gegen den ›Homo sapiens‹, jenen Widerspruch in sich selbst.

Wahrscheinlich wird der Leser, so wie der Autor, schon längst das Ende dieser Liste offener Wechsel wünschen; und dennoch fehlt noch ein ganz wesentlicher: das Glauben reinen Unsinns. Dies ist nämlich ein Privileg des Menschen[67]. Alle erblichen Hypothesen, die der Moleküle wie die der Schaltungen, sind nur als Produkt rigoroser Selektion zu verstehen. Daher ist es unmöglich, daß auch nur eine falsch ist. Die Verrechnungsapparate aller Tiere müssen folglich diese Welt, in wie kleinen Abschnitten auch immer, richtig wiedergeben. Frei von dieser Auflage wurde erst das reflektierende Denken mit dem Bewußtsein. Und nun können auf einmal ganze Schwärme von Hypothesen gebildet werden, und man kann, so falsch sie sein mögen, an sie mit jederlei Überzeugung und Affekt glauben; und zwar ohne daß vorerst irgendein Mechanismus über ihre Richtigkeit wachte. Als der jüngste Überbau, den die Evolution in den Stockwerken der Weltbildapparate synthetisierte, ›fulgurierte‹, wie LORENZ sagen würde, erhält nun das reflektierende Denken die größte Freiheit, den größten Zufallsspielraum möglicher Entfaltung. Und wie widersprüchlich diese Hypothesen auch von Population zu Population sein mögen, sie werden zu Überzeugungen geprägt und tradiert, ohne daß zunächst eine Selektion zwischen ihnen richtete. Das Gericht öffnet erst später.

> vom Glauben reinen Unsinns

Gewiß, so wollen wir wiederholen, wäre auch gegen eine pluralistische Welt des buntesten Unsinns nichts einzuwenden. Widerspricht man etwa meiner Behauptung, daß es Unheil bringt, wenn eine schwarze Katze den Weg kreuzt, aber Heil, wenn das ein Rauchfangkehrer tut, daß es gut ist, zwei Nonnen zu begegnen, aber schlecht, wenn es nur eine ist, so werde ich das noch hinnehmen. Aber törichterweise erheben derlei Systeme, wenn sie sich vertiefen, Anspruch auf unumstößliche Richtigkeit. Drei Jahrmilliarden kognitiver Prozesse auf der Grundlage als wahr genommener Hypothesen machten das wohl nötig. Die neue Ebene des Bewußtseins erhebt nun einen zweiten Anspruch; nämlich, wie wir wissen, den auf das Recht, über die jeweils anderen Systeme zu richten. Und da es auf diesen Ebenen weder Wahrheitsbeweise noch Kompromisse geben kann, wird auch nicht mehr ernstlich auf Argumente gebaut, sondern, so borniert dies sein mag, nur mehr auf Exekution, von der Kreu-

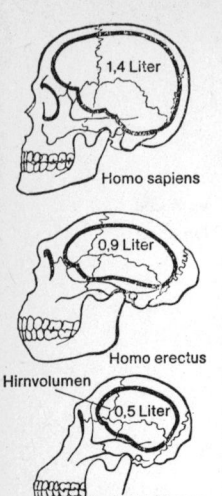

Homo sapiens 1,4 Liter
Homo erectus 0,9 Liter
Hirnvolumen
Australopithecus 0,5 Liter

Extrem-Organ Gehirn

zigung bis zur Folter. Da nun jene Unverträglichkeiten begonnen haben, die Welt durch ihre Mitte zu teilen, kann die Rückzahlung an die Konten des Chaos ziemlich umfassend werden. Dann wird der Entropiesatz allein die Geschichte dieser Biosphäre zu Ende schreiben.

Voll der Skrupel schrieb ich diese Seiten über die ungedeckten Konten der Evolution unseres Weltbildapparates. Nicht nur muß alles Schöne und Hohe, das uns die Genesis des denkenden Bewußtseins beschert, auf ein anderes Blatt geschrieben werden, man kann an der Gerechtigkeit zweifeln, uns Patienten über solche Krankheit aufzuklären. Doch können wir überzeugt sein, wenn wir unsere Vernunft überhaupt anwenden wollen, daß wir unsere Aussichten verbessern, wenn wir erkennen, wo und wann uns diese eben nicht beschieden sein werden. Tatsächlich werden wir sie erst später finden: im Streben nach einem tieferen Verstehen der Position des Menschen und der Humanität. Denn vorher muß noch versucht werden, die Genesis auch unseres Miteinander zu verstehen.

In der Genesis vom Regelkreis zum Denken war es vielmehr meine Aufgabe zu zeigen, wie sich auch hier der notwendige Zufall, mit zufälligen Notwendigkeiten verkettend, immer komplexere Meldesysteme schafft, bis schließlich seine jüngste Schöpfung, das Bewußtsein, den weitesten Freiheitsraum des Zufalls mit der längsten Kette – dem Zufall längst entzogener – evolutiver Voraussetzungen verbindet.

Heute ist das Gehirn des Menschen ein Extremorgan. Es hat sein Volumen in nur vier Jahrmillionen exponentiell wachsend verdreifacht. Es unterdrückt mit seiner Spezialisation die Evolution fast aller anderen Organe, verringert die Zahl der möglichen Anpassungen und dirigiert deren letztmögliche Richtung. Damit bringt es uns, wie alle Extremorgane in der Evolution es getan haben, an die Schwelle empfindlicher Entscheidungen. Aber zum Unterschied zu den Nashornsauriern[68], den Säbelzahntigern und Riesenhirschen, die wohl jeweils die Überdimension des Schädels, der Eckzähne und des Geweihs ins Grab gebracht hat, besitzt unser Extremorgan einen vielleicht rettenden Vorzug. Es kann sich selbst wahrnehmen, vielleicht seine Position erkennen und, wie man hoffen möchte, etwas dagegen tun.

Es kann sogar über seinen eigenen Sinn grübeln. Das ist wieder eine ambivalente Errungenschaft der Genesis. Denn es kann völlig neue Formen des Sinns finden oder auch gar keinen. Und damit tritt die Philosophie neu in diesen Kosmos, aber eben auch der Selbstmord. So leitet es zum Men-

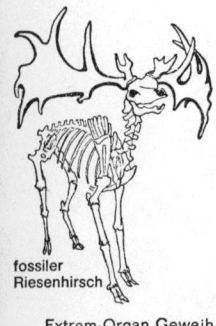

fossiler Riesenhirsch

Extrem-Organ Geweih

schen, und das ›missing link‹ auf diesem Wege sind wir selber[69]. »Was in des Menschen Hirn nicht paßt«, das müssen wir erst lernen, soll es uns wirklich »an der Weisheit Brüsten mit jedem Tage mehr gelüsten«[70].
Ein leidvoller Weg, gewiß. Aber ganz offensichtlich gab es keinen anderen. Keinen, um ein Organ zu schaffen, das die Schöpfung selbst widerspiegeln kann, in Glauben, Kunst und Wissenschaft. Und »Gott sah an alles, was er gemacht hatte; und siehe da, es war sehr gut. Da ward aus Abend und Morgen der sechste Tag.«[71]

> Natürlich, wenn ein Gott sich erst sechs Tage plagt,
> Und selbst am Ende bravo sagt,
> Dann muß es was Gescheites werden.
> (*Mephistopheles*, Faust I 2441)

# 9
# Von der Herde zur Technokratie
(Oder: Der Versuch mit dem Paradies)

> Das drängt und stößt, das rutscht und klappert!
> Das zischt und quirlt, das zieht und plappert!
> Das leuchtet, sprüht und stinkt und brennt!
> Ein wahres Hexenelement!
> (*Mephistopheles*, Faust I 4016)

»Und Gott der Herr pflanzte einen Garten in Eden, im Osten, und setzte dahinein den Menschen, den er gebildet hatte.«[1] Die sechs Tage der Schöpfung sind herum, Gott ruht am siebenten. Aber die Genesis kann weitergehen. Sie wird, wie wir sehen werden, delegiert. Vor allem eine unter den Millionen Arten hätte das Zeug, sie fortzusetzen. Es ist das jene mit dem Extremorgan eines tief gefurchten Gehirnes, jene, die Er nach seinem Bilde machte, die nun herrschen soll über alles Gewürm auf Erden. Die Genesis der Sozialstrukturen wird dem Zauberlehrling überlassen.

Tatsächlich ist auch sie schon seit Jahrmillionen im Gange. Wir sagten ja schon: Gleichzeitiges nicht gleichzeitig sagen zu können zählt zu den vielen unserer Mängel. Wir müssen unseren Begriff des Milieus noch einmal erweitern, um seiner Realität zu entsprechen, jener Realität, die den Menschen endgültig in die Utopie geleitet. Lassen Sie mich gleich konkret sein. Meine Familie verfügte beispielsweise, wie wohl manche andere, über die segensreiche Gestalt des Kinder-Verwirr-Onkels. Er lehrte mich als Ergänzung zum Gute-Nacht-Gebet: »Lieber Gott, ich geh' zur Ruh', schließe meine Äuglein zu, alle Menschen auf der Erden können mir gestohlen werden.« Dieser für so manche Lebenssituation, nicht nur des zartesten Alters, ermutigende Gedanke erwies sich als völlige Utopie. Er gehört in dieselbe Lade mit der Utopie aller Ideologien, die heute als einander widersprechende Selbstverständlichkeiten unsere Welt verzieren.

Geht es also um die Genesis unserer Sozialstrukturen, dann müssen wir an die Genesis des Denkens anknüpfen und anerkennen, daß jene Nachrichten aus dem Milieu, die den Weltbildapparat des Menschen durchsetzten, ihn also zum

Menschen machten, in wachsender Menge von seinen Mitmenschen selbst stammen.
Kurz: Den Einzelmenschen gibt es nicht. Es gibt nur *die* Menschen; und schon das Denken des Einzelnen ist das Ergebnis ihrer Sozietät. LORENZ beispielsweise folgt GEHLEN, »daß *ein* Mensch gar kein Mensch sei, denn menschliche Geistigkeit ist ein überindividuelles Phänomen«[2]. Und bei BERGER und LUCKMANN wird dies bestätigt. »Das Bewußtsein ist also schon von vornherein ein gesellschaftliches Produkt.« Das aber ist auch eine These von KARL MARX[3]. In dieser Sache also ist man einig.

*Den Einzelmenschen gibt es nicht*

Mit dem Wirken der Sozietät tritt wieder Neues aus der Genesis. Wiederum ist es ein neuer Überbau von Ordnung, sind es ambivalente Freiheiten durch die Fesselung der alten. Es entstehen nun brüderliche Freiheit, Recht und Geborgenheit, mit Sklaverei, Betrug und Einsamkeit im Gefolge. Und wiederum hatte der Kosmos nichts von alledem vorher gekannt.

Von alledem hätte auch der LAPLACEsche Geist nichts vorausgesehen. Der Zufälle, die zur Menschwerdung führten, waren, wie wir schon wissen, zu viele. Und noch eine viel größere Zahl von Zufallsbegegnungen wird bei der Entstehung der Sozialsysteme folgen. Nicht eine Seite, sei es des ›Buch Moses‹, der amerikanischen Verfassung oder des ›Kapital‹, hätte der LAPLACEsche Geist vor der Menschwerdung schreiben können; es sei denn, er wäre selbst MOSES oder WASHINGTON oder MARX gewesen. Ja, es wird uns gar nicht mehr erstaunen, daß selbst dies geglaubt wird; sei es, daß Menschen nun an den wissenschaftlichen Gottesbeweis glauben oder an die Naturbestimmtheit entweder der amerikanischen Demokratie oder des Marxismus. Aber ich sagte schon: Von Utopien soll noch die Rede sein.

Wie zufällig nun auch immer Sozialstrukturen entstehen, sie werden, wo sie sich andeuten, sofort und mit der ganzen Härte der Selektion durchgesetzt. Sozialsysteme fördern nämlich nicht nur das Gefühl für Sicherheit, Verbürgung und Gewißheit des Individuums, sondern auch den physischen Erfolg der Gruppe ganz außerordentlich; wie wir sehen werden, wieder in demselben Maße, in dem das System sein Repertoire des Möglichen einschränkt beziehungsweise dem einzelnen Plage und Ungewißheit der Entscheidungsfindung abnimmt. Freiheit wird für Sicherheit verkauft – das alte Lied, nun arrangiert zu den Klängen unserer Tage. Betrieben von dem alten Wechselspiel von Normierung und Ranggliederung seiner Subsysteme, als welche

*Durchsetzung der Sozialsysteme*

nunmehr wir Menschen selbst die Komparserie dieses Welttheaters füllen. Aus den ursprünglichen, nur auf Angst, Sexualität, Betreuung und Aggression beruhenden Bindungsmotiven[4] entstehen erneut Gesetze der Massen wie der Hierarchien, von unseren Familien bis zu unseren Staaten; beschleunigt von der Dynamik der zweiten Evolution, der Genesis des Denkens, der Sprache und der Ideen.

Aber wiederum ist keinem unserer Vorfahren ein Sozialprogramm eingehaucht worden. Sie wurden allesamt durch die Selektion sozialisiert: zuwenig die einen in den Augen der anderen, die anderen zuviel in den Augen der einen. Sozialisiert aber wurden sie alle. Und zwar wieder von den Selektionsbedingungen nicht nur des Marktes, auf welchem unsere Sozialsysteme angepriesen werden, sondern eben auch von jenen ihres Betriebs, ihrer inneren Strukturen.

Hier nun halten die Soziologen eine Überraschung bereit: Jene für das Verständnis der ganzen Genesis grundlegende Einsicht, daß in jeder Komplexitätsschicht eine Wechselwirkung von Material- und Formursachen herrscht – eine Einsicht, um welche in allen tieferen Schichten noch gerungen, ja aus den Hinterhalten der Weltanschauungen gekämpft wird –, gilt den Soziologen als ausgemacht. Man weiß, daß die Sozietät ein Produkt ihrer Individuen ist wie jedes Individuum ein Produkt seiner Sozietät. In der Tiersoziologie formuliert REMANE[5] jene Doppelwegigkeit von Individualität und Kollektivität als »zentripedale und zentrifugale Kräfte innerhalb des Verbandes«. Der Historiker JACOB BURCKHARDT nannte schon dasselbe »die Macht nach außen und die Macht nach innen«[6], die Betriebssoziologie von ARNOLD TANNENBAUM nannte es ein »Rückkoppelsystem zwischen Individuum und Betrieb«[7], die Wirtschaftssoziologie von JOHN GALBRAITH sprach von einem solchen zwischen Industrie und Markt[8], die Wissenssoziologie von BERGER und LUCKMANN von einem zwischen Individual- und Allerwelts-Weltbild[9]. Und wieder finden wir dasselbe bereits in den Zwillingsbegriffen Basis und Überbau von KARL MARX, die die Soziologie von Anbeginn faszinierten[10].

Kurz: Des Menschen »Produkt wirkt zurück auf seinen Produzenten«, und das Ergebnis »sind Bestandteile in einem dialektischen Prozeß«[11]. Das ist naturwissenschaftlich ein Wechselbezug, ein Antagonismus zwischen dem, was wir als Material- und Formursachen bereits in allen Schichten der Genesis wirkend fanden[12].

Gegen diese Einsicht bleiben die Extreme leer; von der Behauptung MACHIAVELLIS, die Masse sei klüger als das Indi-

*Antagonismus der Ursachen*

viduum, bis zu jener LE BONS, das Individuum sei klüger als die Masse[13]. Auch die großen Systeme, wie die HERBERT SPENCERS oder AUGUSTE COMTES, wie die Utopien nach FREDERICK TAYLOR oder ALEKSEJ STACHANOW, die dem Milieu – der Firma oder der Arbeiterbrigade – das Primat vor dem Menschen geben[14], müssen so einseitig sein wie der Sozial-Darwinismus, der, als ein Ableger des Neodarwinismus, nur die Selektionswirkung des Milieus kennt. Hätten sie recht, was wäre das für eine einfache Welt »ohne Hader, Industriekonflikte, Boykotts, politischen Machinationen, Drohungen, Repression, kalte und heiße Kriege«[15]. Kurz: Das Primat der Systembedingungen ist nicht mehr zu verkennen.

Und wieder ist das Fressen von Ordnung[16] die Grundlage alles neuen Ordnungmachens. Das kopernikanische Weltbild fraß das ptolemäische, die Rennaissance die Gotik, Missionare und Konquistadoren fraßen sogar Kulturen, Heerführer und revolutionäre Armeen fressen Populationen. »Das leuchtet, sprüht und stinkt und brennt!« Der Entropiesatz macht immer gewaltigere Beute.

Und wieder müssen in den kurzen Zeitskalen die primitiven Ordnungswerte Erfolg haben, in den längeren die viel kostspieligere Differenzierung. Und auch diese zahlt schon mit Kanalisation; bis auf lange Sicht aller billiger Gewinn aus der Einengung des Repertoires wieder an die Konten des Zufalls zurückgezahlt werden muß.

## Kollektiv für Individualität

> O weh! hinweg! und laßt mir diese Streite
> Von Tyrannei und Sklaverei beiseite.
> Mich langweilt's, denn kaum ist's abgetan,
> So fangen sie von vorne wieder an.
> (*Mephistopheles*, Faust II 9656)

Ein sechstes Mal begegnen wir dem Phänomen der Massen. Der Leser wird sich erinnern, daß sich nichts voraussehen läßt, was sich nicht wiederholt. Und wo sich Voraussicht nicht bestätigt, kann unser Erkenntnisapparat auch keine Einsicht in Gesetzlichkeit gewinnen. Gleichzeitig aber erinnern wir uns, daß der Redundanzgehalt dieser Welt (Bild S. 114) einen solchen Weltbildapparat auch rechtfertigt. Unser Kosmos hat mit über $10^{80}$ identischen Teilchen begonnen, und die komplexesten seiner identischen Strukturen, die Menschen, sind noch immer in Milliardenzahlen realisiert; mehr als genug, um die Biowissenschaften Millionen gesetzlicher Eigenschaften für jedes noch zu gebärende Menschenkind vorhersagen zu lassen.

Als Ursache dieser Redundanz fanden wir den enormen Selektionsvorteil – als Ökonomie oder Trefferchance –, bei der Re-Etablierung von bereits Etabliertem; und als Ergebnis den rein quantitativen Ordnungszuwachs, den billigen Erfolg normierter Massen.

Die ›In-dividuen‹, die ›Un-teilbaren‹, in diesen Massen, sind der Evolution erst der Stoff für den Gesetzeszuwachs ihrer höheren Ordnung, indem sie stets das Redundantere in Mengen opfern muß, um weniges des Einzigartigen zu schaffen. Nur langsam differenziert sie die Massen zu Rassen und zu Eigenschaften neuer Arten oder läßt durch das individuelle Lernen in den Individuen die kleinen Einzigartigkeiten der Individualität[17] entstehen.

Individualisation und Desindividualisation

Aber schon das Individuum ist keine konstante Größe. Individualisation und Desindividualisation wechseln einander ab. Das Un-teilbare erweist sich als teilbar. Und noch mehr wird sich das Einzigartige als ›vermaßbar‹ erweisen. Ebenso, sagt PETER HOFSTÄTTER[18], ist »die Gruppe im Prinzip nicht Selbstzweck, sondern eine Vorkehrung, mit deren Hilfe sich die verschiedensten Ziele erreichen lassen«. Das gilt von den Pilzen bis zu den Militärpakten.

Im Organismenreich haben Systeme in dem Ausmaße Individualität, in welchem ihre Bestandteile ein gemeinsames Schicksal teilen. Was beim Zusammenschluß von Zellen wie von vielzelligen Organismen zu Kolonien und Staaten den Subsystemen an Individualität verlorengeht, wird vom neuen Supersystem gewonnen. Seit VERGIL und SENECA wurde der Bienenstaat dem Menschen als Vorbild gepriesen, bis sich 1609 herausstellte, daß es sich überwiegend um ein steriles Weibervolk handelt, »und seitdem wurde er nicht mehr als Idealzustand für den Menschen gepriesen, – jedenfalls nicht bis zum gegenwärtigen Augenblick«[19].

Umgekehrt kann schon beim Auseinanderweichen von Zellen immer wieder Individualität entstehen, wie es die ungeschlechtliche Vermehrung durch Teilung zeigt, sei es bei Pflanzen, Hohltieren oder Würmern. Selbst die unreife Eizelle des Menschen ist ein unselbständiger Massenbaustein wie eine Milliarde andere und kann doch zum Eigenschicksal eines Menschen werden. Ja, jede Hälfte von ihr kann das noch, wie die eineiigen Zwillinge zeigen.

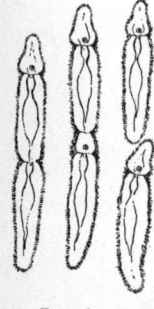

Entstehung von Individualität

Für das Individuum liegt die Ursache, in die Gruppe zu treten, zunächst in den physischen Vorteilen und bald zudem im Gewinn von Sicherheit statt Verlassenheit. Wo immer im Tierreich Kolonien ökonomischer schwimmen, filtrieren, reproduzieren als die Summe ihrer Einzeltiere, sind jene gebildet worden. Wo der Schwarm mehr Sicherheit, die Herde bessere Verteidigung bietet, wurden diese realisiert. Das Lictorenbündel ist ein gutes Symbol für diesen urtümlichen Zusammenhang. Mit dem Bewußtsein muß aber der Sozialverband noch einen anderen Schutz liefern; gegen die Gefühle des Ungeborgen-, Ausgesetzt- und Unverstandenseins, der Einsamkeit und der Verlorenheit.

**Sicherheit statt Verlassenheit**

Die prähistorische und die äffische Geschichte des menschlichen Sozialwesens sind zwei und zehn, vielleicht vierzig Jahrmillionen alt. So besitzt der Mensch, sagt LORENZ[20], »ein überwältigend starkes instinktives Bedürfnis, einer Gruppe anzugehören, mit der er sich identifizieren und für die er mit jenem ebenfalls angeborenen Gruppen-Verteidigungs-Verhalten zu Felde ziehen kann, das wir Begeisterung nennen«. Es löst auch das urtümlichste Erlebnis der Freiheit aus: das Hurra!, die minderste menschliche Freiheit allerdings, wie wir noch sehen werden. Das Mitbewegtwerden ist als ein ›kollektiver Grundtrieb‹ aufgefaßt worden[21]. Schlachten wie Fußballstadien lehren das zur Genüge.

Was dahinter in der Tiefe unseres ratiomorphen Weltbildapparates steckt, ist Trägheit und Unsicherheit, das Bedürfnis, der Last und der Ungewißheit der Urteilsfindung über sich und die anderen, ja über Gott und die Welt, entbunden zu werden: die alte Strategie der Genesis in neuem Gewand. Wird das Repertoire möglicher Urteile zu groß, so muß sich eine Instanz bilden, die drastisch einschränkt, um den Zufallstreffern, hier unseres Urteilens, wieder eine realistische Erfolgschance zu geben. Auf dieser Ebene sehen wir auch, daß eine solche Instanz geradezu angerufen wird. Diese Instanz sind die vergleichbaren anderen.

In dieser Hinsicht verdanken wir der psychologischen Sozialforschung, wo immer sie naturwissenschaftlich betrieben wird, verläßliche Aufklärung[22]. Woher sollte man etwa wissen, ob man für Poesie oder für Kreuzworträtsel begabt ist, wenn man sich nicht mit jenen vergleicht, die man für seinesgleichen hält; also nicht mit SCHILLER und auch nicht mit einem offensichtlichen Dummkopf. Beim Fehlen solcher sozialen Bestimmung bleibt das Individuum in seiner Meinung verunsichert. Noch seltener ist das Individuum in der Lage, ein eigenes Urteil über die Gegenstände seiner Umwelt zu haben; über die Leistung des benutzten Motoröls oder seines Außenministers, über die Gefährlichkeit seines Kopfwehpulvers oder des Atomkraftwerkes. Die ihm erreichbaren Anzeichen reichen nicht. Die Haltung der Gruppe wird zum Maßstab. »Recht geschieht ihm!«, heißt es, wenn einer, der die Gruppenmeinung durchbrach, von einem dummen Zufall vielleicht, widerlegt wurde: »Wir haben es ihm oft genug gesagt.«

Da nun meist auch der Gruppe die Anzeichen nicht ausreichen, kann es gar nicht darauf ankommen, wie die Dinge tatsächlich liegen. Die öffentliche Meinung ist der Maßstab. Tatsächlich wäre ein seiner sozialen Gewißheiten, der drastischen Repertoireminderung durch Selbstverständlichkeiten und Vorurteile beraubter Mensch kaum mehr handlungsfähig. Erst sie machten sein Potential frei, die Urteile in seinem Tagesablauf, ob er nun als Betrüger lebt oder als Konstrukteur, möglichst richtig zu treffen. Solange die Routinewirklichkeit der Alltagswelt nicht gestört wird, sind ihre Probleme ja unproblematisch. Folglich hält man auch Illusionen dann für richtig, wenn sie von vielen geteilt werden. Wie beim Drahtkantenwürfel (Bild S. 233), werden, um einer einfachen Erklärung willen, die Fakten beliebig manipulierbar. Schließlich wird ›selbstverständlich‹ und ›naturgemäß‹ gleichgesetzt. Denn auf allen Ebenen werden Legitimierungen erteilt, die uns schwarz auf weiß das bestätigen, von dem sie annehmen, daß wir es hören wollen: von der Tageszeitung bis zur Ideologie. Letztere beginnt dort, wo sich mit irgendeiner Behauptung ein konkretes Machtinteresse verbindet. Und es steht wohl außer Frage, daß die jeweils oberste Instanz Jahrhunderte hindurch das Handeln ganzer Kulturen legitimiert hat[23].

**die normierenden Individuen** Die unmittelbare Folge dieser Ursachen sind die normierenden Individuen. Es ist rührend zu sehen, mit welcher Selbstverständlichkeit der ratiomorphe Apparat uns zwingt, Freiheit für das einzutauschen, was uns wie Sicherheit erscheint. Von den vielen vorzüglichen Experimenten der Sozialpsychologie, die das dokumentieren, muß ich wenigstens eines vorführen.

SHERIF ließ Versuchspersonen zunächst getrennt voneinander mehrmals in einen schwarzen Kasten gucken, der einen Lichtpunkt enthielt, und zwar mit dem Auftrag, die Bewegung desselben jedesmal anzugeben[24]. Wegstrecken von 1–20 cm wurden geschätzt. Tatsächlich war der Lichtpunkt unbewegt, und was die Versuchspersonen registrierten, das waren die ihnen unbekannten, unkontrollierbaren Nystagmus-Bewegungen des Augapfels. Darauf wurden die Schätzungen, jedoch unter Bekanntgabe der Ergebnisse, fortgesetzt. Und nun traute keiner seinen Augen mehr, und die Schätzungen glichen sich stillschweigend einander an. Ja, die Versuchspersonen hielten auch dann am Gruppenmittelwert fest, als sie ihre ›Untersuchungen‹ wieder getrennt fortsetzten. Hier zeigt sich, daß der Einzelne selbst dort einen Konsensus sucht, wo es gar keinen geben kann.

Wie stark dieses Normierungsbedürfnis überall dort ist, wo es nun einen Konsensus geben könnte, zeigen uns die Sach-, Leistungs-, und Haltungsnormen überall. »Wir verankern uns als soziale Wesen durch gegenseitige Abstimmung unserer Urteile in der Welt«, so zeigt es sich, durch »eine gewaltlose und nahezu spontane Urteilsvereinigung in der Gruppe«[25]. Dies reicht von der Norm des Jargons in der Schulklasse, dem Rotwelsch des Berufsstils, der Mode und Parteidisziplin bis zum solidarischen Nationalgefühl: »Right or wrong – my country!«

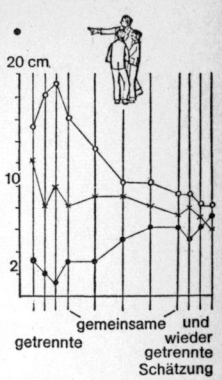

Entstehung von Gruppenmeinung

Die Meinungsnorm wird institutionalisiert; ein Sammelsurium von Maximen, Moral, Sprichwortweisheit, Werten, Glauben und Mythen. Sie spart Kraft und Ungewißheit, eine Art Ökonomie der Seele. Freilich kann es zu einem Ausscheren aus dieser habitualisierten Wirklichkeit kommen. Ein Geschäftsmann, so heißt es zum Beispiel, muß rücksichtslos sein. Widerlegt dies ein guter Witz, so wird gelacht. Widerlegt dies ein guter Prediger oder ein philosophischer Augenblick, so wird geweint oder gezweifelt. Ist aber kurz gelacht, geweint oder gezweifelt worden, so kehrt man zurück zu dem, was jener den ›Ernst des Lebens‹ nennt, und sieht noch einmal mehr die Maxime des ›wirklichen‹ Geschäftsmannes ein[26]; den pragmatischen Imperativ seiner Normen. Man ist überzeugt, keine andere Wahl zu haben.

»Der Mensch in der Gruppe bestimmt Normen und ist sich dieser seiner Leistung nur sehr selten bewußt; er neigt vielmehr dazu, die von ihm bestimmten Normen als Sachverhalte anzusprechen, die schon immer da waren und die es nur zu finden galt.«[27] Und wer Einwände macht, den reiht er mit derselben Sicherheit in die Gruppe weltfremder Philosophen, unmoralischer Gelehrter, Umstürzler und Ketzer, die, wie jeder weiß, ja auch immer schon da waren.

Soweit zur inneren, zur Materialursache der Normen. Wir wollen nun gleich zur äußeren oder Formursache, zu den Funktionen der Gruppe kommen, die in dieselbe Richtung wirken. Das Ziel der Gruppe ist es, Sicherheit statt Ungeordnetheit zu gewinnen; Unbestimmbarkeit und Unvorhersehbares tunlichst zu vermeiden. Das gelingt zunächst wie-

Sicherheit statt Ungeordnetheit

der durch eine zentripedale, normative Selektion nach den Systembedingungen der Gruppe. Und man sieht leicht voraus, daß hier besonders viel an möglichem Repertoire geopfert wird. Bleiben wir aber noch bei den Ursachen.
Arnold Gehlen sagte, der Mensch sei von Natur aus ein kulturelles Wesen[28]. Gewiß, die fundamentalen Sozialbedürfnisse sind ebenso angeboren wie die Strukturen seines Denkens oder seiner Sprache. Geisteswissenschaftler aber glauben oft, das Problem des Menschen sei sein Mangel an Instinkten. Das ist verkehrt. Der Mensch ist durch den von Instinkten nicht mehr abgesicherten Überbau über den Instinkten verunsichert; denn da überall soll er nun selbst entscheiden, wo er ahnt, daß er das nicht kann. So schuf er sich Instanzen, die ihm jeweils sagen sollen, wie er sich verhalten soll; und diese Instanzen sind in der Realität immer Gruppen.
So hat man längst erkannt, daß die Grundfunktionen der Gruppe im Suchen, Leisten und Bestimmen liegen. Vom Suchvorteil sagt die Volksweisheit: Viele Augen sehen mehr. Man denke an einen auf der Wiese verlorenen Ring. Wann immer der Zufall einen großen Anteil an der Leistung aller Beteiligten hat, kann man annehmen, daß der Mittelwert der Urteile richtiger ist als jedes Einzelurteil[29]. Man sagt sich: ›Wie wir ihn doch gefunden haben.‹ Ist nichts als der Zufall im Spiele, wie etwa beim Würfeln, dann ist Voraussicht allen gleich unmöglich. Ist aber wenig Zufall und mehr Kennerschaft beteiligt, dann kann das Mittel nicht besser sein. Wie jeder weiß: Viele Köche verderben den Brei. Ist aber die Expertise der Mitglieder der Gruppe zudem sehr ungleich, dann gilt der Mittelwert als gerechte Bezahlung für ihre kollektive Dummheit.
Gerade dieser Suchvorteil kann aber auch das Wesen der echten Demokratie mitbegründen und ihre Leistung beschreiben. Wir werden nämlich, mit Forrester, noch sehen, daß der menschliche Verstand nicht dazu geschaffen scheint, das Verhalten von Sozialsystemen zu verstehen, mit Galbraith, daß sogar die Sozialplanung der Experten in ein Gebiet zwischen Traumdeutung und Beschwörung gehört. Und wenn nun diese Expertisen stimmten, woran ich nicht zweifeln kann, denn sie stammten aus einem Kernland der Demokratie, dann muß der Zufall in all unserer Entscheidung als Wähler einen sehr großen Spielraum besitzen. Folglich muß der Mittelwert aus dem Urteil aller richtiger sein als das Urteil der Experten.
Der Leistungsvorteil liefert nicht nur eine neue Kraftpotenz,

sondern, nach KARL MARX, auch »einen Wetteifer, eine Erregung der Lebensgeister«[30]. Die Soziologie des ›Ho-ruck!‹, die dies verfolgt, ist naiv; die gruppeneinende Wirkung aber: ›Was wir doch geschafft haben!‹ ist gewiß uralt und elementar.
Der Bestimmungsvorteil endlich ist der problematischste. Oft schafft er, durch das uns schon bekannte Parlament der Meinungen, Einigkeit und Beschwichtigung, in glücklichen Fällen so etwas wie Besonnenheit. Das starke ›Wir‹, das er liefert, das uns durch gleiche Meinung und Haltung und als deren Folge durch ›gemeinsam Leid – gemeinsam Freud‹ zusammenschmiedet, macht böse Kosten: ›die Anderen‹. Je segensreicher uns nämlich unsere Gewißheit erscheint zu ›wissen‹, wo wir hingehören – ›wir Burschen‹, ›wir Deutschen‹, ›wir Christen‹ –, um so strafbarer anders erscheinen uns ›die Anderen‹.
Die Folge dieses Bedürfnisses, die Dinge bestimmt und geordnet, unsere Welt rund zu finden, ist das normierende Kollektiv. Nun wird kollektiv gleichgemacht, assimiliert oder ausgestoßen. Die Geburtsstunde der Vorschriften, Verbote und Selbstverständlichkeiten, der Normen und Gerichte, der Sündenböcke, Außenseiter und Minoritäten ist gekommen; betrieben durch Tradierung und Erziehung, Einschüchterung und Propaganda. Fast alles ist selbstgezimmert; eine Renaissance des Antagonismus von Treffsicherheit und Repertoire, nunmehr in der Systemebene unserer Kollektive. In der neuen Lesung heißt das: Sicherheit des Urteils ist mit Freiheit der Selbstgestaltung zu bezahlen.

*das normierende Kollektiv*

Daß dies eine kaum zu umgehende Voraussetzung unseres Bewußtseins ist, haben wir schon festgestellt. Würde es sich etwa morgen herausstellen, daß meine Familie nur mehr auf Geschirr schlafen kann, in der Straßenbahn jedermann große Insekten essen muß, der Schaffner Handgranaten verkauft und mein Chef als Bürokleidung nur mehr Ritterrüstungen duldet, so wäre ich ziemlich ratlos. Ich erinnere nochmals daran, daß die beliebige Permutation von nur 16 Alltagserwartungen 2 mal $10^{13}$, also zwanzig Billionen Kombinationen zuläßt; daß aber allein der Weg zur Arbeit hundert Erwartungen enthält und daß wir schon bei zehn groben Erwartungsfehlern zusammenbrechen würden. Eine derartige Groteske ließe uns ein Leben lang davon erzählen. Kurz: Die Notwendigkeit, unsere Welt ›rund zu machen‹, liegt auf der Hand. Der Vorgang kollektiver Normierung aber bleibt zu schildern[31].
Undramatisch bilden sich viele Leistungsnormen. Wir fin-

den sie überall; selbst in den Arbeiterbrigaden und in gelehrten Gesellschaften läßt man es nicht an festen Püffen mangeln, dort an handgreiflichen, da an moralischen, wenn das Kollektiv meint, einen Ausreißer ertappt zu haben.

Anders ist das mit der kollektiven Bestimmung des Richtigen. Diese reicht ja von der Bestimmung des Feindes bis zur Kleidung und von der Ausdrucksweise bis zur Entdeckung. Wo immer sich Mehrheit oder Autorität nicht mit Expertise deckt, erweist sich die Haltung der Gruppe schlicht als dumm; freilich erst im nachhinein. Die Geschichte der Erkenntnis ist ein trauriges Kabarett solcher Irrungen. Als Gregor Mendel die Vererbungsgesetze vortrug, war man sich bald einig, daß ein Mönch aus der Provinz in seinem Klostergarten bleiben solle. Als der Lehrer Johann Fuhlrott den Neandertaler entdeckte, war man, unter der Führung Virchows sich bald einig, daß jener einen rachitischen Trottel ausgegraben habe. Daß Gruppen die schauderhaftesten Dinge als das Richtige bestimmen können, ist bekannt. Einiges davon findet man bei Ortega y Gasset[32].

Die soziale Kontrolle für Abweichler reicht von der Resozialisierung, Seelenheilung und Beschwörung bis zur Gehirnwäsche und Teufelsaustreibung. Dabei wird die Richtigkeit der Therapie im kleinen durch die Polizei erhärtet, im großen durch Feuer und Schwert. Nur im Falle gleichgroßer Ängste wird auf ökumenische Verhandlungen zurückgegriffen. Weichen einzelne von der Norm der Gruppe ab, so werden sie als Außenseiter bald erkannt, und ihre Ächtung »wird sich daher gerade in den Gruppen am ehesten erwarten lassen, die von der unverrückbaren Selbstverständlichkeit der von ihr vorgenommenen Bestimmungen am festesten überzeugt sind oder die eine solche Überzeugung am lautesten proklamieren müssen, um ihren inneren Halt nicht zu verlieren«[33].

Die Folge der Ächtung ist die Ausstoßung. Sie ist uns schon aus dem Tierreich bekannt. Von Hühnern beispielsweise weiß man, daß sie ein Gruppenmitglied, das von der Norm abweicht, heftig angreifen und sogar töten. Dabei genügt es schon, wenn man dem Tier den Kamm mit einem Farbfleck versieht oder in eine andere Richtung bindet[34]. »Beim Menschen kann die leichte Form der Ausstoßreaktion, das Hänseln, als eine Art Erziehungsmechanismus den Außenseiter der Gruppe angleichen, indem ihm auf diese Weise ›asoziale‹ Gewohnheiten adressiert werden. Wo das nicht gelingt, kann es zu einer sehr heftigen Reaktion kommen. Die Aggression äußert sich dann viel stärker und grausamer als bei der Auseinandersetzung mit Feinden: »Vielleicht«, sagt Eibl-Eibesfeldt, weil auch noch »das verbindende Band zerstört werden muß. Diese normerhaltende Funktion der Ausstoßreaktion ist der heutigen Menschheit nicht durchwegs von selektionistischem Vorteil; sind doch gerade ›Außenseiter‹ oft besonders begabte und wertvolle Menschen.« Das Athenische Staatswesen beispielsweise kannte das Scherbengericht, das den Bürgern dieser Demokratie die Möglichkeit gab, mißliebige Mitbürger zehn Jahre aus der Polis zu verbannen. Und »kein Geringerer als Aristoteles versichert uns, daß die Opfer des Scherbengerichtes in der Regel überlegene Persönlichkeiten gewesen seien«, sagt Peter Hofstätter[35]. Daß »die Angst vor der Ausstoßungsreaktion, die mit ›Auslachen‹ beginnt, mit ›Ächtung‹ voll wirksam wird und im Extremfall zur ›Verräterreaktion‹ und zur Lynchjustiz führt«, so schließt Adolf Remane seine Tiersoziologie, eine Triebfeder des Normverhaltens darstellt, das steht nach ihm außer Frage[36].

Ein besonderes Schicksal im Normierungsprozeß haben die Gruppen von Außenseitern. Das sind die Minoritäten. Das Humanste, das sie zu erwarten haben, ist ihre normative Auflösung durch das, was man Assimilierung nennt. Neben den assimilierten sind mir aber aus der Geschichte keine Minoritäten bekannt, die nicht fortgesetzt gejagt, wo es möglich schien, gar umgebracht wurden. Und wo dies nicht möglich scheint, dort steht ihnen, im Schutze humanitärer Heuchelei, nur das Schicksal offen, zu einer erbärmlichen Jahrmarktsattraktion zu werden.

Eine Hauptfunktion der Außenseiter wie der Minoritäten ist natürlich die des Sündenbocks. Dieser ermöglicht eine Verwandlung interner Rivalität in nach außen gerichtete Aggression. Das ist eine gruppennormierende Wirkung anderer Art. Sie orientiert sich an den ›Anderen‹, am gemeinsamen Gegner oder Feind. Und da die Information der Gruppenmitglieder zur rationalen Bestimmung der ›Anderen‹ noch weniger reichen kann als zur Bestimmung des ›Wir‹, können Feinde, wo immer sie zur Gruppeneinigung erforderlich scheinen, jederzeit erfunden werden. Der Wandel in der gegenseitigen Beurteilung von Nationen lieferte hier viel Einsicht[37]. Daß man Menschen fast Beliebiges suggerieren kann[38], zeigte uns im Prinzip schon das Experiment von Sherif (Bild S. 251). Amüsant sind Versuche, die die Ausbreitung nicht vorhandener Gerüche in Hörsälen untersuchten[39]. Auf dem gleichen Prinzip beruht aber auch die Kriegshetze, wobei es genügt, »den eigenen Leuten einzureden, sie seien die einzigen wahren Menschen auf dem Erdball«. Es entsteht eine künstliche Pseudospecies, sagt LORENZ[40], die besondere Gefahren in sich birgt; denn »man hat auf den feindlichen Stamm eine Wut, wie man sie nur auf Menschen und niemals auf Tiere haben kann, und seien es die gefährlichsten Raubtiere«. Sie kann dazu führen, für Dinge, die es gar nicht gibt, mit Überzeugung sein Leben zu lassen[41].

Ich hoffe, ausführlich dargetan zu haben, daß Normierung tief in unser Leben eingreift. Sie ist zwar eine Stütze, aber es gibt keine Stütze, die nicht auch steif macht[42]. Und sie macht uns identisch. Im Sinne von Information, besser Gesetzesgehalt, macht sie Menschen redundant, das heißt überzählig. Wir müssen uns die Härte dieses Ordnungsmaßes vor Augen stellen, um zu begreifen, was die normative Selektion aus unserer Individualität macht. Die Redundanz der Menschen ist so groß wie die Anzahl jener, definitionsgemäß unnötigen Menschen, die weggelassen werden könnte, ohne den Gehalt der Nachricht ›Menschheit‹ zu schmälern[43].

Dabei liegt, wie wir überzeugt sind, das Wesen jedes Mitmenschen in seiner Besonderheit: es gibt auch keinen, der nicht ein Quentchen jener Einzigartigkeit besäße, die eben nicht weggelassen werden kann. Und wir wissen alle, daß es gerade diese ist, die so schwer zu erwerben, noch schwerer zu verteidigen und am höchsten zu schätzen ist. Der ganze Rest, so wird mit uns verfahren, erweist sich als austauschbar; als ersetzbar durch eine andere Nummer und letztlich, wie wir sehen werden, durch die Maschine.

Nun kann es nicht mehr wundernehmen, daß dieselbe Redundanz in den Produkten des Menschen ihre Fortsetzung findet. Nur sind wir – die Kreaturen, die wir bisher als Bestandteil und Materialursache der Sozietäten betrachtet haben – nunmehr die bewirkende Ursache und als Zivilisation gleichzeitig die Zielursache unserer Produkte. Und in der Tiefe unseres standardisierten Produzierens steckt der

*Sicherheit statt Ratlosigkeit*

Wunsch, Sicherheit statt Ratlosigkeit zu erreichen. Guter Rat ist bekanntlich teuer, und neu zu treffende Entscheidungen erweisen sich hinterher häufig als falsch. Was bleibt also in solcher Schwierigkeit zunächst Vernünftigeres, als Gekonntes und Bewährtes, das richtig Erratene und Entschiedene, wieder einzusetzen. Dies ist die uns schon aus jeder Instanz ersten Ordnungmachens bekannte Re-Etablierung des Etablierten.

Das Prinzip, bewährte Verhaltensweisen in stereotyper Weise immer wieder anzuwenden, ist natürlich wieder uralt. Die meisten Vögel singen ihr ganzes Leben lang dieselbe Strophe, die Honigbiene baut stets dieselben, auch untereinander wieder völlig gleichförmigen Waben[44]. Wie nutzlos wären auch ein anderer Ruf, eine andere Wabe, wo sie ihrem Sinn, zu welchem sie mühsam und aufwendig selektiert wurden, mit der größten Wahrscheinlichkeit nicht mehr entsprechen könnten.

So sind schon des Menschen älteste Artefakte, die Steinwerkzeuge, von einer Stereotypie, daß man nach ihnen die Perioden der Steinzeit mit Sicherheit unterscheiden kann; Stereotypien, die in der Altsteinzeit 20 bis 200 Jahrtausende, in der unteren Altsteinzeit sogar über eine Jahrmillion unverändert beibehalten worden sind[45]. Und was seinerzeit von den Schaltungen und vom ratiomorphen Apparat gelenkt, im Nichtbewußten oder Unbenannten sich bewährte, wird nun rational bestätigt. Informatik und Betriebswirtschaftslehre kennen bereits Wert und Kosten von Information[46]. Damit sind wir auch schon bei jener Ursache, die die normative Zivilisation bewirkt: bei der causa efficiens.

Jedermann hat erfahren, daß Lernen und Denken Zeit und Kraft kosten. Das Gewinnen von Kenntnis, Wissen oder Information macht immer Aufwände. Und der Erfolg ist nie ganz gewiß. Ganz besonders dann, wenn die Dinge nicht leicht, nicht einfach durch Nachahmung, was wir Lernen nennen, sondern durch selbständiges Schaffen – dies sind alle Formen des Schöpferischen – gewonnen werden können. Die ›Übungsaufgabe‹ CARL FRIEDRICH VON WEIZSÄCKERS: ›Wieviel *bit* ist ein Dollar?‹ ist von höchstem Interesse[47]. Bei einem Telegramm ist ein *bit* noch sehr billig: Innerhalb unserer Stadt errechne ich rund 500 *bit* pro Dollar, bei einem an die Antipoden gerichteten nur mehr 50 *bit*.[48] Die Übermittlung des Pytagoreischen Lehrsatzes an den Schüler kostet aber mit seinen Voraussetzungen bereits ein Drittel des Aufwandes in der Elementarschule. Und in der Schöpfung der Relativitätstheorie ging nicht nur ein Großteil des Lebens ALBERT EINSTEINS auf, sondern noch das Hunderter von Physikern, auf deren Werk er aufbaute.

Aufwand und Wert einer Erfahrung oder Entscheidung hängen also, wenn sie schon vorliegen, mit den Kosten ihrer Übertragung zusammen. Sind sie aber erst zu schaffen, so werden sie von der Wahrscheinlichkeit bestimmt, überhaupt gefunden zu werden. »Seltenheit ist eine Unwahrscheinlichkeit des Gefundenwerdens, also ein hoher Informationsgehalt, falls gefunden.«[49] Folglich erweist sich die Re-Etablierung des Etablierten wieder als der urtümlichste Schachzug der Genesis gegen die Ratlosigkeit; die Aufwände des Suchens und die Ungewißheiten des Findens, die Risiken des Passens oder Verstandenwerdens, werden ganz vermieden. Daß die gleiche Schraube oder Autotype, dasselbe Wort oder Lexikon, welche ein Milieu selektierte, am gleichen Markt größere Sicherheit des Erfolges haben werden als jede Zufallsänderung, ist wohl selbstverständlich.

Das Ergebnis ist ein neuerlicher Erfolg der Massen: die standardisierte Produktion. Ihre Normen durchdringen unsere Zivilisation, von den Sprachen, Begriffen und Buchstaben bis zu den gleichen Strichen dieses ›m‹, von den DIN und ASA der Schrauben und Legierungen zu den Autotypen, Verkehrs- und Rechtsordnungen. Über ihre Einhaltung wacht unser ganzes Gemeinwesen, mit Rechtschreibregeln und Normenbüros, Eichämtern und Gesetzen. Die Toleranzen werden für alles, was uns umgibt, immer wieder festgelegt, ja sie haben längst begonnen, sich selbst zu bestimmen.

*die standardisierte Produktion*

Früher wurde ein Bäcker, wenn seine Brote nicht der Norm entsprachen, dem ›Bäckerschupfen‹[50] unterzogen, indem er vor einer johlenden Menge, in einen Käfig gesperrt, wiederholt ins Wasser versenkt wurde. Heute geht eine Firma, die nicht alle ihre Produktionsnormen überwacht, gänzlich unter. Mit der Zahl und Verschränkung der Normen gewinnen auch diese eine eigene Gesetzlichkeit.

Die Formursachen der Normteile, die Toleranzen, werden nun von den Funktionen ihrer Teile im System bestimmt, und ihre Überwachung ist längst vom Markt in die Tiefe der Betriebsorganisationen verlegt. Doch auch über die Änderbarkeit der Normen beginnen die Normen selbst zu bestimmen. Es entstehen Systembedingungen und mit diesen dieselben Formen einer normativen Überselektion, wie wir sie schon seit dem Bereich des Organischen kennen. Beispielsweise ließe sich die Fassung von Spezialscheinwerfern ändern; sollen aber Massen einer Haushaltsglühbirne in aller Welt verkauft werden, so wird der Kollektiveffekt die Änderung der Fassung ganz außerordentlich erschweren. Oder: Lieferte ein Elektrizitätswerk nur den Lichtstrom der Haushalte einer Stadt, so könnte es von Wechsel- auf Gleichstrom umstellen; belieferte es aber die ganze Stadt, so würde der Vernetzungseffekt mit den vielen verschiedenen Funktionen des Wechselstroms die Änderung verhindern. Oder: Die Österreichische Bundesbahn könnte ihr Signalsystem ändern, ohne vom Rest Europas abgeschnitten zu werden, die Waggon-Kupplungen aber könnte sie nur sehr bedingt ändern. Die Änderung der Spurweite aber würde durch den Positionseffekt praktisch unmöglich sein. Es sind wieder die Bedingungen ungleicher Bürde, die die Normen tragen; und sie werden in erster Linie vom System und erst in zweiter vom Markte bestimmt.

Umgekehrt sind die Normteile von Normteilen deren Materialursache. So bestimmen die Typen der Normziegel die Normen der Mauerstärken, die Filmformate die Kameratypen und die Stufung der Autosteuer die der Zylindervolumen. Die Systemursachen sind wie immer zweiseitig.

Und zu alledem beginnen die Produktionssysteme, wiewohl sie von unserer Gesellschaft gemacht wurden, auf sie selbst zurückzuwirken. Diese Rückwirkung von Wirkungen auf ihre eigenen Ursachen kennen wir ja längst als einen Regelkreis aller Systembedingungen. Wie wir noch sehen werden, ist es eine Utopie zu glauben, daß heute noch alle Macht vom ›König Kunde‹ ausgehe. Der Markt wird von der Industrie nicht nur erforscht, sondern ebenso sorgfältig bearbeitet. Auf die Notwendigkeit dieses Mechanismus, dessen Analyse wir besonders JOHN GALBRAITH[51] verdanken, wie auf die weltanschaulichen Ursachen, ihn nicht wahrhaben zu wollen, ist erst nach der Besprechung seiner Kontroverse zurückzukommen.

Überlegen wir zuvor noch zwei Konsequenzen der normativen Zivilisation. Die erste ist das Paradoxon der billigen Ordnung. Das Wachsen billiger, redundanter Ordnung fanden wir in allen Systemschichten als ein urtümliches, der Differenzierung harrendes Stadium. In den Erfolgszivilisationen aber droht sie zum Selbstzweck zu werden. Gleichwerdende Leistungen und Bedürfnisse gleichgemachter Menschen haben stets zu deren Ersetzbarkeit geführt. Und die Spezialisierung und fortschreitende Unterteilung ihrer genormten Tätigkeiten führte seit etwa 1770 zu ihrer Unterwerfung unter das Diktat der Maschine. Diese erst macht, mit dem tieferen Sinn aller Maschinen – der endlosen Wiederholung desselben – das Diktat des Normativen absolut. Nun beginnt der Kreislauf sich selbst zu verstärken: Die Folge der Maschinen ist die Industrialisierung, deren Folge sind Massengüter und ein Proletariat[52], das selbst nur von billigen, hinfälligen Massengütern leben kann. Nun sind Massengüter für die Massen nur mehr durch weitere Massengüter ersetzbar, die mehr Industrialisierung und noch mehr vermaßte Menschen brauchen; ein Teufelskreis beginnt sich zu schließen.

Geht es nun, wie in allen Erfolgszivilisationen, um ein

*das Paradoxon der billigen Ordnung*

Wachstum der Prosperität, also um eine Honorierung und Selektion des leichter erreichten Erfolges, dann ist die Maschine nicht zu schlagen. Die Zivilisationen müssen im quantitativen Erfolg der Maschinen erstarren. Eine solche Selektion führt von der Desindividualisation zur Entwertung der Produkte und selbst ihrer Produzenten. Für den Menschen, sagt ERWIN SCHRÖDINGER[53], bleibt nurmehr die Arbeit, für welche die Maschine zu wertvoll ist. Diese Entwertung des Menschen führt vom Menschlichen, vom Straßenhändler, Wirt und Kaufmann, zum Menschenlosen, zum Münzautomaten, zu Selbstbedienung und Supermarkt. Sie ist von der Wegwerf-Flasche zur Wegwerf-Uhr, zum Wegwerf-Haus unterwegs und muß beim Wegwerf-Menschen enden. Aus dem qualitativen Polytheismus der Alten wird ein quantitativer Monotheismus der Macht, dessen Gnaden nun, in Produktionsziffern, in Milliarden Kilowattstunden, Dollars, Tonnen Öl oder Megatonnen TNT[54] zu messen, allerorts angebetet werden.

Es ist auch kaum zu hoffen, daß ein Wandel der Außenbedingungen die niedere Ordnung der Binnensysteme zur Entmassung und Differenzierung zwingen muß, so wie wir das in den vorausgegangenen Systemen der Genesis immer wieder fanden. Denn in der Technokratie hat das System begonnen, sogar seine Außenbedingungen zu steuern. Und die Apokalypse wäre wohl längst vollendet, würden die Massennormen nicht eine ihr diametrale Naturgesetzlichkeit nach sich ziehen; wie wir noch sehen werden – Differenzierung und Hierarchie[55].

Kurz: Das Paradoxon besteht darin, daß niedrige, hoch redundante Ordnung, wo sie sich maximal ausbildet, uns schon wieder als Chaos erscheint; nicht unähnlich den wirbelnden Quanten nach dem Urknall, deren Ordnungsgehalt uns, falls überhaupt, nur als Rechenexempel einleuchten konnte. Nicht die Menge, sondern die Werte der Ordnung bestimmen die Welt des Humanen.

Die industrialisierte Massengesellschaft kennt aber noch einen direkten Umsatz von Werten in Energie oder Macht: durch den Abverkauf von Ordnungswerten – eine Art Ordnungs- oder Wert-Parasitismus. Dies ist die zweite Konsequenz.

*der Abverkauf von Ordnungswerten*

Wir können ja den Wert der Ordnung eines Systems als den Quotienten von Gesetzesgehalt und Redundanz bestimmen. Wir finden dann die äußere wie die innere Einmaligkeit eines Systems fest mit unserer Wertvorstellung verbunden. Und wir werden seine Harmonie in einer Auswägung von

Redundanz und Gesetzlichkeit wiederfinden. Selbstredend schätzen wir das Originale höher ein als seine Reproduktionen und einen Gobelin höher als das Materiallager der bunten Fäden. Nun finden wir zwar den Abbau von Gesetzesin Redundanzgehalt in allen Abbauvorgängen der Natur, falls er durch eine Kette von Systemen läuft; beispielsweise den Umsatz einer toten Meise in tausend Maden und den Umsatz dieser in viele Millionen Bakterien und so fort. Innerhalb eines einzigen Systems ist das aber nur vom Parasitismus bekannt. Und jedermann empfindet das Garstige der Veränderung, etwa die eines lebhaften, mit Augen und Antennen, wachen Reflexen und bunten Zeichnungen versehenen Krebschens in einen parasitischen Wurzelkrebs: in einen massigen, grauen, formlosen Sack ohne sichtbare Reaktionen, nur angefüllt von einer riesigen Gonade[56]. Die Spezialisierung steigt, die Differenzierung schwindet, die Masse wächst.

Dieselbe Empfindung scheint uns aber zu mangeln, wenn wir beispielsweise zusehen, wie ein Bildhaueratelier in einen Keramikbetrieb und dieser in ein Ziegelwerk verwandelt wird. Dennoch geschieht hier dasselbe. Die Stückzahlen werden erhöht, der Gesetzestext, der Aufwand für das Einzelstück, den die Plastik, die Kachel, der Ziegel enthält, schwindet; die Größe des Systems, die Prosperität, der wirtschaftliche Erfolg jedoch wachsen. Nun habe ich aber mit diesem Beispiel nicht irgendeine Betrüblichkeit weit hergeholt, sondern einen allgemein verbreiteten Vorgang berührt. Wir sind nämlich rundum von ihm umgeben. Maßschneider und kleine Kaufleute sterben aus und werden von Konfektions- und Warenhäusern verdrängt; Stickereien, Goldschmiede und Kunstschlosser von der Krawatten-, Galvanisier- und Baustahl-Industrie. Die Ursache hat drei Seiten: Erstens ist jedes Menschen Potential begrenzt. Was er an Aufmerksamkeit der Massenproduktion zu widmen hat, muß er dem Einzelprodukt und dem Einzelmenschen entziehen. Zweitens bedeutet der Umbau von Individual- in Massenordnung sicheren Erfolg. Und drittens fördert unsere Zivilisation die Spezialisierung. So wird auch der Kunde desindividualisiert, zur Masse; und mit dem Einzelmenschen befassen sich gerade noch die Friseure, Ärzte und Polizisten.

Dieselbe Beziehung von Normen und Erfolg hat die moderne Architektur zur inneren Redundanz des Baukörpers, zur äußeren der stereotypen Rasterfassaden einer Silokultur geführt; zum Baustil der Werksilos, Beamtensilos, Wohnsilos und Krankensilos. Der Redundanzbegriff kehrt sich um. Die einträgliche Wiederholung, das als Information Unnötige, wird nötig, ihre kostspielige Metamorphose wird fortselektiert. Dieses Kostspielige steckt in der Kunst. Mit einer steten Abwandlung von Symmetrien und Rhythmen enthält sie jene Auswägung von Überraschung und möglicher Voraussicht, die wir seit jeher als Harmonie erleben. Dies ist besonders schön von ZEMANEK für Architektur und Musik[57], von SCHWABL für das Epos[58] und von CARL VON WEIZSÄCKER für unsere Sprache analysiert worden. Diese Auswägung ist die Kunst im Handwerk. »Die natürliche Sprache«, sagt WEIZSÄCKER, »ist voller Redundanz, für sie ist Mangel an Überfluß Armut. Oft enthält sie Redundanz nur in der sehr subtilen Form eines übergreifenden Sinnzusammenhangs oder Appells an schon Bekanntes.« Geht es aber nicht um Architektur, Musik und Ausdruck, sondern um Unterkünfte, Signale und Information, dann wird tatsächlich die Harmonie redundant, die Kunst unnötig. Dies zeigt sich heute deutlich »in einer Sprache, die auf ihren Gehalt an Information hin erzogen ist; und der reine Telegrammstil ist ja gleichsam nur der Parademarsch dieses Drills«[59].

Kurz: Die normative Selektion führt auch in der Zivilisation, nach dem Prinzip des geringsten Aufwandes, zum Vorrang einer quantitativen Ordnung, wie es BERTRAND DE JOUVENEL so überzeugend schildert[60], zu einer Entwürdigung der individuellen Arbeit und folglich zu gerechtigkeitslosen Preisen, zum Adel des Geldes, zu verselbständigten Systemen der Macht.

Daß also die Systembedingungen der Norm in der Haltung der Menschen, ihrer Gruppen und Produktionen wiederkehren, ist nicht zu bezweifeln. Und wieder sehen wir, »kaum ist's abgetan«, Material- und Formursachen in Kreisläufen von Wirkungen wiederkehren, deren spezielle Muster ebenso unvorhersehbar wie unausweichlich sind. Es ist der alte Zusammenhang von Trefferchance und Repertoire, der wiederkehrt; hier nun sichtbar als Antagonismus von Sicherheit und Freiheit. Sicherheit wird erstrebt auf Kosten der Freiheit des Verlassen-, Ungeordnet- und Nutzloseins. Geborgen-, Geordnet- und Nützlichsein sind die Zivilisationsformen von Determination und Ordnung wie die ›Ziele‹ ihrer normativen Selektion.

## Kontrolle für Kontrolleure

> Es ist schon lang in's Fabelbuch geschrieben;
> Allein die Menschen sind nichts besser d'ran,
> Den Bösen sind sie los, die Bösen sind geblieben.
> (*Mephistopheles*, Faust I 2507)

Das Postulat der Gleichheit der Menschen beginnt sich als eines ihrer umständlichsten Probleme zu erweisen. Gleichheit worin ist die Frage. Gleichheit der Geburt, vor Gott und dem Richter: gewiß. Gleichheit der Gestalt, der Veranlagung und der Haftung: keineswegs. Der Leser, der mir, mit Geduld, bis hierher gefolgt ist, sieht voraus, daß wir auf den Antagonisten der Normen zusteuern, auf die Differenzierung zum Muster der Hierarchie; und er wird ahnen, daß nun die zivilisatorischen Spielformen der Stabilitätsbedingungen beginnen werden, ihre Rollen zu spielen.

Hierarchie der Gesellschaft gilt als heißes Eisen. Da es uns aber nicht um eine Verewigung der Vorurteile geht, wollen wir nach den Fakten sehen; zusehen, was es verbindlich zu wissen gibt.

Das erste, was es zu untersuchen gilt, ist einer der schönsten Zustände, der nun neu in unseren Kosmos tritt: es ist die Genesis der Freundschaft. Ihre Wurzeln reichen wieder tief in die Geschichte der Vögel und Säuger und sind dort unten so unscheinbar, daß man sie übersehen kann. Sie liegen dort, wo Tiere, die nicht der Zufall, sondern soziale Anziehung zueinander führt, einander kennenzulernen beginnen. Dies ist der Schritt vom offenen zum geschlossenen anonymen Sozialverband[61]. Kennt sich im offenen Sozialverband noch niemand, wie in vielen Fischschwärmen, oder nur das Ehepaar, wie in vielen Vogelkolonien, so kennen sich im geschlossenen schon einzelne Gruppen. Mäuse- und Rattengruppen kennen sich nach dem Geruch. Wer gleich riecht, wird toleriert, wen man ›nicht riechen kann‹, der wird sofort ›hinausgebissen‹. Innerhalb der Gruppe aber werden die Weibchen ohne Rivalität gemeinsam gedeckt, und sogar die Futterrivalität verläuft unblutig. Sobald sich aber alle Individuen individuell kennen, bedarf es der Konkurrenz, Rivalität und Dependenzen, gewissermaßen, um die Ordnung nun auch innerhalb der Gruppe festzulegen. Betrieben wird der Vorgang von der intraspezifischen, der innerartlichen Aggression, aber die »Naturgeschichte der Aggression« hat durch KONRAD LORENZ auch sogleich erklärt, »wozu das sogenannte Böse gut ist«[62]. War ihre arterhaltende Funktion in den anonymen Verbänden noch sehr einfach,

*die Genesis der Freundschaft*

*Konkurrenz, Rivalität und Dependenzen*

auf eine für die Population maximale Gewinnung von Lebensraum und Futter gerichtet, so wird sie in den individualisierten Verbänden ebenso differenziert wie dem Individuum unentbehrlich. Eine solche, hier wichtige Gruppe von Wirkungen führt, mit dem Preis entstehender Ränge, zur Individualisation.

Lange bekannt ist die Hackordnung der Haushühner. Dabei zeigt sich, daß die Hühner nicht ruhen, einander zu attakkieren, bis sich herausgestellt hat, wer nun wen hacken, in welcher Reihenfolge man folglich etwa ans Futter darf. Mit der Klarstellung dieser Frage zieht Frieden ein; aber auch weiterhin drängt jedes Individuum nach oben und fordert Revisionen heraus, wodurch die Ordnung stets auf dem vorläufig letzten Stand bleibt. Während nun der Insektenstaat die Primitivordnung von Königin und anonymem Sklavenheer nicht überwindet, kann stete Initiative bei den Wirbeltieren jede Individualität wie deren Wahrnehmung durch die anderen zu einem völlig durchstrukturierten, eben hierarchischen Grundmuster führen[63].

Damit entstehen Rollen, Bürden und Autoritäten, die nun von der Gruppe nicht nur toleriert, sondern auch anerkannt werden. Besser gesagt: deren Anerkennung durch die nicht zu übersehenden Vorteile von der Selektion durchgesetzt worden sind. Erschrickt beispielsweise eine rangniedere Jungdohle, so schenkt ihrem Auffliegen keine der älteren Beachtung. »Geht dagegen ein gleicher Alarm von einem der alten Männer aus, so fliegen alle Dohlen, die ihn wahrnehmen können, in heftiger Flucht davon.« Selbst so etwas wie Ritterlichkeit tritt auf. Da »ranghohe Dohlen, vor allem Männchen, sich unbedingt in jeden Streit zwischen zwei Untergebenen einmischen, hat diese abgestufte Verschiedenheit sozialer Spannung die erwünschte Folge, daß die höher-rangige Dohle in den Kampf stets zugunsten des jeweils Unterlegenen eingreift.«[64]

Höchste Rangstrukturen erreicht die Primatengruppe. Und mit ihnen werden auch die Ambivalenzen, die Kosten der Ränge völlig klar. Die ranghöchsten Männchen müssen gleichzeitig die ersten an der Front der Verteidigung sein. Schon hier also läßt sich die Genesis erhöhte Rechte mit erhöhtem Risiko bezahlen. Sieht man ferner, daß Autorität und Lebensalter korrelieren, so wird der Zusammenhang mit der Erfahrung deutlich. Aber auch Verselbständigung von Autorität ist schon festzustellen. Die greisen Männer der Pavian-Horde zum Beispiel erhalten sich ihre physische Autorität nurmehr dadurch, daß sie wie Pech und Schwefel zusam-

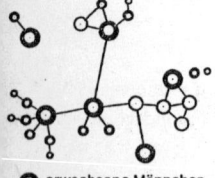

○ erwachsene Männchen
○ geschlechtsr. Weibchen
○ Jungtiere unter 2 Jahren
○ juvenile od. subadulte Männchen

Hierarchie einer Pavian-Gruppe

menhalten. Und dennoch ist die Gruppe als ganze, ist sie vor heikle Entscheidungen gestellt, bereit, ihren ›Senatoren‹ zu folgen.
All das ist tief in den Instinkten verankertes Selektionsprodukt. Alles ist noch unbenannt. Wir beginnen gerade, die Physiologie, Drüsenveränderungen zum Beispiel, kennenzulernen, die über den sozialen Streß nach Rang und Belastung auch die Aggressivität steuert. Und wir haben alle Ursache, die Erblichkeit dieser Mechanismen bis in den Menschenstamm anzunehmen[65].
Die psychologische Mitte zwischen Einsamkeit und Gedränge ist erblich festgelegt. Sie ist der Distanzen und Ränge angeborener Lehrmeister.
Der selektive Sinn, die Rollen und Ränge anzuerkennen, beruht wieder auf der Einengung des Repertoires auf das wahrscheinlich Nützlichste und somit auf der abnehmenden Last der Entscheidungsfindung. Diese Einengung heißt nun Unterwerfung unter die Schlichtungs- und Kraftentscheidungen des Stärkeren, sowie unter die Warn- und Leistungsentscheidungen des Erfahreneren.

Rang versus Risiko

So notwendig aber diese Folgen, so zufällig ist das Zustandekommen der auslösenden Konstellation: das Zusammentreffen eines differenzierten Gehirns mit gruppenabhängiger Lebensbedingung und langer Unselbständigkeit der Kinder. Für sie ist ja die autoritäre Abnahme von Entscheidungen durch die Mutter absolute Lebensnotwendigkeit. Wieder ist der Sinn, die Rangstruktur determiniert, frei aber das Individuum, seinen Platz zu finden.
Und noch einmal sehen wir Systembedingungen der Rückkoppelung entstehen, in welcher die physiologisch gesteuerten, psychologisch erlebbaren Bedürfnisse – die Individuen oder Materialursachen – in dieselbe Richtung tendieren, die von den ökologisch gesteuerten, soziologisch verständlichen Erfordernissen – der Gruppe oder Formursache – vorgeschrieben werden.
Dieselbe Materialursache, nämlich Verbürgung statt Unbestimmtheit zu finden, ist es, welche die Sozialpsychologie als das Grundmotiv des Menschen entdeckte, sein Ressort in der Gruppe festzulegen. Der Mechanismus funktioniert in folgender Weise: Jedes Individuum strebt gleichzeitig nach Sicherheit und Freiheit. Diese sind nun freilich Antagonisten, denn Sicherheit ist in der Gruppe nur durch Dependenz, also die Aufgabe von Freiheiten, zu gewinnen. Und Independenz ist eine reine Illusion. »Man möchte gern – von der Autorität – unabhängig sein, doch gelingt dies nur,

Verbürgung statt
Unbestimmtheit

wenn man anderswo dependent wird.« Selbst der Emanzipationsprozeß, wie geräuschvoll er sich auch vollziehen mag, wird nicht von Independenz, sondern von Counterdependenz angeleitet, vom ›Dagegensein‹. Gewiß, neue Rahmen der Entscheidungsfindung sollen bestimmt werden. Aber »wer nur dagegen ist, überläßt den Inhalt derjenigen Instanz, die er bekämpft«[66], sagt GERHARD SCHWARZ. Ja, das Neue wird am besten faßbar, wenn das Alte wohldefiniert und nicht leicht zu stürmen ist.

Nun kann aber nur das Wenigste vom Neuen allein gefunden werden. Selbst die einsamsten Entschlüsse sind auf Gruppen bezogen. Aber es finden sich ja so gut wie alle neuen Normen in der neuen Gruppe. Sie ist, wie wir wissen, unentbehrlich. Was aber nun entscheidend über die Massennormen hinausführt, das ist in allen individualisierten Verbänden das Band der Freundschaft. Da Freundschaft auf individuellem Ausgleichen, Bestätigen und Bestätigtwerden beruht, kann sie keine Masse, sondern nur die kleine Gruppe leisten. Viele Experimente haben das bewiesen. »Man geht wohl nicht fehl, wenn man sich die Wahrscheinlichkeit des Zustandekommens einer Ordnung um so geringer vorstellt, je größer die zu ordnende Menge ist.«[67] »Masse ist«, so folgen wir PETER HOFSTÄTTER, »was ein Individuum um keinen Preis sein möchte, denn, wie wir schon von GOETHE wissen: ›höchstes Glück der Erdenkinder sei nur die Persönlichkeit.‹«[68] Und damit differenzieren sich Kleingruppen, wie jede Gruppendynamik zeigt, in sich wie auch gegeneinander.

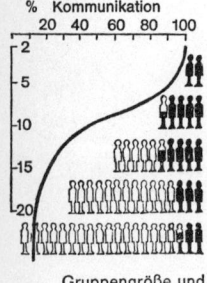

Gruppengröße und Kommunikation

Kompetenzen, Rollen und Ränge

Es entstehen Kompetenzen, Rollen und Ränge. Jeder findet seine anerkannte Nische, in Gangs, Cliquen und Bünden, in Spiel-, Berufs- und Glaubensgemeinschaften. Aufgaben, Rollen und Autorität werden dabei gleichermaßen individuell angestrebt wie von der Gruppe delegiert. Dabei wirken die Spezialisation wie die Zuweisung von Funktionen, Identifikation wie Projektion gemeinsam auf eine Verringerung des vom einzelnen erwarteten Repertoires richtiger Entscheidungen. Autorität wird, wer die unangenehmsten Entscheidungen für die Gruppe übernimmt; Führer, wer den Gruppenkonsens am sklavischsten befolgt und am häufigsten durchsetzt.

Die einmal erlernten Beschränkungen unserer Wirklichkeit – auf solche Kompetenzen, Rollen und Ränge – beizubehalten, dazu veranlaßt uns die eigene Unsicherheit; aber auch, wie wir sehen werden, die Unsicherheit der Gruppe. So spielen wir denn unsere Rollen als Lehrer, als Bürger oder als Europäer, wenn auch mit verschiedener Perfektion und Überzeugung, so doch meist ein Leben lang. Und stets enthebt uns unsere Rolle der meisten Entscheidungen, wie wir handeln oder urteilen sollen. Genauer: Wir überlassen allen anderen Rollen so viel, wie wir annehmen, daß wir den verbleibenden Rest an geforderten Rollen-Entscheidungen, nach Motivation und Begabung, noch selbst zu treffen in der Lage wären.

Der Schutz, den diese Spezialisation vor dem Ratlos- und Lächerlichwerden bietet, ist so effektiv, daß eine Welt der Spezialisten die Folge ist. »Sie proklamieren«, sagt ORTEGA Y GASSET, »ihre Unberührtheit von allem, was außerhalb dieses schmalen, von ihnen speziell bestellten Feldes liegt, als Tugend und nennen das Interesse für die Gesamtheit des Wissens Dilettantismus.«[69] Auf solcherlei Rechtfertigung wird die Spezialisation vom Fließbandarbeiter bis zum reinen Ideisten legitimiert: Die einen sind von der Industrie geschaffen worden, die erst dann Erfolg hat, bis alle Tätigkeiten fast bis zur Ersetzbarkeit des Menschen spezialisiert sind, die anderen von unserem Bedürfnis nach obersten Instanzen. So wird immer weiter hinaufdelegiert, bis zu den – schrecklich zu sagen – ›Weltspezialisten‹. Ihnen bleibt nur mehr die ›reine Theorie‹. Sie operieren in »einer Art platonischem Himmel ahistorischer und außergesellschaftlicher Schau der Ideen«[70].

Gruppendynamik

Damit sind wir aber schon den Formursachen nahegekommen: der Wirkung der Gruppe auf ihre Strukturierung. In der Gruppe nämlich möchte man nicht nur wissen, wo man seinen Platz hat, sondern auch, woran man bei den anderen ist. Die Gruppe wünscht Verbürgung statt Strukturlosigkeit. Meine Rollen beispielsweise als Lehrer, Bürger und Europäer hatten ja bereits die Aufgabe, mir die Repertoire-Pflichten der Nicht-Europäer, der unbürgerlichen Europäer sowie aller übrigen Berufe der bürgerlichen Europäer vom Halse zu halten. Dies ist also ein hierarchisches Welttheater, das über mich verfügt. Wie gewiß, so tröstet man sich, verfügt es dann auch über alle anderen! Die Instanzen der Wirklichkeit scheinen das vorzuschreiben.

Verbürgung statt Strukturlosigkeit

Dies mag eine Projektion des Denkapparates sein, von welchem wir ja wissen, daß er in Hierarchiemustern operiert. Wir finden aber sogleich, daß allein schon die Praxis menschlicher Kommunikation dasselbe Muster durchsetzt. Wollen wir weder mit einer anonymen Masse verkehren noch als Teil einer solchen genommen werden, so bleibt nur die kleine Gruppe. Die uns möglichen Aufwände an Zeit,

Gedächtnis und Gefühl lassen keine zu große zu, wenn wir persönlich anleiten, verstehen und schützen möchten, angeleitet, verstanden und beschützt sein wollen. »Wirklich lieben«, sagte eine besonders gescheite alte Dame, »kann man nur einen – oder höchstens zwei.«

Was nun neuerlich und entscheidend über eine einfache Masse von Kleingruppen hinausführt, ist zunächst eine Konsequenz der Differenzierung in den individualisierten Verbänden selbst. Denn wir wissen ja schon: »Der Wegfall der grundsätzlichen Differenz, daß ein Individuum für ein anderes Entscheidungen treffen muß, zerstört den Sinn dieser Gruppe.«[71] Welche Gruppe sich auch immer selbst differenziert, sie delegiert ihre Spezialisten; Studenten ihre Fachvertreter, Tutoren und Baseball-Asse, Arbeiter ihre Gewerkschafter, Parteiführer und Sportwarte. Und alle diese Autoritäten sind naturgemäß nicht nur in die Gruppe integriert, die sie delegierte, sondern auch in jene, deren Spezialisationen zu tragen sie delegiert sind, deren Leiden und Freuden sie also auch zu teilen haben. Sie sind Teil der Formursache der Ausgangsgruppe wie der Materialursache der Folgegruppe.

Einerseits folgt daraus eine Welt der Autoritäten. Tatsächlich kann man sich keinen gesunden Menschen denken, der nicht in irgendwas und gegenüber irgend jemandem Autorität wäre: am Biertisch oder bei der Sicherheitskonferenz, beim Abhäuten eines Kaninchens oder Ausbeuten eines Kontinents, im Kindergarten oder im Altersheim. Andererseits delegieren die Autoritäten der Autoritäten wieder ihre eigenen Autoritäten, Baseball-Superasse oder Obergewerkschafter; in letzter Instanz esoterische Gesetzgeber, Götter, Propheten und Ideologen, deren Gnaden, wie sie behaupten, nunmehr die allerletzten Entscheidungen legitimieren. Kurz, das System der Gruppen gliedert sich von innen her hierarchisch. Es ist eine Struktur voll jener immer wieder beobachteten Zweiseitigkeit. Führer werden zu Anwälten, zu ersten Dienern, Dienende der Gruppenanwälte zu Führern. »Es kommt zu der merkwürdigen Situation, in der ein Befehlsgeber nachahmt, während die Vorbilder den Weisungen ihres Nachahmers Folge leisten.«[72] Gleichzeitig hält sich das stete Drängen nach Verbürgung, Schutz und Garantien sowie reziprok nach Status, Anerkennung und Einfluß – wie eben am Hühnerhof die Hierarchie – auf dem jeweils letzten Stand[73].

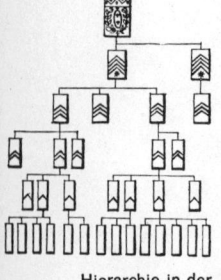
Hierarchie in der Zivilisation

Wie aber gliedert sich die Gruppe von außen, wenn etwa eine Industrie, ein Heer, ein Handelskonzern, wie wir uns ausdrücken, aus dem Boden zu stampfen wäre. Fast ist es trivial zu sagen: selbstverständlich wieder hierarchisch. Abteilungen und Werkstätten, Regimenter und Kompanien, Kontore und Lager werden nach Mannschaft oder Belegschaft, nach Autorität und Kompetenz, Wissensinhalt und Abhängigkeit sorglich nach Rängen gegliedert. Soll Information in einem differenzierten System mit hoher Effizienz fließen – seit der Genesis der Keime wiederholt sich dies stereotyp –, so ist ihre hierarchische Kanalisierung nicht zu schlagen. Und da den Industrien, Heeren und Handelshäusern dieselbe Milieuselektion im Nacken sitzt, ist sie auch überall durchgesetzt worden.

Wo aber, wie in aller harmonischer Entwicklung, innere und äußere Ursachen sich ergänzen, ist die Hierarchie der Gruppen nichts als die selbstverständliche Folge ihrer eigenen Systembedingungen. Ja, dieselben Entwicklungsstufen der Hierarchie wiederholen sich, wie wir sie schon von der Evolution des Lebens, der Gestalten und des Denkens kennen. Von innen her erfolgt die Hierarchisierung dadurch, daß der Filz der individuellen Dependenzen allmählich hierarchische Bahnen annimmt; von außen her differenziert sie aus dem Primitivzustand, der Massenhierarchie. Wir finden diese naturgemäß in allen jungen Gruppen: in den Massenheeren der Sklaven-, Bauern- und Arbeiteraufstände, in den Arbeiterheeren der Pharaonen, der frühen Industrialisierung in England wie der frühen Sozialisierung in Rußland. Nur langsam differenzieren sie sich zu ihren funktionalen Optima, zu kleinen Gruppen, zur Wahrnehmung des Einzelindividuums, nahe an die dichotome Form heran.

die Hierarchie der Gruppen

Ja die Entsprechung geht noch tiefer. Wir finden nämlich, wie in den Systemen der Gestalten, daß die niederen Ränge der Sozialsysteme die primitiven Merkmale der Massenhierarchie, mittlere Ränge die gereiften der Dichotomhierarchie zeigen, die obersten aber wiederum deren Senilform. Diese besteht darin, daß die Schichten nur mehr durch einseitige oder Scheindichotomien aufrechterhalten werden. Und auch die Ursachen wiederholen sich. Die Individuenkollektive der untersten Ränge sind so jung oder kurzlebig wie die der Rekruten, Gastarbeiter oder Touristen, so daß individuelle Differenzierung weder ausgedrückt noch delegiert, Persönlichkeit weder entfaltet noch von ihren Obristen, deren gute Absicht nun einmal angenommen, wahrgenommen werden kann. Die obersten Instanzen dagegen sind so alt wie Generalstäbe, Aufsichtsräte oder Kurien, so daß manche Seitenzweige bereits aussterben oder von ›lateralen Arabes-

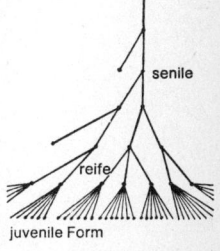

Altern der Hierarchie

ken‹74 ersetzt werden konnten, ohne die unnötig gewordenen Ränge aufzulösen.

Daß alle Armeen, kapitalistische wie kommunistische, hierarchisch organisiert sind – alle Kirchen, Ämter und Parteien –, bedarf keiner Dokumentation, daß aber auch alle Wirtschaftsorganisation eine hierarchische ist, das haben TANNENBAUM, KAVČIČ, ROSNER, VIANELLO und WIESER, ob in Österreich, Jugoslawien, in den USA oder den sozialistischen Kibbuzim Israels[75], überzeugend dokumentiert. Und wo immer eine Hierarchie exekutiert wurde, wie etwa in der Vorgangsweise der französischen oder der russischen Revolution, hat sie sich sogleich re-etabliert; durch jene, die vorher nicht am Zuge waren. Pharaonen, Mandarine, Caesaren sind abgetreten; ›Kaiser – König – Edelmann – Bürger – Bauer – Bettelmann‹[76] – auch unser Auszählreim enthält nurmehr Geschichte. Längst regieren uns neue Könige; Industrie- und Bankkonzerne, Wirtschafts- und Parteiideologien. Der Unterschied ist nur der, daß ihre Träger anonym bleiben, um versteckt aus Hintergründen zu operieren, der einzige Fortschritt der, daß selbst Kinder keine Lust mehr verspüren, aus ihnen einen Auszählreim zu machen.

Hierarchie erweist sich als die naturgesetzliche Differenzierung aller individualisierten Systeme. Was aber eine Notwendigkeit der Genesis ist, muß noch lange nicht eine des Menschen bedeuten. Dieses lehrt die Geschichte. Die Ursachen und enormen Kosten dieser Diskrepanz werden wir bald untersuchen.

*die hierarchische Produktion*

Daß wir nach alledem auch noch eine hierarchische Produktion vorfinden, wird kaum wundernehmen. Dennoch ist es erstaunlich zu sehen, daß selbst auf dieser Ebene nochmals Material- und Formursachen, Individual- und Kollektivbedürfnis, gleichsinnig zusammenwirken.

Was wir auch immer herstellen, wir schaffen es durch unser Trachten, der Störgröße des Zufalls das Handwerk zu legen; genauer, sein Repertoire auf das zu reduzieren, was wir noch zu meistern vermögen. Wir gehen schrittweise vor, beim Bau eines Kartenhauses oder Staates gleicherweise. Daß ein Haus auch durch noch so oftmaliges Durcheinanderwerfen der Materialien nicht zu bauen ist, lehrte uns, wie erinnerlich, schon die Theorie der Wahrscheinlichkeit. Unser Vorgehen zielt einfach darauf ab, Verbürgung statt Strukturlosigkeit zu erreichen.

Den quantitativen Zusammenhang schildert SIMONS Uhrmacherparabel, die ich in ARTHUR KOESTLERS illustrativer Art wiedergebe[77]: Die Uhrmacher ›Mechos‹ und ›Bios‹ arbeiten beide am Zusammenbau einer tausendteiligen Uhr. Beide werden in gleicher Weise in unvorhersehbaren Intervallen gestört, und alles, was sie in der Hand schon zusammenstellten, muß beiseite gelegt werden und fällt wieder auseinander. Nun fand Bios einen Weg, immer nur zehn Teile zu einer Funktionseinheit zu vereinen, die, zwar mit etwas mehr Aufwand, nicht mehr zerfallen kann: um aus zehn solchen die hundertteiligen Systeme und aus zehn derselben die ganze Uhr zusammenzusetzen. Man sieht voraus, daß sein Vorgehen komplizierter sein wird, aber daß sein hierarchisches System erfolgreicher, ja das einzige sein wird, um sehr Komplexes bauen zu können. Mechos muß in der Konkurrenz verlieren.

Selbstverständlich drängt die Gruppe in dieselbe Richtung. Die Industrialisierung selbst hat, wie wir wissen[78], zur Hierarchisierung der Aufgaben und damit der Produkte beigetragen. Sogar die Zusammenbaustrecken haben Stammbaummuster. Und längst hat die hierarchische Bauweise von der Reparaturweise rückwirkende Verstärkung erfahren; der Mehraufwand, Subeinheiten, Kompartments und Subkompartments einfach austauschbar zu bauen, hat sich als ökonomisch überlegen erwiesen. Das Bios-Modell überlebt die Selektion.

In dieser Ebene der Ökonomie sind nun die Konsequenzen, nämlich in Rückkoppelsystemen mit Struktur und Information selektionsgerecht, also ökonomisch zu verfahren, völlig klar. Es ist aber auch die Ebene, in welcher der Begriff Information zuerst erfaßt wurde. Hier entfalten sich, über der Schicht der beschränkten Möglichkeiten des Denkens und der Sozialstrukturen, wieder neue Freiheiten der Erfindung und Entwicklung, die sich erst selbst in ihre eigenen Schranken weisen. Und wieder war auf den vorausgehenden Ebenen keine der neuen Realisationen vorherzusehen. Nur die Grundmuster werden von der Strategie der Genesis stets wiederholt.

Zudem wissen wir längst, daß in dieser Evolution für jeden Baufortschritt zu bezahlen ist. Jede Zufügung von Ordnung ist durch das Fressen, die Zerstörung einer noch größeren Ordnungsmenge zu begleichen; und zwar in gleicher Münze. Sozialstrukturen leben nun längst nicht mehr vom Brot allein, und schon gar nicht allein vom Fressen der Photonen, wie der Reduktionist meinen möchte. Sie fressen zwar auch Brot und damit Photonen; in der Hauptsache aber fressen Zivilisationen Zivilisationen. Alle durch Wechsel belasteten Schichten werden in die Rückzahlung einbezogen.

**das Paradoxon von Recht und Toleranz** Hier beginnt das Paradoxon von Recht und Toleranz. Was sich schon alles an Herrschern und Sklaven, an jeweils Auserwählten und Verfolgten durch unsere Geschichte trieb, von wo überall her Herrscher wie Massen ihre ebenso hypothetischen wie widersprüchlichen Rechte bezogen haben, das ist, wie ja jeder weiß, so irrational, daß es wohl richtig ist, daß sich schon unsere Kinder ausführlich damit befassen. So mag selbst die Jugendquälerei, sich die Jahreszahl der Schlacht bei Issos merken zu sollen, ihre tiefere Bedeutung haben[79]. Aber auch dieser Aufwand hat zu keinem anderen Resultat geführt, als uns noch immer mit den Segnungen widersprechender Ideologien heimzusuchen.

Das Paradoxon von Recht und Toleranz wurzelt im Antagonismus von hierarchischer und normativer Ordnung und äußert sich im scheinbaren Widerspruch von Massen und Klassen. Dabei verschwindet der Widerspruch, sobald man feststellt, daß, nach den Gesetzen dieser Genesis, weder Klassen ohne Massen noch Massen ohne Klassen selektiven Bestand haben, also überhaupt existieren können. Versteht man aber unter Klassen nicht, wie hier, die kompartmentierten Ordnungsgehalte differenzierter Evolutionssysteme im allgemeinen, sondern nur die der menschlichen Gemeinwesen, so findet man sich vor den Alternativen absolutistischer Ideologien, zwischen denen, so wird uns eingeredet, nurmehr ein Kampf der Klassen entscheiden könne. Diese böse Wendung beruht, wie wir noch sehen werden, auf einem Verlust der Mitte, auf einer Mischung materialistischer und idealistischer Hypothesen, ohne daß das große Mittelfeld der sie koppelnden Funktionen erkannt oder überhaupt zugelassen worden wäre.

Die Angst der sogenannten Autorität vor der Menge wie die der sogenannten Menge vor der Autorität ist ja keineswegs eine Angst vor dem rationalisierbaren Antagonismus eines Naturgesetzes, sondern die Angst vor den Rechten, welche jede Gruppe in ganz irrationaler Weise aus ihrer jeweiligen Machtposition ableiten zu dürfen überzeugt ist. Wie schon durch MAX WEBER, an der Wurzel der modernen Sozial- und Politik-Wissenschaften, erkannt wurde, geht es bei politischen Veränderungen um die Umschichtung der Macht[80]. Wir haben dies als den Erfolg der primitiven, quantitativen Ordnung bestätigt gefunden. Wer nun die Macht hat, hat das Recht. Zwar halten wir uns zugute, diese Regel im kleinen Kreis staatlicher Gerichtsbarkeit nicht zulassen zu wollen, kennen aber im Großen der Politik keine Ausnahme. Und das Ausmaß des eingebildeten Rechts bestimmt nun paradoxerweise das der gewährten Toleranz – da ist die Hierarchie von Gottes Gnaden, dort die Masse von der Ideologen Gnaden. Und wir kennen nun ja die Systembedingungen der Sozietäten genug, um zu wissen, wie die Frage: Wer trägt die Schuld an allem Elend? beantwortet wird: Die Anderen! Daß allein diese Entscheidung genügt, um auch im Werden der Zivilisationen fortgesetzt dem Entropiesatz Genüge zu leisten, das beweist die Weltgeschichte.

Zwar kann man schon bei FRIEDRICH ENGELS lesen: »Autorität in der Industrie abschaffen zu wollen, ist gleichbedeutend mit dem Abschaffen der Industrie«[81]. Aber die einen sind KARL MARX gefolgt, der behauptet, Hierarchie sei eine Folge des Kapitalismus. Das ist ein folgenschweres Verkennen der Systembedingungen, nicht weniger schwer als das der anderen, die der Gegenauffassung folgten, Hierarchie sei eine Folge der Unmündigkeit[82].

In Wahrheit ist Unmündigkeit eine Folge der Masse und Kapitalismus eine Folge der Hierarchie. Die reine Macht der Masse ist ebenso chaotisch, wie die reine Macht der Hierarchie wieder ins Chaos führt. »Den Bösen sind sie los, die Bösen sind geblieben.« Nur die Auswägung ihrer reziproken Kräfte, also ihrer Ansprüche und Pflichten, kann, wenn wir Naturgesetzen glauben und der Vernunft vertrauen wollen, zu einem Wachsen der Stabilität und der Werte der zivilisatorischen Ordnung führen.

## Sicherheit für Freiheit

> Solang der Wirt nur weiterborgt,
> Sind sie vergnügt und unbesorgt.
> (*Mephistopheles*, Faust I 2166)

Zu den beschämenden Eigenschaften unserer Zivilisationen gehört es, daß sie, verunsichert wie sie sind, für die ungewissen Sicherheiten, die sie bieten, fortgesetzt unsere Freiheit zu Markte tragen. Wir haben zwar, soweit wir die Genesis verfolgten, die Erfahrung gemacht, daß das Ordnungswachstum eines Systems notwendigerweise die Möglichkeiten seiner Subsysteme reduziert. Da aber in der vorliegenden Schicht die Subsysteme, um deren Freiheitsraum es geht, wir selber sind, werden wohl Einwände gestattet sein. Wir haben zwar zudem erfahren, daß wir uns selbst in die Abhängigkeit drängen. Aber mit derselben Voraussicht müssen wir erwarten, daß das neue System über uns hinweg Eigengesetze entwickelt; daß die Wechsel dieser Weltenbühne einer Regie unterworfen sind, für welche wir selbst nur mehr die Komparserie, eine anonyme Masse sind; etwa die Menge der lauten Soldaten, die der weinenden Weiber oder was sonst noch an Massenauftritten der Erbauung im Welttheater dienen kann.

*das Eigenleben der Sozialsysteme* Dieses Eigenleben der Sozialsysteme, das sogleich in Erscheinung tritt, sobald wir die Zeitachse mitbetrachten, ist es, das nochmals unsere Aufmerksamkeit verdient. Und zwar schon deshalb, weil dieselbe Zeitachse erwiesen hat, daß selbst die garstigen Utopien von GEORGE ORWELL und ALDOUS HUXLEY gar nicht so utopisch sind[83]. Dieses Eigenleben beruht erstens auf Rückkoppel- und Verstärker-Kreisläufen des Systems. Der Techniker nennt derlei ein nichtlineares Mehrfach-Rückkoppel-System. Zweitens beruht es auf eigenen Vererbungsgesetzen, den Formen der Tradierung. Und drittens wird die Freiheit dieses Eigenlebens, das eine Welt aus Symbolen und Ritualen schafft, zudem dadurch garantiert, daß sich seine Vorgänge noch immer völlig unangefochten von unserem Verständnis vollziehen. »Es ist mein Grundthema, daß der menschliche Verstand nicht dazu geschaffen ist, das Verhalten von Sozialsystemen zu verstehen.« Eine, zugegeben, lapidare Feststellung. Sie stammt aber von einem der Kompetentesten: JAY FORRESTER[84]. Verstehen läßt sich diese Schwierigkeit aus der falschen Vereinfachung der Kausalitätshypothese unseres ratiomorphen Apparates sowie aus ihrer rationalen Fortsetzung in die Utopie.

JOHN GALBRAITH hat klargemacht, daß zum Beispiel die Gegenläufigkeit von Zeit- und Kapitalaufwand einerseits, von Konkurrenz und reduzierter Typenzahl andererseits die Automobilindustrie dazu zwang, nicht nur die Ergebnisse der Marktforschung zu bearbeiten; auch »die Kunden mußten sorgfältig bearbeitet werden, um an die Segnungen des neuen Wagens zu glauben«[85]. Der Markt beeinflußt zwar gewiß die Industrie, aber diese manipuliert ebenso den Markt: den Schattenkönig ›Kunden‹.

Wir kennen nun derlei Rückkoppelkreise schon aus allen Ebenen. Sie hießen Schaltung – Erfolg, Erbgut – Körper, Phän – Milieu, Reiz – Reafferenz und Mensch – Gesellschaft. Nun heißen sie Konsument – Technokratie. Viele Wirtschaftswissenschaftler beharren aber leider auf der Utopie von Kausalitätseinbahn und Kunden-König[86]. Aber auch diese Haltung ist uns schon vertraut. Sie hieß jeweils Reduktionismus, dogmatische Genetik, Neodarwinismus, Behaviourismus und Sozialdarwinismus; steigend durch die

Ebenen mit steigender Relevanz. Nun mag sie Wirtschafts-Behaviourismus heißen[87].

Was nun den Erbmechanismus der Zivilisation betrifft, so wird er betrieben durch die Tradierung der zweiten Evolution. In dieser zweiten Evolution sind ja wieder molekulares Gedächtnis, präzise Vererbung, Versuch und Irrtum der Änderung und eine Selektion am Werk, die sowohl den Vorschriften des Milieus als auch jenen der eigenen Systembedingungen folgt. Es sind ja, wenn man so will, gerade jene Analogien, welche DARWIN die funktionelle Analogie von Wettstreit und Selektion bilden ließen: die Genetik, die Funktionsanalogie vom molekularen Gedächtnis, von Versuch und Irrtum, ja der genetischen Vererbung überhaupt.

*Tradierung und die zweite Evolution*

»Wir sind so sehr gewohnt, mit dem Terminus Vererbung den Begriff körperlicher, biologischer Vererbung zu verbinden, daß wir die juridische Bedeutung vergessen haben, die diesem Wort schon vor GREGOR MENDEL und der Entstehung wissenschaftlicher Genetik zukam. Wenn ein Mensch Pfeil und Bogen erfindet oder von einem kulturell höher stehenden Nachbarstamm stiehlt, so hat hinfort nicht nur seine Nachkommenschaft, sondern eine ganze Sozietät diese Waffe so fest in Besitz wie nur irgendein am Körper gewachsenes Organ. Die Wahrscheinlichkeit, daß ihr Gebrauch in Vergessenheit gerät, ist nicht größer als die, daß eine körperliche Struktur von gleichem Arterhaltungswert rudimentär wird.«[88] Daß das hier verwendete Gedächtnis auch molekular strukturiert, daß selbst das denkende Planen auf Versuch und Irrtum beruht, haben wir schon nachgewiesen. Die Entsprechung ist eklatant.

Allerdings ist auch der Unterschied ein eklatanter. Er betrifft in erster Linie die Geschwindigkeit des Evolutionsvorganges. Während die erste Evolution, wie erinnerlich, auf die seltenen Mutationen zu warten hatte, können wir nun, in der zweiten, uns gewissermaßen jeden Augenblick etwas einfallen lassen. Wo in der ersten die Tauglichkeit einer Erfindung oft nur einmal pro Generation getestet wurde, können wir sie nun jederzeit prüfen. Wo in der ersten auch die trefflichste Erfindung nur durch Kreuzungen verbreitet werden konnte, kann sie sich nun wie ein Lauffeuer verbreiten. Die Vorteile, die dies durchgesetzt haben, liegen klar zutage.

Die Nachteile aber stellen sich erst später ein. Die zweite Evolution rast der ersten davon. Sie verliert ihre eigene Basis. Die erbliche Adaptierung fällt hoffnungslos zurück. Die zweite Evolution hat furchtbare Waffen geschaffen. Die erste hat uns aber nicht gepanzert, nicht einmal kompensatorische Instinkte konnte sie uns einbauen. Die zweite exponiert uns immer mehr, die erste kann uns nicht schützen. Kurz, wir werden dem Teufel der ›Selbst-Evolution‹, dem eigenen bewußten Planen, ausgesetzt; dem, was wir großartig die menschliche Vernunft nennen; wiewohl wir schon ahnen, daß sie uns, ist sie der Korrektive des Vorbewußten, der Liebe und Freundschaft etwa oder des Glaubens, beraubt, noch nie vernünftig gelenkt hat.

Im Tierreich bleibt die Wirkung der Tradierung durch Nachahmung, wie wir uns erinnern, gering. Sie wächst aber exponentiell, sowie Begriffe, Worte und Werkzeuge miteinander entstehen. Die Selektion setzt sie rigoros durch, denn die Mühe des Suchens sinkt, die Chancen der Treffer steigen. Die neuen Mechanismen gewinnen neue Freiheit, aber sie bebürden, fixieren ihre alten Lehrmeister. Die Richtung wird determiniert, der Ausgang bleibt wieder ungewiß.

**Stetigkeit statt Ratlosigkeit** Für das Individuum bedeutet Tradierung Stetigkeit statt Ratlosigkeit. Hier haben wir also wieder die Materialursache vor uns. Sie beruht auf der Tradierungshypothese, die wir dem ratiomorphen Apparat des Menschen eingebaut fanden, auf der Erwartung harmonischer Entwicklung aller Dinge. Den Grad dieser Erwartung hat die Nationalökonomie ›Erwartungshorizont‹ genannt. Die Sozialpsychologie hat ihn allgemein gefaßt. Sie geht nach PETER HOFSTÄTTER »von der Annahme aus, daß planmäßiges Handeln und die Erstellung von Erwartungen hinsichtlich des Handlungserfolges nur dann möglich sind, wenn die Erfahrung vorliegt, daß das Individuum sich in einer nicht-chaotischen Welt befindet, in einer Welt also, die einen gewissen, möglichst großen, Ordnungsgrad besitzt«[89].

Unser Verrechnungsapparat, ratiomorph wie rational, wäre ja verloren, könnte er nicht darauf bauen, daß Worte, Handlungen wie Gegenstände auch demnächst noch meist dieselbe Bedeutung haben werden, die sie bisher besaßen. Der Grad der uns möglichen Gewißheit, Geborgen- oder Sicherheit muß mit der Vorhersehbarkeit wachsen. Die Peinlichkeit ihres Verlustes in völlig unvertrauten Lebenslagen, in Umbruchszeiten oder gegenüber unberechenbaren Kreaturen und Narren ist wohl bekannt. So liegt die tradierende, konservative Wirkung des Individuums in seiner dringlichen Erwartung, seine Mitmenschen würden sich füglich an das halten, was er von ihnen erwartet.

**Adoptivordnung in der Zivilisation** Ähnlich konservierend wirkt die Formursache durch das Überwiegen der Adoptivordnung in der Zivilisation. Hier bestätigt sich nochmals SCHRÖDINGERS Einsicht, daß Ordnung nur auf Ordnung bauen kann[90]; daß Veränderungen, soll ihre Erfolgschance nicht völlig schwinden, nur den geringsten Teil des Repertoires eines Systems betreffen dürfen. Nie ließe sich ›der‹ Druckfehler in diesem Buch dadurch ausmerzen, daß man alle seine Buchstaben in einer Trommel mischte. Nur die abwägende Veränderung jedes einzelnen für sich kann Erfolg haben. Uns ist das längst bekannt. Der Erfolg der kleinen Schritte, Stetigkeit statt Uneinfügbarkeit, erhält Denk-, Sprech- und Verhaltensweisen begreiflich, Sitten, Trachten und Stile verständlich, die werdenden Techniken, Geräte und Maschinen verwendbar. Auch dies ist uns ganz geläufig. Selbst die großen Erfindungen ändern nur kleine Teile ihrer Systeme.

Daher müssen der erste Dampfer wie das Segelschiff, das erste Auto wie die Kutsche ihrer Zeit aussehen; denn alle weiteren Erfindungen, die sie zum Dampfer, zum Auto von heute machen, mußten ja erst gemacht werden.

Aber zu glauben, daß die launischen Strömungen des Milieus nun die Entwicklungsbahnen der Zivilisation und Zivilisationsprodukte kreuz und quer trieben, wäre wieder falsch. Die Selektion nach den inneren Systembedingungen ist hier nicht minder deutlich als in der Genesis des Lebens, der Gestalten und des Denkens. Überall beginnen die Wechselbezüge zu kreisen: zwischen Silben und Worten, Büchern und Schulen, Autos und Straßen, Zinsen und Spareinlagen. Es entstehen neben den neuen Freiheiten neue determinierende Binnenbedingungen, Selbstbestimmung und Eigensinn.

Gaffelschoner (1840)

‚Great Britain' 1843

‚Landauer'    (1880)

Daimler-Motorwagen 1886
erster Schraubendampfer,
erstes Auto

Wieder entsteht der Zusammenhang von Richtungssinn und historischer Gestalt. Nötiges wird unnötig, scheinbar Unnötiges mitgeschleppt. »Auf allen Gebieten«, sagte schon DARWIN, »die überhaupt eine Geschichte, geschrieben oder ungeschrieben, haben, werden wir mehr oder weniger verwischte, verbrauchte oder veraltete Reste von früher einmal lebenskräftigen und anwendbaren Elementen nachweisen können.«[91] Und schon 50 Jahre nach DARWINS ›Entstehung der Arten‹ fand man, daß »ihre verschiedenen Formen und Typen denselben Gesetzen gehorchen, welche die organische Welt beherrschen«[92]. Tatsächlich sind kein Wort, kein Stil, keine Maschine ohne ihre Geschichte ganz zu erklären. Aber die Übereinstimmung geht noch viel tiefer.

JULIAN HUXLEY, KONRAD LORENZ und seine Schüler IRENÄUS EIBL-EIBESFELDT, und OTTO KOENIG haben nachgewiesen, daß historische Merkmale in der organischen und zivilisato-

**Rituale, Zeremonien und Symbole** rischen Welt sogar in derselben Entwicklungsweise zu Ritualen, Zeremonien und Symbolen werden. Gleich ein Beispiel: »Ein Haubentaucher wirbt um ein Weibchen, indem er Nistmaterial vom Grunde des Sees heraufholt und inmitten der freien Wasserfläche Bewegungen vollführt, die unzweideutig denen des Nestbaues ähneln.« Ja es zeigt sich: »Alle Verständigung unter Tieren und damit jegliche Organisation tierischer Sozietäten baut sich auf Verhaltensweisen auf, die durch stammesgeschichtliche Ritualisierung zu Verständigungsmitteln geworden sind.«[93]

›Pinguintanz‹ des Haubentauchers

Kennzeichnend ist erstens der Funktionswechsel. Dabei finden wir, daß Außen- zu Binnenfunktionen der Systeme werden: wie wir das von der Keimesentwicklung der Gestalten und selbst von der Systemisierung der Gene bereits kennen. Da wurde eine Bauvorschrift, ein Strukturgen zur Kontrollvorschrift, etwa zu einem Operatorgen. Dort wurde eine Kiemenspalte oder eine Vorniere vom Atem- oder Ausscheidungsorgan zum Nachrichtendepot, das nur mehr die Bauanleitung für das Nachfolgeorgan, die Halsdrüsen oder die Nieren enthält. Nicht anders etwa der Wandel vom Angriffsverhalten nach außen zur Verständigung nach innen, zum Partner, bei weiblichen Entenvögeln. So setzt die Brandente noch zum Angriff an, um ihren Erpel mitzureißen. Die Stockente aber hetzt nurmehr über die Schulter zurück, und der Erpel reagiert sogleich mit Balz[94]. Und wieder nicht anders beim Menschen. Beim Kuß beispielsweise »kann man mit einiger Sicherheit annehmen«, so stellt EIBL-EIBESFELDT fest, daß es sich um ein ritualisiertes Füttern aus dem Brutpflegebereich handelt, »das ins Repertoire des Zärtlichkeitsverhaltens übernommen wurde«[95]. Es ist

Stockente und Erpel ritualisierter Angriff

nicht minder erstaunlich, daß »die gewiß wohlerzogenen Herren im englischen House of Commons, wenn sie in der ersten Reihe sitzen, ihre Füße auf die Balustrade legen müssen, um auszudrücken, daß sie nicht zum House of Lords gehören«[96]. Es ist, nach OTTO KOENIG, ebenfalls nicht minder erstaunlich, daß sich die Halsberge der mittelalterlichen Rüstung zum Standesabzeichen, der Wangenschutz des Helms zum Rangabzeichen des Schuppenbandes, der Schlitzärmel zum ›Schwalbennest‹ der Militärmusik gewandelt hat[97]. Selbst das Bogenfenster, einst Baunotwendigkeit der Kutsche, hat sich lange, zuletzt als Komfortsymbol für die 1. Klasse am Eisenbahnwagen erhalten[98].

Zweitens wiederholt sich das Prägnanzgesetz, das darauf abzielt, das Signal auffälliger und unzweideutiger zu machen. Erstaunliche Übertreibungen kennen wir nicht nur von den Schmuckfedern des Pfaus und Argusfasans, sondern auch von Masken und rituellen Tänzen bis zu den Uniformen; etwa von der Entwicklung der Knopflochausnähung vom einfachen Soldatenrock bis zum Hofdienstwaffenrock eines Kapitäns der österreichischen Trabantenleibgarde[99] (Bild S. 281).

Und drittens ist auch das Selbständigwerden aller Rituale und Symbole eine ihrer universellen Eigenschaften. Die Funktion des Helmes oder des Eisenbahnwaggons, des Schlitzärmels oder des Knopflochs hat keine Wirkung mehr auf das, was an Symbolen aus ihr wird. Die Rituale werden von der Sozietät als ein wahres Gut geschützt, und Entritualisierung wird in allen Gruppen als Unmanier, ja als persönliche Grobheit angesehen. Die Zivilisation braucht unzählige Fixpunkte, und sie erhält sie, wie immer sich auch deren Formen und Funktionen wandeln, gute wie schlechte, nach ihren eigenen Gesetzen.

Kurzum, die Sicherheit, die eine Zivilisation aus ihrer Adoptivordnung aus Tradierung und Riten bildet, ist eine kanalisierte Sicherheit. Erinnern wir uns zuerst, was wir an Motiven zur sozialen Strukturierung im Individuum, in der Gruppe und ihren Produkten gefunden haben. In der Normenordnung wird Sicherheit als Geborgen-, Geordnetheit und Rat, in der Hierarchieordnung wird Verbürgung als Bestimmtheit, Strukturierung und Stabilität angestrebt; von der Adoptivordnung wird Stetigkeit in der Form von Gewißheit und Stimmigkeit erwartet. Das sind, wie man sieht, alles Spielformen von Determination, gesetzlicher Festlegung, wir können auch sagen: Ausschließung von Zufall und Chaos, drastische Reduktionen ihres Repertoires. Und wir wissen nicht nur, daß dies eine generelle Strategiebedingung der Genesis ist, sie ist auch dem Empfinden des homo socialis und dem Binden des sozialen Bandes ganz unentbehrlich – ob wir nun den Menschen individual- oder sozialpsychologisch, wissenschafts- oder wirtschaftssoziologisch betrachtet haben[100].

Ohne eine Legitimierung allen Handelns, eine Begründung unseres Lebens, ohne institutionalisierte Selbstverständlichkeiten und eine Erklärung des Unerklärlichen grenzte unsere Ratlosigkeit ganz an das Chaos. Erst vor diesem erfüllten oder institutionalisierten Hintergrund[101] wird der Entscheidungsraum soweit eingeengt, daß die Last der Restentscheidungen getragen, wir sagen: die Trefferchance für das Leben groß genug sein kann. Wer aber legitimiert und begründet die Hintergründe?

Halsberge 1500

,Ring-Kragen' 1690

1710

Semiolen-Häuptling 1838

Tradierung zum Rang-Symbol

die kanalisierte Sicherheit

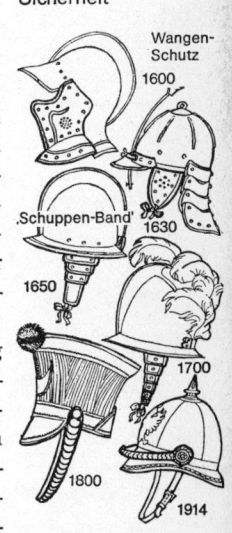

Wangen-Schutz 1600

,Schuppen-Band' 1630

1650

1700

1800

1914

Tradierung zum Standes-Symbol

**die Wahrheitsschäden** Nun, das wissen wir: niemand anderer als wieder wir selbst. Wir delegieren zwar alle Hintergrundsbegründung von uns fort; hinauf die Hierarchie bis zu den Weltspezialisten und Auserwählten, die sie weiter in die geoffenbarten, platonischen oder materialistischen Himmel delegieren. Daraus folgen nun die ersten Schäden, die wir uns wiederum mit der Reduktion des Repertoires, nunmehr der Zivilisation, eingehandelt haben: die Wahrheitsschäden. Wir haben ja erfahren, daß es gleichgültig ist, was die letzte Wahrheit wäre, solange sich keine Widersprüche ergeben. Da sich aber Widersprüche nicht vermeiden lassen, finden wir uns immer wieder vor der Frage, welche der widersprüchlichen letzten Wahrheiten nun in Wahrheit die letzte Wahrheit wäre. Und da nun alle Legitimierung unseres Handelns bis ins Grau des Alltages von ›dort oben‹ bezogen wird, erscheint uns die Entscheidung als dringlich. Da aber unsere Wahrheit in Wahrheit von unseren Lebensansprüchen delegiert ist und wir nicht wünschen, unsere Lebensansprüche in Frage gestellt zu sehen, läßt sich auch hier über unsere Wahrheit schlecht verhandeln.

Dies ist das erste Problem, das auftritt, sobald der Rand des Normalbereiches der zivilisatorischen Selektion berührt wird. Ein zweites schließt sich an:

»Zweifellos«, sagt LORENZ, »ist der von kulturell ritualisierten Normen des Verhaltens bewirkte Zusammenhalt bestimmter Gruppen für die Struktur der menschlichen Gesellschaft unentbehrlich. Ebenso zweifellos aber bringt die der Artbildung so ähnliche Absetzung einer Gruppe gegen andere schwerste Gefahren.« Allein »das Wort Barbaros bedeutet ursprünglich einen Menschen, dessen Sprache man nicht versteht; es ist wahrscheinlich onomatopoetisch von einer Nachahmung unverständlichen Gemurmels abgeleitet. Die Implikation der Unmenschlichkeit folgt dann gewissermaßen automatisch aus der Unverstehbarkeit des Fremden.«[102] »Daß Gruppen, indem sie sich selbst festigen, auch in Gegnerschaft zu anderen Gruppen geraten, ist die tiefe Tragik des menschlichen Gemeinschaftslebens, der gegenüber auch die christliche Weisung des ›Liebe Deinen Nächsten wie Dich selbst‹ fast machtlos bleibt.«[103] Zählt nun, wie es scheint, sogar die Sozialstruktur zu den ambivalenten Segnungen der Evolution, ist Feindschaft also eine Konsequenz der Freundschaft, so erweist sich nicht nur die letzte Wahrheit, sondern auch ihre Anfechtung als institutionalisiert.

Wird die hypothetische Wirklichkeit großer Gruppen, labil

Schlitz-Ärmel 1520

Zier-Ärmel 1550

1600

1700

›Schwalben-Nest‹ 1940

Tradierung zum Gruppen-Symbol

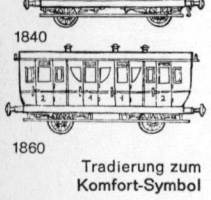

erster Eisenbahnwagen

1825

1840

1860

Tradierung zum Komfort-Symbol

wie sie aus eigenen Gnaden ist, immer wieder angefochten, so werden auch deren politische Interessen, das sind die Machtinteressen, angefochten werden. Wo sich aber eine Wirklichkeitsbestimmung mit konkreten Machtinteressen verbindet, haben wir, wie erinnerlich, eine Ideologie vor uns. Sie bildet nun die allerhöchste Instanz möglicher Anrufung. Tribute an das Chaos, die unseren Zivilisationen aus der Unverträglichkeit dieser Instanzen fortgesetzt erwachsen, können wir die Ideologieschäden nennen. Wie wird nun endlich jene Klarheit erreicht, zu wissen, wer nun aus den widerstreitenden letzten Wahrheiten die wahre letzte Wahrheit zu wählen hat? Nun, auch das wissen wir: die Macht. Sie wird wahlweise nationales Rechtsempfinden, öffentlicher Wille oder Staatsraison genannt. Wer nun die letzte Wahrheit besitzt, von dem kann füglich erwartet werden, daß er weiß, was Recht ist. Wer sonst wollte das wissen! Und wer das Recht haben soll, der muß die Macht haben, es auszuüben. Oder soll es jemand ausüben, der nicht wissen kann, was Recht ist? Kurzum, die Zweifel sind gebannt, die Welt bleibt rund, die ewige Ordnung ist geoffenbart, und große Armeen ziehen in die Schlacht, sie weithin zu verkünden.

Hier wird mich der Leser, der die Geduld verloren hat, an die vielen politischen und ökumenischen Verhandlungen erinnern, die unsere Geschichte zieren. Diese sind gewiß vorhanden. Sie erscheinen dann, wenn die Machtunterschiede für nicht groß genug gehalten werden, um die letzte Wahrheit ewiger Ordnung sogleich zu finden; und sie schieben die Lösungen vor sich her. Aber wir befinden uns auch erst an den Grenzen des Normalbereiches zivilisatorischer Selektion. Um die Rückzahlung an die Konten des Zufalls ganz zu erfassen, müssen wir diese Grenze überschreiten.

Der Wirt hat lange geborgt; aus den Quellen einer unermeßlich scheinenden Erde. Nun, wir machten sie uns untertan, wie uns geheißen wurde. Die Römer haben Europa, die Konquistadoren den Westen, die Opiumkriege den Osten erschlossen[104], Sklavenhandel und Kolonialisierung alles, was dazwischen lag; und wo sich noch eine freie Nische anzubieten scheint, ist stets Unterstützung von beiden Seiten zur Stelle, um auch den Rückständigsten mit Hilfe moderner Waffen die wahre Wahrheit finden zu lassen. Die letzten weißen Flecken sind mit letzten Wahrheiten übermalt. Und das Ganze wird vereinbarlich durch die Endform gemeinsamer Wahrheitsbestimmung überwacht: die Wirtschaftsfeldzüge des kalten Krieges. In ihnen siegt, wer mehr umsetzt. Auch auf dieser nun verteilten Erde selektiert die

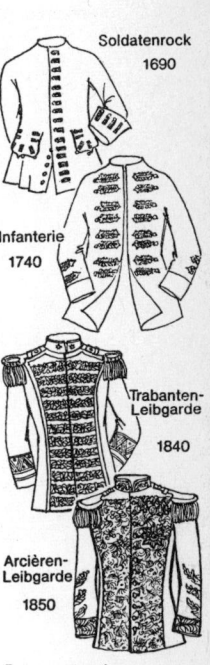

die Ideologieschäden

Soldatenrock 1690

Infanterie 1740

Trabanten-Leibgarde 1840

Arcièren-Leibgarde 1850

Prägnanz und Übertreibung

Rückzahlung an die Konten des Zufalls

Evolution weiterhin die Systeme mit dem größeren Durchzug an Energie, landläufig bekannt als ›die Tüchtigeren‹. Es ist aber nicht mehr die förderliche Tüchtigkeit der Art gegenüber ihrem Milieu, sondern die artgefährdende Tüchtigkeit des Individuums gegen den Artgenossen; und diese fördert, wie wir ahnen können, eine Selektion der Extremorgane.

Ob Staatsoberhaupt, Industriekapitän, Bürgermeister oder Familienvater, wo würde nicht der Tüchtigere geschätzt. Form- und Materialursachen tanzen den nächsten Reigen zu den Erfolgsschäden der Zivilisation. Der archaische Instinkt der Kreatur, mehr zu besitzen als der Nachbar und morgen mehr als heute, spielt, über die Systembedingungen ihrer Erfolgsgesellschaften, der globalen Wahrheitsbestimmung der Wirtschaftsfeldzüge glatt in die Hand. Die Prosperität wächst und die Abhängigkeit; die Macht kumuliert, und niemand hat mehr die Macht, mit der Macht zu brechen. Die Produkte, Autos, Flugzeuge und Tanker, die Autobahnknoten, Menschensilos, Konzerne und Armeen wachsen wie die Saurier. Die Lebensräume, seit Jahrmillionen auf feinste Energiedosierungen equilibriert, werden verbrannt. Die Erde wird zu-industrialisiert. »Das drängt und stößt ... und stinkt und brennt! Ein wahres Hexenelement.«

*die Erfolgsschäden*

Fast schäme ich mich, altes Stroh zu dreschen, so bekannt ist das alles geworden. Ja es beginnt sich herumzusprechen, daß die Genesis für Arten, die sich nicht einspielen, eine millionenfach bewährte Lösung hat. Sie rottet sie aus. Daß wir aber zusehen, berauscht, verängstigt oder teilnahmslos, wie hypnotisiert, erklärt sich aus den Manipulationsschäden in dieser Machtgesellschaft, sei sie nun kommunistisch oder kapitalistisch. Die Manipulation der Menschen wirkt der Evolution entgegen, degenerativ, als Involution, sagt KONRAD LORENZ, als eine Art Kulturparasitismus, der durch den Abbau von Ordnungswerten niedere Ordnung in Masse schafft. Er verbrennt Werte zu Macht. ›Das sogenannte Böse‹ der Aggression zeigte bald, ›wozu das Böse gut ist‹. Hier aber herrscht ›Das wirklich Böse‹[105]. Und die meisten Menschen empfinden, wie es über ihnen hängt. Es kann daher nützlich sein zu sehen, wie sich auch dieses Gespenst der Evolution erklärt.

*die Manipulationsschäden*

Die Strategie der Genesis, so können wir überzeugt sein, wirkt immer fort. Gott würfelt, aber er befolgt auch seine Gesetze; und unter den sich zufällig begegnenden Außenbedingungen werden Binnenbedingungen zu immer kom-

plexeren, redundanzärmeren, zu sich selbst lenkenden Systemen, also zu höheren Ordnungsformen verflochten. Dabei muß mehr Ordnung degradiert und abgeführt werden, als innerhalb der offenen Binnensysteme aufgebaut werden kann. Meist ist es niedrigere Ordnung als die des Systems, die degradiert wird; Pflanzen degradieren Photonen, Tiere Pflanzen, Kulturen Menschen.
Nur beim Parasitismus ist das, wie wir wissen, anders. Der Parasit degradiert auch seine eigene Ordnung. Dies ist ein Vorgang, der von der Genesis nur unter einer Bedingung zugelassen wird: bei einer drastischen Reduktion der Außenbedingungen – beispielsweise bei der Bachumwelt eines Strudelwurmes zur Darmumwelt eines Bandwurmes. Und der Organismus reagiert wieder mit fürchterlicher Tüchtigkeit. Die höheren Sinne schwinden, die niederen Gewebe wachsen in die Masse, die Gonade beginnt alles zu erfüllen. Schon unsere Haustiere, denen wir das Milieu reduzieren, »verdummen«, verfetten und verlieren allmählich all ihre Instinkte bis auf die des Fressens und der Begattung.«[106]
Wir Menschen nun reduzieren selbst unser Milieu. Wir haben, indem wir fortgesetzt Freiheit für Sicherheit verkaufen, mit den Macht- oder Industriegesellschaften eine Systembedingung geschaffen, die diese Milieureduktion sogar legitimiert, zur Institution, zur Selbstverständlichkeit erhärtet. Wir delegieren das quantitative Wachsen über alle Hierarchiestufen hinauf bis zu den höchsten Parteibonzen, Industriemagnaten und Politikern. Keiner von ihnen würde seine Wahl überleben, wenn er nicht dem Wachsen der Macht, des Einflusses, der Prosperität das Wort redete. Und es kann uns nicht wundern, wenn diese Delegierten nun ihrerseits das erlassen, was wir in all unseren Schichten zu wollen und zu wünschen haben; das delegiert zu erhalten, was wir delegierten. Ja wir erfahren, daß die Konzerne klüger als die Evolution geworden sind, daß wir das, was wir zerstören, reparieren, sogar verbessern, selbst unsere Kultur, unser Denken, unser Erbgut werden manipuliert werden können. Das ist das wirklich Böse.
Und nun, da der Kollektivwille unser Wollen auf das reduziert, was auch der Empfindungsloseste will, die Quantität, entsteht riesengroß das garstige graue Tier, gefühllos und freßgierig. Es frißt nun Gift, zellophanverpackt, atmet Gestank, airconditioned, wäscht Gehirne mit Stereotypien, Werbung und Ideologie, elektronisch und in Farbe, und befriedigt die verbliebenen Sinne mit dem angenehmen Kitzel

*das garstige graue Tier*

der Katastrophen menschlichen, technischen und politischen Versagens in Stereo, mit bunten Beilagen. Vor allem aber schmaust es an seiner eigenen Differenzierung; verdaut die Sinneszentren, seine Kulturen, und die Nervenzellen, seine Individualitäten, zur Gonade der Massen und zum Fett des Kapitals. Es macht Architektur zur Bautechnik, Wohnstil zu Wohnsilos, Kunst zu Dekoration, Musik zur Konserve, Dichtung zur Kolportage, Sprache zur Information. Bildung wird zur Spezialisation, Weisheit wird Wissen, Brauchtum zum Jahrmarkt, Reisen zum Tourismus, Landschaft zum Produktionsgebiet. Sogar Zeit wird Geld, Besinnlichkeit Luxus, Persönlichkeit suspekt und Zierde wird absurd.

Dafür entsteht eine Freude am Häßlichen; denn irgendeine Freude muß sein. Die Ökonomie des nur Nützlichen und nur Redundanten der Schachbrettstädte, der Rasterfassaden, der Verkehrsbauten und Wolkenkratzer werden in West und Ost zu Erfolgssymbolen, und weil der ersehnte Erfolg etwas Schönes ist, auch zum neuen Schönen. Der Mensch steht ihm schon im Wege. Und wo man das ahnt, entstehen der schöne Nihilismus in Glauben und Philosophie sowie eine bildende Kunst, die entweder den Menschen zur Groteske macht oder auf ihn bereits ganz verzichtet. So beginnt auch die Technik auf seinen Schutz, für den Defektfall, zu verzichten. Wo er so schnell fliegen oder so viel Atomstrom verbrauchen muß, wie man ihm einredet, kann Rettung nicht mehr ernstlich vorgesehen werden. Nur die Freude am Grandiosen wird ihm dafür gegeben. Und in den Resten ökumenischer Verhandlungen läßt er es angehen, daß nurmehr über die Anzahl der Atomköpfe geredet wird, die jede Rakete tragen soll. Sie werden noch Unglaublicheres zulassen, »sie sind vergnügt und unbesorgt«, und sie schämen sich nicht.

Wie könnte aber ein Land den Netzen der Macht entkommen? Selbst die Regierungen sind die Repräsentationsfiguren der Macht. Diese aber ist international, eine Technokratie. – Ich will das nicht fortsetzen. Auch kann jeder die Fortsetzung der Fakten haben: abends in den Nachrichten, morgens in ›seiner‹ Zeitung. Kurz, das wirklich Böse ist der Rückweg der Evolution, die Folge einer Selbstreduktion des Milieus. Und die Genesis wird das garstige graue Tier so lange dulden, bis es für seine Macht endgültig zu dumm geworden ist.

Nun ist es längst an der Zeit, die Herkunft des Guten zu suchen: Wie man verstehen soll, daß es sich trotz aller Kanalisation, aller Denk- und Zivilisationsschäden erhalten und im Verborgenen blühen und treiben kann; was das Liebenswerte, das Schöpferische, das Menschliche schützt; was dieses missing link, uns Menschen, wie wir es empfinden, dennoch dem ›wahren Menschen‹ näherbringt und damit der Schöpfung selber.

Doch das sind Fragen, die erst nach dem mißglückten Versuch folgen, uns in das Paradies zu setzen. Denn vorerst noch ließ der Herr »aus dem Erdboden vielerlei Bäume wachsen, lieblich anzusehen und wohl zu essen, den Baum des Lebens mitten im Garten und den Baum der Erkenntnis des Guten und des Bösen«[107].

## 10
## Vom Erkennen zur Kultur
(Oder: Nach dem Paradies)

> Auch die Kultur, die alle Welt beleckt,
> Hat auf den Teufel sich erstreckt,
> Das nordische Phantom ist nun nicht mehr zu schauen,
> Wo siehst du Hörner, Schweif und Klauen?
> (*Mephistopheles*, Faust I 2495)

»Und Gott der Herr gebot dem Menschen: ›Von allen Bäumen des Gartens darfst du essen. Von dem Baum der Erkenntnis des Guten und des Bösen aber darfst du nicht essen. Denn am Tage, da du davon issest, mußt du zurückkehren zu dem Staub, aus dem du gemacht bist.«[1] Ein Gebot, das, wie man einräumen wird, jedenfalls Anstoß zu so mancher vermeintlichen Erkenntnis gegeben hat. »Die Früchte vom Baum der Erkenntnis sind es«, etwa nach ERNST HAECKELS Ansicht[2], »immer wert, daß man um ihretwillen das Paradies verliert.« Das Wachsen jenes Menschenwerkes, das wir in unserer possessiven Art ›unser‹ Erkenntnisgebäude zu nennen pflegen, scheint darauf hinzudeuten, daß die Vertreter dieser Ansicht, vor wie nach HAECKEL, zahlreich gewesen sein müssen und es noch immer sind; und das, obwohl man zugeben wird, daß das Glück derer, die vom Baum der Erkenntnis noch kaum gegessen haben, diese Ansicht ebenso untergräbt wie jene Selbstvertreibung, welche gerade diejenigen Fortschrittszivilisationen das Paradies verlieren läßt, die von sich behaupten, überhaupt nurmehr von den Früchten der Erkenntnis zu leben. Ihr Glaube ist nurmehr der an die Expertise; so universell, daß kein Erfolgsrezept – vom Haarwuchsmittel bis zum heiligen Krieg, ohne Berufung auf die berühmtesten Eingeweidebeschauer damals, die ›top manager‹ heute – den wirklichen Erfolg versprechen könnte.

Kurz, vom Baum der Erkenntnis wird nun einmal gegessen. Es ist unausweichlich. Und der Zauberlehrling dieser Evolution, das werdende Ebenbild, findet sich mit den Geschirren seines Bewußtseins in der Küche der sogenannten Vernunft, während die alten Rezepte, die Homöostasen, Instinkte und angeborenen Lehrmeister verblassen, allein – ebenso frei wie ratlos. Die Tür hinter dem Meister fällt ins

Schloß. Und seither streiten die Lehrlinge, LAO-TSE gegen KONFUZIUS, ZENO gegen SOKRATES, ROUSSEAU gegen VOLTAIRE, wo das Paradies wohl wieder zu finden wäre – entgegen oder in Richtung der Vernunft.

Was nun neu in den Kosmos tritt, aus den selbstreflektierenden sozialen Strukturen, das sind unsere unveräußerlichen Werte: die Kultur. Wieder sind es Neuschöpfungen, Fulgurationen, unvorhersehbare wie unausweichliche Formen von Ordnungs-Überbauten, wo vordem Chaos war oder doch nichts seinesgleichen. Die Kultur beginnt, wo die völlige Ratlosigkeit endet; wo wirtschaftliche Vorsorge, soziale Strukturierung und eine erste moralische Tradition der Neugier, dem Erfindergeist, der schöpferischen Frage erstmals den Blick in eine noch ungeahnte neue Freiheit eröffnen. Die Kultur muß beginnen, wo immer die Kreatur entdeckt, daß ihr Platz in der von ihr vorstrukturierten und widergespiegelten Welt unbestimmt ist.

Es soll also nicht von jenem Arsenal die Rede sein, das sich, von der Felldecke bis zum Lustschloß und vom Faustkeil zum Düsenjäger, ja noch immer als leicht zu veräußern erwiesen hat. Nicht von den Produkten der urtümlichen Antriebe soll mehr die Rede sein. Wir wollen vielmehr jenen Komponenten nachgehen, die wir eben als die unveräußerlichen erleben; die, vernachlässigt oder beschädigt, das neue System als Ganzes sterben ließen, tragisch oder dramatisch wie das Sterben eines Menschen. Diese Komponenten sind von ganz anderer Art. Sie reichen von den niedersten Jenseitskulten bis zur Verehrung unserer größten Dichter.

Und wieder entstehen diese neuen Systeme zwischen den Kreisläufen von Kräften; bedingt von den höchst rationalen Materialursachen der materiellen Zivilisation auf der einen und jenen höchst unrationalen Formursachen, die uns als eine Art ›Weltgefühl‹, als das Unausweichliche in unserer Suche nach der Bestimmung unseres Sinns oder eines letzten Seinsgrundes nur sehr unbestimmt bekannt sein können. Diese Ratlosigkeit des Schöpferischen, wie wir sie nun seit den Protoplaneten als Konsequenz der Strategie der Genesis verfolgen, kommt jetzt der Ebene unseres Empfindens so nahe, daß wir sie als etwas Ergreifendes erleben. Wenn wir erleben, wie ein Blinder seine Vasen schmückt, wie ein Kind seinen toten Hund begräbt, wenn wir uns erinnern, wie viele Leben, in Erbärmlichkeit, dem Glauben, dem Schönen, der Wahrheit geopfert worden sind, ja auf dem Scheiterhaufen, ohne zu widerrufen, dann kann sich in unserer Kreatur

<small>die neuen Systeme</small>

tatsächlich jenes Ebenbild andeuten, von dem so oft die Rede ist. Und da es keinen Menschen zu geben scheint, der nicht ein Quentchen an Schöpferischem beitrüge, scheinen wir alle sein Teil zu sein. Das soll die eine Seite unseres Themas werden.

Dabei begegnen wir hier der Kontroverse aus der Zweiseitigkeit von Systembedingungen noch einmal. Was bislang schon sechsmal als Kontroverse – Schaltung/Erfolg, Erbgut/Körper, Phän/Milieu, Reiz/Reafferenz, Mensch/Gesellschaft und Konsument/Technokratie – je zwei Ebenen gegeneinandersetzte, das kontrastiert nunmehr Zivilisation und Kultur. Zwar ist es in den sogenannten Kultur-Wissenschaften[3] nicht mehr üblich, die ›seelenlose‹ Zivilisation und die ›seelenvolle‹ Kultur ohne ihre Wechselwirkungen zu sehen. Dennoch wird uns die Auseinandersetzung über die Lesart der Ursachen, der wir jeweils im Kostüm von Reduktionismus, dogmatischer Genetik, Neodarwinismus, Behaviourismus, Sozialdarwinismus und Wirtschafts-Behaviourismus begegneten, nun in ihrer allgemeinsten Form erscheinen; in der Kontroverse Materialismus versus Idealismus. Und wir werden ein siebentes Mal finden, daß beide wieder nur je eine Hälfte des Ursachenkreislaufes anerkennen. Die Strategie der Genesis aber kennt stets beide.

*Berechtigung einer Naturgeschichte der Kultur*

Hier endlich bin ich eine Erklärung schuldig; jenem Leser nämlich, dem eine naturwissenschaftliche Betrachtung kultureller Produkte als Übertretung, eine Naturgeschichte der Kultur als Widerspruch erscheint. Sein Anspruch ist gewiß legitim. Denn er wird, wie ich, in einer Welt von Lehrern und Büchern aufgewachsen sein, die ihm, im gegebenen Dilemma, daß unsere Position in dieser Welt so schwer zu verstehen ist, diese zunächst einmal in Leib und Seele, Körper und Geist, Natur und Kultur zerlegt haben. Ist diese Trennung in der Teilung der natur- und geisteswissenschaftlichen Fakultäten nicht sogar zum Gesetz geworden? Wer wollte da noch widersprechen?

Wir müssen widersprechen. Weil wir finden werden, daß diese Spaltung der Wissenschaften das Dilemma unserer Welt geradezu begründet. Mit ihr, sagt KONRAD LORENZ[4], »wuchs eine Trennmauer empor, die den Fortschritt menschlicher Erkenntnis gerade in jener Richtung hemmte, in der er am nötigsten gewesen wäre, in der Richtung der von BRIDGMAN geforderten objektivierenden Erforschung der Wechselwirkung zwischen erkennendem Subjekt und erkannt-werdendem Objekt«. In ihr wurzelt die tiefste Kontroverse unserer Zeit. Aber sie interessierte nie-

manden. Gewiß: denn »Wo siehst du Hörner, Schweif und Klauen?«
Wir können auch widersprechen, weil sich die Naturgeschichte des Menschen als die Voraussetzung eines jeden Teiles seines Wesens erwies. »Alles geistige Existieren«, sagt NICOLAI HARTMANN, »sei es nun persönlich, objektiv oder objektiviert, hat sein Fundament in den tieferen, allgemeineren Schichten der realen Welt, und seine Abhängigkeit vom lebenden, fühlenden Organismus entspricht ganz dem, wie dieser abhängig und zusammengesetzt ist aus den Elementen des Anorganischen.«[5] Begriffliches Denken und seine Akkumulation durch Tradierung zur Kultur, stellt LORENZ fest[6], liegt »keineswegs jenseits des Bereiches der Biologie, aber dies ist biologisch noch einzigartiger und wunderbarer, als es jemals von jenen erkannt wurde, die verzweifelt zu beweisen versuchen, daß sich der Mensch vom Tier prinzipiell unterscheide und daß die Naturgesetze, die für diese gelten, für ihn keine Geltung hätten«. Leben selbst beschrieben wir als einen Erkenntnisprozeß. Wie könnte dann Erkenntnis nicht mit dem Leben zusammenhängen!
Wir haben auf den vorhergehenden Seiten die Naturgeschichte selbst des menschlichen Erkennens, der Sozialstrukturen und der Pseudospeziation, der Tradierung und Ritualisierung gegeben. Und sogar von unserer Sprache stellt ERIC LENNEBERG zusammenfassend fest: ihre »kognitive Funktion ist artspezifisch«[7]. Sie alle sind die Grundlagen unserer Kultur. Die Brücke kann also geschlagen werden.
Aber erst die folgenden Seiten sollen zeigen, wie tief die Übereinstimmung mit dem Evolutionsprozeß ist. Wir werden, mit MANFRED EIGEN, folgern, »daß Ideen genau wie Mutationen, unabhängig von einer Zielvorstellung, quasi von einem Zufallsgenerator, produziert und erst im Zuge der deduktiven Überprüfung einer selektiven Bewertung unterworfen werden«. Selbst die »bewußte Äußerung (oder schon das Bewußtwerden) einer Idee ist als Gesamtleistung durchaus mit einem (mehrstufigen) Evolutionsprozeß zu vergleichen«, wobei, sagen EIGEN und WINKLER, der »Gesamtprozeß sich auf ein hierarchisches Organisationsschema und nicht auf ein einfaches ›Entweder-Oder‹ gründet«[8]. Nicht minder wird sich die Unausweichlichkeit der Kulturentwicklung aus den Selektionsvorteilen der potentiellen Unsterblichkeit erklären: der potentiellen Unsterblichkeit von kognitiver Gesetzlichkeit, die nun nicht mehr von einer Lösung der materiellen Hoffnungen und Nöte, um so mehr jedoch das Individuum von der Lösungsfindung vieler gei-

stiger Hoffnungen und Nöte entbindet. Die Kultur ist gleichwohl eine Folge der Evolution wie die Funktion einer Wahrscheinlichkeit, einer Ökonomie der Seele.

Wie alle Evolution ist sie selbst dem LAPLACEschen Geist nicht vorhersehbar. Erst durch die Systembedingungen der neu in ihr entstehenden Rückkoppelkreise gewinnt sie Richtung und neuen Sinn. Und wie alle Evolution schafft sie durch neue Freiheiten neue Gesetze und durch neue Gesetze neue Freiheiten: von den kleinen Gesetzen und Freiheiten unserer täglichen Entschlüsse bis zu den großen der Schöpfer der Hochkulturen, der Gotik oder der Renaissance.

*die Systembedingungen*

Wie in aller Evolution sind ihre Kosten enorm. Die Verschwendung, sowohl an Energie als auch an degradierter Ordnung, ist wohl die relativ größte in der bisherigen Genesis. Und gerade darin liegt ein Teil unserer Hoffnung. Ist es doch nurmehr der Aufbau kultureller Güter, der es möglich macht, die von den Erfolgszivilisationen aufgestauten, gefährlichen Massen an Energie, die als Rüstung, Macht und Kapital längst unser aller Existenz gefährden, harmonisch abzubauen; das heißt, einen Bruchteil in das Bildende und Verbindende der Künste und Wissenschaften zu binden, den Großteil aber als Wärme in den Weltraum zu entlassen.

Aber, ambivalent wie die Evolution auch im Kulturellen bleibt, die Rückzahlung des Gewinns an die Konten des Zufalls nimmt keinen der Konsumenten aus. In jeglicher Kultur zahlen wir mit Beschränkung von Freiheit. Je umfassender und harmonischer wir uns in ihren Gesetzen entfalten, um so enger umschließen uns die Grenzen des Lächerlichen, Beschämenden und Untolerierbaren. Und je weiter sich Kulturen differenzieren, um so unverträglicher werden sie untereinander. Gott der Herr, so wird vermutet, erfand am siebenten Tag das Wunderbarste, die Sprache; doch der Teufel machte wieder alles zunichte: Er erfand die Sprachen.

Man hat meinen alten Lehrer von BERTALANFFY belächelt, als er uns die Ambivalenz der Evolution zeigte. Wir erinnern uns, daß erst mit der Vielzelligkeit der Tod, mit dem Nervensystem der Schmerz in diesen Kosmos kam, und mit dem Bewußtsein die Angst. Sobald der Mensch aber Kultur gewinnt, den ersten, zaghaften Rundblick, »in dem Augenblick«, sagt der Kulturhistoriker WILL DURANT, »wo der Mensch sich um das Morgen zu kümmern beginnt, tritt er aus dem Garten Eden in das Sorgental«[9]. Dies muß die zweite Seite unseres Themas sein; ein Anlaß, dieses Buch geschrieben zu haben.

## Die Kosten von Glauben, Deuten und Wissen

> Mißtöne hör ich, garstiges Geklimper,
> Von oben kommt's mit unwillkommnem Tag;
> Es ist das bübisch-mädchenhafte Gestümper,
> Wie frömmelnder Geschmack sich's lieben mag.
> (*Mephistopheles*, Faust II 11685)

»Woran denkst Du?«, fragte PEARY einen seiner Eskimo-Führer. »Ich habe an nichts zu denken«, war die Antwort, »ich habe eine Menge Fleisch.« »Nicht zu denken, wenn wir es nicht müssen – vieles spricht dafür, dies als der Weisheit letzten Schluß zu betrachten.«[10] »Die Schlange aber war listiger als alle Tiere des Feldes, die Gott der Herr gemacht hatte. Sie sprach zu dem Weibe: Hat Gott wirklich gesagt: Ihr dürft nicht von allen Bäumen des Gartens essen? Das Weib antwortete der Schlange: Von den Früchten der Bäume des Gartens dürfen wir essen. Nur von den Früchten des Baumes, der mitten im Garten steht, hat Gott gesagt: Ihr sollt nicht davon essen und nicht daran rühren, damit ihr nicht sterbet. Darauf sprach die Schlange zu dem Weibe: Keineswegs, ihr werdet nicht sterben. Vielmehr weiß Gott, daß an dem Tage, da ihr davon esset, euch die Augen aufgehen und ihr sein werdet wie die Götter, die erkennen das Gute und das Böse.«[11]
Der Mensch verläßt, was der Soziologe den gesicherten Bereich einer Dependenz nennt[12]. Solange eine Autorität Gut und Böse bestimmt, im Mythos Gott, in der Naturgeschichte das System seiner Regelkreise, ist dem Menschen das Urteil vom Vorurteil der Schaltungen abgenommen. Mit der Emanzipation des Reflektierten übernimmt dieses Urteil im Maße der wünschenswerten Freiheit die Lasten der Verantwortung. Nichts spricht dafür, daß diese Lasten gesucht wurden. Sie sind, wie das Werden von Denken und Bewußtsein, die Folge eines Selektionsprozesses, der mit dem Gebrauch des Feuers vor 700 Jahrtausenden, vielleicht mit dem unteren Paläolithikum vor ein bis zwei Jahrmillionen, begonnen hat. Und jener mündet, wie jedes evolvierende System, in der Festlegung neuer Gesetzlichkeit; nunmehr in einer Selbstbestimmung seiner eigenen Bestimmung; letztlich in einem Urteil, einem Vorurteil, über seine Position in der von ihm wahrgenommenen und als wahrscheinlich

gedeuteten Welt. Der Emanzipationsprozeß des Menschen mündet in den Strukturen des Glaubens, der Auslegung durch die Künste und des vermeintlichen Wissens.

Wie die Entfaltung des Bewußtseins, wie LORENZ zeigte, auf dem zufälligen Zusammentreffen bestimmter Raum-, Bewegungs- und Sozialstrukturen beruht, entfalten sich die Hochkulturen ebenso notwendig aus der Zufallsbegegnung der Prämissen. Gewiß, an allem Anfang war die Sprache. Erst durch sie wurde der Mensch zum Menschen. Aber schon ihre Grunddeterminanten müssen mindestens 50 000 Jahre alt sein[13]. Schon die Neandertaler müssen gesprochen haben; wenn auch, wie man nach der Gaumenlage vermutet, in plumper Weise. Doch wie wir täglich erleben, folgt höhere Kultur aus dem Sprachbesitz zwingend leider noch nicht.

*Zufallsbegegnung der Prämissen*

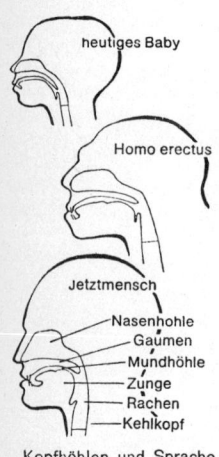

Kopfhöhlen und Sprache

Erste Prämisse der Kultur ist die wirtschaftliche Vorsorge. Schon sie ist nicht selbstverständlich. Die indianischen Jägerstämme Nordamerikas hielten es für unschicklich, für eine Charakterschwäche, Nahrung für den nächsten Tag aufzubewahren. Der Zivilisierte ist ein schriftkundiger Vorrätesammler. »Der Mensch begann mit der Sprache, die Zivilisation mit dem Ackerbau und das Gewerbe mit dem Feuer«, sagt DURANT[14]. Die Vorsorge-Zivilisation aber wird ein Schauplatz sich mehrender Ungleichheit. Sie fördert die natürlichen Unterschiede menschlicher Begabungen und die Unterschiede in der Chance des Auffindens vorteilhafter Gelegenheit. Dies scheint, wie schon unser Studium unterschiedlicher Sozialstrukturen zeigte, überall zu gelten. Sie fördert die Sicherheit, den Individualismus und den Reichtum, und mit ihnen Sklaverei, Armut und neue Unsicherheit. Sie fördert den Handel. Er beginnt im Piratentum und gipfelt in der Moral. Sie fördert die Entwicklung materieller Wertvorstellungen, von der Münze zum Kapital. Die Römer hatten verwandte Worte für Vieh und Geld – pecus und pecunia – und prägten einen Ochsenkopf auf ihre Münzen. Ein weiser Brauch, von dem man abgekommen ist. Und die Sklaverei wurde ein Teil jener Disziplin, die den Menschen auf die Industrie vorbereitete. Alle zusammen aber machen die Legislative unserer Gesetze.

Zweite Prämisse scheint die politische Organisation: das Werden eines Anspruchs- oder Herrenbewußtseins. Man möchte nicht anerkennen, daß es eine Folge der Vorsorge sein soll. Die Eskimos können nicht einsehen, warum die Weißen einander wie Seehunde jagen und noch dazu das Land stehlen. »Wie gut ist es«, so sagen sie zu ihrem Boden,

»daß du von Eis und Schnee bedeckt bist.« Dennoch: Das Eigentum war die Mutter des Staates, und der Krieg war sein Vater. Der Krieg macht den Häuptling, den König und den Staat, und diese machen den Krieg. Ohne autokratische Herrschaft, sagt SPENCER, hätte die Entwicklung der Gesellschaft nicht beginnen können. Der Staat, sagt LESTER WARD, beginnt mit der Eroberung einer Rasse durch eine andere. Der Staat, sagt SUMMER, ist das Produkt der Gewalt und existiert durch die Gewalt. Jeder Staat, sagt DURANT, beginnt im Zwang, aber die Gewohnheiten des Gehorchens werden Bewußtseinsinhalt, und bald erschauert jeder Bürger aus Treue zu seiner Fahne. Der Staat erhält die Exekutive unserer Gesetze.

Dritte Prämisse ist ein Kulturgedächtnis, und zwar unabhängig vom krausen Weg, den die Tradierung, die Riten der Moral einschlagen können. Bräuche entstehen aus den unterschiedlichsten, vermeintlich pragmatischen Gründen; und obwohl die Ritualisierung nicht nur ihre Erscheinung, sondern auch ihre Funktionen völlig wandeln kann (Bild S. 279 bis S. 281), tut die Zeit das Ihre, um sie, wie wir uns ausdrükken, zur zweiten Natur des Menschen zu machen. Wenn er sie verletzt, erfüllt ihn Angst, Unbehagen oder Scham. »Darin liegt der Ursprung jenes Bewußtseins, oder moralischen Empfindens, welches für DARWIN als der eindrucksvollste Unterschied zwischen Mensch und Tier gilt.«[15] Alle Regulative, auch die der Moral, wandeln sich. Die Grundform der Sexualregelung etwa, die Ehe, wandelt sich über alle nur erdenklichen Formen, von der primitiven Betreuung der Nachkommenschaft ohne Verbindung der Gefährten bis zur modernen Verbindung der Gefährten ohne Betreuung der Nachkommenschaft. Und schließlich zeigt die Moral einen Gradienten. Er wird in den Höhen der hierarchischen Strukturen Null. Die internationale Diplomatie kennt keine Moral, die internationalen Ideologien und Konzerne kennen sie ebensowenig. Daher sind ihre Tätigkeiten auch nicht die Träger der Kultur.

Kultur entfaltet sich dort, wo Gesetzescodices nicht nur schöpferisch entstehen, sondern auch, wie sie sich auch wandeln mögen, gewissenhaft befolgt werden.

Die älteste kulturelle Regung, die uns die Frühgeschichte des Menschen belegt, ist die des Glaubens. Wir besitzen 60 000 Jahre alte Dokumente von Schädel- und Jagdkulten. Die Pollenanalyse ergab sogar Blumen als Grabbeigabe; damalige Arten der Lichtnelken, Traubenhyazinthen und Mal-

*der Glaube, die älteste kulturelle Regung*

Schädelkult des Neandertalers

ven[16]. Damit steht außer Frage, daß schon der Neandertaler versuchte, eine Vorstellung über den Zustand nach dem Tode und von der Struktur des Universums zu gewinnen; ein Unterfangen, das durch den von ihm noch gepflogenen Kannibalismus und die vermutete Säuglingstötung kompliziert sein mußte.

Die Zufälligkeit erster Glaubensvorstellungen beweist der Bärenkult; denn die Evolution der ersten Homo-sapiens-Rasse kann mit der des Höhlenbären in keinem ursächlichen Zusammenhang stehen. Wenn der Neandertaler meinte, wie es heute noch Völker der arktischen Wildnis tun, daß der Bär eine Art Urmensch wäre und ein Vermittler zu den das Land beherrschenden Geistern, so beruht dieser Jenseitsglaube auf dem Zufall ihrer speziellen Begegnung. Aller Glauben beruht auf Zufällen der Begegnung.

Erleuchtung und Doktrin

Zugleich liegt die Notwendigkeit der Entstehung von Riten, Mythen und Göttern auf der Hand. Die Angst, sagt LUKREZ, war die erste Mutter der Götter. Gerade der primitive Mensch ist völlig unübersehbaren Gefahren ausgesetzt. Kaum einer stirbt eines natürlichen Todes. Er ist entsetzt über die Gestalten seiner Träume. Er begräbt die Verstorbenen, um sie an der Rückkehr zu hindern; versorgt sie mit Gaben, um sie zu beschwichtigen. Rätsel und Wunder waren überall, und das Ungewisseste von allem war das eigene Schicksal. Was also Wunder, daß das Individuum Gesetz und Voraussicht erträumt, wo es meint, ihrer am dringlichsten zu bedürfen. Und was Wunder, daß das Individuum, ahnungsvoll umgeben von seiner eigenen Ratlosigkeit, die stützende Meinung der Gruppe sucht und die Gruppe ihrerseits den Sektierer nicht dulden kann. Das ist uns ja bereits vertraut. Schon deshalb ist die Theorie von der Universalität der Religion im allgemeinen richtig, und wir werden weniger darüber staunen, wieviel Unsinn Religionen enthalten, als daß die zeitlose Stetigkeit des Glaubens uns fesselt. Selbst der Atheist, Mechanist, Monist unserer Tage braucht die Frage nach den Ursachen dieser Welt nur vor den Urknall zu verlegen, und er wird zugeben müssen, daß er sich mit all unserer Wissenschaft in derselben Ratlosigkeit befindet, die er als Ursache des Bärenkultes, törichterweise, belächelt haben mag.

Niemand, so behaupte ich, kann ohne metaphysische Prämissen denken. Man kann sich ihrer nicht bewußt sein; das gewiß. Aber man kann keinen Schritt ins Unbekannte tun, ohne Erwartungen einzuschließen, die meta-physisch sind, die jenseits der uns bereits bekannten Dinge liegen. Der

Glaube und seine Kinder, Religion, Philosophie und Weltanschauung, sind jeder Kultur unentbehrlich.

Der Glaube ist der unersetzliche Rahmen für das Unerklärliche. Denn wieder kann sich niemand, der denkt, ihm entziehen. Zum einen enthält er die Erklärung des Unerklärlichen, zum anderen das, was wir, wie GOETHE fordert, still verehren. »Freilich«, zitiert SCHRÖDINGER in seinen letzten Sätzen, »>das Wunder ist des Glaubens liebstes Kind<. Und je feiner, subtiler, abstrakter und zugleich erhabener der Glaube, um so ängstlicher hascht der schwache, schwindelnde Menschengeist nach einer wunderbaren Stütze, und wäre sie noch so albern.«[17] Der Glaube ist ein verläßlicher Antrieb und ein unverläßlicher Führer.

Wie albern aber wäre es, sich über Wunder zu beklagen, wo sie uns den Sinn der Welt und unser Selbst erklären und bewundern machen; Wunder, die uns die Gesetze, die Ordnung formulieren, welche wir gemeinsam in die Spitze der Hierarchie delegierten, um sie von dort als gewiß und verbindlich zu empfangen. So billig gewonnene Ordnung und Gewißheit ist kein Grund zur Klage.

Die Klage ist erst dort berechtigt, wo wir gemeinsam für die Hypothek des entlehnten Gewinns mit der Rückzahlung an die Konten des Zufalls zu beginnen haben. Sie beginnt, sobald die entscheidenden Systembedingungen die Erfolgschancen einer rücklaufenden Auflösung von unadaptierbaren Strukturen unwahrscheinlich machen. Dabei ist die Verhärtung die notwendige Folge notwendig entstehender Wechselwirkung und deren Verankerung durch Tradierung.

*die Systembedingungen der Ideologie*

Zwar ist es das Schicksal der Götter, als Ungeheuer zu beginnen und als liebende Väter zu enden; denn nachdem der primitive Mensch eine Welt von Geistern ersonnen hat, deren Wesen und Zweck ihm unbekannt war, versucht er, meist mit Erfolg, sie gnädig zu stimmen. Je vielfältiger aber die Riten werden, um so ungewisser wird dem einfachen Menschen seine Erfolgsaussicht, wenn er sie ausübt. So entsteht der Priesterstand, dem die Aufgabe delegiert wird, die Zeremonien zum Wohlwollen der Götter zu beherrschen. Aber aus der Beherrschung folgt der Anspruch zu herrschen. Ebenso haben die Staaten die Religionen nicht erfunden, aber doch alle entdeckt, daß es sich durch die mächtigen Hoffnungen und Ängste, die sie enthalten, viel verläßlicher regieren läßt. »Denn den Haufen der Weiber«, so finden wir schon bei dem alten Geographen STRABO, »und der ganzen gemeinen Menge durch Vernunft zu leiten und zu

Frömmigkeit, Heiligkeit und Redlichkeit hinzuführen, ist dem Philosophen unmöglich; es bedarf dazu auch der Götterfurcht, die nicht ohne Fabeldichtung und Wundersage zu erzeugen ist.« Wird aber durch den Glauben regiert, so sind die Adaptierbarkeit und auch die letzte Instanz verloren, die im Falle von Widersprüchen angerufen werden könnte.

Die Widersprüche aber sind die notwendige Folge der Anpassungsmängel. Da versucht sich die Dialektik die Systembedingungen materialistisch, dort idealistisch zu erklären – ohne es mehr zuzulassen, den Widerspruch in sich selbst zu erkennen. Das System erstarrt unter der Bürde seiner Subsysteme, und die Selektion kann, wie bekannt, nurmehr durch Ausrottung entscheiden; durch Religionskriege und die Folter. Die Rückzahlung an Unheil und Chaos wird enorm. Aber noch sind nicht einmal die Zinsen der Hypothek getilgt. Die Gewißheitsansprüche, die die Ungewißheit stellt, treten nur hinüber in andere Formen. Beispielsweise verläßt die intellektuelle Schicht die alte Theologie »und – nach einigem Zögern – den mit ihr verschwisterten Moralkodex: die Literatur und die Philosophie werden antiklerikal. Die Befreiungsbewegung steigt zu einer üppig wuchernden Verehrung der Vernunft an und endet gewöhnlich in einer lähmenden Ernüchterung jedweder Idee. Das menschliche Leben geht, seiner religiösen Stütze beraubt, in die Fäulnis epikureischen Wohllebens über; es wird jeden tröstenden Glaubens entblößt, zur Last, gleich bewußtem Elend oder müdem Reichtum. Am Ende streben Gesellschaft und Religion wie Körper und Seele nach gemeinsamem Fall und ersehnen ein harmonisches Sterben. Inzwischen steigt unter den Unterdrückten ein anderer Mythos auf, gibt der menschlichen Hoffnung eine neue Form, neuen Mut der menschlichen Mühe.«[18] Und es entstehen über den Weg von Revolution und Chaos eine andersartige Ideologie und aus ihren Systembedingungen dieselben Rechtsansprüche, Unduldsamkeiten und Unverträglichkeiten, wie sie diese Revolution selbst endgültig zu zerschlagen versprochen hatte.

Humanisierung der Metaphysik

Wenn wir die Strategie der Genesis richtig gedeutet haben, dann bleibt auch in diesem Dilemma nurmehr ein schmales Adaptierungsfeld, das die Selektion dulden wird: eine Humanisierung des Metaphysischen. Und diese kann weder in einer Abschaffung des Glaubens noch im Weltanspruch einer Ideologie bestehen, sondern nur in deren Pluralität. Sie kann nur in der – gewiß schwierigen – Einsicht gelegen sein, daß vereinbarliche Annahmen im Transzendenten zwar für das Gemeinwesen verbindlich sind, daß sie sich aber in keinem Falle Wahrheits- oder Rechtsansprüche über andere Annahmen anmaßen dürfen.

Jünger als die frühesten Dokumente des Glaubens sind jene, die uns das Werden des schöpferischen, gestaltenden Deutens belegen. Diese Weltdeutung, die auf die Umsetzung der Empfindung in Werte und deren emotionale Weitergabe abzielt, die Kunst also, setzt eine Vorstellung vom Transzendenten schon voraus. Wahrscheinlich begann die Kunst mit Tänzen und Körperbemalung. Überliefert ist sie uns aber erst deutlich mit der bildenden Kunst des Cro-Magnon-Menschen. Doch schon diese 20 bis 30 Jahrtausende alten Figurinen enthalten das zeitlose Wesen der Sache: Stil und Deutung. Das zu deutende Problem damals war die Fruchtbarkeit des menschlichen Weibchens; die Auslegung eine, den Ritualisationsgesetzen folgende Überhöhung ihrer sekundären Geschlechtsmerkmale; und der Stil der Abstraktion war bereits weltweit, er reichte von Westeuropa bis an die Grenzen Chinas[19]. Daß die Kausalketten der Handfertigkeit und die der Welträtsel gerade zu diesem Ergebnis zusammentrafen, ist dabei die Komponente des Zufalls, das Weltweite des Stils ist die der Notwendigkeit.

*das gestaltende Deuten*

Venus von Lespugne

Wir sind heute über dieses Verhältnis von Zufall und Notwendigkeit in der Kunst schon unterrichtet; wiewohl die erste Kunstquelle die Schaustellung des brünstigen männlichen Tieres, die Quelle der Musik das Tam-Tam des Tanzes gewesen sein mochte, das – sei's für den Zeugungsakt oder für die Vaterlandsliebe – die nötige Erregung steigern sollte; wiewohl also die Kunst selbst den langen Weg vom Tier zum Weisen zurücklegt, scheint dieses Verhältnis auch in der Strategie ihrer Genesis universell verankert.

Es besteht in der seit jeher·schöpferischen Wechselwirkung zwischen dem Unvorhersehbaren und dem Vorhersehbaren, hier zwischen Eingebung und Kanon. Und die Kunst des Künstlers scheint darin zu bestehen, dem Zufall der Eingebung maximale Freiheit im Rahmen minimaler Abweichung vom Trend des Kanons zu geben. Unsere großen Künstler haben das gewußt. WOLFGANG AMADEUS MOZART veröffentlichte eine »Anleitung; Contre-Tänze oder Anglaises, mit 2 Würfeln zu komponieren«, freilich unter der selbstverständlichen Voraussetzung der Beachtung strengster Stilgesetze. Die Computer-Musik heute belegt dies. MANFRED EIGEN hat all das jüngst in seinem Buch ›Das Spiel‹

*Eingebung und Kanon*

wunderbar gezeigt; wie auch hier Naturgesetze den Zufall steuern[20]. Nur das Schöpferische des Menschen erreicht der Computer nie; denn dieses besteht in der Selbst-Selektion neuer Eigengesetzlichkeit, der sich der Künstler, in die Ungewißheit des noch nicht Festgelegten emporgestiegen, freiwillig unterwirft. Die Größe eines MICHELANGELO, BACH oder GOETHE besteht in der Unterwerfung unter die von ihnen geschaffenen Gesetze. Die höchste Freiheit besteht in der Befolgung der persönlichsten, individuellsten Strenge.

Aber auch für den Kunstgenießenden muß das Kunstwerk ein Verhältnis von Vorhersehbarkeit und Überraschung wahren. Ein Übermaß an bestätigter Voraussicht wird zur Monotonie, ein Übermaß an mangelnder Voraussicht zur strukturellen Dissonanz. Wo Kunst ganz und gar spielt, sagt ADORNO, ist vom Ausdruck nichts übrig. Auf dieses Maß des Vorhersehbaren, das der Redundanz einer Nachricht des Informationstheoretikers ähnlich ist, hat HEINZ ZEMANEK aufmerksam gemacht[21]. Auch die »natürliche Sprache«, sagt WEIZSÄCKER, »ist voll Redundanz: für sie ist Mangel an Überfluß Armut«[22]. Was wir Harmonie nennen, scheint mir ein Ehrentitel für dieses Verhältnis zu sein, welches unser Vorbewußtes längst den natürlichen Gesetzen unserer Welt extrahiert hat.

**Systemkreise und Kanalisation** Aber auch keine Kunst bleibt frei von Systemkreisen und Kanalisation. Wieder handelt es sich um einen Prozeß der Selbstorganisation, der einen Kreislauf zwischen dem schauenden Subjekt und seiner Anschauung, einen anderen zwischen den Anschauungen der Kunstschöpfenden und der Kunsterlebenden, einen dritten zwischen den Auslegungen der Künstler untereinander bildet. Das erste Ergebnis sind jene Doktrinen, die wir Stile nennen. Auch sie sind Notwendigkeiten, Vervollkommnungen innerer Gesetze, unentbehrliche Orientierung für das Urteil – in ihrer Zeit-Gesamtheit unersetzlich für das Individuum. Und auch sie können so sehr in Tradierung erstarren, daß nurmehr die Revolution eine Lösung weiß.

Aber wie im Metaphysischen entstehen mit der Verwirrung der Fäden für den Konsumierenden Hyperzyklen. Es entsteht die Priesterkaste der professionellen Kunstkritiker, welcher nun delegiert wird, das zu empfinden, was selbst zu empfinden man erst behaupten kann, sobald man ihre Kritik gelesen hat. Das führt zu einer Kunst, die nicht mehr für jene produzieren kann, die empfinden wollen, sondern für jene, die empfinden sollen, für jene, die nicht mehr empfinden wollen. Es entsteht der Hyperzyklus der manipulierenden

Kunsthändler, da ja irgend jemand wissen muß, was Kunst wert sein mag. Und es entsteht der Hyperzyklus Kritiker – Händler, der seinerseits in die Kreisläufe der noch Mächtigeren, in Ideologie oder Kapital eingebunden, zum Knecht des garstigen grauen Tieres der technokratischen Weltbeherrschung werden kann. Wie wir die Welt zu deuten haben, kann nun von ihm erlassen werden.

Wenn wir die Strategie der Genesis richtig ausgelegt haben, so ist auch dem gestaltenden Deuten unseres Lebens ein nurmehr spezifischer Bereich evolutiver Erfolgschance verblieben. Wie in der Philosophie – und was ist die Philosophie anderes als eine Kunst, ein Versuch mehr, dem Gewirr der Erfahrung eine ›bedeutsame Form‹ zu geben? – kann dieser Bereich nur in einer Humanisierung der Kunst bestehen. In ihr kann weder auf die Gestalt noch auf die Harmonie und schon gar nicht auf den Menschen verzichtet werden. Denn wenn wir für die schöpferische Offenbarung, die uns die Kunst so lange freigiebig zu geben vermochte, nicht in aller Zukunft mit Irreführung und Betrug bezahlen sollen, dann wird sie sich wieder auf den Menschen besinnen müssen und auf eine Formulierung seiner Hoffnungen, für welche diese Evolution nurmehr die Chance einer Harmonie der Strukturen offengelassen hat. *Humanisierung der Kunst*

Die Entdeckung der Wahrheit ist uns aus der Prähistorie nicht überliefert; wohl deshalb, weil wir sie auch heute noch nicht besitzen. Als wahr gilt, was von niemandem Widerspruch erfährt – sei es vom Nachbarn, einer Sache oder einer inneren Stimme. Wie die Dinge wirklich sind, ihr ›So-Sein‹, das läßt sich nicht bestimmen. Daß diese Welt, hätten wir Röntgenaugen, anders aussähe, Mode und bildende Kunst einbeschlossen, läßt sich nicht leugnen. Daß wir aber, wenn auch durch Wogen der Irrungen, mit jeder Erfahrung diese Welt stets etwas richtiger abbilden, dafür scheint der Umstand zu sprechen, daß wir bislang in ihr überlebten. Von einer solchen biologischen oder evolutionistischen Erkenntnislehre sind wir (in Kapitel 3) ausgegangen. *die Entdeckung der Wahrheit*

Leben selbst, so wiederholen wir mit LORENZ, ist ein Erkenntnisprozeß. Die Form der Flosse muß etwas von der Wahrheit des Wassers enthalten, sonst würde sie nicht existieren. Aber selbst eine pragmatische Wahrheit ist noch längst keine ganze Wahrheit; denn dem Flügel des Schmetterlings widerspricht der Flügel des Adlers. Kurz, die Abbildung des Wahren scheint ein asymptotischer Prozeß zu sein, der sich selbst, mit den organischen Strukturen, den

Instinkten und dem Denken, das Arsenal der Methode gleitend erweitert. Ich glaube darum, daß die Näherung an die Wahrheit für den primitiven Menschen kein dramatisches Erlebnis war. Neben dem Wahren stand ja noch bis in die Antike der Glaube als eine Art von ungefährer Wahrheit. Und der naive Realismus hatte für alles Platz, sogar für Gespenster. Selbst die Wissenschaften haben, wie wir mit HANS SCHWABL bald sehen werden, ihre Wurzeln in den Absurdidäten einer Mischung aus Erfahrung und Magie.

Paradoxerweise entstand das Problem der Wahrheit erst mit der Entdeckung der Vernunft. Wissen, sagten bekanntlich die Sophisten, kommt von den Sinnen. Von jenen des Pavian, fragte PLATO, oder von jenen des Weisen? Wissen kommt also von der Vernunft; und ARISTOTELES formulierte ihre Gesetze. Wie aber weißt du, fragte PYRRHON, daß der Weise weise ist? Also, sagte EPIKUR, zurück zu den Sophisten. Aber, fragten die Skeptiker, was soll das nützen? Erfahrung oder Vernunft, welcher wäre zu trauen? Eine Unsicherheit war entstanden, bei der es im wesentlichen bis dato geblieben ist. Zwar folgte die Scholastik jahrhundertlang nur den platonisch-aristotelischen Schulen und die Naturwissenschaft der Moderne seit GALILEI und BACON der Erfahrung der Sinne; aber die Diskussion hat uns nicht mehr verlassen. Ja, sie hat zu der folgenschwersten Spaltung des menschlichen Denkens geführt.

*Erfahrung oder Vernunft*

Wenn ich aber richtig sehe, kann unsere biologische Theorie der Erkenntnis die drei fundamentalen Widersprüche dieser Spaltung auf natürliche Weise lösen. Nehmen wir gleich den nächstliegenden vor (die weiteren in den letzten Abschnitten):

Das Problem, was zuerst käme, die Vernunft oder die Erfahrung, »die Hypothese oder die Beobachtung«, so sagen schon POPPER und CAMPBELL, »ist lösbar wie das Problem, was wohl zuerst gewesen wäre: die Henne oder das Ei«. Und dieses kennen wir zur Genüge. Unser simplifizierender Weltbildapparat hat getrennt, wo in Wahrheit ein System verbindet. Wir haben »das geist'ge Band« durchschnitten, wofür uns schon Mephisto verlachte. Ei und Henne bilden einen Kreislauf der Wechselbedingungen, der nicht nur so alt ist wie die Arten der Hühner oder der Wirbeltiere. Er bildet einen fast unendlichen Regreß, bis tief in die Anfänge des Lebens. »Dabei ist«, sagt POPPER, »keine Gefahr in einem unendlichen Regreß. Im Zurückgehen auf immer ursprünglichere Theorien und Mythen finden wir zuletzt die unbewußte, angeborene Erwartung.«[23] Und diese ist eine

*Ei oder Henne*

Konsequenz des Lebendigen, der Strategie der Genesis. Die KANTschen A-prioris werden zu A-posterioris der Evolution. LORENZ hatte recht; PIAGET, WADDINGTON, BERTALANFFY, SIMPSON kamen mit Recht zu derselben Erkenntnis[24]. Zudem wissen wir endlich, daß wir nichts sicher wissen können. Wir können nur vermuten. Nur bestätigt sich oft unsere Erwartung stetiger, als daß die Menschheit Fälle der Nicht-Bestätigung erwarten könnte. Daß ein Stein hinauffliegt, wenn man ihn losläßt und daß er sich dabei auf den absoluten Nullpunkt abkühlt, wird niemand erleben, obwohl dies, wie wir wissen, immer dann eintreten muß, wenn sich seine wirbelnden Moleküle zufällig alle nach oben bewegen. Damit löst sich das Subproblem der Induktion. Der Schluß vom Speziellen auf das Allgemeine; von den beobachteten Schwänen auf alle Schwäne. Und zwar nicht deshalb, weil nun der logische Kniff gefunden wäre, sondern weil wir gar nicht mit induktiver Logik operieren, sondern mit Wahrscheinlichkeiten; weil sich die Erwartung mit der Zahl ihrer Bestätigungen erfahrungsgemäß festigen darf. Die Logik ist nicht die Mutter, sondern ein Kind des Denkens. Und damit löst sich auch das Subproblem des Solipsismus, von dem wir ausgegangen sind. »Die logische Unwiderleglichkeit«, sagt CAMPBELL, »wird akzeptiert.«[25] Aber die Logik trägt nichts, wenn sie die Wahrscheinlichkeit dieser Welt widerlegt. Der reine Unsinn ist ein Kind der Vernunft. Das ist das Beste, was wir wissen.

Wir müssen anerkennen, daß selbst das Denken eine Zufallskomponente besitzt, obwohl es uns die »Bewunderung für die Ergebnisse dessen, was wir unseren Intellekt, das Schöpferische oder unsere Einsicht nennen, schwermacht, sie einem Mechanismus aus blinder Variation und Selektion einzuordnen«[26]. Auch diese Diskussion währt schon ein Jahrhundert. BAIN und JEVONS haben diese Zufallskomponente entdeckt, SOURIAU, MACH und POINCARÉ haben sie ausdrücklich vertreten[27]. Heute sind wir ihrer sicher[28]. Wir wissen beim Vorgang des Nachdenkens immer, wo der Gedanke enden soll. Nie aber wissen wir, wo zu beginnen. Und wissen wir es, dann ist es ein Vorgang des Ableitens und nicht des suchenden Denkens. Denken beginnt mit blindem, tastendem Versuch; wie viele Wellen bizarrer, frivoler, absurder Gedanken fluten doch durch die suchenden Vorstellungen und brechen sich hundertfältig an den Klippen unserer selektiven Korrektive. Auch das gelehrte Denken besteht in der Kunst, dem Zufall der Assoziation die größte Freiheit zu geben, das gesuchte Ergebnis aber inner-

*Zufallskomponenten des Denkens*

halb möglichst enger Grenzen selbstauferlegter Strategie zu lassen.

Die Strategie der Genesis ist stets dieselbe; nur ist sie nun gänzlich dem Zauberlehrling delegiert. Der ›göttliche Funke‹ sprüht aus dem Zufall der Begegnung. Seine Wahrscheinlichkeit aber entspricht auch hier dem Kehrwert des zugelassenen Repertoires; den Grenzen aus Disziplin und Erfahrung. Und der Vorteil, den das Denken manchmal bringt, enthält die Notwendigkeit seines steten Ablaufs – von der Lösung einer kaum beobachteten Frage des Augenblicks bis zu der der Weltformel. PEARYS Eskimo hat nicht der Weisheit letzten Schluß.

*die Selektion des Gedachten*  So hat auch die Selektion des Gedachten wie die der Moleküle, der Organismen oder Sozialsysteme ihre zwei Seiten. Im Inneren selektieren die Systembedingungen des Individuums Kenntnisse, Absichten, Vorurteile der gedachten Anwendung, außen wirken ganz ähnliche aus der Welt der praktischen – mit Belohnung und Strafe, Erhebung und Erniedrigung. Und es ist das Ergreifende, daß selbst im persönlich Bestraften oder gesellschaftlich Vernichteten, solange er lebt, das Schöpferische nicht zur Ruhe kommt; daß es, wie die Pflanze, die sich immer wieder aufrichtet, wie beim Käfigtier, das sein Leben lang entlang der Gitterstäbe den Ausweg sucht, nach der Strategie der Genesis gar nicht zur Ruhe kommen kann.

Und wieder sind es auf beiden Seiten hierarchische Systeme der überwachenden Selektion. Im Inneren wirken die Schichten der homöostatischen und intuitiven Kontrollen wechselweise mit jenen des Vorgestellten, des Rationalen, des Moralischen. Von außen wirken die Filter der Praxis, anorganische und organische, psychologische und gesellschaftliche mitsamt den Kreisläufen ihrer vorgegebenen Verknüpfungen[30].

Wen nähme es da wunder, daß auch hier die Kreisläufe Selbständigkeit gewinnen; daß die Erfolge, zu welchen sie der Zufall verflochten hat, durch den Zufall schwer zu entflechten sind; daß die Rückzahlungen an die Konten des Zufalls wieder dort beginnen, wo ihre Unentflechtbarkeit beginnt, Schaden zu stiften. Wir haben die Kosten unangepaßten Denkens und unangepaßter Wissenskonstruktion der Sozialsysteme schon kennengelernt. Und da alles als wahr gilt, wenn ihm nicht widersprochen wird, kann der Kreislauf zwischen Denken und Wissenskonstruktion kein noch weiter übergeordnetes Regulativ mehr finden als die Selektion, die Ausrottung des ganzen Systems. Ja wir selbst kön-

*die Schäden des Wissens*

nen die Fehler nur aus den Schäden des Wissens erahnen, mit welchen die Selektion ihr Werk beginnt.

Zur Kanalisation der Gelehrsamkeit gehört das bekannte »wie jeder weiß«, das magische Denken. Eine seiner Spielarten ist die Magie des Einfachen. Sie hat in den Erfolgszivilisationen zum Wert des Quantitativen über das Qualitative geführt, für welchen Irrtum wir schon längst bitter bezahlen. Sie hat zu einer Wertung der exakten Wissenschaften geführt; und mit der Überschätzung der niederen Schichten dieses Weltbaues zahlen wir, indem wir vergessen, daß es in aller Wissenschaft letztlich um die höchste der Schichten gehen muß: um den Menschen. Sie hat verhindert, in Systemen denken zu lernen; und wir zahlen durch fortgesetzte Patent- und Endlösungen, mit welchen wir unseren Planeten ruinieren. Eine weitere Spielart ist die Magie der Spezialisation. Wir zahlen bitter mit der Produktion einer einflußreichen Menschengruppe, der nicht mehr Weisheit, sondern Wissen gelehrt wird; die nicht den Weitblick zur Hilfe für die Unwissenden, sondern eine Waffe für ihren eigenen Lebenskampf geschärft haben will. Wir zahlen mit dem Zerfall unserer höchsten Bildungsstätten des Denkens; mit Universitäten, die im Sprachwirrsal des babylonischen Turmbaues dabei sind, den Sinn der Universitas zu vergessen. Wir zahlen seit langem mit dem Zerfall von Natur und Geist, mit der Zerstörung jener Brücke, die uns zu einem Verständnis unser selbst in dieser Welt der rettende Steg sein müßte.

Am teuflischsten aber wird die Kultur der Wissenschaften durch die Praxis mißbraucht, Wissen als Macht zu werten. Die Kreisläufe des babylonischen Zerfalls, der scheinbaren Entbindung der spezialisierten, sprachisolierten Rädchen von der Verantwortung und die Mühlen des Existenzkampfes dieser Rädchen machen selbst die Wahrheit manipulierbar. Unsere Zivilisation delegiert die Mächtigen zu entscheiden, was gewußt werden soll; Ideologie und Technokratie lassen Wissenschaften sterben und blähen jene zu Giganten auf, die wieder ihre Macht erweitern. In Ost und West hat das garstige graue Tier begonnen, sogar die Weisheit zu regieren. Und die Angst voreinander sanktioniert auch diese Teufelei.

Immerhin aber läßt sich, wie zu sehen, das Gesagte mancherorts noch sagen; und keineswegs bin ich der einzige, der es sagt. Viele sehen die Erosionen der Kultur, die präliminären Narben kommender Selektion[31]. Vielleicht wird auch mancher Leser einen Augenblick überlegen. Solange wir das also noch sagen können und überlegen, ist die Hoffnung nicht begraben. Potentiell ist die Sehnsucht nach der Wahrheit so unsterblich wie das Denken, wie das Leben überhaupt – wie groß auch die Opfer offenbar sein müssen; wieviel vermeintliches Wissen wir auch zerstören, degradieren müssen, um nur um weniges mehr zu wissen.

**Humanisierung der Wissenschaft** Gewiß ist aber auch die Erfolgschance unserer Wissenshäufung nurmehr in einer Humanisierung der Wissenschaften zu erwarten. Sie kann nur von einer Verantwortlichkeit gegenüber dem Menschen ausgehen; diese setzt tiefreichende Bildung voraus, weiten Blick und Mut zur Synthese, und dies setzt wieder eine Gesellschaft voraus, die begreift, daß nicht die Macht, sondern nur die Wahrheit überleben kann. Dann kann selbst der Zauberlehrling Mensch die Schöpfung weiter fortsetzen, und Ordnung kann weiter aus ihm ausfließen, wie sie zunächst ihm eingeflößt wurde. Dann mag er verstehen, einen Glauben ohne Liebe, eine Kunst ohne Harmonie und sogar Wissen ohne Weisheit zu vermeiden. Und dann mag sogar der Herr einmal sagen können: »Siehe, der Mensch ist geworden wie einer von uns.«[32]


## Die Kosten von Idealismus und Materialismus

> Jetzt muß ich Helfershelfer holen.
> Uns geht's in allen Dingen schlecht!
> Herkömmliche Gewohnheit, altes Recht,
> Man kann auf gar nichts mehr vertrauen.
> (*Mephistopheles*, Faust II 11619)

»Aber der Herr sprach: Wer hat dir kundgetan, daß du nackt bist? Hast du von dem Baume gegessen, von dem zu essen ich dir verboten habe?«[33] Tatsächlich scheinen die meisten Menschen zu ahnen, daß sie nackt sind, daß sie nurmehr unzureichend bedeckt sind von den automatischen Regulativen der Homöostasen und Instinkte, und ausgesetzt dem Dilemma der eigenen reflektierenden Entscheidung. Und dies ist der Augenblick, da der Mephisto dieser Evolution nun tatsächlich der Helfershelfer bedarf. Aber er findet sie im Zauberlehrling selber. Er trennt ihre Gilde, und diese trennt den Geist von der Natur.

Gewiß, Kultur ist stets nur Mühe und Luxus einer Minderheit, und es mag belanglos erscheinen, welchen Irrungen diese unterliegt. Auch gibt es viele Menschen, die Geist und Natur nicht trennen; ja ganze Stämme gibt es, die noch immer jeden Gegenstand ihrer Erfahrung als beseelt erachten.

Sie aber sind nicht Ursache unserer Sorge. Grund unserer Sorge sind die Erfolgszivilisationen, und sie lehren eine geteilte Erklärung dieser Welt. Die Minderheit lehrt, und alle werden in die Konsequenzen gezogen. Der Materialismus behauptet, daß auch Leben, Bewußtsein, Geist und Kultur nichts anderes als materielle Gegenstände seien, die sich letztlich aus den Gesetzen der Materie erklären lassen müßten. Der Idealismus dagegen behauptet, daß Kultur, Geist, Bewußtsein und Leben nichts anderes als verkörperte Idee seien, die sich letztlich aus den Gesetzen eines höchsten Geistigen erklären lassen müßten[34]. Der Idealismus neigt zu Berauschung und Pantheismus, der Materialismus zu Atheismus und Ernüchterung. Und über die Grenzen hinweg ist schwer zu verhandeln.

Wir haben alle gelernt, daß diese Teilung des Denkens auf PLATON zurückgeht. Die Naturgeschichte dieser Spaltung der Kultur ist aber viel älter; wahrscheinlich so alt wie der erste Homo sapiens: hundert Jahrtausende. »Die Entdeckung des eigenen Ich, der Beginn der Reflexion«, sagt KONRAD LORENZ, »muß ein entscheidendes historisches Ereignis in der Geschichte des menschlichen Denkens gewesen sein.«[35] Wahrscheinlich war es die größte, aber auch erschütterndste Entdeckung, die der Mensch in seiner Geistesgeschichte gemacht hat; ein Auftauchen aus einem ›tierischen‹ Realismus; zu begreifen, selbst Spiegel dieser Welt, die Ursache vieler Dinge, selbst der Träger von Zielen und Zwecken zu sein. Lag da nicht die Erwartung nahe, selbst Zweck noch höherer Zwecke, einer gar nicht mehr sichtbaren höchsten Absicht zu sein? Und zeigte sich diese höchste Absicht nicht fortgesetzt, im Gebären der Weiber, im Keimen der Pflanzen und im Wandel der Jahreszeiten? Gewiß, der Zweck zeigte sich überall. Ganze Systeme und Hierarchien von Absichten zeigten sich und ließen sich fortsetzen, bis hinauf zu den Urabsichten, wie sie sich bereits in den ältesten der erhaltenen Kosmogonien, in gewalttätigen Trennungen von Himmel und Erde, Verfolgung, Zeugung und Entmannung absichtserfüllter Weltschöpfer und Demiurgen niederschlagen. Selbst die ganze griechische Philosophie, sagt HANS SCHWABL in der ›Weltschöpfung‹, ist »in ihren Anfängen nichts anderes als Kosmogonie und Darstellung des Werdens der Erscheinungen im Kosmos. Von einer Reinigung des mythologischen Weltbildes ausgehend, erfolgt die immer feinere Differenzierung der Denkmittel und damit auch der Wissenschaften.«[36]

Betrachten wir das kognitive Phänomen des Idealismus als

die Naturgeschichte der Spaltung

**das Natürliche des Idealismus** eine Konsequenz der Evolution, gewissermaßen als das Natürliche des Idealismus, so erkennen wir in ihr die fundamentale Entdeckung der causa formalis und finalis, der Form- und Zweckursachen in dieser Welt. Es ist ja nicht zu bezweifeln, daß Idee und Plan eines Hauses, seine Zweck- und Formbedingungen also, auf einer anderen Ebene liegen als das Kapital oder das Material, mit dem es gebaut werden soll. Auch Material- und Baufehler enthält die Idee nicht. Sie erwirbt auch noch keine Schulden. Aber – und das scheint mir das Entscheidende – nicht nur in unseren Produkten, deren Plan uns so leicht einleuchtet, sind die Formursachen von den Materialursachen verschieden, für die Produkte der Natur gilt dasselbe.

Nicht nur unsere Idee von Hunden oder Kakteen ist von allen Hunden und Kakteen verschieden. Auch der morphologische Typus der Caniden und Cactaceen unterscheidet sich von den Einzelheiten ihrer Arten. Im Typus verschwinden alle Bein- und Schnauzenformen, Haarlängen und Zeichnungen, alle Kugel- und Kandelaberformen, Größen und Blütenfarben. Der Typus enthält vielmehr jene Formbedingungen, die unabhängig von jenen des Baumaterials sowie des Milieus eingehalten werden, sonst wäre es weder ein Hund noch ein Kaktus. Der Typus ist (Bild S. 184), wie wir nun wissen, eine Folge unauflösbarer Schaltstrukturen des genetischen Systems; und kein esoterisches Prinzip, wie GOETHE vorsichtig vermutete. Er ist eine Konsequenz der Funktionsbedingungen der Oberschicht in den Strukturen der unteren. Und diese Formbedingungen sind ja in den Diagnosen all der vielen tausend Systemgruppen der Organismenreiche bereits wohl definiert. So bleiben die Hundeartigen unbeirrbar zum Laufen auf der letzten Zehe gezwungen, obwohl ihnen einziehbare Krallen zum Klettern hülfen, so manches Jagdproblem zu lösen. So werden die Säugetiere zur Beibehaltung von Haar und Lunge gezwungen, obwohl den Flugsäugern der Federn, den Wassersäugern der Kiemen erbärmlich mangelt. Und da zu alledem die Formbedingungen in der Hierarchie der Organismengruppen hundertmal so beständig sind wie ihre Individuen, die ihnen sämtlich zu folgen hatten, ist tatsächlich alles Vergängliche ihr Gleichnis. GOETHES Idealismus rechtfertigt die causa formalis der Natur. Eine tiefe Kluft kann sich schließen, wo Denker wie NICOLAI HARTMANN, BERNHARD HASSENSTEIN, KONRAD LORENZ, ja GOETHE selbst im Zweifel waren.

Formgesetze existieren, wie wir nun wissen, überall. Sie

durchdringen nicht nur die ganze Hierarchie des natürlichen Systems und die der Organisation der Organismen, vom Verhalten bis zum Riesenmolekül; sie herrschen nicht minder über allen hierarchischen Schichten unseres Denkens und unserer Kultur, solange diese noch Teil eines übergeordneten Systems sind. Die Formgesetze begründen die Harmonie und die Beschreibbarkeit dieser Welt.

Sogleich aber erkennt man den Idealismus als Beschränkung des Denkens, wenn man die Folgen seiner absolutistischen Ansprüche betrachtet. Auch sie sind so alt wie der Mensch. »Dieser größten aller Entdeckungen«, sagt LORENZ von der Naturgeschichte des Bewußtseins, »folgte der größte und folgenschwerste aller Irrtümer auf dem Fuße: der Zweifel an der Realität der Außenwelt.« Es entstand eine Wissenschaft, die sich ausschließlich mit den Vorgängen im menschlichen Subjekt beschäftigte, mit den Gesetzlichkeiten seines Anschauens, Denkens und Fühlens. Und »das Primat, das man diesen Vorgängen zuerkannte, zu denen ja auch die Funktionen des menschlichen Weltbildapparates gehören, hatte die paradoxe Folge, daß man Bild und Wirklichkeit miteinander verwechselte«[38]. ›Cogito ergo sum.‹ Nun ist wieder einmal die Henne vor dem Ei.

*Idealismus als Beschränkung des Denkens*

Wie tief sogar unsere Sprache von der Vorrangstellung der höheren über den niederen Schichten unterminiert ist, beweist die Tatsache, daß wir für den Vorgang der Genesis selbst heute noch keinen geeigneten Begriff besitzen. Wir sprechen von Schöpfung oder Evolution, Entwicklung oder Entfaltung, als ob das Höhere im Niederen zusammengefaltet sei oder driftend schon vorläge[39]. Was also Wunder, daß die Präformisten bei Entdeckung des Spermium auch sogleich ein winziges Männchen in ihm sitzen sahen[40]. Was Wunder, daß sich LORENZ' Begriff der Fulguration, des zündenden Blitzes, schwer durchsetzen wird. So ist bei SCHELLING das Anorganische erstarrtes Leben und das Leben bewußtloser Geist. »Dieser Gedankenromantik«, sagt NICOLAI HARTMANN, »setzt HEGEL die Krone auf – mit dem Anspruch, von unten auf, Stufe für Stufe, Kategorie für Kategorie, zu zeigen, wie jedesmal das Niedere auf das Höhere ›dialektisch‹ hinausführt, weil es in ihm seine Bestimmung und seine Vollendung (seine ›Wahrheit‹) hat.«[41]

Präformations-Theorie des Spermium

Nun möchten wir wohl jedem seinen Irrweg lassen. Soll er nur mit ›seiner Wahrheit‹ ziehen. Aber aus den Wahrheitsansprüchen folgen ja, wie wir wissen, Rechtsansprüche. Von diesen leben Ideologien, Demagogie und Revolution. Und diese sind wieder die Nahrung des großen garstigen Tieres.

Wenn der Mensch, diese Eintagsfliege, sich einbilden kann, daß der ganze Äonenreigen dieses Kosmos nur auf seine Zwecke hin getanzt worden sei, dann weiß man, was man von ihm zu erwarten hat. Die Kosten, die wir für den Idealismus begleichen, sind also enorm.

*das Natürliche des Materialismus* Was nun das Natürliche des Materialismus betrifft, so ist er zunächst als Empörung gegen die idealistische Utopie verständlich. Manche meinen, daß er im Atomismus der Vorsokratiker wurzelt, in EPIKUR und LUKREZ Ausdruck findet. Ich glaube, daß sich Natur und Geist erst in der Moderne so recht getrennt haben. Wie dem auch sei, die Grund-Erfahrung, die den Materialismus stützt, ist biologisch noch ungleich älter als die des Idealismus. Es ist dies die Erfahrung, daß alle Gesetzlichkeit der tieferen Schichten jeweils in allen darüber liegenden herrscht: die Materiegesetze im Lebendigen, die Materie- und Lebensgesetze im Bewußtsein, und so weiter. Seit DESCARTES ist dazu viel Gescheites, das Gescheiteste von NICOLAI HARTMANN gesagt worden[42], und auch das ganze Werden der Naturwissenschaften, von welchen wir hier ständig ernteten, beweist, wie weit ihre Gebiete bislang die Selektion der Nachprüfung überstanden; kurz, ich darf mich auf des Materialismus Naturgeschichte beschränken.

Die Schichtengesetzlichkeit, die Anerkennung durchlaufender Antriebs- und Materialursachen, der causa efficiens und materialis also, ist schon den Organismen eingebaut. Kein Trieb ist so gebaut, daß der Lebensvorgang den Gesetzen der Chemie oder der Physik widerspräche. Und wenn derlei passiert, wie bei den Wanderungen der Lemminge oder der Heuschrecken, dann sind es, wie beim Menschen, Streß und Panik aus Bevölkerungsexplosion und Gedränge, die, wie wir uns ausdrücken, die reine ›Kopflosigkeit‹ zur Folge haben. Selbst die Flosse ist ja ein Abbild der durch sie durchziehenden niedrigen Gesetze des Wassers. Nicht minder sind, wo immer der Schlaf das Bewußtsein ausschaltet, sorglich Weckanlagen aus den tieferen Schichten der Reizleitung ständig auf der Wacht.

Nur dem Menschen kann es öfters passieren, daß er im vollsten Lebensgefühl nicht mit den Gesetzen des freien Falles rechnet, oder damit, daß schon ein Gläschen Rebensaft den Flug seines Geistes in zunächst völlig unbelehrbarer Weise ins Wanken bringen wird.

*Materialismus als Beschränkung des Denkens* Was jedoch die Funktion des Materialismus als Beschränkung des Denkens betrifft, so wird man den Zusammenhang nicht gleich erkennen. Was wäre auch einzuwenden gegen die Erkenntnis des Durchreichens der tieferen Schichtgesetze. Unsere Einwände müssen aber dort beginnen, wo schon wieder die Alleinherrschaft einer Ursachenseite beansprucht wird. Tatsächlich ist es heute die Majorität der Naturwissenschaftler, die darauf besteht, daß sich die Gesetze von Morphologie und Verhalten rückstandslos auf die der Physiologie, diese auf jene der Molekularbiologie, die molekularbiologischen auf die der Biochemie und so weiter auf die der Chemie, der physikalischen Chemie und der Physik werden zurückführen lassen. Wieder einmal ist das Ei vor der Henne.

Dies ist nun keineswegs, wie JACQUES MONOD vermutet, »ein sehr übler und dummer Streit«[43], weil, soweit ich sehe, gerade die gescheitesten Wissenschaftler, und zwar aller Fächer, in ihn verwickelt sind. Wir sind dieser Kontroverse, quer durch alle Komplexitätsschichten, mit den Lagern der Reduktionisten, dogmatischen Genetiker, Neodarwinisten, Behaviouristen, Sozialdarwinisten und Wirtschaftsbehaviouristen und hier mit dem der Materialisten schon siebenmal begegnet. Zwar ist auf die Gefahr für die Theorie immer wieder, und jüngst immer deutlicher, aufmerksam gemacht worden. PAUL WEISS, ARTHUR KOESTLER, J. R. SMYTHIES haben dem Widerspruch ganze Symposien und Sammelbände gewidmet«[44]. »Der Reduktionist«, so wird der methodische Irrtum klargelegt, »gewinnt immer mehr Information über Fragmente, verliert aber zugleich Information über die größeren Ordnungen, die er hinter sich läßt.« Ja es wird nicht einmal ein harmloser Streit, weil schon wieder aus vermeintlichen Wahrheitsansprüchen zunächst wissenschaftspolitische Rechtsansprüche abgeleitet werden.

Nunmehr können wir die Irrungen nicht ziehen lassen, weil uns das Schicksal von Minoritäten längst vertraut ist. Wenn sich nun die Majorität »den Charakter eines wohlwollenden Absolutismus verleiht und ihm das Monopol für die Erklärung jeglicher Phänomene in lebenden Systemen zuschreibt, wenn man gar den Gebrauch anderer als molekularer Prinzipien bei der Beschreibung biologischer Systeme verbietet«[45], dann steht die Freiheit der Wissenschaft und ihrer Lehre auf dem Spiel. Wenn man sich erinnert, daß sich die Genetik mit Doktrin und Dogma umgibt, wenn man weiß, daß Morphologie und Verhaltensforschung bereits durch Mehrheitsbeschlüsse in Strukturbiologie und Neurophysiologie umbenannt werden, so wird das Ende des Lebensfadens dieses Disputes sichtbar.

Dabei geht es schon wiederum nicht um eine akademische

Frage, sondern um das Lebensganze, hier nun um die Anerkennung der komplexen Schichten des Seins, die allein die Achtung begründen, die wir dem Leben, dem Individuum, der Individualität, letztlich der Freiheit und der Würde des Menschen zu zollen haben. Wiederum wird aus dem Rechtsanspruch Ideologie genährt; nunmehr eine Ideologie des materiellen Fortschrittsglaubens, des ökonomischen Determinismus wie des ›social engineering‹, des Menschen als Maschine. Und nun kann das Genom manipuliert werden; das Gehirn, die Gesellschaft und ihr Lebensraum. Und wieder nährt sich das garstige graue Tier. Noch einmal also, von der Kehrseite: Wenn der Mensch, diese Eintagsfliege, sich einbilden kann, daß er dazu berufen ist, mit den komplexesten Systemen der Evolution nach Gutdünken zu verfahren, dann weiß man auch in diesem Falle, was man von ihm zu erwarten hat. Die Kosten, die wir für den Materialismus begleichen, sind also ebenso enorm.

**Wir treiben zu leichtes Spiel** Wir treiben in zwei Extreme; denn wie wir auch mit der Erklärung dieser Welt verfahren, wir treiben zu leichtes Spiel. NICOLAI HARTMANN hat dies wohl am tiefsten durchschaut[46]. Wir sind auch bereit, die Irrtümer psychologisch zu verstehen. Dort die Suggestion der Bedeutsamkeit, da die Suggestion der einfachsten Erklärung; dort der scheinbare Höhenflug, da die scheinbare Durchschaubarkeit. Wer wollte uns auch rügen, die wir, mitsamt unseren Gesellschaften und Weltbildern, Figuren im Spiel der Selbstschaffung dieser Ordnung sind. Wir anerkennen auch die Naturgeschichte der Irrungen. Man erinnere sich nur, wie beschränkt diese Selektion die Identitäts- und Kausalitätshypothese gemacht hat, die uns aus dem Nicht-Bewußten noch immer regieren. Was also Wunder, daß unsere Emanzipationsversuche kostspielig, ihre Ergebnisse ambivalent sind.

Wie schwierig es ist, in dieser hohen Komplexitätsschicht die Sicht zu verbessern, mag der Leser gefühlt haben. Eingeklemmt zwischen den Vorurteilen von Individuum und Gesellschaft bleiben wohl wieder nur die Erosionsformen beginnender Selektion als Indikatoren. So wird, wie PAUL WEISS sagte, »die Brauchbarkeit des wissenschaftlichen Konzeptes nicht mehr nach dem ›gesunden Menschenverstand‹ zu beurteilen sein, sondern danach, ob es funktioniert«[47]. Dann aber müssen wir beide Ismen verwerfen und nach dem Prinzip sehen.

Könnten wir den Erfahrungen trauen, die wir auf dem Weg durch diese Genesis gemacht haben, dann gingen wir durch eine Welt der Systeme. Wir haben, außer in den Anpassungsmängeln unseres Denkens, keine Ebene gefunden, in der Wirkungen nicht auf ihre Ursachen zurückwirkten. Und wir haben keine Schicht gefunden, die nicht wechselwirkend mit beiden ihrer Nachbarn verflochten wäre. Und was an solchen Wirkungskreisläufen in jeweils einer Ebene als Regel- oder Verstärkerkreis zu verstehen war, das erschien über die Grenze zweier Schichten hinweg, als wäre es zweierlei Ursache.

eine Welt der Systeme

»Der springende Punkt«, ist doch eben der, so resümiert schon NICOLAI HARTMANN[48], »daß auf jeder Seinsstufe in doppelter Richtung Selbständigkeit und Eigengesetzlichkeit besteht; die der Stärke und Indifferenz gegen das höhere Sein und zugleich die des Novums und der Freiheit gegen das niedere«. Anerkennen wir aber einen einseitigen Kausalnexus, »so kann er in dieser einfachen Linearität dem organisch-morphogenetischen Prozeß nicht genügen«. Ein Nexus organicus muß ihn verflechten. »Wie aber dieses Formganze als höhere Determinante, ... wie ein Anlagesystem sich kausal im Werdeprozeß des ganzen auswirkt«, das können wir nun beantworten: Die Formursache wirkt auf die Materialursache zurück. Und mit CARL FRIEDRICH VON WEIZSÄCKER bestätigen wir: »Substanz ist also in unserer Sprechweise nicht Substanz einer Substanz, aber Form kann die Form einer Form sein. Von der antiken Philosophie her ist das nur ganz natürlich. Schrank ist nur Form des Holzes, aber auch Holz ist eine Form.«[49] Wahrscheinlich enthält diese Welt nur eine einzige causa. Aber mit der Komplexität der Dinge erscheint sie uns in verschiedener Weise. Zwar mag die Mauer des Hauses nur eine Wirkung tun; aber in ihrer Wirkrichtung nach der nächsthöheren Schicht erscheint uns diese als Materialursache der gebauten Räume. In ihrer Wirkung nach der nächstniedrigeren erscheint sie uns als die Formursache der selektierten Bausteine. Sie erscheint uns als die causa materialis und formalis ihrer Schicht.

Der philosophische Materialismus scheitert in dem Versuch, alle Ursache nur von den tieferen, den materialen Ursachen, der Idealismus daran, alle Ursachen nur von den höheren, formgebenden Schichten aus zu sehen. Beide sind durch ihr exekutives Kausalitätskonzept behindert. Das Verständnis von Systemen aber schreibt vor, Kreisläufe anzuerkennen, ursächliche Wechselwirkung, die sie erst zu Systemen macht.

Das zweite der Grundprobleme läßt sich also auch aus Systemgesetzen lösen. Das »geist'ge Band«, für dessen Zerreißen uns der Teufel verlachte, läßt sich wieder knüpfen. Aber noch bleibt das dritte der Grundprobleme in der Schwebe: das wichtigste, wollen wir dem Gelächter des Teufels entkommen.

## Die Kosten von Sinn und Freiheit

> Bei wem soll ich mich nun beklagen?
> Wer schafft mir mein erworbnes Recht?
> Du bist getäuscht in deinen alten Tagen,
> Du hast's verdient, es geht dir grimmig schlecht.
> (*Mephistopheles*, Faust II 11830)

Will ich versuchen, das Bild von der Strategie zu runden, so muß noch einmal gefragt werden, was von der Genesis schlechthin zu halten wäre. Es ist das gerade jene Frage, die wir zu allem Anfang stellten. Wir mögen zwar nun auf so manche die Antwort wissen: aber auf eine der wichtigsten steht sie noch aus; auf die dritte unserer letzten Reihe. Zu nahe steht sie unserem eigensten Anliegen: zu wissen, ob die Strategie dieser Genesis, samt der steten Ambivalenz all ihrer Kreation, letztlich uns Hoffnung gibt oder ob sie uns diese doch schließlich nehmen muß. Und noch einmal erscheint vor uns ein antagonistisches System: in der Frage nach der Genesis von Sinn und Freiheit.

Und nun zweifle ich nicht mehr, daß selbst der wohlmeinendste Leser befremdet sein wird ob der Abgebrauchtheit, der Uferlosigkeit des Themas, der Ungewißheit des zu betretenden Grundes. Sind wir damit nicht zurückgekehrt zu der dreifachen Betrüblichkeit der Ausgangsfrage? Weil sie gelöst sein müßte für den Gläubigen, jedoch unlösbar für den Naturwissenschaftler; und weil sie nichts Gutes verspricht, wenn man sie dennoch stellt, was eben noch zu den Geschäften der Philosophen zählen mag? Muß es nicht wieder eine grausige Apokalypse sein, die uns zu zeichnen bevorsteht?

Ich darf versichern, daß es gerade dieser Verlust von Grund und Ufer, dieses Unschlichtbare der Kontroverse und das Schweben der Apokalypse sind, die auch mir die Ruhe nicht ließen; die mir halfen, die Naturgeschichte vom Sinn und von der Freiheit zu sehen. Tatsächlich haben wir die Fakten schon erarbeitet. Wir brauchen nur mehr dieselben Prinzipien, dieselbe Strategie aus Zufall und Notwendigkeit, deren unveränderte Natur wir durch all ihre Schichten verfolgten, in jenen Ausdrücken weiter anzuwenden, die unser subjektives Erleben bezeichnen; die Frage, ob uns diese Evolution wohl mit einem Sinn versehen und dennoch die Freiheit verbürgt oder aber ob sie uns entweder durch den Erhalt eines Sinnes die Freiheit oder für den Erhalt der Freiheit den Sinn genommen hätte. Und wenn wir nun den Bereich der Naturgeschichte nicht verlassen, sondern sie nur übersetzen, dann läßt sich der Grund wieder finden, die Kontroverse schlichten; selbst dem Gelächter mögen wir entkommen, dem Gelächter des Geistes, der stets verneint.

Dabei haben wir noch dreierlei zu erwarten. Die Anwendbarkeit der Prinzipien hat sich zu runden. Die Geschichte des Natürlichen muß ihr vorläufiges Ende finden. Aber in einer sich selbst steuernden Evolution muß auch eine Voraussicht möglich sein. Alle drei betreffen unser Thema; aber gerade die Voraussicht betrifft uns am meisten. Denn wenn es beunruhigte, daß uns GALILEI an den Rand des Kosmos und DARWIN uns ins Tierreich stellte, so war es doch weniger unsere Vergangenheit, sondern die Konsequenz, die dies für unsere Zukunft haben mochte.

Das Thema selbst ist wieder so alt wie unsere Kultur. Seinen statischen Ausdruck bilden Weltanschauungen: Determinismus und Indeterminismus; seinen dynamischen das Wesen von Finalität, Zweck oder Teleonomie und deren Antagonisten.

Das Für und Wider um den Determinismus ist aus verschiedenen Quellen genährt worden, wissenschaftlichen wie metaphysischen; aus der Vorhersehbarkeit der Ereignisse in dieser Welt. Die eine entspringt der mechanistischen Auslegung der wachsend entdeckten Naturgesetze. Wir haben doch selbst festgestellt, daß aus hundert Quanten nur drei zum Aufbau der Materie, aus ihren vielen möglichen Kombinationen kaum hundert an dem der Elemente mitwirkten, daß aus astronomischen Zahlen möglicher Moleküle und Organismen, Denkarten, Sprachen und Ideologien das Repertoire immer wieder auf noch winzigere Ausschnitte selektiert wird. Haben wir nicht selbst gefunden, daß die Gesetze aller tieferen Schichten für alle höheren völlig festgelegt sind? Sollte dann der LAPLACEsche Geist, wenn er Richtung und Beschleunigung aller Teilchen kennt, nicht alle Zukunft vorhersehen können? Können wir selbst nicht sogar des Nachbarn Handlungen vorhersehen? Was sollte es außer Naturgesetzen, denen alles folgt, sonst noch geben?

*für und wider den Determinismus*

Die anderen Quellen entspringen der Metaphysik. Der Glaube fragte nach der Prädestination: Ob, wenn ein Schöpfer diese Welt gewollt und geplant hat, wohl ein Rest bleiben könnte, der ungeplant oder planlos, vielleicht sogar ungewollt entstanden wäre? Wie haben seiner Allmacht die Schlange und Luzifer entgehen können? Der philosophische Idealismus und Vitalismus wiederum, die ihre Gesetze auch aus einer obersten Schicht zu beziehen haben, müssen bei einer prästabilisierten Harmonie enden, und ebenso alles als vorgesehen erachten. Und nicht minder müssen militante Ideologien bei einer fatalen Zwangläufigkeit des Weltgeschehens landen, weil, wie wir gesehen haben, irgendeine höchste Instanz schließlich die ›wirkliche Wahrheit‹ zu dekretieren hat.

Wie aber nun immer diese Welt, sei es mechanistisch von der einen Seite, oder aber durch Prädestination, Prästabilisation oder Dekretierung von der anderen, determiniert sein sollte – wir würden uns zwar voll des vorgegebenen Sinns oder Zweckes, aber gleichzeitig als mechanische Puppen erweisen, deren Aufgabe nur darin bestehen könnte, bis zum vorgesehenen Todestag vorprogrammiert durch das Theater dieser Welt zu tanzen. Selbst die Willensfreiheit und die Verantwortlichkeit des Menschen würden fraglich. Folglich ist die Zahl der lupenreinen Deterministen klein geblieben. Nur die der Quasi-Deterministen ist groß. Und den Preis für den evolutiven Sinn zahlen wir mit der Verunsicherung unserer evolutiven Freiheit, mit Trott und Fatalismen.

*für und wider den Indeterminismus*

Das Für und Wider um den Indeterminismus ist aus ganz ähnlichen Quellen gespeist, wissenschaftlichen wie metaphysischen, nun aber aus den Unvorhersehbarkeiten dieser Welt. Die älteste Quelle ist wohl die Entdeckung des freien Willens. Ja es mag gerade die Unvorhersehbarkeit der Handlung des Nachbarn gewesen sein, aus deren Ungewißheit das Postulat der persönlichen Verantwortlichkeit vor Gott und Gesellschaft die notwendige Folge war. Zeigte sich hier nicht zu deutlich der gesetzlose Zustand, der erst durch das Moralgesetz zu steuern war? Philosophie, Theologie und Gesellschaft sind nicht müde geworden, dies immer wieder neu zu bestimmen.

Die naturwissenschaftliche Quelle des Indeterminismus ist ungleich jünger. Wir verdanken sie der modernen Physik. Die Quantentheorie weist nach, daß die Einzelreaktionen der Elementarteilchen, die Quantensprünge, keine gesetzmäßige Vorherbestimmung zulassen. Dabei ist die Ungewißheit nicht auf menschliches Unwissen, sondern auf die Wahrscheinlichkeitsgesetze der Mikrophysik zurückzuführen. Eine Revolution des physikalischen Weltbildes war die

Folge⁵⁰, deren Konsequenzen bald über allen Naturwissenschaften⁵¹, bis in die Biologie sichtbar wurden⁵². Namentlich die Erkenntnis des mikrophysikalischen Charakters der Mutation durch die molekulare Genetik erlaubte es, mit einer Auslotung nun auch des biologischen Indeterminismus zu beginnen. Und haben wir nicht selbst jede neue Schicht, das Werden aller Gesetze, Denkweisen und Kreationen als im Prinzip unvorhersehbar gefunden? Und gab nicht jegliche neue Schicht immer größere Freiheit?

Wie aber auch immer der Indeterminismus, von der Weite der Willensfreiheit aus gesehen, dem menschlichen Weltgefühl entgegenkommt, von der Naturwissenschaft aus betrachtet, begann auch er es zu unterminieren. Sobald sich nämlich sein Fortwirken in den Bereich der biologischen Evolution als gewiß erwies, konnte allein »der reine Zufall, nichts als der Zufall, die absolute, blinde Freiheit als Grundlage des wunderbaren Gebäudes der Evolution« und als ihre einzig verbleibende Erklärung angesehen werden. Und wenn man »diese Botschaft in ihrer vollen Bedeutung aufnimmt«, so folgert JACQUES MONOD selbst, »dann muß der Mensch endlich aus seinem tausendjährigen Traum erwachen und seine totale Verlassenheit, seine radikale Fremdheit erkennen. Er weiß nun, daß er seinen Platz wie ein Zigeuner am Rande des Universums hat, das für seine Musik taub ist, und gleichgültig gegen seine Hoffnungen, Leiden oder Verbrechen.«⁵³ In einer vom Zufall regierten Welt herrscht also Freiheit, aber ein Sinn könnte in ihr nie entstehen. Nun ist zwar auch die Sekte der lupenreinen Indeterministen klein geblieben; MONOD selbst wägt ja ›Zufall und Notwendigkeit‹. Aber die Zahl der Quasi-Indeterministen ist wieder groß. Der Preis für evolutive Freiheit wird nun bezahlt mit einer Verunsicherung unseres evolutiven Sinns. Hat nämlich schon der Darwinismus manche Ideologie eines Zufallsrechtes des Stärkeren gefördert, so muß eine Menschheit ohne Bestimmung im Existentialismus landen, oder, wird auch der nicht verstanden, wieder in Trott und Nihilismus.

Da sind wir nun zwischen den -Ismen; und es bleibt dem philosophisch ›Unverbogenen‹ zunächst nicht mehr als das Gefühl, daß das alles zusammen nicht stimmen kann. Und wir blieben wieder mit der Unwägbarkeit unserer Ahnungen im Ungewissen, wüßten wir nicht schon, daß all solche Logik längst vom Leben selbst widerlegt ist: durch ein System aus Sinn und Freiheit.

Systeme aus Sinn und Freiheit

Den Nihilismus des Zwecklosen widerlegt das Leben mit

der unaufhaltsamen Entwicklung seiner Zwecke, die von den einfachsten zweckvollen Schaltungen bis zu unseren höchsten ethischen Zielen reichen. Wer kann denn jenes Bewegende übersehen; jene getretene Pflanze, die sich immer wieder aufrichtet, jenes Käfigtier, das ein Leben lang den Ausweg sucht, den Gefangenen, der seine Hoffnung nicht begraben kann. Ihr aller Sinn ist, wenn auch durch den Zufall, festgelegt in der Notwendigkeit, in der Ordnung ihrer lebenserhaltenden Gesetze.

Den Fatalismus der Unfreiheit wiederum widerlegt das Leben mit der unauslöschlichen Erhaltung schöpferischer Freiheit, deren über Versuchen und Irren erzeugte Kreationen wieder von der Erfindung des molekularen Codes über die Erfüllung aller nur erdenklichen Lebensformen, über Bewußtsein und Sprache bis zur Relativitätstheorie reichen. Und kann man hier das Bewegende übersehen, das vom unablässigen Suchen der Mutationen bis zum Suchen nach unserer eigenen Bestimmung reicht? Die Freiheit ist verankert in der notwendigen Erhaltung des Zufalls.

Ein Rückkoppelsystem zweier Antagonisten steuert die Evolution – die zufällige Notwendigkeit und den notwendigen Zufall – zufällig geforderten Sinns und notwendig erhaltener Freiheit. Aber betrachten wir zurückschauend nochmals die Entwicklung: wie der Zufall zur Freiheit und die Notwendigkeit zum Sinn geworden ist.

**Naturgeschichte unserer Freiheit** Die Naturgeschichte unserer Freiheit hängt damit zusammen, daß die Strategie der Genesis dem Lebendigen den mikrophysikalischen Zufall erhält. Dieser gleicht sich zwar bereits in Materiemengen, die uns winzig erscheinen, in einem Maße aus, daß für sie die deterministischen Gesetze der klassischen Physik gelten, im Verhalten der Quanten und Atome bleibt Indetermination aber immer vorhanden.

Der eine Weg, den das Leben gefunden hat, sich die Freiheit des molekularen Zufalls zu erhalten, beruht auf der Codierung der Erb-Information in einem molekularen Faden. Durch ihn wird jene Freiheit der Zufallsänderung konserviert, die wir Mutation nennen; obwohl das Einzelmolekül mit seinem System für so große Materiemengen codiert, nämlich die Phäne eines Organismus, daß diese wieder den Notwendigkeiten der klassischen Naturgesetze folgen. Damit haben Biophysik und Molekulargenetik bewiesen, daß diese Freiheit des Experimentes aller Entwicklung, von den Strukturen bis zu den Schaltungen, erhalten bleibt.

Ein zweiter Weg, wahrscheinlich ein ganzes System von Wegen, erhält den mikrophysikalischen Zufall durch die

Etablierung langer Kausalketten. Dies hat man sich noch zuwenig klargemacht. Ich verdanke die Einsicht in die physikalische Notwendigkeit dieses Zusammenhanges ROMAN SEXL, der den Nachweis führt, daß auf Grund der HEISENBERGschen Unschärferelation auch in einem ideal gedachten Billard, in einer Kette sich stoßender Kugeln die siebente die achte nicht mehr mit Sicherheit treffen kann[54]. Die Unschärfe der Lage der sich stoßenden Oberflächenmoleküle erreicht nach achtfacher Potenzierung die Größe der Billardkugel. Damit enthüllt sich eine ganze Welt evolutiven Zufalls.

Am augenfälligsten sind diese Freiheiten, wenn wir die Länge von Kausalketten, zumeist außerhalb der Organismen, meinen überblicken zu können. Wir haben sie schon seit der kosmischen Evolution in allen Schichten gefunden. War bereits das Auseinanderrasen der Quanten eine Notwendigkeit, so erwies sich ihre Endverteilung, ihre Ballung zu Galaxien schon als zufällig. Nicht minder erweisen sich die Ketten befolgter Notwendigkeiten, die in einer Richtung einen bestimmten Organismus, in einer anderen ein bestimmtes Milieu die deterministisch notwendige Folge sein lassen, als so lang, vielleicht hundertgliedrig, daß über ihre Wiederbegegnung weder uns noch dem LAPLACEschen Geist eine Voraussicht möglich wäre. Also bleibt der Evolution des Lebendigen auch das Experimentierfeld der Außenbedingungen erhalten[55].

In diesem Sinne errechnet sich auch der Zufall aus JACQUES MONODs berühmtem Beispiel, wie es MANFRED EIGEN zitiert: »Ein Arzt wird zu einem neu erkrankten Patienten gerufen (1. Folge). Ein Dachdecker läßt bei der Arbeit seinen Hammer fallen (2. Folge). Der Hammer trifft den Kopf des Arztes (Verknüpfung beider Folgen auf Grund zufälliger Koinzidenz).«[56] Selbst wenn die Generationenketten beider Männer aus durchdeterminierten Puppen bestünden und schon im Mittelalter demselben Ahnen entsprängen, die Kausalketten ihrer Lebensumstände wären zu lang, um ihren Koinzidenzpunkt vorhersehen zu können.

Nicht minder aber muß die Erhaltung des molekularen Zufalls eine Folge der Komplexität sein; denn Komplexität ist ja wieder nur eine Bezeichnung für sehr umfängliche notwendige Zusammenhänge mit der gleichzeitigen Entschuldigung unseres Mangels an detaillierter Kenntnis.

Wenn man sich erinnert, daß unser Gehirn mindestens $10^{12}$, also Billionen Einzelzellen enthält, daß darin schon jede Purkinjesche Zelle von etwa 200 000 Parallelfasern durchwachsen ist und daß bereits beim einfachsten Denkvorgang große Teile des Gehirns in vielen Wellen durchströmt werden[57], wer wollte da noch mit der hundertsten Kugel die hunderterste treffen; wer will voraussehen können, was ihm im nächsten Augenblick alles durch den Kopf gehen wird. Auch in der Komplexität sichert sich die Evolution ihre Freiheit; und sie durchzieht alles Lebendige bis zu unserem Denken und Wollen und damit auch noch alle Bereiche unserer Kultur.

Niemals aber könnte die Freiheit des Zufalls der Notwendigkeit hoher Trefferchance entsprechen, wenn ihr Repertoire nicht mit jeder neuen Freiheit auch in jeweils neuer Weise drastisch verengt würde; wenn nicht jener getreue Antagonist, den wir in den einzelnen Ebenen Molekular-, Struktur- und Schaltordnung, Denk-, Sozial- und Individualgesetze nannten, die Grenzen, in welchen der Zufall suchen darf, mit unumgänglicher Strenge verengte; mit Determinanten, die wir selbst wieder schichtenweise Erhaltungsbedingungen, Selektion, Einsicht und Moral genannt haben. Selbst die höchste Freiheit entfaltet ihre schöpferische Chance nicht im Ausufern von Kopflosigkeit und Anarchie, sondern in den strengsten Eigengesetzen der Persönlichkeit. Zufall ohne Grenze ist Chaos, seine oberste Begrenzung unser höchstes Gut.

### Naturgeschichte unseres Sinns

Was nun zum Schluß die Naturgeschichte unseres Sinns betrifft, so hängt diese mit der Evolution der Systembedingungen zusammen; Sinn in dem Sinne, einen Zweck, ein Ziel zu besitzen, einschließlich der Erwartung, dieses auch erreichen zu können; und das sind im Sinne von Monods Teleonomie »alle Strukturen, alle Leistungen, alle Tätigkeiten, die zum Erfolg des eigentlichen Projektes beitragen«[58]. Es geht also um eine Naturgeschichte der Finalität. Und daß die menschliche Vorstellung vom Sinn naturgeschichtlich so notwendig und so alt wie der Mensch sein muß, das haben wir bereits festgestellt.

In diesem gewiß begründeten Wortsinn finden wir Sinn oder Zweck tatsächlich nur im Naturbereich des Organismischen; dies aber von den höchsten Produkten des Menschen abwärts bis zu den niedersten Strukturen der Urlebewesen. Zu behaupten, daß das Unbelebte einen Sinn hätte, hat so wenig Sinn wie die Behauptung, daß es denken könnte. Das Unbelebte erhält seinen Sinn erst, indem es dem Leben dient. So sind alle Strukturen eines Organismus sinnvoll, hinunter bis zu den Molekülen, ja bis zu jeder Wasserstoffbrücke, sagen wir, des Gen-Originals. Ebenso gewinnen

Wasser, Stein oder Höhle erst mit unserer Absicht Sinn, sie zu verwenden. So zieht Materie durch die Organismen hindurch oder an ihnen vorbei, gewinnt dienend Sinn und – abgeschieden oder verlassen – verliert ihn wieder.

Verfolgt man den Sinn der Zusammenhänge nun aufwärts, so dienen alle Einrichtungen eines Organismus der Erhaltung des Individuums oder, mit anderen Individuen, der Erhaltung einer Art. Noch weiter aufwärts kann eine Art den Zwecken eines übergeordneten Systems dienen, wenn sie in diesem mit anderen zu einer Schicksalsgemeinschaft verflochten ist. Das zeigen die Symbiosen. Alle lebensbezogenen Schicksalsgemeinschaften von Subsystemen, die gemeinsam den Erhaltungs- oder Überlebenschancen ihres Supersystems dienen, verdienen die Bezeichnung des Zweckmäßigen. Schon die Einseitigkeit des Nutzens strapaziert den Begriff. Daß es etwa der Zweck des Hasen wäre, den Fuchs, der Zweck der Vegetation, die Biosphäre zu ernähren, oder unser Lebenszweck, Steuern zu zahlen, das wird man nicht sofort anerkennen; obwohl die Erhaltungschancen des Fuchses, der Biosphäre und des Staates tatsächlich vom Hasen, von der Vegetation und von unseren Steuern abhängen. Wenn wir aber in den Systemen noch einen Schritt aufwärts tun und fragen, worin wohl der Zweck der Biosphäre oder des Lebendigen bestünde, dann finden wir entweder keinen oder treten, in begreiflicher Ratlosigkeit, hinüber in die fiktiven Welten der Metaphysik.

Naturwissenschaftlich finden wir zuoberst nur das Supersystem ›Leben‹ oder ›Biosphäre‹, das eine Anzahl von Formbedingungen setzt, welchen seine Subsysteme zu entsprechen haben, wenn es um ihre gemeinsamen Erhaltungsbedingungen geht. Dies mag zunächst ernüchternd klingen; doch löst es das Paradoxon, daß wir an der Spitze einer gewaltigen hierarchischen Pyramide von Lebenszwecken keinen Zweck mehr fänden; und es zeigt sich, daß es sich um eine völlig lückenlose Hierarchie von Formursachen handelt; von der causa formalis des gesamten Ökosystems bis zu jeder der letzten molekularen Erhaltungsbedingungen des Lebendigen.

Zweck- und Formursache kommen weitgehend zur Deckung. Einmal erweist sich die Zweckursache als eine achtungsvolle Bezeichnung für jene Formursachen, in welchen wir unser eigenes Handeln wiederfinden; eine Verbeugung, die – ähnlich den Begriffen von Harmonie und Schönheit – eine Bewunderung befriedigter Erwartung, letzten Endes eine Bewunderung für uns selbst ausdrückt. Ein andermal ist die Finalursache das Allgemeinere zur Formursache, weil die Formursachen von Schicht zu Schicht andere Gesetzmäßigkeiten formulieren, während die Finalursache als Erhaltungszweck schlechthin stets dieselbe bleibt; ähnlich wie sich die Materialursachen schichtenweise wandeln, während die Antriebsursache durchgehend als Energie beschrieben werden kann.

In dieser Auffassung, daß der Finalnexus in den Kausalnexus als Ganzes aufgehen muß, finde ich Stütze in der evolutionistischen wie der kybernetischen Erkenntnislehre und besonders bei CAMPBELL, LORENZ, OESER, POPPER und ERNST VON WEIZSÄCKER[59]. So wird von der biologischen System- und Regeltheorie erwartet, daß schon die Selektion zum Paradigma einer »universellen und unteleologischen Erklärung teleologischer Errungenschaften endgelenkter Prozesse« werde[60]. »Daß grundsätzlich jede teleologische Erklärung eines Tages auf kausale zurückgeführt werden oder ihrerseits erklärt werden kann.«[61] Und daß die Selektion durch die Formbedingungen des übergeordneten Systems nicht nur in der ersten Evolution der Mutanten wirkt, sondern auch in der zweiten Evolution des Denkens, welche den Vorteil bringt, die Idee stellvertretend für sich selbst sterben lassen zu können, das ist uns ja auch schon bekannt.

Wir müssen aber noch einen Schritt weiter gehen; denn wenn wir es unternehmen, den Sinn allein aus dem Kausalitätsgefüge bis in die Höhe unseres eigenen Gefühls zu verfolgen, so fehlt noch das Zukunfts- oder Richtungweisende, das er hier einschließt. Zwar enthält, um bei CARL FRIEDRICH VON WEIZSÄCKERS Beispiel zu bleiben, die Formbedingung, die der Form des Holzes überlagert wird, bereits den Sinn des Tisches. Aber die richtungslose Wandelbarkeit dieser Formursache, die ihn zur Tafel wie auch zur Werkbank, zum Hackstock, ja zu Brennholz machen kann, unterscheidet sie noch sehr von dem Sinn, den wir etwa in uns selber zu finden meinen; so wie das kopflose Rennen des Huhns, der unvorhersehbare Wechsel unserer Meinungen und Moden wohl seinen Zweck, aber noch nicht die Würde eines Sinns haben mögen.

Hier nun greift die Systemwirkung tief in das Geschehen. Dieses Richtungshafte und Zielbildende, das, was die Selbstbestimmung unseres Sinn-Erlebnisses ausmacht, erweist sich nun wiederum als die ausschließliche Konsequenz der Evolution der Systembedingungen. Wir haben die Entwicklung dieser Rückwirkung von der Form- auf die Materialursache bereits von der Komplexitätsebene selbstreproduzierender Biomoleküle an verfolgt und festgestellt, daß mit der wachsenden Organisation immer neue Formbedingungen die neuen Freiheiten in Schranken halten. Die Formgesetze von Organismus, Tier, Vielzeller, Wirbeltier, Säuger, Primat legten sich übereinander und führten zur Kanalisation des akzeptierbaren Zufalls, zu den Bahnen der Evolution. Mit diesen Bahnen wird der Richtungssinn des Möglichen, das Zielfeld des Erreichbaren immer deutlicher, und mit ihnen evolviert das Teleonomische, der Sinn, in einer sich selbst vertiefenden Weise. Aber auch hier steht mein Systemmodell kausaler Finalität nicht mehr allein. ERNST VON WEIZSÄCKER hat jüngst ein kybernetisches entwickelt, das denselben Mechanismus vorsieht wie mein naturhistorisches. Die Epizyklen, mit welchen EIGEN und RECHENBERG die Selbstorganisation des Lebendigen beschreiben[62], reichen nach ERNST VON WEIZSÄCKER noch nicht aus, »um die Evolution zu garantieren. Es stimmt, daß damit das Rätsel der Entstehung von komplexen Molekülen aus einfachen Bestandteilen gelöst ist. Was ist aber das Ende, bzw. das Entwicklungsziel einer Evolution gemäß dieser Theorie?« Das Werden eines Zieles findet auch ERNST VON WEIZSÄCKER im Mechanismus »einer positiv-rückgekoppelten biologischen Evolution«, den er als Ultrazyklus beschreibt. Und erst »der Ultrazyklus ist somit für die Entwicklung von Finalität, von Zwecken ›in unserem Sinne‹ verantwortlich.«[63]

Im Menschen haben sich über jenen, bis zum Primaten erworbenen Richtungssinn noch die Richtungskomponenten des Homo, des Homo sapiens, der Sozialstrukturen und ihrer Kulturen gelegt. Und es ist schon nach diesen Formgesetzen objektiv vorauszusehen, daß die Evolution auch unseren Zukunftschancen davon keine Abweichung gestatten wird. An dem Punkt kann man erkennen, daß eben diese vier objektiven Komponenten des Richtungssinns völlig jenen entsprechen, die uns subjektiv längst als das Ziel unserer Entwicklung als Menschheit, Vernunft, Humanität und als die Aufgaben der Kultur vorschweben.

Derselbe Systemcharakter und sein Werden sind es ja auch, die nicht nur den Menschen, sondern aller belebter Natur den Charakter der Selbstbestimmung, einer vernetzten Sinngebung verleihen, der zu jener poststabilisierten Harmonie führt, von deren übergeordnetem ›Sinn‹ wir Menschen wieder nur einer sind. Denn kein letzter Sinn erscheint vorgesehen. Sinn entsteht nur mit seinen Systemen.

Aber selbst im neu geschaffenen Sinn ist die Wechselwirkung mit seinem Antagonisten, der Freiheit, unerläßlich. Denn ein dekretierter Sinn, sei er auch in Prästabilisation, Prädestination oder Ideologie verpackt, ist noch nicht Sinn in unserem Sinne. Es wären nicht unsere eigenen Zwecke, die wir verfolgten, es wären die Zwecke dessen, der sie verfügte. Dem trägt auch die Theologie Rechnung. Dies umschifft auch der philosophische Idealismus; und die militante Ideologie versucht, die Sache zu verbergen. Sinn hat ohne Freiheit keinen Sinn; so wie Freiheit ohne Sinn keine Freiheit ist. Die Konsequenzen der Strategie der Genesis haben ihren Kreis geschlossen.

So können wir nun auch die Frage, was denn von dieser Genesis schlechthin zu halten wäre, beantworten.

Die Genesis der Systeme schafft uns alles, sogar das Höchste, das wir selbst zu besitzen meinen: sie schuf unseren Sinn, und sie erhielt unsere Freiheit. Da sie aber alle ihre Schöpfungen aus deren eigenen Antagonismen entstehen läßt, können auch wir Menschen unseren Sinn und unsere Freiheit nur aus unseren eigenen Systemen entwickeln. Wir gaben sie uns, und wir müssen sie uns auch in aller Zukunft selber geben. Aussicht auf Erfolg wird aber unsere Fortbildung nurmehr innerhalb der festgelegten Determinanten des reinen Menschentums haben: in den schöpferischen Freiheiten der gezielten Fortbildung eines Milieus, eines Geistes, einer Gesellschaft und einer Kultur des Humanen.

Während die wirren, dunklen Ahnungen einander noch immer bekriegen, lehrt die Tiefe unserer Geschichte den uns gangbaren Weg durch diese Natur. Es muß es uns wert sein, sie noch tiefer zu erkennen.

»Denn dafür«, schließt NICOLAI HARTMANN, »daß die Welt, wie sie ist, Einheits- und Systemcharakter hat, fehlt es im Erkennbaren an Hinweisen nicht. Man darf nur nicht erwarten, daß schon die ersten Schritte beginnenden Eindringens das Geheimnis offenbaren müßten.«[64] Vertrauen wir darauf, daß einmal wird gesagt werden können: »Siehe, der Mensch ist geworden wie einer von uns.«[65] Die Chance dazu ist uns erhalten: durch die Strategie der Genesis.

> Ich habe schimpflich mißgehandelt,
> Ein großer Aufwand schmählich! ist vertan.
> (*Mephistopheles*, Faust II 11836)

# Anmerkungen

*Beim Nachschlagen der Anmerkungen möge der Leser die Zugehörigkeit zu den einzelnen Kapiteln 1 bis 10 beachten.*

*1: In des Teufels Küche*

1. 1. Buch Moses, 1 (3).
2. G. v. LEIBNIZ 1879.
3. Vergleiche als Entgegnung zu LEIBNIZ: J. VOLTAIRE 1759.
4. Dieser Gedanke zieht durch GOETHES ganzes Werk. Er ist besonders im ›Faust‹ deutlich, und hier wieder im ›Prolog im Himmel‹.
5. Als zweite Evolution werden wir jene des Menschen verstehen, deren Informationsgewinn sich durch Sprache und Schrift von der Langsamkeit genetischer Änderung befreit hat.
6. Populäre Übersicht in G. CONSTABLE 1973.
7. 1. Buch Moses, 1 (28).
8. In A. WEISMANN 1902; Anmerkungen zum Dogma z. B. in B. COMMONER 1970, S. 47.
9. L. v. BERTALANFFY: Vorlesungen, Wien 1946, 1947.
10. 1. Buch MOSES, 1 (2).
11. Übersicht in E. SCHATZMANN 1972, kurz gefaßt in R. und H. SEXL, 1975, populär in H. STÖRIG 1972.
12. Der Begriff geht auf CLAUSIUS (1850) und BOLTZMANN (1866) zurück. Vergleiche L. BOLTZMANN 1896–98.
13. Wichtige Werke zu diesem Thema: I. PRIGOGINE 1955, S. DE GROOT und P. MAZUR 1962, A. KATCHALSKY und P. CURRAN 1965, H. MOROWITZ 1970 und P. GLANSDORFF und I. PRIGOGINE 1971.
14. 1. Buch MOSES, 3 (19).
15. Übersicht in W. COLEMANN 1964.
16. Die ›Rekonstruktion‹ des Einhorns von O. v. GUERICKE aus dem 17. Jahrhundert hat noch LEIBNIZ in seiner ›Protogaea‹ veröffentlicht. Für das ›Beingerüst eines in der Sintflut ertrunkenen Menschen‹ ist 1726 J. SCHEUCHZER eingetreten. Vergleiche H. WENDT 1953, auch für das Verhältnis LAMARCK-CUVIER.
17. Vergleiche E. OESER; in E. OESER und R. SCHUBERT-SOLDERN 1974.
18. DARWINS ›Pangenesis-Theorie‹ wird in der Literatur der Darwinisten gerne verschwiegen, als müßte man sich dieses Produktes des großen Mannes schämen. Man vergleiche CH. DARWIN 1878, Bd. 4, S. 384.

19 Diese Geschichte und ihre wissenschaftlichen und politischen Hintergründe schildert A. Koestler 1972.
20 Schlüsselwerke stammen von D. Dobzhansky 1951, J. Huxley 1942, E. Mayr 1967, B. Rensch 1954 und G. Simpson 1955.
21 E. Schrödinger 1951.
22 Vergleiche J. Monod 1971.
23 A. Weismann 1902.
24 Hinweise und Kritik in B. Commoner 1970.
25 Kritik in A. Koestler und J. Smythies 1970, P. Weiss 1970 und 1971.
26 B. Skinner 1973, H. Muller und J. Lederberg 1963 (siehe: CIBA Foundation Symposia).
27 Eingehend bei J. Galbraith 1968 und B. Jouvenel 1970.
28 Vergleiche z. B. H. Driesch 1909.
29 E. Schrödinger 1951, L. Brillouin 1956. Die Diskussion findet man in den Jahrgängen 1967 und 1968 der Zeitschrift ›Nature‹, zuletzt mit den Autoren B. Campbell, K. Popper, J. Wilson und H. Woolhouse.
30 Vergleiche H. Hass 1970 und H. Odum 1971.
31 Sehr überzeugend bei W. Durant 1953 und (bereits im ersten Band der Reihe) 1960. Umfänglicher bei O. Spengler 1973.
32 1. Buch Moses 1 (26).
33 Zu diesem Thema A. Huxley 1973 und 1966, K. Lorenz 1974.
34 Dazu zwei Skizzen in: R. Riedl 1973.

## 2: Hoffnung in den Widersprüchen

1 Zitiert nach A. Koestler 1967, S. 10–11.
2 Man vergleiche die Darstellung von P. Weiss 1970, ab S. 20.
3 E. Schrödinger 1951.
4 Zitat aus J. Monod 1971, S. 141.
5 Vergleiche C. Waddington 1957 (die allgemeinen Aspekte in 1954 und 1964).
6 Übersicht des Problems in gemeinverständlicher Form in A. Koestler 1967.
7 Man findet diesen Gedanken in Goethes morphologischen Studien von 1790 und 1795.
8 B. Hassensteins Studien zur frühen Morphologie 1951 und 1958.
9 Der zoologische Praktiker wird nicht sogleich anerkennen, daß dem Haeckelschen Gesetz noch immer die kausale Erklärung mangelt, hat es sich doch schon fast ein Jahrhundert bewährt. Tatsächlich ist aber die Ursache ontogenetischer Rekapitulation mit den phylogenetischen Vorstadien noch nicht begründet. Es fragt sich ja, warum sie wiederholt werden müssen. Die Begründung einer Theorie findet sich stets in der nächst übergeordneten.
10 Nach den Aufzeichnungen der Prosekturen dürften etwa 10 % der Bevölkerung (beispielsweise Wiens) im Laufe ihres Lebens den Wurmfortsatz aufgrund ›akuten Appendix‹ entfernt haben.
11 Als Lorenz-Kritik verwendet man z. B. E. Fromm 1974.
12 Gesamtdarstellung in K. Lorenz 1963.
13 Man vergleiche A. Huxley 1973 mit 1966.

14 Darstellung des Problems in A. REMANE 1971, sowie in G. OSCHE 1966 und 1972.
15 Ausführlich in R. RIEDL 1975.
16 Materialien besonders in E. KORSCHELT 1927, A. KÜHN 1955 und C. WADDINGTON 1957; jüngste Übersicht in R. RIEDL 1975.
17 Beispielsweise in O. SCHINDEWOLF 1950 und jüngst in E. WIESNER und S. WILLER 1974.
18 Man vergleiche R. WIEDERSHEIM 1893 und H. CORNING 1925.
19 Dies ist besonders eindrucksvoll bei A. KÜHN 1955 ausgedrückt, der wohl eindeutig auf dem Standpunkt des Neodarwinismus verharrte.
20 Der Begriff wurde besonders von N. HARTMANN 1964 entwickelt, und bedeutende Biologen wie M. HARTMANN 1953 und F. BALTZER (z. B. 1955 und 1957) sind wiederholt auf diesen zurückgekommen.
21 Vitalismus-Literatur: von H. DRIESCH 1909, bis z. B. R. SCHUBERT-SOLDERN 1962.
22 Beispielsweise in H. MOROWITZ 1970, S. 168.
23 Die Nichtumkehrbarkeit in der Evolution ist als das DOLLOSCHE Gesetz bekannt. Es gilt heute mit den von A. REMANE (1971, S. 259–274) gemachten Einschränkungen.
24 Literatur über R. SCHUBERT-SOLDERN 1962.
25 A. GEHLEN 1940.
26 Das Beispiel stammt von K. POPPER 1973.
27 I. KANT, Bd. III der Neuausgabe von 1968.
28 Dieses bekannte Zitat GOETHES stammt aus den ›Zahmen Xenien‹.
29 Zitiert aus C. v. WEIZSÄCKER 1971, S. 365.
30 J. MONOD 1971.
31 Übersicht zu HEGEL z. B. von H. GLOCKNER 1940. Ich beziehe mich vor allem auf den metaphysischen Idealismus, der mit FICHTE, HEGEL und SCHELLING dem Pantheismus und damit dem Determinismus sehr nahe kommt. Man vergleiche N. HARTMANN 1960.


## 3: Vom Nichts zum Erkennen

1 1. Buch MOSES, 1 (2).
2 Das klassische ›cogito ergo sum‹ von DESCARTES.
3 Zitat aus C. v. WEIZSÄCKER 1971, S. 365.
4 Vergleiche z. B. K. POPPER 1973.
5 M. STIRNER 1886.
6 Diese Formulierung von K. LORENZ (1973) werden wir noch ausführlich begründen.
7 Beispielsweise in D. CAMPBELL 1974.
8 I. KANT, namentlich in der ›Kritik der reinen Vernunft‹, 1787 (siehe 1968).
9 E. BRUNSWIK 1934 und 1957, K. POPPER 1963 und 1973, D. CAMPBELL 1966 und 1974, K. LORENZ 1941 und 1973.
10 Die bekannte Unschärferelation von W. HEISENBERG.
11 Aus einem Brief von A. EINSTEIN an M. BORN (in: A. EINSTEIN, H. und M. BORN, Briefwechsel, 1969).
12 Verglichen mit einer Zahl von $10^{300}$, existiert dieser Kosmos erst $10^{18}$ Sekunden und enthält nur $10^{80}$ Atome.

13 Eine populäre Darstellung des Vorgangs in E. DOBLHOFER 1957.
14 Übersichten bei W. LEY 1966 und E. OESER 1971.
15 Zitat aus K. LORENZ 1973, S. 162.
16 Literatur seit CH. V. EHRENFELS 1890 und M. WERTHEIMER 1912; jüngere Übersichten z. B. in D. KATZ 1948 und W. METZGER 1963.
17 Der Fachmann wird bemerken, daß hier die Hauptkriterien der Homologie, nach A. REMANE 1971, die ich (R. RIEDL 1975) zu einem Wahrscheinlichkeitstheorem der Homologie zusammenzog, nun in die weitere Synthese eines Wahrscheinlichkeitstheorems des Vergleichs überhaupt eingehen.
18 Übersicht zur Literatur und Methode zuletzt in H. QUASTLER 1964.
19 Vergleiche K. LORENZ 1959.
20 Der Begriff geht, wie schon bemerkt, auf E. BRUNSWIK 1934 und 1957 zurück, der den rationalen Leistungen die ratiomorphen, der Vernunft ähnlichen, aber mit ihr nicht zu verwechselnden, gegenüberstellt. Denselben Mechanismus nennen K. LORENZ, D. CAMPBELL und ich Erkenntnis-, Weltbild- oder nichtbewußten Verrechnungsapparat.
21 Übersicht in K. LORENZ 1973.
22 Dies gilt für Säugetiere, Vögel und den Menschen, wie wir sehen werden, in gleicher Weise.
23 Zitat aus K. POPPER 1973, S. 3.
24 Gute Übersicht der Formen und Verwandtschaft in B. GRZIMEK 1968, Bd. VII, ab S. 246.
25 Zusammenfassend in K. POPPER 1973.
26 Diese Auseinandersetzung um dieses Wägeproblem hat beispielsweise bereits die Systematiker unter den Biologen in zwei Lager gespalten. Literatur und Diskussion in P. SNEATH und R. SOKAL 1973 versus R. RIEDL 1975.
27 Nur für starre, geometrische Figuren sind Computer-Programme möglich, die dem Rechner das Erkennen einer ihm noch nicht bekannten, aber doch im Prinzip des Programms enthaltenen Perspektive erlauben.
28 Übersicht dieser drei Erlebnisse in A. KOESTLER 1967 und 1968.
29 Den Zusammenhang zwischen Induktion und Wahrscheinlichkeit findet man ausführlich bei F. V. KUTSCHERA 1972.
30 In der vergleichenden Anatomie bekannt als REICHERTsche Theorie; aber anerkannt als Schulbeispiel großer Abwandlung von Struktur und Funktion bei identischen Bauteilen.
31 K. LORENZ 1974.
32 Man vergleiche W. WICKLER 1968, S. 20.
33 Beispiele aus K. LORENZ 1974.
34 Hier im allgemeinen Sinn stets zweiästiger Gabelungen (der Pflanzenanatom verwendet den Begriff in einem strengeren Sinn).
35 Ausführlich dargelegt in R. RIEDL 1975.
36 I. KANT ›Kritik der reinen Vernunft‹, 1787 (siehe 1968).
37 Hier handelt es sich um das Entropiegesetz von CLAUSIUS und seine metrische Fassung durch L. BOLTZMANN und M. PLANCK sowie um das Informationsprinzip von C. SHANNON und W. WEAVER 1949, deren Übereinstimmung von L. SZILARD 1929 vorausgesehen wurde.
38 Das übliche Roulette unterscheidet 37 Grundpositionen. Ich

habe zur Vereinfachung des Beispiels ein Kinder-Roulette mit 32 angenommen.
39 E. SCHRÖDINGER 1944, L. BRILLOUIN 1956.
40 Die Kontroverse ist in den Jahrgängen 1967 und 1968 der Zeitschrift ›Nature‹ abgedruckt.
41 Zitat aus C. v. WEIZSÄCKER 1971, S. 362; zur Zählbarkeit der Alternativen S. 347.
42 Vergleiche H. QUASTLER 1964 und L. BRILLOUIN 1956.
43 Eine jüngere Darstellung zu dieser Version der Wahrscheinlichkeit z. B. in L. SAVAGE 1954.
44 Vergleiche R. CARNAP, besonders 1945 und 1952, sowie H. JEFFREYS 1938 und J. KEYNES 1921 als seine bedeutendsten Vorläufer.
45 Zur Übersicht F. v. KUTSCHERA 1972.
46 Dazu vor allem H. RICHTER 1966.
47 Vergleiche hierzu K. POPPER 1957 und I. HACKING 1965.
48 Übersichtlich dargelegt in G. EDER 1963.
49 Dies geht bei D. HUME auf das Jahr 1748 zurück. Weitere Literatur und Diskussion z. B. in F. v. KUTSCHERA 1972.
50 Vergleiche I. KANT, ›Kritik der reinen Vernunft‹, 1787 (letzte Ausgabe 1968).
51 A. SCHOPENHAUERS Dissertation von 1813.
52 Zitat aus N. HARTMANN 1964, S. 486.
53 Vergleiche H. SCHWABL 1958.
54 Man vergleiche K. POPPER 1973, S. 7.
55 Über diesen intuitiven Charakter hat schon von A. EINSTEIN (1934, z. B. S. 168) bis H. BERGSON (1969) Einigkeit geherrscht.
56 Diese Geschichte ist ebenso amüsant wie lehrreich und vorzüglich bei H. WENDT 1953 nachzuschlagen.
57 Zitiert aus einem Brief von T. HUXLEY an E. HAECKEL; Quellen in J. HELMLEBEN 1964, S. 84.
58 Zitat aus C. v. WEIZSÄCKER, 1971, S. 365.
59 1. Buch MOSES, 1 (4/5).

## 4: Vom Urknall zum Kosmos

1 1. Buch MOSES, 1 (6).
2 Der Nicht-Physiker orientiert sich gut in W. GERLACH 1973.
3 C. SHANNON und W. WEAVER 1949.
4 ›Schichten-Determinismus‹ hat das schon P. WEISS (1970a) genannt.
5 Der Laie wird gut orientiert bei G. KUIPER 1953 und H. STÖRIG 1972; wer tiefer eindringen möchte, verwende z. B. H. BONDI 1961, H. BERLAGE 1968, F. WHIPPLE 1968 sowie R. und H. SEXL 1975 und R. SEXL und H. URBANTKE 1974.
6 Die Grundlage ist der Hubble-Effekt. Die möglichen Zahlen liegen zwischen 7,5 und 25 Jahrmilliarden.
7 Hadronen sind die schweren Elementarteilchen.
8 Vergleiche wieder H. STÖRIG 1972, ferner O. HECKMANN 1942 und eventuell S. WEINBERG 1972.
9 Übersicht bereits 1931 bei H. v. KLÜBER.
10 Zusammenfassende Darstellung von H. UREY 1952.
11 H. UREY 1952, M. CALVIN 1969 und C. PONNAPERUMA 1972 enthalten diese Entwicklung.

12 Bekanntlich glaubte schon KEPLER an eine nicht zufällige Lage der Planeten. Sie hat sich nicht bestätigt. Nur die Abstände scheinen einer TITIUS-BODEschen Regel zu folgen. Aber selbst dieser folgen die Planten Neptun und Pluto nicht ganz, sie betrifft nur die Sonnen-Entfernungen, und in der dritten Position findet sich ein Planetoidengürtel anstelle eines Planeten.

13 Dies ist eine Anspielung auf einen Brief A. EINSTEINS an M. BORN (A. EINSTEIN, H. BORN und M. BORN 1969) und auf eine Bemerkung von M. EIGEN und R. WINKLER (1973–74).

14 Der Nicht-Physiker orientiert sich auch darin in W. GERLACH 1973.

15 E. SCHRÖDINGER formuliert dies 1944, letzte Auflage 1951.

16 Neunzig Größenordnungen an Anwendung eines niederen Gesetzesgehaltes von ein oder zwei Größenordnungen je Quant scheint dieser Kosmos an Ordnung zu enthalten.

17 Aufschlußreich ist SCHRÖDINGERS Antwort, die er in den späteren Auflagen von ›Was ist Leben‹ (z. B. 1951, ab S. 101) in einer langen Anmerkung beigefügt hat.

18 Die energetische Parallele dazu ist bereits gut verstanden und (z. B. von H. MOROWITZ 1970) zusammenfassend dargestellt.

19 Dies kommt durch die verkehrt proportionale Beziehung von Wellenlänge und Frequenz zum Ausdruck. Die die Erde erreichenden elektromagnetischen Wellen haben von der γ-Strahlung bis zum Licht eine Wellenlänge von $3 \cdot 10^{-13}$ bis $3 \cdot 10^{-7}$ Meter, die sie als Infrarot verlassenden $3 \cdot 10^{-5}$ Meter.

20 Entdeckt von A. PENZIAS und R. WILSON, entspricht sie der Strahlung eines schwarzen Körpers bei der sehr niederen Temperatur von 2,7° Kelvin; sie hat ihr Intensitätsmaximum im mm-cm-Band und reicht bis Meter-Wellenlängen.

21 Die Wellenlänge der kosmischen Hintergrundstrahlung reicht insgesamt $3 \cdot 10^{-3}$ bis 30 Meter.

22 Diesen illustrativen Hinweis, den ich ansonsten aus der Literatur nicht kenne, verdanke ich, wie manche andere, dem Wiener Physiker R. SEXL.

23 Sie wurde bekanntlich von W. HEISENBERG formuliert und ist heute im Fundament der modernen Physik fest verankert.

24 Zitiert aus C. v. WEIZSÄCKER 1971, S. 362.

25 Zitiert aus M. EIGEN und R. WINKLER 1974, S. 113. (Man erinnere sich des Briefes EINSTEINS an M. BORN; siehe Fußnote 13.)

26 1. Buch MOSES, 1 (8).

## 5: Vom Molekül zum Keim

1 1. Buch MOSES, 1 (9/10).

2 Stochastik ist das Gebiet der erklärenden Wahrscheinlichkeitslehre. Alle Vorgänge, die Zufallskomponenten enthalten, lassen sich stochastisch interpretieren.

3 Ein Gebiet der Chemie, welches sich mit den molekularen Vorstufen des Lebens befaßt.

4 Übersichtliche Darstellungen der Planeten-Entwicklung liegen uns besonders von H. UREY 1952, der chemischen Evolution von M. CALVIN 1969 vor. Diesen besonders anerkannten Darstellungen werde auch ich hier folgen. Man vergleiche auch C. PONNAMPERUMA 1972.

5 Ch. Darwin in einem Brief an Hooker vom 1. Februar 1871 (Faksimile in M. Calvin 1969, S. 5).
6 Der Russe A. Oparin 1924, 1936 (siehe die englische Ausgabe 1938) und der Engländer J. Haldane 1929.
7 Vorzügliche Übersicht in M. Calvin 1969.
8 Auch Bombardieren mit harter Strahlung sowie mit Photonen oder Hitze führt zu vergleichbaren Ergebnissen.
9 Formalin und Essigsäure gehören zu den raschest abtötenden Fixierungsmitteln. Viel verwendet in der Zellen- und Gewebslehre.
10 Wir zitierten schon früher C. v. Weizsäcker mit der Bemerkung, daß die Feststellung, Materie denke, für das mechanische Weltbild keinen Sinn hat.
11 Errechnet als Kombination mit Wiederholung: 100 Elemente potenziert mit fünf Atomen und multipliziert mit 20 orthogonal verschiedenen Raumfiguren (was noch immer nieder gegriffen ist): $100^5 \cdot 20 = 2 \cdot 10^{11}$.
12 Fünf Elemente, potenziert mit 12 Atomen, multipliziert mit (einem angenommenen Minimum von) 100 sterischen Kombinationen: $5^{12} \cdot 10^2 = 2,44 \cdot 10^{10}$.
13 Nach der Struktur unserer Zivilisation gewinnt am verläßlichsten der Staat: meist 20 % des Umsatzes. Dies entspricht allein in Westdeutschland einer Milliarde DM jährlich.
14 M. Eigen ist es, der für die molekularen Spielregeln der chemischen Evolution den Begriff der »Wert-Funktion« eingeführt hat.
15 M. Eigen 1971, P. Schuster 1972, M. Eigen und R. Winkler 1973/74, M. Eigen und R. Winkler 1975; in diesen findet man auch weitere Literatur.
16 Man erinnere sich, daß hier Wahrscheinlichkeitstheorie, Stochastik und Spieltheorie zusammentreten.
17 Die beiden Zitate aus M. Eigen und R. Winkler 1973/74, S. 134 und 112.
18 Man bedenke, daß ein System mit nur 10 Alternativen und 100 Gliedern $10^{100}$ verschiedene Kombinationen zuließe. Das ist eine Zahl, die die der Quanten unseres Kosmos übertrifft.
19 Aus fünf Möglichkeiten kann man mit dem Würfel wählen, indem man beim Fallen der Sechs den Wurf als ungültig wiederholt.
20 Für ⅓ Wahrscheinlichkeit lasse man die Würfelpositionen 1 und 2 als positiv, die übrigen als negativ gelten. Und zur Wahl von 3 Alternativen gelte 1 und 2 für 1, 3 und 4 für 2 und 5, und 6 für 3.
21 Von diesen 57 möglichen Rassen gehören ($3^3 =$) 27 zur ungekoppelten, je 9 zu den 3 zweifach gekoppelten und 3 zu der dreifach gekoppelten Rassengruppe.
22 Unter diesen Bedingungen sind, wie man sich leicht überzeugen kann, nur mehr 15 der 57 möglichen Rassen zulässig.
23 Dies entspricht recht gut den in der Natur zu erwartenden Bedingungen, zum Beispiel gleichbleibenden Nahrungsangebotes in einem Lebensraum, unveränderten Stellenplans einer Organisation und der ›constant overall organization‹ in der Physik.
24 Laufende Forschungsarbeit P. Schuster, R. Riedl, R. Wolf und G. Wagner.
25 1. Buch Moses, 1 (12/13).

1    1. Buch MOSES, 1 (14).
2    Die Schmerzgrenze liegt bei den meisten Menschen bei 60° oder wenig darüber. Diese Temperatur mag damals geherrscht haben.
3    Diese Werte sind besonders von H. UREY 1952, K. STUMPFF 1955 und G. KUIPER 1954 sehr übersichtlich zusammengestellt worden.
4    Ausführliche Darstellung der Funde und Formen in M. CALVIN 1969.
5    Im Sitzungsprotokoll liest man: »Fragen wurden nicht gestellt, eine Diskussion fand nicht statt.« Man konsultiere die Biographie von I. KRUMBIEGEL 1967.
6    In M. EIGEN und R. WINKLER 1973–74, S. 80.
7    Dies ist besonders temperamentvoll von A. KOESTLER 1967 gesagt worden.
8    Für ausführliche Information empfehle ich unter den vielen guten Darstellungen klassischer und molekularer Genetik C. BRESCH und R. HAUSMANN 1972, welchen ich auch im weiteren folge. ATP (Adenosintriphosphat), DNS (Desoxyribonucleinsäure).
9    Jüngst zusammengestellt von R. BRITTEN und E. DAVIDSON 1969.
10   Zu den wenigen Ausnahmen gehören die zellkernlosen roten Blutkörperchen.
11   Dies ist bezogen auf eine mittlere Folge von Generationen und eine minimale Lebensspanne einer Art von einer Million Jahren.
12   Errechnet aus $10^9$ Individuen mal $10^{14}$ Zellen mal $10^5$ Generationen, mal $10^2$ Abschriften, mal $10^2$ Übersetzungen.
13   Meist wird überhaupt nur eine einzige Wurzel angenommen, so einheitlich ist die Semantik und Syntax der genetischen Sprache. Vielleicht aber haben die Mitochondrien und Chloroplasten, sollten es Symbionten sein, doch einen eigenen, wenn auch verwandten Ursprung.
14   So werden die von der Rückensaite, der Chorda dorsalis der Fisch- und Vogelembryonen ausgehenden Organisationsbefehle zur Gliederung der sogenannten Mesodermsomiten noch von den Embryonen der Amphibien richtig befolgt (Literatur in R. RIEDL 1975).
15   Übersicht über die Wandlung des Cytochroms-c bei M. FLORKIN 1966.
16   Man vergleiche A. KOESTLER 1967, D. WADDINGTON 1957 sowie L. WHYTE 1965 und A. LWOFF 1968.
17   Das Phänomen ist als Polygenie gut bekannt. So sind allein an der Bildung des Auges der Obstfliege mehr als 40 Gene (Gruppen von Entscheidungen) beteiligt. Man findet dieses in A. KÜHN 1965.
18   Die klassische Berechnung dieser Sachlage wurde schon 1955 von G. SIMPSON dargelegt.
19   Dieses Phänomen ist als Pleiotropie in der Genetik allgemein bekannt (vergleiche A. KÜHN 1965 und E. HADORN 1955).
20   Eine solche Position funktionaler Kausalität ist gut in G. EDER 1963 erklärt.

21 Besonders deutlich in den Arbeiten von L. v. BERTALANFFY 1968 und P. WEISS 1969, 1970 und 1970a.
22 Die wesentlichen Arbeiten findet man in C. BRESCH und R. HAUSMANN 1972. Übersicht des speziellen Themas in J. MONOD 1959. Originalarbeit: A. PARDEE, F. JACOB und J. MONOD 1959.
23 Man unterscheidet entsprechend negative und positive Kontrolle und weiter katabolische von anabolischer Induktion, je nachdem, ob die Schlüssel noch auf ihrem Weg von Effektormolekülen inaktiviert oder aber erst aktiviert werden.
24 Solche Treffer sind als ›konstitutive Mutanten‹ bekannt.
25 Man vergleiche das Konzept des Gruppenschlüssels in C. BRESCH und R. HAUSMANN 1972, die Theorien von R. BRITTEN und E. DAVIDSON 1969.
26 Bisher hatte man vor allem die Regulationsfunktionen im Auge, die ja das Operon auch haben entdecken lassen. Die Frage nach dem Zustandekommen wurde noch kaum berührt.
27 Als Nutzen kennt man die bessere Rekombinierbarkeit der Merkmale. Die Voraussetzung der Chromosomenbildung blieb fast undiskutiert. Im speziellen Vergleich z. B. W. BEERMANN 1965.
28 A. KÜHN 1965 und C. KOSSWIG 1959 hielten ihn für im einzelnen unanalysierbar.
29 Das Zitat aus N. HARTMANN stammt aus 1964. F. BALTZERS Hinweise findet man zum Beispiel in der Arbeit von 1955.
30 Vergleiche J. MONOD 1971.
31 Bekanntlich fragt das klassische Rätsel, ob die Henne vor dem Ei oder vielmehr das Ei vor der Henne gewesen wäre.
32 Das Biogenetische Grundgesetz wird auch HAECKELS Gesetz genannt und wurde von ihm 1866 definiert. Meist lautet seine Formulierung: Die Ontogenie ist eine verkürzte Rekapitulation der Phylogenie (so wiederholt der menschliche Keim die Kiemen der Fische usf. bis zum Pelz der Affen-Vorfahren).
33 Durch W. GARSTANGS Schrift im Jahre 1922.
34 Dies bedeutete eine neue Generation alle 18 Tage mal der Zeit der gesamten Fossilgeschichte auf unserem Planeten.
35 Das mag dem Praktiker befremdlich erscheinen, denn ein Jahrhundert lang ist HAECKELS Gesetz schon unser bewährter Führer. Man wird sich aber erinnern, daß auch die bewährteste Erfahrung ihre Begründung erst in der nächst allgemeineren finden kann.
36 Es handelt sich um den winzigen ›Musculus sacrococcygicus‹ an der völlig steifen Innenseite des Steißbeines. Vergleiche R. RIEDL 1975, S. 273.
37 Da diese Beispiele allgemein weniger bekannt sind, verweise ich auf die biologische Höhlenkunde von A. VANDEL 1964, der sie übersichtlich zusammenstellt.
38 Zusammenstellung der Zahlen in R. BRITTEN und E. DAVIDSON 1969.
39 H. MOROWITZ 1970, S. 168; vergleiche auch H. MOROWITZ 1968.
40 In C. WADDINGTON 1957.
41 92 bis 97 % sind die Regel; das klassische Werk über die ›Letalfaktoren‹ ist das von E. HADORN 1955.
42 1. Buch MOSES, 1 (16/19), gekürzt zitiert.

## 7: Von der Struktur zur Gestalt

1. 1. Buch Moses, 1 (20/21).
2. Tatsächlich ist kein Säugetier, nicht einmal Wal und Delphin, vom Haar weggekommen; und der Film ist in der Kamera unseres Auges tatsächlich noch immer verkehrt eingelegt. Der Lichtstrahl muß, wie erinnerlich, zuerst die Gefäß-, dann die Ableitungs- und Schalterschicht passieren, bis er zuletzt (!) die, wiederum vom Licht abgewendeten Sehzellen trifft.
3. Nach S. Dancoff und H. Quastler (1953) ergeben sich $10^6$ bit und $10^{11}$ bit für Genom und Keimzelle sowie $2 \cdot 10^{25}$ bit für den ganzen Menschen.
4. Beim Menschen sind das $6 \cdot 10^8$ Triplets aus je drei Nucleinsäurebasen mal ca. 5 $bit_G$ (für die möglichen Code-Buchstaben), von welchen etwa $^1/_{100}$ (als reine Strukturgene) keine Redundanz enthalten wird. Das sind $3 \cdot 10^7$ $bit_G$ Gesetzestext, mal $10^{16}$ Zellen, also $3 \cdot 10^{23}$ $bit_D$ für das ganze Individuum.
5. Etwa $10^5$ bis $5 \cdot 10^5$ individuelle Strukturmerkmale kennt die Wissenschaft beim Menschen. Dies wird die Hälfte bis ein Zehntel der vorhandenen sein. Rechnet man jedes mit nur einer Alternative, so folgen rund $10^7$ $bit_G$ mal im Durchschnitt $10^{19}$ identischen Replika, also $10^{26}$ $bit_D$ für das ganze Individuum.
6. S. Dancoff und H. Quastler haben schon 1953 darauf verwiesen.
7. Das »Nasobem« möge der interessierte Leser bei Ch. Morgenstern nachschlagen. Über die äußerst aufschlußreiche Entdeckung der Rhinogradentier berichtet H. Stümpke 1964.
8. In E. Mayr 1967 ausführlich dargelegt.
9. Als bekanntestes Beispiel gilt die Entwicklung der Läufe und des Schädels der Pferde. Man vergleiche die Monographie von G. Simpson 1951 und die Übersicht des Gesamtphänomens von D. Thompson 1942.
10. Man vergleiche etwa den von P. Weiss zusammengestellten Band von 1971.
11. Dies ist die sogenannte »Danfurth Kurzschwanz-Mutante«; vergleiche C. Waddington 1957 oder R. Riedl 1975.
12. Man kann das selbst wieder bei den erfahrensten Systematikern, wie bei G. Simpson 1964 und E. Mayr 1965, nachlesen.
13. Viele Homologa sind älter als $10^8$ Jahre, während das mittlere Alter von Arten mit $10^6$, das der Individuen mit einem Jahr hinzugenommen werden kann. Viel Material in H. Erben 1975.
14. Diese unsere Simultankriterien finden sich beispielsweise bei A. Remane schon 1952 (Neuauflage 1971) in seinem ersten und zweiten Hauptkriterium, unsere Sukzedankriterien sind in Remanes Hilfskriterien bereits niedergelegt.
15. In derselben Reihenfolge spricht man von differentialdiagnostischen, selektiven und akzessorischen Merkmalen (beispielsweise in R. Riedl 1970).
16. W. v. Goethe 1790a, Morphologische Schriften, Weimarer Ausgabe II, 13, S. 212.
17. Bei der Bemühung um das Typusproblem hat die Biologie mehrere Vorstellungen über dieses entwickelt. Hier ist vom morphologischen Typus die Rede. Einzelheiten in A. Remane 1971 und R. Riedl 1975.
18. E. Schrödinger in der ersten Auflage von ›What is life?‹.

19 Solche können auch in der Embryonalentwicklung experimentell gesetzt werden. Ähneln die Störungen bestimmten Mutationen, so spricht man von Phänokopien, wie wir schon oben erwähnten. Vergleiche E. HADORN 1955.
20 Das Rad ist bekanntlich eine aus Sumer des 4. Jahrtausends vor der Zeitwende stammende Erfindung und gehört damit in die Spätsteinzeit oder (besser) Kupferzeit.
21 Man findet eine kurze, gute Orientierung in F. SEIDEL 1953.
22 Das haben vergleichende Anatomen bald nach DARWIN erkannt: R. WIEDERSHEIM 1893 zählt 15 progressive gegenüber 90 regressiven Organsystemen des Menschen. Aber die Entdeckung des Wunders der Anpassung hat uns das fast schon vergessen lassen.
23 Das Zitat stammt von A. KOESTLER 1967, S. 10/11.
24 1. Buch MOSES, 1 (22/23).


## 8: Vom Regelkreis zum Denken

1 1. Buch MOSES, 1 (26).
2 Zitat aus C. v. WEIZSÄCKER 1971, S. 365.
3 Ich beziehe mich vor allem auf K. LORENZ 1973.
4 L. v. BERTALANFFY hat dies schon in seinen ersten Vorlesungen nach dem 2. Weltkrieg (1946) deutlich gemacht.
5 Zitiert aus H. MOROWITZ 1970, S. 111.
6 Weitere Literatur z. B. in C. BRESCH und R. HAUSMANN 1972.
7 Wir werden diesen langfristigen Informationsgewinn für die Problemlösung von einem kurzfristigen überlagert finden (Man vergleiche dazu auch K. LORENZ 1973, Kapitel IV).
8 Bei LORENZ 1973, Kapitel IV.
9 B. HASSENSTEIN 1965.
10 Die Entdeckung der angeborenen Auslösemechanismen (AAM) geht auf K. LORENZ (1935), J. v. UEXKÜLL (1937) sowie N. TINBERGEN und D. KUENEN (1939) zurück. Jüngere Übersicht: W. SCHLEIDT 1974.
11 I. EIBL-EIBESFELDT 1974.
12 So ahmen auch Raubfische harmlose Putzerfische nach, Fang-Heuschrecken Blüten usf. Übersicht in W. WICKLER 1968.
13 Zitat aus K. LORENZ 1973, S. 80.
14 P. WEISS 1941.
15 Nach B. SKINNER z. B. ist es »die Aufgabe unserer Gesellschaft, das menschliche Verhalten so zu manipulieren, daß wir die von uns als erwünscht betrachteten Ergebnisse erzielen...« (Zitiert aus G. UNGAR 1973/74, S. 188). Vergleichbares findet man sogar bei H. MULLER und J. LEDERBERG 1963 (siehe: CIBA Foundations Symposium 1963).
16 Wie das Diagramm zeigt, kann in hierarchischer Schaltung jede der 16 Positionen mit 4 Alternativentscheidungen ausgewählt werden. Das Programm benötigt somit nur 4 mal 16 = 64 Entscheidungen (minimal kann man sogar mit nur 30 auskommen; hier sei der Interessierte auf R. RIEDL 1975 verwiesen).
17 Da ein Menschenhirn mindestens $10^{11}$ Nervenzellen enthält, sind $2 \cdot 10^2$ Hirne erforderlich, um eine Kapazität von $2 \cdot 10^{13}$ solcher Einheiten zu erreichen.
18 Man vergleiche K. LORENZ 1963.

19 Vergleiche I. EIBL-EIBESFELDT 1970 und 1974.
20 K. POPPER 1973a.
21 K. LORENZ 1973.
22 Zusammenfassende englische Darstellung von I. PAWLOW 1927.
23 B. HASSENSTEIN 1965.
24 Vergleiche z. B. H. ZEMANEK 1955.
25 Man konsultiere z. B. G. GUTTMANN 1972, G. UNGAR 1973/74, H. HYDEN (in: A. KOESTLER und J. SMYTHIES) 1970 und K. LASHLEY 1950.
26 Zur Hierarchie menschlicher Handlungen z. B. J. BRUNNER (in: A. KOESTLER und J. SMYTHIES) 1970 und H. OZBEKHAN (in: P. WEISS) 1971.
27 Übersicht in K. FOPPA 1966, E. HILGARD und G. BOWER 1973.
28 Die klassische Arbeit ist die von E. v. HOLST und H. MITTELSTAEDT 1950.
29 Dasselbe findet man ausführlich bei K. LORENZ 1973, Kapitel VII.
30 Die jüngste Übersicht in B. RENSCH 1973.
31 O. KOEHLER 1952 und 1954.
32 Diese schöne Formulierung hat K. LORENZ im Winter-Semester 1975 in Wien gebraucht.
33 A. KÜHN hat derlei schon 1919 als ›Mnemotaxis‹ und ›mnemische Homophonie‹ erkannt, seine Auffassung aber auf Grund von Kritiken in der späteren Auflage zurückgezogen. Sie wurde 1973 von K. LORENZ (S. 141) wieder bestätigt.
34 B. HASSENSTEIN 1973.
35 Nach I. EIBL-EIBESFELDT 1974 wird derlei bei Naturvölkern sogar mit Absicht praktiziert, wodurch sich die Aggressivität der so Traktierten beträchtlich erhöht.
36 Man vergleiche A. HUXLEY 1966.
37 Die Erkenntnis eines Gleichgewichtes der Organe, daß Extremorgane z. B. nie in der Mehrzahl an einer Art vorkommen, geht auf GEOFFROY SAINT HILAIRE zurück.
38 Über die Entwicklung der Primaten, des Menschen und seiner frühen Werkzeuge geben jeweils erschöpfend Auskunft: E. THENIUS 1969, R. MARTIN und K. SALLER 1964, H. MÜLLER-KARPE 1966.
39 E. BRUNSWIK 1934.
40 D. CAMPBELL 1966.
41 Gute Übersicht in M. ESCHER 1975.
42 CH. V. EHRENFELS 1890, M. WERTHEIMER 1912, K. DUNCKER 1935, K. KOFFKA 1935, W. WELLEK 1955.
43 K. LORENZ 1959.
44 Die klassischen Studien von W. KÖHLER z. B. 1921; jüngste Übersicht in B. RENSCH 1973.
45 E. SCHRÖDINGER 1961.
46 Zitat aus P. HOFSTÄTTER 1965, S. 89.
47 Zitat aus K. LORENZ 1959, S. 159.
48 Ausführlich in A. KOESTLER 1968.
49 Übersicht in B. RENSCH 1973.
50 Man vergleiche vor allem J. PIAGET z. B. 1950 und seine dort zitierten Werke.
51 Zitiert aus K. LORENZ 1959, S. 131.
52 P. WEISS hat ›i + i ist nicht = ii‹ als Untertitel seines Werkes von 1970 gewählt.
53 Übersicht in K. v. FRISCH 1965.

54 Dokumente und Experimente bei H. OZBEKHAN 1971 und J. BRUNNER 1970.
55 Hauptwerke: E. LENNEBERG 1972, N. CHOMSKY 1970, G. HÖPP 1970 und H. HÖRMANN 1970.
56 Zitiert aus K. LORENZ 1973, S. 244.
56a Aus R. MEILI und H. ROHRACHER.
57 So hat R. FESTER 1962 die Meinung vertreten, daß die Archetypen der für den Menschen wichtigen Worte innerhalb aller Sprachen der Erde übereinstimmen.
58 Aus K. LORENZ 1959, S. 152.
59 Man denke an die Astronomie des Ptolemäischen Weltbildes, die große Anzahl von Sphären, die sie annehmen mußte, sowie an die Präformationstheorie der Animalkulisten, die annehmen mußten, daß sich in jedem Spermium bereits ein winziges Menschlein befinde, in diesem ein noch kleineres usf., soviele Generationen die Vorsehung eben vorgeplant hätte.
60 Vergleiche D. DÖRNER 1975.
61 Zitat aus H. ROHRACHER 1965, S. 7; zur wissenschaftlichen Position dieses Problems z. B. H. ROHRACHER 1972, S. 271.
62 Zitat aus H. ROHRACHER 1965, S. 7.
63 Man vergleiche A. BAVELAS 1957.
64 ROUSSEAUS hier einschlägiges Werk ist 1754 erschienen.
65 Übersicht in I. EIBL-EIBESFELDT 1974.
66 Umfassend ist das Problem von K. LORENZ 1963 dargelegt.
67 Vieles zu diesem Thema bereits in K. LORENZ 1973.
68 Mein Vulgärname »Nashornsaurier« ist hier für die fossile Sauriergattung *Triceratops* verwendet.
69 K. LORENZ in seinen Vorlesungen in Wien 1974/75.
70 Dieses sind die Sprüche *Mephistopheles'*, aus GOETHES *Faust*, von welchen wir, wie erinnerlich, ausgegangen sind.
71 1. Buch MOSES, 1 (31).

## 9: Von der Herde zur Technokratie

1 1. Buch MOSES, 8 (2).
2 Zitiert von K. LORENZ 1973, S. 272, aus A. GEHLEN 1940.
3 Zitiert in P. BERGER und T. LUCKMANN 1969, S. 5, nach K. MARX, aus seinen früheren Schriften.
4 Übersicht der Motive der Gruppenbindung bei Primaten in I. EIBL-EIBESFELDT 1967, ab S. 398. Man vergleiche auch A. REMANE 1960 sowie B. HASSENSTEIN 1961/62 und 1962/63.
5 Zitiert aus A. REMANE 1960, S. 151.
6 Zitiert aus A. REMANE 1960, S. 149.
7 Man vergleiche die von D. KATZ in A. TANNENBAUM und Mitarbeitern 1974 gegebene Einführung (z. B. S. 13).
8 J. GALBRAITH 1967, mit der Einsicht, daß natürlich auch die Industrie den Markt manipuliert.
9 P. BERGER und T. LUCKMANN 1969.
10 Dazu einschlägige Literatur in P. BERGER und T. LUCKMANN 1969, S. 6.
11 Zitiert aus P. BERGER und T. LUCKMANN 1969, S. 65.
12 Hinsichtlich der Begriffsentwicklung der Dialektik sei besonders auf SOKRATES und PLATON, auf HEGEL und MARX sowie auf BAHNSENS Realdialektik und auf HARTMANNS Realrepugnanz hingewiesen.

13 Bezogen auf Machiavellis ›Discorsi‹ 1909 und Le Bons ›Psychologie der Massen‹ 1953. Eine gute Übersicht in P. Hofstätter 1962.
14 Bekannt als das Taylor- und das Stachanow-System, jeweils aus den USA und der UdSSR.
15 Das Zitat stammt von D. Katz' Vorwort zu A. Tannenbaum und Mitarbeitern 1974, S. 13.
16 Man wird sich erinnern, daß der erste, der diese Ansicht vertrat, ein Physiker war: E. Schrödinger.
17 Man möge sich erinnern, daß der Begriff der Individualität erst in der Neuzeit, mit der Renaissance, dem Humanismus und der Reformation mehr Beachtung fand.
18 Zitat aus P. Hofstätter 1962, S. 21.
19 Diese Entdeckung geht auf Butlers ›The Feminine Monarchy‹ zurück. Man vergleiche A. Remane 1960, S. 7.
20 Zitiert aus K. Lorenz 1966, S. 368. Zu diesem Thema sind auch die temperamentvollen populären Darstellungen von R. Ardrey 1968 und D. Morris 1968 und 1969 lesenswert.
21 Schon von B. Moede 1920.
22 Hier sei besonders auf die Sozialpsychologie und die Gruppendynamik von P. Hofstätter 1959 und 1962, die Soziologie von G. Allport 1971, die Wissenssoziologie von P. Berger und T. Luckmann 1969 und die Studie über die Einstellung von H. Rohracher 1965 hingewiesen.
23 Zu diesem Thema findet man Auskunft jeweils bei K. Mannheim 1952, E. Topitsch 1958 und M. Eliade 1966.
24 Der türkische, in den USA lebende Psychologe hat diese Versuche schon 1935 durchgeführt.
25 Zitat aus P. Hofstätter 1962, S. 57.
26 Dieses Beispiel findet man unter manchen anderen in P. Berger und T. Luckmann 1969, z. B. S. 46.
27 Zitat aus P. Hofstätter 1962, S. 61.
28 A. Gehlen 1940.
29 Bekannt sind z. B. die Aufgaben, sehr wenig unterschiedliche Gewichte nach ihrem Gewicht oder sehr formverschiedene, aber wenig größenverschiedene Figuren nach der Größe zu ordnen. Z. B. in P. Hofstätter 1962, S. 28.
30 Zitiert aus K. Marx, ›Das Kapital‹, nach P. Hofstätter 1957, S. 46.
31 Man konsultiere auch in diesem Zusammenhang P. Hofstätter 1959 und 1962, G. Allport 1971, P. Berger und T. Luckmann 1969 und I. Eibl-Eibesfeldt 1974.
32 J. Ortega y Gasset 1965.
33 Zitiert aus P. Hofstätter 1962, S. 71.
34 Original-Literatur sowie das folgende Zitat aus I. Eibl-Eibesfeldt 1974, S. 382 und 383.
35 Zitiert aus P. Hofstätter 1962, S. 87.
36 Zitiert aus A. Remane 1960, S. 153.
37 Dazu liegen UNESCO-Untersuchungen seit 1948 vor, Zusammenfassungen seit W. Buchanan und H. Cantril 1953. Man vergleiche P. Hofstätter 1957, S. 103.
38 Besonders lehrreich sind Versuche, die H. Clark schon 1916 anstellte (siehe P. Hofstätter 1962, S. 50).
39 In P. Hofstätter 1962.
40 Beide Zitate aus K. Lorenz 1966, S. 368.

41 Dazu mehr in P. BERGER und T. LUCKMANN 1969, S. 36.
42 Ein Gleichnis, wieder aus K. LORENZ 1966, S. 368.
43 Man wird sich der Definition der Redundanz in der Informationstheorie erinnern, die wir in Kapitel 3 diskutierten.
44 Dieses Thema ist sehr schön von K. v. FRISCH 1974 dargestellt.
45 Populär und sehr anschaulich ist das in G. CONSTABLE 1973 dargelegt.
46 Eine kritische Sichtung bei E. KAPPLER 1975. Der speziell Interessierte vergleiche die dort zitierten Studien von K. BOULDING, R. HIRSCH, von J. MARSCHAK 1971 und J. WILD 1970b.
47 Aus C. v. WEIZSÄCKER 1971, S. 357.
48 Berechnet auf der sehr vereinfachten Grundlage der Postgebühren sowie 5 bit pro Zeichen und 10 Buchstaben pro Wort; »bit« ist, wie erinnerlich, das Maß für eine Ja-Nein-Entscheidung.
49 Zitiert aus C. v. WEIZSÄCKER 1971, S. 359.
50 Das »Bäckerschupfen«, ein im alten Wien verbreiteter Brauch. Siehe K. WEISS 1882, S. 340.
51 J. GALBRAITH z. B. 1970.
52 Hier im Sinne von K. MARX und F. ENGELS die Klasse der besitzlosen Lohnarbeiter.
53 Aus E. SCHRÖDINGERS ›What is Life‹ und ›Mind and Matter‹, 1969, S. 125 (vergleiche 1951 und 1959).
54 Trinitrotoluol; ein militärischer Sprengstoff als Maß für die Kräfte von Kernwaffen.
55 Dieser uns schon in allen Schichten bekannte Zusammenhang kehrt auch in den Erkenntnissen der Betriebspsychologie wieder, z. B. in A. TANNENBAUM und Mitarbeitern 1974, zusammenfassend ab S. 208. Wir kommen ausführlich darauf zurück.
56 Bekannt ist von den Wurzelkrebsen besonders die Gattung ›Sacculina‹, angesaugt am Abdomen von Krabben. Übrigens ist dieses Beispiel schon in vergleichbarem Zusammenhang von K. LORENZ 1973 verwendet worden.
57 H. ZEMANEK, Vortrag vor der Akademie der Künste, Berlin 1971. Sowie die Studien 1968 und 1973 und E. MITTENECKER und E. RAAB 1973.
58 H. SCHWABL 1966.
59 Beide Zitate aus C. v. WEIZSÄCKER 1971, S. 44. Der ›Appell an schon Bekanntes‹ kann auch Übertragungs- oder Verstehensmängel ausgleichen und gehört damit zur sogenannten ›fördernden Redundanz‹, die verlorene Nachrichteninhalte ersetzt.
60 B. DE JOUVENEL erinnert 1970, S. 29, daran, daß Einsichten dieser Art schon von M. DE MAUPERTOIS 1740 formuliert wurden.
61 Die sehr interessante noch feinere Abstufung in der Evolution der Sozialverbände darf ich hier nicht ausführen. Man findet sie übersichtlich in G. TEMBROCK 1961, A. REMANE 1960, K. LORENZ 1963 und I. EIBL-EIBESFELDT 1974 dargestellt.
62 Hier sei der Leser auf die ausführliche Darstellung von K. LORENZ 1963 aufmerksam gemacht, die in diesen Problemkreis, den ich hier nur streifen darf, überzeugend einführt.
63 Viel Aufschluß findet man dazu wieder bei K. LORENZ 1963,

A. Remane 1960, I. Eibl-Eibesfeldt 1967 und im Sammelband von K. Immelmann 1974.
64 Beide Zitate aus K. Lorenz 1963, S. 71.
65 Wichtige Einzelheiten findet man im Beitrag D. v. Holsts zum Bande K. Immelmann 1974, ab S. 534.
66 Beide Zitate von G. Schwarz. Beitrag in P. Heintel 1974, S. 109 und 110.
67 Zitiert von P. Hofstätter, 1962, S. 40. Ganz Entsprechendes bei K. Lorenz 1966, S. 367.
68 Dieses Goethe-Zitat aus P. Hofstätter 1957, S. 256.
69 Aus J. Ortega y Gasset, 1956, S. 81.
70 Zitiert aus P. Berger und T. Luckmann 1969, S. 126.
71 Zitiert aus G. Schwarz, in P. Heintel 1974, S. 114.
72 Dieses von F. Merei stammende Zitat ist P. Hofstätter 1962, S. 135, entnommen.
73 Man vergleiche L. Peter und R. Hull 1972.
74 Eine vorzügliche Übersicht empirischer, hier einschlägiger Ergebnisse findet man in A. Tannenbaum und Mitarbeiter 1974, z. B. ab S. 208.
75 A. Tannenbaum und Mitarbeiter 1974.
76 Amüsanterweise hat dieser Reim die Fortsetzung »Schuster – Schneider – Leinenweber – und zum Schluß – der Totengräber«. Dies wird den Tiefenpsychologen interessieren.
77 Nach der Abhandlung von H. Simon 1962 aus A. Koestler 1967.
78 Man vergleiche sowohl J. Galbraith 1974 als auch A. Tannenbaum und Mitarbeiter 1974.
79 ›Drei – drei – drei, Issos – Keilerei!‹ – Im Jahre 333 v. Chr. also hat Alexander, verdienstvollerweise, unweit von Issos den Harem Dareius III. erbeutet.
80 Das Werk M. Webers von 1926 (Neuauflage 1958) wurde von C. Schmitt 1932 (Neuauflage 1963) fortgesetzt.
81 Übersichtlich in L. Fleuers Zusammenstellung 1959, zitiert von S. 483.
82 Man findet dies sehr übersichtlich in A. Tannenbaum und Mitarbeiter 1974, ab S. 2.
83 A. Huxleys und G. Orwells ›Utopien‹ wurden 1932 und 1949 verfaßt; dazu vergleiche man A. Huxley 1966.
84 Das Zitat von J. Forrester stammt aus dem Sammelband von P. Weiss von 1971, S. 82. Man wird sich erinnern, daß wir J. Forrester das erste Computer-Weltmodell unserer Entwicklungschancen verdanken.
85 Zitiert aus J. Galbraith 1970, S. 24.
86 Man vergleiche die Lehrbücher der Wirtschaftswissenschaften. Besonders empfohlen sei P. Samuelson 1970.
87 Man hätte auch Wirtschafts-Darwinismus sagen können, wenn es nicht völlig unzutreffend wäre, Ch. Darwin mit jenen Einseitigkeiten zu belasten, mit welchen seine Nachfolger sein Werk belastet haben.
88 Zitiert aus K. Lorenz 1966, S. 365.
89 Zitiert aus P. Hofstätter 1962, S. 76. Es sei daran erinnert, daß hier »Ordnungsgrad« in genau demselben Sinn verstanden ist, wie wir ihn, als das Verhältnis von vorhersehbaren und unvorhersehbaren Ereignissen in einem System, definierten.
90 E. Schrödinger 1951.

91 Zitiert aus CH. DARWIN nach W. LECHE 1922, S. 129.
92 Zitat aus W. LECHE 1922, S. 129.
93 Beide Zitate aus K. LORENZ 1966, S. 361.
94 Aus K. LORENZ 1966; dort die detaillierte Darstellung dieser Entwicklung und anderer Beispiele.
95 Zitiert aus I. EIBL-EIBESFELDT 1974, S. 489.
96 Zitiert aus K. LORENZ 1966, S. 366.
97 Ausführlich in O. KOENIG 1970.
98 Man vergleiche W. LECHE 1922.
99 Ausführlich in O. KOENIG 1970.
100 Ich erinnere an die Auffassung von H. ROHRACHER 1965, P. HOFSTÄTTER 1962, P. BERGER und T. LUCKMANN 1969 und A. TANNENBAUM und Mitarbeiter 1974, um nur je einen Autor zu nennen.
101 Dies sind die Ausdrücke, wie sie A. GEHLEN 1940 oder P. BERGER und T. LUCKMANN verwenden; siehe diese 1969, S. 57.
102 Zitiert aus K. LORENZ 1966, S. 368.
103 Zitiert aus P. HOFSTÄTTER 1962, S. 118.
104 Sehr übersichtlich zusammengestellt von B. DE JOUVENEL 1970.
105 Man wird sich erinnern, daß die beiden ersten Zitate Titel und Zwischentitel des von K. LORENZ 1963 veröffentlichten Bandes sind. Das dritte ist der Titel eines Aufsatzes, der in den von O. SCHATZ 1974 zusammengestellten Essays erschien.
106 Zitiert aus K. LORENZ 1963, S. 292.
107 1. Buch MOSES, 2 (9).

## 10: Vom Erkennen zur Kultur

1 1. Buch MOSES 2 (16) und (17).
2 Aus E. HAECKELS Brief an A. SETHE vom 29. Mai 1859; man vergleiche J. HELMLEBEN 1964.
3 Hierher pflegte man die Kultur-Philosophie, die Kultur-Anthropologie, die Kultur-Psychologie, die Kultur-Soziologie und die Kultur-Geschichte zu rechnen.
4 K. LORENZ 1973, S. 29.
5 Nach N. HARTMANN 1964, zitiert aus K. LORENZ 1971 (in P. WEISS 1971), S. 239.
6 K. LORENZ in P. WEISS 1971, S. 237.
7 E. LENNEBERG 1972, S. 452.
8 Die letzten drei Zitate aus M. EIGEN und R. WINKLER 1975, S. 335–336.
9 W. DURANT: Kulturgeschichte der Menschheit, Band I, S. 22. Deutsche Ausgabe ab 1960.
10 W. DURANT 1960, Band I, S. 22.
11 1. Buch MOSES, 3 (1–5).
12 Dieses Dependenz- und Voraussetzungsproblem z. B. bei P. HEINTEL 1974, ab S. 104.
13 E. LENNEBERG 1972, ab S. 464.
14 W. DURANT 1960, Band I, S. 30, dessen sehr zu empfehlender ›Kulturgeschichte der Menschheit‹ ich wiederholt folgen werde.
15 W. DURANT 1960, Band I, S. 65.
16 Populär dargestellt von G. CONSTABLE 1973.
17 Zitiert aus E. SCHRÖDINGER 1961, S. 179.
18 Die beiden letzten Zitate aus W. DURANT 1960, S. 94 und 116.

19 Vom Neandertaler sind nur Ritz-Zeichnungen bekannt. Die ersten Skulpturen sind aus späterer Zeit: Populäre Darstellung in T. Prideaux 1973.
20 M. Eigen und R. Winkler 1975.
21 Vortrag vor der Akademie der Künste, Berlin 1971. Vergleiche auch H. Zemanek 1968 und 1973.
22 C. v. Weizsäcker 1971, S. 44.
23 Beide letzten Zitate nach K. Popper aus D. Campbell 1974, S. 442. Man vergleiche K. Popper 1963, 1973a und 1973b.
24 K. Lorenz 1941, J. Piaget 1950, C. Waddington 1954, L. v. Bertalanffy 1955, G. Simpson 1963; eine ausführliche Bibliographie in D. Campbell 1974.
25 D. Campbell 1974, S. 418.
26 D. Campbell 1974, S. 427.
27 P. Souriau 1881, E. Mach 1896 oder 1903, H. Poincaré 1913.
28 Man vergleiche W. Ashby 1952, D. Campbell 1960, F. Bonsack 1961 und die Bibliographie in D. Campbell 1974.
29 Ausführlich in A. Koestlers gleichnamigem Werk; 1968.
30 Die inneren Bedingungen sind zusammengestellt von D. Campbell 1974, ab S. 419, die äußeren von P. Berger und T. Luckmann 1969.
31 Man vergleiche z. B. K. Lorenz 1974.
32 1. Buch Moses, 3 (22).
33 1. Buch Moses, 3 (11).
34 Ich beziehe mich hier ausschließlich auf die Auffassung des metaphysischen Idealismus mit seinen Begriffen der »Ideen-Welt«, des »absoluten Geistes« und des »absoluten Ich«.
35 Zitiert aus K. Lorenz 1973, S. 27.
36 Zitiert aus H. Schwabl 1958, 2 und 3.
37 Man vergleiche dazu die Kriterien von B. Hassenstein 1951 und 1958 und bei K. Lorenz 1973 die Stellen auf S. 28 und ab S. 324.
38 Zitate von K. Lorenz 1973, S. 27 und 28.
39 N. Hartmann 1964, S. 482.
40 Vergleiche z. B. C. Grobstein 1974.
41 Zitiert aus N. Hartmann 1964, S. 485.
42 N. Hartmann 1964.
43 Zitiert aus J. Monod 1971, S. 100.
44 P. Weiss 1971, A. Koestler und J. Smythies 1970.
45 Die beiden letzten Zitate aus P. Weiss 1970, S. 20.
46 Vergleiche N. Hartmann 1964, ab S. 485 und 499.
47 Zitiert aus P. Weiss, S. 4, in P. Weiss 1971.
48 Die letzten drei Zitate aus N. Hartmann 1964, S. 499 und 507.
49 Zitiert aus C. v. Weizsäcker 1971, S. 361.
50 Vergleiche z. B. E. Schrödinger 1932 und M. Planck 1965.
51 Man konsultiere W. Heisenberg 1966.
52 Vergleiche z. B. P. Jordan 1948 und J. Monod 1971.
53 Die beiden letzten Zitate aus J. Monod 1971, S. 141 und 211.
54 Vortrag vor dem naturwissenschaftlichen Seminar der Universität Wien 1975.
55 Einen ähnlichen Gedanken findet man bei F. Dessauer z. B. 1958, S. 317.
56 M. Eigen in J. Monod 1971, S. 13.
57 Man vergleiche z. B. V. Braitenberg 1973 und G. Guttmann 1972.

58 Zitat aus J. Monod 1971. »Projet« in der Originalausgabe, also Projekt im Sinne von Plan, Auftrag und Absicht.
59 Man vergleiche K. Lorenz 1973; E. Oeser und R. Schubert-Soldern 1974; auch das Puppen-Modell bei F. Jacob 1972 und K. Zimen 1970.
60 Zitiert aus D. Campbell 1974, S. 420, nach K. Popper 1966.
61 Zitiert aus K. Popper 1973b, S. 265.
62 Vergleiche M. Eigen 1971, M. Eigen und R. Winkler 1975, und I. Rechenberg 1973.
63 Die letzten drei Zitate aus E. v. Weizsäcker, in E. v. Weizsäcker 1974, S. 247, 248, 256 und 257. Man muß aber auch anerkennen, wie mir Manfred Eigen zeigte, daß das Hyperzyklen-Modell gar nicht für das Werden von Orthogenese und Zielbildung in der Evolution beansprucht wurde. Dennoch, so glaube ich, liegt das im Stufenbau der Zyklen im Prinzip schon vor. Vergleichbare Vorstellungen äußerten aber auch schon J. Baldwin 1902, E. Schrödinger 1961, C. Waddington 1969, G. Simpson 1972 und F. Jacob 1972, K. Popper 1973, z. B. S. 296.
64 Zitiert aus N. Hartmann 1964, S. 522.
65 1. Buch Moses, 3 (22).

# Literaturverzeichnis

ALLPORT, G. 1971: Die Natur des Vorurteils. Kiepenheuer & Witsch, Köln.

ARDREY, R., 1968³: African genesis. Dell, New York.

ASHBY, W., 1952: Design for a brain. Wiley a. Sons, New York.

BAERENDS, G., 1958: Comparative methods and the concept of homology in the study of behaviour. Arch. Neerl. Zool. *13*: 401–417.

BALTZER, F., 1955: Finalisme et physicisme. Actes Soc. Helvétique Sci. Nat. *135*: 92–99.

BALTZER, F., 1957: Über Xenoplastik, Homologie und verwandte stammesgeschichtliche Probleme. Mitt. Naturforsch. Ges. Bern *15*: 1–23.

BAVELAS, A., 1957: Group size, interaction and structural environment. Group Processes. Transactions of the Fourth Conference, The Joshia Macy Jr. Foundation, New York.

BEERMANN, W., 1965: Operative Gliederung der Chromosomen. Die Naturwissenschaften *52* (13): 365–375.

BERGER, P. und T. LUCKMANN, 1966: The social construction of reality. Doubleday, New York.

BERGSON, H., 1969: L'evolution créatrice. Presses Univ. de France, Paris.

BERLAGE, H., 1968: The origin of the solar system. Pergamon, New York.

BERTALANFFY, L. v., 1955: An essay on the relativity of categories. Philosophy of Science *22*: 243–263.

BERTALANFFY, L. v., 1968: General system theory, foundations, development, application. Braziller, New York.

BOLTZMANN, L., 1896–1898: Vorlesungen über Gastheorie, 2 Bde. Barth, Leipzig.

BONDI, H., 1961: Cosmology. Cambridge Univ. Press, Cambridge.

BONSACK, F., 1961: Information, thermodynamique, vie et pensée. Gauthier-Villars, Paris.

BRAITENBERG, V., 1973: Gehirngespinste. Neuroanatomie für kybernetisch Interessierte. Springer, Berlin–Heidelberg–New York.

BRESCH, C., und R. HAUSMANN, 1972²: Klassische und molekulare Genetik. Springer, Berlin–Heidelberg–New York.

BRIDGMAN, P., 1958: Remarks on Niels Bohr's talk. In: ›Daedalus‹. Journal of the American Academy of Arts and Sciences. (1958), S. 175. Harvard Univ. Press, Cambridge (Massachusetts).

BRILLOUIN, L., 1956: Science and information theory. Academic Press, New York.

BRITTEN, R. und E. DAVIDSON, 1969: Gene regulation for higher cells: a theory. Science *165*: 349–356.

BRUNNER, J., 1970: Über die Willenshandlungen und ihre hierarchische Struktur. In A. KOESTLER und J. SMYTHIES (Eds.), 1970: Das neue Menschenbild. Die Revolutionierung der Wissenschaft vom Leben; S. 164–191. Molden, Wien–München–Zürich.

BRUNSWIK, E., 1934: Wahrnehmung und Gegenstandswelt. Psychologie vom Gegenstand her. Deuticke, Wien–Leipzig.

BRUNSWIK, E., 1957: Scope and aspects of the cognitive problem. In: R. BRUNNER und Mitarbeiter (Eds.), 1957: Contemporary approaches to cognition. Harvard Univ. Press, Cambridge (Massachusetts).

BUCHANAN, W. und H. CANTRIL, 1953: How nations see each other. A study in public opinion. Univ. of Illinois Press, Urbana.

BÜHLER, K., 1907/08: Tatsachen und Probleme zu einer Psychologie der Denkvorgänge. Arch. Ges. Psychol. *9*: 297–365 und *12*: 1–92.

CALVIN, M., 1969: Chemical evolution, molecular evolution towards the origin of living systems on the earth and elsewhere. Claredon Press, Oxford.

CAMPBELL, D., 1960: Blind variation and selective retention in creative thought as in other knowledge processes. Psychological Review *67*: 380–400.

CAMPBELL, D., 1966: Pattern matching as an essential in distal knowing. In: K. HAMMOND (Ed.), 1966: The Psychology of Egon Brunswik; S. 81–106. Holt, Rinehart a. Winston, New York.

CAMPBELL, D., 1974: Evolutionary Epistemology. In: P. SCHLIPP (Ed.), 1974: The library of living philosophers. Vol. 14, I und II: The philosophy of Karl Popper; Vol. I: S. 413–463. Open Court, Lasalle (Illinois).

CARNAP, R., 1945: On inductive logic. Phil. Rev. *12*: 72–97.

CARNAP, R., 1952: The continuum of inductive methods. Univ. of Chicago Press, Chicago.

CHOMSKY, N., 1959: A review of B. F. Skinner's verbal behaviour. Language *1*: 26–58.

CHOMSKY, N., 1970: Sprache und Geist. Suhrkamp, Frankfurt.

CIBA Foundation Symposia (Ed.), 1963: Man and his future. Excerpta medica, Amsterdam.

COLEMANN, W., 1964: Georges Cuvier, Zoologist. A study in the history of evolution theory. Harvard Univ. Press, Cambridge (Massachusetts).

COMMONER, B., 1970: Science and survival. Ballantine Books, New York.

CONSTABLE, G., 1973: Die Neandertaler. In: Die Frühzeit des Menschen. Time-Life International, Nederland.

CORNING, H., 1925: Lehrbuch der Entwicklungsgeschichte des Menschen. Bergmann, München.

DANCOFF, S. und H. QUASTLER, 1953: The information content and error rate of living things. In: H. QUASTLER (Ed.), 1953: Information theory in biology; S. 263–273. Univ. Illinois Press, Urbana.

DARWIN, CH., 1878: Gesammelte Werke; Übers. von J. CARUS. Schweizerbarth, Stuttgart.

DE GROOT, S., und P. MAZUR, 1962: Non-equilibrium thermodynamics. North Holland, Amsterdam.

DESSAUER, F., 1958: Naturwissenschaftliches Erkennen. Knecht, Frankfurt.
DOBLHOFER, E., 1957: Zeichen und Wunder; die Entzifferung verschollener Schriften und Sprachen. Neff, Wien–Berlin–Stuttgart.
DOBZHANSKY, T., 1951[3]: Genetics and the origin of species. Columbia Univ. Press, New York.
DÖRNER, D., 1975: Wie Menschen eine Welt verbessern wollten und sie dabei zerstörten. Bild d. Wissensch. *2* (1975): 48–53.
DRIESCH, H., 1909: Philosophie des Organischen, 2 Bde. Engelmann, Leipzig.
DUNCKER, K., 1935: Zur Psychologie des produktiven Denkens. Springer, Prag.
DURANT, W., 1953: The pleasures of philosophy. An attempt at a consistent philosophy of life. Simon a. Schuster, New York.
DURANT, W., 1960: Die Entstehung der Kultur: Sumer, Ägypten, Babylonien, Assyrien. Vol. I in: Kulturgeschichte der Menschheit. Rencontre, Lausanne.
EDER, G., 1963: Quanten, Moleküle, Leben. Begriffe und Denkformen der heutigen Naturwissenschaft. Alber, Freiburg–München.
EHRENFELS, CH. v., 1890: Über Gestaltqualitäten. Vierteljahresschrift für wiss. Philosophie *14*: 249–292.
EIBL-EIBESFELDT, I., 1970: Liebe und Haß. Zur Naturgeschichte elementarer Verhaltensweisen. Piper, München–Zürich.
EIBL-EIBELFELDT, I., 1974[4]: Grundriß der vergleichenden Verhaltensforschung. Ethologie. Piper, München–Zürich.
EIGEN, M., 1971: Selforganization of matter and the evolution of biological macromolecules. Naturwissenschaften *58*: 465–523.
EIGEN, M. und R. WINKLER, 1973–74: Ludus vitalis. In: H. v. DITFURTH (Ed.): Mannheimer Forum 73–74; S. 53–140.
EIGEN, M. und R. WINKLER, 1975: Das Spiel. Naturgesetze steuern den Zufall. Piper, München–Zürich.
EINSTEIN, A., 1934: Mein Weltbild. Querido, Amsterdam.
EINSTEIN, A. und M. BORN, 1969: Briefwechsel 1916–1955. Nymphenburger Verlagshandlung, München.
ELIADE, M., 1966: Kosmos und Geschichte. Rowohlt, Hamburg.
ENGELS, F., 1959: On authority. In: L. FLEUER (Ed.), Marx and Engels: Basic writings in politics and philosophy. Doubleday-Anchor, New York.
ERBEN, H., 1975: Die Entwicklung der Lebewesen. Spielregeln der Evolution. Piper, München–Zürich.
ESCHER, M., 1975[10]: Graphik und Zeichnungen. Moos, München.
FESTER, R., 1962: Sprache der Eiszeit. Die Archetypen der Vox Humana. Herbig, Berlin.
FLEUER, L. (Ed.), 1959: Marx and Engels: Basic writings in politics and philosophy. Doubleday-Anchor, New York.
FLORKIN, M., 1966: A molecular approach to phylogeny. Elsevier, Amsterdam–New York.
FOPPA, K., 1966: Lernen, Gedächtnis, Verhalten. Ergebnisse und Probleme der Lernpsychologie. Kiepenheuer & Witsch, Köln.
FORRESTER, J., 1971: Behavior of social systems. In: P. WEISS (Ed.), Hierarchically organized systems in theory and practice. Hafner, New York; S. 81–122.
FREUD, S., 1922[4]: Vorlesungen zur Einführung in die Psychoanalyse. Internat. Psychoanalyt. Verlag, Wien.

FRISCH, K. v., 1965: Die Tanzsprache und Orientierung der Bienen. Springer, Berlin–Heidelberg.
FRISCH, K. v., 1974: Tiere als Baumeister. Ullstein, Berlin.
FROMM, E., 1974: Anatomie der menschlichen Destruktivität. Deutsche Verlags-Anstalt, Stuttgart.
GALBRAITH, J., 1968: Die moderne Industriegesellschaft. Droemer-Knaur, München–Zürich.
GARSTANG, W., 1922: The theory of recapitulation: a critical restatement of the biogenetic law. J. Linnean Soc. London, Zoology 35: 81–101.
GEHLEN, A., 1940: Der Mensch; seine Natur und seine Stellung in der Welt. Junker u. Dünnhaupt, Berlin.
GERLACH, W., 1973[10]: Physik. Fischer, Frankfurt.
GLANSDORFF, P. und I. PRIGOGINE, 1971: Thermodynamic theory of structure stability and fluctuation. Wiley a. Sons, London–New York.
GLOCKNER, H., 1940[2]: Hegel. Fromman, Stuttgart.
GOETHE, W. v., 1790[2]: Die Metamorphose der Pflanzen; S. 23–89. Böhlau, Weimar.
GOETHE, W. v., 1790a[2]: Morphologische Schriften. Böhlau, Weimar.
GOETHE, W. v., 1795[2]: Erster Entwurf einer allgemeinen Einleitung in die vergleichende Anatomie, ausgehend von der Osteologie; S. 5–78. Böhlau, Weimar.
GOETHE, W. v., 1899: Faust; Der Tragödie erster und zweiter Teil. ›Weimarer Ausgabe‹, Bd. 14 u. 15. Böhlau, Weimar.
GROBSTEIN, C., 1974: The strategy of life. Freeman, San Francisco.
GRZIMEK, B., 1968 (Ed.): Grzimeks Tierleben; Enzyklopädie des Tierreichs. Kindler, Zürich.
GUTTMANN, G., 1972: Einführung in die Neuropsychologie. Huber, Bern–Stuttgart–Wien.
HACKING, I., 1965: The logic of statistical interference. Cambridge Univ. Press, Cambridge.
HADORN, E., 1955: Letalfaktoren. Thieme, Stuttgart.
HALDANE, J., 1929: The origin of life. Rationalist Annual.
HARTMANN, M., 1959[2]: Allgemeine Biologie. Die philosophischen Grundlagen der Naturwissenschaften. Fischer, Stuttgart.
HARTMANN, N., 1950: Philosophie der Natur. De Gruyter, Berlin.
HARTMANN, N., 1960[2]: Die Philosophie des deutschen Idealismus. De Gruyter, Berlin.
HARTMANN, N., 1964[3]: Der Aufbau der realen Welt. Grundriß der allgemeinen Kategorienlehre. De Gruyter, Berlin.
HASS, H., 1970: Energon. Das verborgene Gemeinsame. Molden, Wien–München–Zürich.
HASSENSTEIN, B., 1951: Goethes Morphologie als selbstkritische Wissenschaft und die heutige Gültigkeit ihrer Ergebnisse. Neue Folge des Jahrb. d. Goethe-Gesellschaft 12: 333–357.
HASSENSTEIN, B., 1958: Prinzipien der vergleichenden Anatomie bei Geoffroy Saint-Hillaire, Cuvier und Goethe. Act. Coll. int. Strasbourg. Publ. Fac. lettr. 137: 155–168.
HASSENSTEIN, B., 1961/62: Individuum und Kollektiv. Freiburger Dies Univ. 9: 1–15.
HASSENSTEIN, B., 1962/63: Der Einzelne und die Gemeinschaft. Freiburger Dies Univ. 10: 1–19.
HASSENSTEIN, B., 1965: Biologische Kybernetik. Eine elementare

Einführung. Quelle u. Meyer, Heidelberg.

HASSENSTEIN, B., 1973: Verhaltensbiologie des Kindes. Piper, München–Zürich.

HECKMANN, O., 1942: Theorien der Kosmologie. Springer, Berlin.

HEINTEL, P., 1974: Das ist Gruppendynamik. Heyne, Wien.

HEISENBERG, W., 1966: Das Naturbild der heutigen Physik. Rowohlt, Hamburg.

HEMLEBEN, J., 1964: Ernst Haeckel in Selbstzeugnissen und Bilddokumenten. Rowohlt, Hamburg.

HILGARD, E. und G. BOWER, 1973[3]: Theorien des Lernens I. Klett, Stuttgart.

HOFSTÄTTER, P., 1959: Einführung in die Sozialpsychologie. Kröner, Stuttgart.

HOFSTÄTTER, P., 1962[5]: Gruppendynamik. Kritik der Massenpsychologie. Rowohlt, Hamburg.

HOFSTÄTTER, P. (Ed.), 1965[10]: Psychologie. Fischer, Frankfurt–Hamburg.

HOLST, E. v. und H. MITTELSTAEDT, 1950: Das Reafferenz-Prinzip. Naturwiss. *3*: 464–476.

HÖPP, G., 1970: Evolution der Sprache und Vernunft. Springer, Berlin–Heidelberg–New York.

HÖRMANN, H., 1970: Psychologie der Sprache. Springer, Berlin–Heidelberg–New York.

HUXLEY, A., 1966: Brave new world revisited. Chatto a. Windus, London.

HUXLEY, A., 1973[3]: Schöne neue Welt. Ein Roman der Zukunft. Fischer, Frankfurt.

HUXLEY, J., 1942: Evolution, the modern synthesis. Harper, New York.

HYDÉN, H., 1970: Biochemische Lern- und Gedächtnismodelle. In: A. KOESTLER und J. SMYTHIES (Eds.), 1970: Das neue Menschenbild. Revolutionierung der Wissenschaft vom Leben; S. 96–125. Molden, Wien–München–Zürich.

IMMELMANN, K. (Ed.), 1974: Verhaltensforschung. Sonderband aus Grzimeks Tierleben. Kindler, Zürich.

JACOB, F., 1972: Die Logik des Lebenden. Von der Urzeugung zum genetischen Code. Fischer, Frankfurt.

JEFFREYS, H., 1938: Theory of probability. Clarendon, Oxford.

JORDAN, P., 1948[6]: Die Physik und das Geheimnis des organischen Lebens. Vieweg, Braunschweig.

JOUVENEL, B. DE, 1970: Jenseits der Leistungsgesellschaft. Elemente sozialer Planung und Vorausschau. Rombach, Freiburg.

KANT, I., 1968: Kritik der reinen Vernunft; Neuausgabe d. 2. Auflage von 1787, Bd. III Kants Werke. De Gruyter, Berlin.

KAPPLER, E., 1975: Informationskosten aus der Sicht der Informationsökonomik und des Informationsverhaltens. Zeitschrift für Organisation *44*: 95–104. Wiesbaden.

KATCHALSKY, A. und P. CURRAN, 1965: Nonequilibrium Thermodynamics in biophysics. Harvard Univ. Press, Cambridge (Massachusetts).

KATZ, D., 1948[2]: Gestalts-Psychologie. Schwabe, Basel–Stuttgart.

KEYNES, J., 1921: A treatise on probability. Macmillan, London–New York

KLÜBER, H. v., 1931: Das Vorkommen der chemischen Elemente im Kosmos, Barth, Leipzig.

KOEHLER, O., 1952: Vom unbenannten Denken. Zool. Anz. Suppl. *16*: 202–211.

KOEHLER, O., 1954: Vorbedingungen und Vorstufen unserer Sprache bei Tieren. Zool. Anz. Suppl. *18*: 327–341.

KÖHLER, W., 1921²: Intelligenzprüfungen bei Menschenaffen. Springer, Berlin.

KOENIG, O., 1970: Kultur und Verhaltensforschung. Einführung in die Kulturethologie. Deutscher Taschenbuch Verlag, München.

KOESTLER, A., 1967²: Das Gespenst in der Maschine. Molden, Wien–München–Zürich.

KOESTLER, A., 1968: Der göttliche Funke. Der schöpferische Akt in Kunst und Wissenschaft. Scherz, Bern–München–Wien.

KOESTLER, A., 1972: Der Krötenküsser. Der Fall des Biologen Paul Kammerer. Molden, Wien–München–Zürich.

KOESTLER, A. und J. SMYTHIES, 1970 (Eds.): Das neue Menschenbild. Molden, Wien–München–Zürich.

KORSCHELT, E., 1927: Regeneration und Transplantation. Bornträger, Berlin

KOSSWIG, C., 1959: Phylogenetische Trends genetisch betrachtet. Zool. Anz. *162*: 208–221.

KRUMBIEGEL, I., 1967: Gregor Mendel und das Schicksal seiner Entdeckung. Wissenschaftl. Verlagsgesellschaft, Stuttgart.

KÜHN, A., 1919: Die Orientierung der Tiere im Raum. Fischer, Jena.

KÜHN, A., 1965²: Vorlesung über Entwicklungsphysiologie. Springer, Berlin–Heidelberg–New York.

KUIPER, G. (Ed.), 1949: Atmospheres of the earth and planets. Univ. of Chicago Press, Chicago.

KUIPER, G. (Ed.), 1953: The solar system. Univ. of Chicago Press, Chicago.

KUTSCHERA, F. v., 1972: Wissenschafts-Theorie, I und II; Grundzüge der allgemeinen Methodologie der empirischen Wissenschaften. Fink, München.

LASHLEY, K., 1950: In search of the engramm. In: Symposia of the society for exper. biol. IV. physiol. mechanisms in animal beh. Cambridge Univ. Press, Cambridge.

LE BON, G., 1953: Psychologie der Massen. Kröner, Stuttgart.

LECHE, W., 1922²: Der Mensch, sein Ursprung und seine Entwicklung. Fischer, Jena.

LEIBNIZ, G. v., 1879: Die Theodicée. Deutsche Buchhandlung, Leipzig.

LENNEBERG, E., 1972: Biologische Grundlagen der Sprache. Suhrkamp, Frankfurt.

LEY, W., 1966⁸: Exotic zoology. Viking, New York.

LORENZ, K., 1935: Der Kumpan in der Umwelt des Vogels. J. f. Ornithologie *83*: 137–215, 289–413.

LORENZ, K., 1941: Kants Lehre vom Apriorischen im Lichte gegenwärtiger Biologie. Blätter für Deutsche Philosophie *15*: 94–125.

LORENZ, K., 1959: Gestaltswahrnehmung als Quelle wissenschaftlicher Erkenntnis. Zeitschr. f. experimentelle und angewandte Psychologie *6*: 118–165.

LORENZ, K., 1963: Das sogenannte Böse. Zur Naturgeschichte der Aggression. Borotha-Schoeler, Wien.

LORENZ, K., 1966: Stammes- und kulturgeschichtliche Ritenbildung. Naturwissenschaftliche Rundschau *9* (1966): 361–370.

LORENZ, K., 1973: Die Rückseite des Spiegels. Versuch einer Naturgeschichte menschlichen Erkennens. Piper, München–Zürich.
LORENZ, K., 1974⁸: Die acht Todsünden der zivilisierten Menschheit. Piper, München–Zürich.
LORENZ, K., 1974a: Analogy as a source of knowledge. In: Les Prix Nobel en 1973. The Nobel Foundation 1974; S. 176–195.
LORENZ, K., 1974b: Das wirklich Böse. Involutionstendenzen in der modernen Kultur. In: O. SCHATZ (Ed.), 1974: Was wird aus dem Menschen? S. 287–305. Styria, Graz–Wien–Köln.
LWOFF, A., 1968²: Biological order. Massachusetts Inst. of Technology Press, Cambridge (Massachusetts).
MACH, E., 1896: On the part played by accident in invention and discovery. Monist 6: 161–175.
MACH, E., 1903³: Über den Einfluß zufälliger Umstände auf die Entwicklung von Erfindungen und Entdeckungen. In: E. MACH: Populärwissenschaftliche Vorlesungen. Barth, Leipzig.
MANNHEIM, K., 1952²: Ideologie und Utopie. Schulte-Bulmke, Frankfurt.
MARTIN, R. und K. SALLER, 1964³: Lehrbuch der Anthropologie. Fischer, Stutgart.
MAYR, E., 1965: Numerical phenetics and taxonomy theory. Syst. Zool. *14*: 73–95.
MAYR, E., 1967: Artbegriff und Evolution. Parey, Hamburg–Berlin.
METZGER, W., 1963³: Psychologie; die Entwicklung ihrer Grundlagen seit der Einführung des Experiments. Steinkopff, Darmstadt.
MITTENECKER, E. und E. RAAB, 1973: Informationstheorie für Psychologen. Hogrefe, Göttingen.
MOEDE, W., 1920: Experimentelle Massenpsychologie. Hirzel, Leipzig.
MONOD, J., 1959: Biosynthese eines Enzyms. Angewandte Chemie *71*: 685–691.
MONOD, J., 1971: Zufall und Notwendigkeit. Philosophische Fragen der modernen Biologie. Piper, München–Zürich.
MOROWITZ, H., 1968: Energy flow in biology. Acad. Press, New York–London.
MOROWITZ, H., 1970: Entropy for biologists. Acad. Press, New York.
MORRIS, D., 1968: Der nackte Affe, Droemer-Knaur, München–Zürich.
MORRIS, D., 1969: Der Menschen-Zoo. Droemer-Knaur, München–Zürich.
MÜLLER-KARPE, H., 1966: Altsteinzeit. In: Handbuch der Vorgeschichte, Bd. 1. Beck, München.
ODUM, H., 1971: Environment, power, and society. Wiley a. Sons, New York–London–Toronto.
OESER, E., 1971: Kepler. Die Entstehung der modernen Wissenschaft. Musterschmidt, Göttingen–Zürich–Frankfurt.
OESER, E. und R. SCHUBERT-SOLDERN, 1974: Die Evolutionstheorie. Geschichte – Argumente – Erklärungen. Braumüller, Wien–Stuttgart.
OPARIN, A., 1938: The origin of life (Übersetzung der russ. Version, 1936, Hg. von S. MARGULIS). Macmillan, London.
ORTEGA Y GASSET, J., 1965⁸: Der Aufstand der Massen. Rowohlt, Reinbek bei Hamburg.

ORWELL, G., 1932: Nineteen Eigthy-Four. Deutsch: 1949[20]: Neunzehnhundertvierundachtzig. Ein utopischer Roman. Diana, Zürich.

OSCHE, G., 1966: Grundzüge der allgemeinen Phylogenetik. In: F. GESSNER (Ed.), 1966: Handbuch der Biologie III (2); S. 817–906, Athenaion, Konstanz.

OSCHE, G., 1972: Evolution. Grundlagen – Erkenntnisse – Entwicklungen der Abstammungslehre. Herder, Freiburg–Basel–Wien.

OZBEKHAN, H., 1971: Planning and human action. In: P. WEISS (Ed.): Hierarchically Organized Systems in Theory and Practice; S. 123–230. Hafner, New York.

PARDEE, A., F. JACOB und J. MONOD, 1959: The genetic control and cytoplasmatic expression of inducibility in the synthesis of β-galactosidase of E. coli. J. molecular biology *1*: 165.

PAWLOW, I., 1927: Conditioned reflexes. Oxford Univ. Press, Oxford.

PETER, L. und R. HULL, 1972: Das Peter-Prinzip. Rowohlt, Reinbek b. Hamburg.

PIAGET, J., 1950: Introduction à l'épistémologie génétique. 3 Bde. Presse Universitaire, Paris.

PLANCK, M., 1965[6]: Determinismus oder Indeterminismus? (Vorträge) Barth, Leipzig.

POINCARÉ, H., 1913: Mathematical creation. In: H. POINCARÉ (Ed.): The foundations of science; S. 387. Science Press, New York.

PONNAMPERUMA, C., 1972: The origins of life. Thames a. Hudson, London.

POPPER, K., 1957: The propensity interpretation of the calculus of probability and the quantum theory. In: S. KÖRNER (Ed.): Proceedings of the 9th Symposium of the Colston Research Society. The Colston Papers; Vol. 9, S. 65–70, 88–89. Butterworth Scientific Publications, London.

POPPER, K., 1963: Conjectures and refutations. Routledge a. Kegan, London.

POPPER, K., 1966: Of clouds and clocks. An approach to the problem of rationality and the freedom of man. Washington Univ., St. Louis, Missouri.

POPPER, K., 1973[5]: Logik der Forschung. Mohr, Tübingen.

POPPER, K., 1973a: Objektive Erkenntnis. Ein evolutionärer Entwurf. Hoffmann u. Campe, Hamburg.

PRIDEAUX, T., 1973: Der Cro-Magnon-Mensch. In: Die Frühzeit des Menschen. Time-Life Internat., Nederland.

PRIGOGINE, I., 1955: Introduction to thermodynamics of irreversible processes. Thomas, Springfield.

QUASTLER, H., 1964: The emergence of biological organization. Yale Univ. Press, New Haven–London.

RECHENBERG, I., 1973: Evolutionsstrategie, Optimierung technischer Systeme nach Prinzipien der biologischen Evolution. Frommann, Stuttgart–Bad Cannstatt.

REMANE, A., 1960: Das soziale Leben der Tiere. Rowohlt, Reinbek bei Hamburg.

REMANE, A., 1971[2]: Die Grundlagen des natürlichen Systems der vergleichenden Anatomie und der Phylogenetik. Koeltz, Königstein (Taunus).

RENSCH, B., 1954[2]: Neuere Probleme der Abstammungslehre. Enke, Stuttgart.

Rensch, B., 1973: Gedächtnis, Begriffsbildung und Planhandlungen bei Tieren. Parey, Berlin–Hamburg.
Richter, H., 1966²: Wahrscheinlichkeitstheorie. Springer, Berlin–New York.
Riedl, R., 1970²: Fauna und Flora der Adria. Parey, Hamburg–Berlin.
Riedl, R., 1973: Die Biosphäre und die heutige Erfolgsgesellschaft. Universitas 28: 587–593.
Riedl, R., 1973a: Energie, Information und Negentropie in der Biosphäre. Naturwiss. Rundschau 26: 413–420.
Riedl, R., 1975: Die Ordnung des Lebendigen. Systembedingungen der Evolution. Parey, Hamburg–Berlin.
Rohracher, H., 1965: Steuerung des Verhaltens durch Einstellung. In: H. Hekhausen (Ed.): Bericht über den 24. Kongreß der Deutschen Gesellschaft für Psychologie; S. 1–9.
Rohracher, H., 1972: Hubert Rohracher. In: L. Pongratz und Mitarbeiter (Eds.): Psychologie in Selbstdarstellungen; S. 256–287. Huber, Bern–Stuttgart–Wien.
Rousseau, J., 1754: Discours sur l'origine et les fondements de l'inégalité parmi les hommes. M. Rey, Amsterdam.
Samuelson, P., 1970⁸: Economics. Mc Graw-Hill, New York.
Savage, L., 1954: The foundations of statistics. Wiley a. Sons, New York.
Schatz, O., (Ed.), 1974: Was wird aus dem Menschen? Styria, Graz–Wien–Köln.
Schatzmann, E., 1972: Die Grenzen der Unendlichkeit. Stuktur des Universums. Fischer, Frankfurt.
Schindewolf, O., 1950: Grundfragen der Paläontologie. Schweizerbarth, Stuttgart.
Schleidt, W., 1974: How ›fixed‹ is the fixed action pattern. Z. f. Tierpsych. 36: 184–211.
Schmitt, C., 1932²: Der Begriff des Politischen. Hanseatische Verlagsanstalt, Hamburg.
Schopenhauer, A., 1957: Über die vierfache Wurzel des Satzes vom zureichenden Grunde. Meiner, Hamburg.
Schrödinger, E., 1932: Über Indeterminismus in der Physik. Barth, Leipzig.
Schrödinger, E., 1944¹: What is life? The physical aspect of the living cell. Cambridge Univ. Press, Cambridge.
Schrödinger, E., 1951²: Was ist Leben? Die lebende Zelle mit den Augen des Physikers betrachtet. Francke, Berlin.
Schrödinger, E., 1959: Geist und Materie: In: W. Westphal: Die Wissenschaft – Sammlung von Einzeldarstellungen aus allen Gebieten der Naturwissenschaft; Nr. 113. Vieweg, Braunschweig.
Schrödinger, E., 1961: Meine Weltansicht. Zsolnay, Hamburg–Wien.
Schubert-Soldern, R., 1962: Mechanism and vitalism. In: P. Fothergill (Ed.). Univ. Notre Dame Press, Paris.
Schuster, P., 1972: Vom Makromolekül zur primitiven Zelle – die Entstehung biologischer Funktion. Chemie in unserer Zeit 6: 1–16.
Schwabl, H., 1958: Weltschöpfung. In: Paulys Realencylopädie der classischen Altertumswissenschaften; S. 1–142. Druckenmüller, Stuttgart.
Schwabl, H., 1966: Hesiods Theogonie. Eine unitarische Analyse.

Sitzungsber. d. österr. Akad., Phil.-Histor. Kl. *250:* 1–146.
SEIDEL, F., 1953: Entwicklungspsychologie der Tiere. Göschen 1/63. De Gruyter, Berlin.
SEXL, R., 1973: Relativitätstheorie in der Kollegstufe. Beiträge zum MNU; Nr. 26. Vieweg, Braunschweig.
SEXL, R. und H. SEXL, 1975: Weiße Zwerge – Schwarze Löcher. Rowohlt, Reinbek b. Hamburg.
SEXL, R. und H. URBANTKE, 1974: Gravitation und Kosmologie. Bibliographisches Institut, Mannheim.
SHANNON, C. und W. WEAVER, 1949: The mathematical theory of communication. Univ. Illinois Press, Urbana.
SHERIF, M., 1935: A study of some social factors in perception. Arch. Psychol. *187:* 5–61.
SIMON, H., 1962: The architecture of complexity. Proc. Am. Philos. Soc. *106* (6): 467–482.
SIMPSON, G., 1951: Horses. Oxford Univ. Press, Oxford.
SIMPSON, G., 1955$^2$: The major features of evolution. Columbia Univ. Press, New York.
SIMPSON, G., 1963: Biology and the nature of science. Science *139:* 84–85.
SIMPSON, G., 1964: Numerical taxonomy and biological classification. Science *144:* 712–713.
SIMPSON, G., 1972: Biologie und Mensch. Suhrkamp, Frankfurt.
SINGER, C., 1950: A history of biology: a general introduction to the study of living things. Schumann, New York.
SKINNER, B., 1973: Jenseits von Freiheit und Würde. Rowohlt, Reinbek b. Hamburg.
SNEATH, P. und R. SOKAL, 1973: Numerical taxonomy. The principles and practice of numerical classification. Freeman, San Francisco.
SOURIAU, P., 1881: Theorie de l'invention. Hachette, Paris.
SPENGLER, O., 1973: Der Untergang des Abendlandes. Umrisse einer Morphologie der Weltgeschichte. Beck, München.
STIRNER, M., 1886: Der Einzige und sein Eigentum. Reclam, Leipzig.
STÖRIG, H., 1972: Knaurs Buch der modernen Astronomie. Droemer-Knaur, München–Zürich.
STUMPFF, K., 1955$^2$: Die Erde als Planet. Springer, Göttingen–Heidelberg.
STÜMPKE, H., 1964: Bau und Leben der Rhinogradentia. Fischer, Frankfurt.
SZILARD, L., 1929: Über die Entropieverminderung in einem thermodynamischen System bei Eingriffen intelligenter Wesen. Zeitschrift f. Physik *53:* 840–856.
TANNENBAUM, A., B. KAVČIČ, M. ROSNER, M. VIANELLO und G. WIESER, 1974: Hierarchy in organizations. An international comparison. Jossey-Bass, San Francisco–Washington–London.
TEMBROCK, G., 1961: Verhaltensforschung. Fischer, Jena.
THENIUS, E., 1969: Stammesgeschichte der Säugetiere (einschließlich der Hominiden). Handbuch der Zoologie, 8 (2).
THOMPSON, D., 1942: Growth and form. Cambridge University Press, Cambridge.
THÜRKAUF, M., 1973: Pandorabüchsen der Wissenschaft. Das Geschäft mit dem Energiehunger. Die Kommenden-Verlag, Freiburg.

TINBERGEN, N. und D. KUENEN, 1939: Über die auslösenden und richtunggebenden Reizreaktionen der Sperrbewegungen von jungen Drosseln. Z. f. Tierpsych. *3*: 37–60.

TOPITSCH, E., 1958: Vom Ursprung und Ende der Metaphysik. Springer, Wien.

UEXKÜLL, J. v., 1937²: Umwelt und Innenwelt der Tiere. Z. f. Tierpsychol. *1*: 33–34.

UNGAR, G., 1973/74: Der molekulare Code des Gedächtnisses. In: H. v. DITFURTH (Ed.), 1973/74: Ein Panorama der Naturwissenschaften. Mannheimer Forum; S. 141–192. Boehringer, Mannheim.

UREY, H., 1952: The planets. Univ. of Chicago Press, Chicago.

VANDEL, A., 1964: Biospéologie. La biologie des animaux cavernicoles. Gauthier-Villars, Paris.

VOLTAIRE, J., 1759: Candide ou l'optimism. Miret, Paris.

WADDINGTON, C., 1954: Evolution and epistemology. Nature *173*: 880–881.

WADDINGTON, C., 1957: The strategy of the genes. Allen a. Unwin, London.

WADDINGTON, C., 1964: Towards a theoretical biology. Edinburgh Univ. Press, Edinburgh.

WEBER, M., 1926: Politik als Beruf (auch 1958 in: Gesammelte Schriften). Duncker & Humblot, München.

WEINBERG, S., 1972: Gravitation and cosmology. Wiley a. Sons, Chicester.

WEISMANN, A., 1902: Vorlesungen über Deszendenztheorie. 2 Bde. Fischer, Jena.

WEISS, K., 1882: Geschichte der Stadt Wien. Bd. 1, Wien.

WEISS, P., 1941: Self-differentiation of the basic patterns of coordination. Comp. Psychol. Monogr. *17*: 1–96.

WEISS, P., 1969: The living system: determinism stratified. Studium generale *22*: 45–87.

WEISS, P., 1970: Life, order and understanding. A theme in three variations. The Graduate Journal, Univ. Texas Press, Austin (Texas).

WEISS, P., 1970a: Das lebende System: ein Beispiel für Schichten-Determinismus. In: A. KOESTLER und J. SMYTHIES (Eds.): Das neue Menschenbild; S. 13–70. Molden, Wien–München–Zürich.

WEISS, P., (Ed.), 1971: Hierarchically organized systems in theory and practice. Hafner, New York.

WEIZSÄCKER, C. v., 1958⁴: Die Geschichte der Natur. Vandenhoeck & Ruprecht, Göttingen–Zürich.

WEIZSÄCKER, C. v., 1971: Die Einheit der Natur. Hanser, München.

WEIZSÄCKER, E. v., (Ed.), 1974: Offene Systeme I. Beiträge zur Zeitstruktur von Information, Entropie und Evolution. Klett, Stuttgart.

WELLEK, W., 1953: Ganzheitspsychologie und Strukturtheorie. Francke, Bern.

WENDT, H., 1953²: Ich suchte Adam. Roman einer Wissenschaft. Grote, Hamm (Westfalen).

WERTHEIMER, M., 1912: Experimentelle Studien über das Sehen von Bewegungen. Z. f. Psychologie *61*: 161–265.

WHIPPLE, F., 1968: Earth, moon and planets. Harvard Univ. Press, Cambridge (Massachusetts).

WHYTE, L., 1965: Internal factors in evolution. Braziller, New York.

WICKLER, W., 1968: Mimikry. Nachahmung und Täuschung in der Natur. Kindler, München.
WICKLER, W., 1970: Stammesgeschichte und Ritualisierung. Zur Entstehung tierischer und menschlicher Verhaltensmuster. Piper, München–Zürich.
WIEDERSHEIM, R., 1893[2]: Der Bau des Menschen als Zeugnis für seine Vergangenheit. Mohr, Freiburg–Leipzig.
WIESNER, E. und S. WILLER, 1974: Veterinärmedizinische Pathogenetik. Fischer, Stuttgart.
ZEMANEK, H., 1955: Die künstliche Schildkröte von Wien. Radio-Magazin mit Fernseh-Magazin 9: 275–278.
ZEMANEK, H., 1968: Aspekte der Informationsverarbeitung und Computeranwendung in der Musik. In: F. WINCKEL (Ed.), 1968: Experimentelle Musik; S. 59–72. Gebr. Mauer, Berlin.
ZEMANEK, H., 1973: Formal definition and generalized architecture. In: M. Ross (Ed.): OR '72: S. 59–73. North Holland, Amsterdam.
ZIMEN, K., 1970: Elemente und Strukturen der Natur. Nymphenburger Verlagshandlung, München.

# Autorenregister

Adorno, T. 298
Alexander, der Große 338
Allport, G. 336
Ardrey, R. 336
Aristoteles 26, 93, 163, 165, 255, 300
Ashby, W. 340

Bach, J. S. 298
Bacon, F. 300
Baerends, G. 205, 206
Bahnsen, J. 335
Bain, A. 301
Baldwin, J. 341
Baltzer, F. 154, 155, 325, 331
Bavelas, A. 335
Beermann, W. 331
Berger, P. 245, 246, 335–340
Beringer, J. 100
Bergson, H. 327
Berlage, H. 327
Bertalanffy, L. v. 9, 21, 150, 197, 290, 301, 323, 331, 340
Blumenbach, J. 26
Boltzmann, L. 82, 103, 115, 323, 326
Bonsack, F. 340
Born, H. 328
Born, M. 325, 328
Bosch, H. 80, 176, 230
Boulding, K. 337
Bower, G. 334
Braitenberg, V. 340
Bresch, C. 330, 331, 333
Bridgman, P. 288
Brillouin, L. 27, 82, 83, 87, 324, 327
Britten, R. 330, 331
Brunner, J. 334, 335
Brunswik, E. 52, 54, 223, 325, 326, 334
Buchanan, W. 336
Bühler, K. 226

Burckhardt, J. 246
Butler, C. 336

Calvin, M. 125, 327–330
Campbell, D. 51, 52, 223, 300, 301, 320, 324, 325, 326, 334, 340, 341
Cantril, H. 336
Carnap, R. 88, 327
Cäsar 20
Champollion, J. 57
Chomsky, N. 335
Clark, H. 336
Clausius, R. 82, 114, 323, 326
Coleman, B. 323
Commoner, B. 323, 324
Comtes, A. 247
Constable, G. 323, 337, 339
Corning, H. 325
Curan, P. 323
Cuvier, G. 23, 34, 323

Dancoff, S. 172, 332
Dareius III 338
Darwin, Ch. 23, 57, 100, 124, 143, 162, 165, 275, 277, 293, 313, 323, 329, 338, 339
Davidson, E. 330, 331
De Groot, S. 323
Descartes, R. 41, 308, 325
Dessauer, F. 340
Doblhofer, E. 326
Dobzhansky, D. 24, 324
Dörner, W. 335
Driesch, H. 26, 39, 324, 325
Duncker, K. 334
Durant, W. 290, 292, 293, 324, 339

Eder, G. 327, 330
Ehrenfels, Ch. v. 223, 326, 334

354

Eibl-Eibesfeldt, I. 202, 208, 255, 277, 278, 333–339
Eigen, M. 9, 122, 130, 133, 144, 289, 297, 321, 317, 328–330, **339–341**
Einstein, A. 53, 122, 257, 325, 327, 328
Eliade, M. 336
Engels, F. 273, 337
Engelsberg, E. 152
Epikur 300, 308
Erben, H. 332
Escher, M. 223, 334

Fester, R. 335
Fichte, J. 325
Fleuer, L. 338
Florkin, M. 330
Foppa, K. 334
Forrester, J. 252, 274, 338
Freud, S. 225
Frisch, K. v. 228, 334, 337
Fromm, E. 324
Fuhlrott, J. 254

Galbraith, J. 25, 246, 252, 259, 274, 324, 335, 337, 338
Galilei, G. 91, 150, 300, 313
Garstang, W. 331
Gehlen, A. 40, 245, 252, 325, 335, 336, 339
Gerlach, W. 327, 328
Glansdorff, P. 323
Glockner, H. 325
Goethe, J. W. v. 34, 43, 45, 100, 143, 155, 161, 164, 165, 184, 235, 266, 295, 306, 323–325, 332, 334, 335, 338, 340
Guttmann, G. 334

Hacking, I. 88, 327
Hadorn, E. 330, 331, 333
Haeckel, E. 35, 45, 101, 157, 160, 189, 286, 324, 327, 331, 339
Haldane, J. 124, 329
Hartmann, M. 325
Hartmann, N. 9, 39, 40, 96, 155, 289, 306–308, 310, 311, 322, 325, 327, 331, 335, **339–341**
Hass, H. 324
Hassenstein, B. 9, 34, 35, 201, 220, 306, 324, 333–335, 340
Hausmann, R. 330, 331, 333
Heckmann, O. 327
Hegel, F. 26, 101, 307, 325, 335
Heintel, P. 338, 339

Heisenberg, W. 317, 325, 328, 340
Helmleben, J. 327, 339
Hesse, H. 144
Hilgard, E. 334
Hirsch, R. 337
Hofstätter, P. 248, 255, 266, 276, 334, 336, 338, 339
Holst, D. v. 338
Holst, E. v. 205, 206, 215, 334
Homer 112
Höpp, G. 335
Hörmann, H. 335
Hubble, E. 327
Hull, R. 338
Hume, D. 50, 70, 210, 327
Huxley, A. 30, 37, 274, 324, 334, 338
Huxley, J. 24, 277, 324
Huxley, T. 101, 327
Hyden, H. 334

Immelmann, H. 338

Jacob, F. 152, 199, 331, 341
Jeffreys, H. 327
Jevons, S. 301
Jordan, P. 340
Jouvenel, B. de 26, 262, 337, 339

Kammerer, P. 23
Kant, I. 21, 50, 52, 70, 79, 80, 93, 109, 163, 300, 325, 326, 327
Kappler, E. 337
Katchalsky, A. 323
Katz, D. 326, 335, 336
Kavčič 270
Kepler, J. 99, 328
Keynes, J. 327
Klüber, H. v. 327
Koehler, O. 216, 229, 334
Koenig, O. 277, 278, 339
Koestler, A. 31, 33, 226, 270, 309, 324, 326, 330, 333, 334, 338, 340
Koffka, K. 334
Köhler, W. 334
Konfuzius 287
Korschelt, E. 325
Kosswig, C. 331
Kuenen, D. 202, 333
Kühn, A. 39, 154, 325, 330, 331, 334
Kuiper, G. 21, 109, 327, 330
Krummbiegel, I. 330
Kutschera, F. v. 326, 327

Lamarck, J. 23, 34, 45, 100, 165, 323
Laplace, P. 21, 88, 109

355

Lashley, K. 334
Le Bon, G. 247, 336
Leche, W. 339
Lederberg, J. 324, 333
Leibniz, G. v. 15, 323
Lenneberg, E. 289, 335, 339
Ley, W. 326
Linné, C. v. 165
Lorenz, K. 9, 36, 40, 51, 52, 60, 75, 76, 165, 183, 197, 200, 202, 203, 206, 211, 215, 226, 227, 232, 241, 245, 249, 256, 263, 277, 280, 282, 288, 289, 292, 301, 305–307, 324–326, 333–341
Luckmann, T. 245, 246, 335–340
Lukrez 294, 308
Lwoff, A. 330
Lysenko, T. 24

Mach, E. 301, 340
Machiavelli, N. 36, 246, 336
Mannheim, K. 336
Marschak, J. 337
Martin, R. 334
Marx, K. 245, 246, 253, 273, 335–337
Maupertois, M. de 337
Mayer, R. 114
Mayr, E. 24, 176, 324, 332
Mazur, P. 323
Meili, R. 335
Mendel, G. 143, 254, 275
Merei, F. 338
Metzger, W. 326
Michelangelo 143, 298
Miller, S. L. 125
Mittelstaedt, H. 215, 334
Mittenecker, E. 337
Moede, B. 336
Monod, J. 10, 33, 44, 152, 156, 199, 309, 315, 317, 318, 324, 325, 331, 341
Morgenstern, Ch. 237, 332
Morowitz, H. 197, 323, 325, 328, 331, 333
Morris, D. 336
Mozart, W. A. 297
Muller, H. 324
Müller, J. 26
Müller-Karpe, H. 334

Napoleon 20
Nernst, W. 115
Newton, I. 91, 99, 150

Odum, H. 324
Oeser, E. 23, 320, 326, 341

Oparin, A. 124, 329
Ortega y Gasset, J. 254, 267, 336, 338
Orwell, G. 274, 338
Osche, G. 160, 325
Ozbekhan, H. 334, 335

Pardee, A. 199, 331
Pawlow, I. 211, 212, 334
Peary, R. 291, 302
Penzias, A. 328
Peter, L. 338
Piaget, J. 227, 301, 334, 340
Planck, M. 82, 103, 326, 340
Platon 300, 305, 335
Poincaré, H. 301, 340
Ponnamperuma, C. 327, 328
Popper, K. 9, 42, 50–52, 68, 70, 88, 183, 210, 300, 320, 324–327, 334, 340, 341
Prideaux, T. 340
Prigogine, I. 323
Pyrrhon 300

Quastler, H. 87, 172, 326, 327, 332

Raab, E. 337
Rechenberg, I. 321, 341
Reichert, C. 326
Remane, A. 246, 255, 325, 326, 332, 335–338
Rensch, B. 24, 227, 324, 334
Richter, H. 327
Riedl, R. 324–326, 329–333
Rohracher, H. 234, 235, 335, 336, 339
Rosner, M. 270
Roth, E. 237
Rousseau, J. J. 238, 287, 335

Saint-Hilaire, G. 23, 334
Saller, K. 334
Samuelson, P. 338
Savage, L. 327
Schatz, O. 339
Schatzmann, E. 323
Schelling, F. 307, 325
Scheuchzer, J. 323
Schiller, F. 249
Schindewolf, O. 325
Schleidt, W. 333
Schmitt, C. 338
Schopenhauer, A. 93, 327
Schrödinger, E. 11, 24, 82, 115, 116, 188, 225, 260, 275, 295, 324, 327, 328, 332, 334, 336–341
Schubert-Soldern, R. 323, 325, 341
Schuster, P. 133, 329

Schwabl, H. 262, 300, 305, 327, 337, 340
Schwarz, G. 266, 338
Seidel, F. 333
Seneca 248
Sethe, A. 339
Sexl, H. 323, 327
Sexl, R. 105, 121, 317, 323, 327, 328
Shannon, C. 82, 83, 103, 326, 327
Sherif, M. 250, 255
Simon, H. 270, 338
Simpson, G. 24, 301, 324, 330, 340, 341
Skinner, B. 25, 205, 324, 333
Smythies, J. 309, 324, 334, 340
Sneath, P. 326
Sokal, R. 326
Sokrates 287, 335
Souriau, P. 301, 340
Spencer, H. 247, 293
Spengler, O. 324
Stachanow, A. 247, 336
Stirner, M. 50, 325
Störig, H. 323, 327
Strabo 295
Stümpke, H. 332
Stumpff, K. 330
Summer, W. 293
Szilard, L. 82, 326

Tannenbaum, A. 246, 270, 335–339
Taylor, F. 247, 336
Teilhard de Chardin, P. 10
Tembrock, G. 337
Thenius, E. 334
Thompson, D. 332
Tinbergen, N. 202, 205, 206, 333
Topitsch, E. 336

Uexküll, J. v. 26, 202, 333
Ungar, G. 333, 334
Urbantke, H. 327
Urey, H. 125, 327, 328, 330

Vandel, A. 331
Vergil 248
Vianello, M. 270
Virchow, R. 254
Vivaldi, A. 120, 163
Voltaire, J. 15, 287, 323

Waddington, C. 33, 154, 160, 161, 179, 301, 324, 325, 330–332, 340, 341
Wagner, G. 329
Ward, L. 293
Washington, G. 245
Weaver, W. 103, 326, 327
Weber, M. 272, 338
Weinberg, S. 327
Weismann, A. 150, 323, 324
Weiss, P. 9, 32, 150, 204, 309, 310, 324, 327, 331–334, 337–340
Weizsäcker, C. v. 21, 43, 49, 87, 101, 109, 122, 196, 226, 257, 262, 298, 311, 320, 325, 327–329, 333, 337, 340
Weizsäcker, E. v. 321, 341
Wellek, E. 334
Wendt, H. 323, 327
Wertheimer, M. 223, 326, 334
Whipple, F. 327
Whyte, L. 330
Wickler, W. 76, 326, 333
Wiedersheim, R. 325, 333
Wieser, G. 270
Wild, J. 337
Willer, S. 325
Wilson, J. 324
Wilson, R. 328
Winkler, R. 289, 328–330, 339–341
Wolf, R. 329
Woolhouse, H. 324

Zemanek, H. 211, 262, 298, 334, 337, 340
Zeno 287
Zimen, K. 341

# Sachregister

Abbauprodukte 116
Abbauvorgänge 261
Aberglaube 101, 241, 235
Abgrenzungskriterien 77
Abnormität 62
Abschrift(en), Kopien und Durchschläge 146, 152
Absicht(en) 53, 82–84, 98, 164
Abstammung des Menschen 42
Abstimmung 37 ff., 251
Abstrahlung, nächtliche 19, 22
Abstrakta 66, 87
Abstraktion 200, 201, 215, 221, 228, 297
Abverkauf von Ordnungswerten 260 ff.
Abweichler 254
Ächtung 254, 255
Ackerbau 292
Adaptierung 176, 177, 275
Adenin 145
Adenosintriphosphat (ATP) 143, 144
Adler 299
Adoptivordnung 279
–, Erfolg der 188, 231
– in der Zivilisation 276 ff.
Affe(n) 215, 217, 222, 223
– und Schreibmaschine 33, 144, 148
Aggression 36, 207, 208, 246, 254, 255, 263, 265, 282
–, Naturgeschichte der 263
Aha-Erlebnis 70, 226
Ähnlichkeit(en) 56
–, divergente 75
–, Feld der 57, 61, 75, 77
–, konvergente 75
– der Mimikry 76
– der Stromlinie 76
–, unnötige 72, 74

– ungewisser Ursache 72
–, Wägung der 69
–, Wandel der 57
Ähnlichkeitsfelder, funktionsanaloge 77
Alanin 125
Algen 79
Allerwelts-Weltbild 246
allgemeine Meinung 236
Allgemeines und Spezielles 68 ff., 70
Alphabet 112
Alpha-Helix 140
Alternativen, letzte 122
Ambivalenz 226, 242
– des Denkens 232
– der Evolution 213, 290
– der Ränge 264
Amboß 73, 174
Ameisen 204
Aminosäuren 125, 145
Aminosäure-Synthese 125
Ammoniak 109, 110, 124, 125, 142
Amphibien 161
Analogie, Begriff der 72
–, bloße 56, 61, 75
–, falsche 76
–, funktionelle 275
– menschlichen Tuns 96
– als Wissensquelle 75
Analogieschluß 55 ff., 75
Anatomie 42, 180
Änderungschancen 169
angeborene Erwartung 300
– Lehrmeister 71, 101, 204, 210 ff., 216, 222, 229, 231, 232, 265, 286
Angst 21, 131, 197, 290, 293, 294
Annahmen im Transzendenten 297
Anpassung, Bewunderung der 17
Anpassungserfolg, Chance des 137, 141

Anpassungsmängel 19, 296
Antagonismus von Hierarchie und
  Norm 272
Antagonisten 174
Antikoinzidenz(en) 61, 67, 76, 183
Antimaterie 103
Antithese 58
Antrieb 96, 101
Antriebsursache 10, 93, 164, 308, 320
Antriebs- und Zweckursache 95 ff.
Anuren 161
Anwendung (a) 112, 114, 117, 118
– und Redundanz 112
Aortenbogen 179
Aortenstamm 185
Aortenwurzel 179
Apokalypse 27, 312
A-posteriori 54, 71, 81, 89, 93, 301
Appetenz-Verhalten 206
A-priori 42, 52, 71, 81, 89, 93, 104,
  181, 229, 301
– des Denkens 54
– der Vernunft 80
Archigenotypus 160
Architektur 261, 262, 284
Architypus 161, 175
Argusfasan 279
Armarterie 179
Armeen 178
Arterien-System des Armes 179
Articulare 174
Assimilierung 255
Assoziation 210, 301
Asteroidenring 109
Astrochemie 108
Astrologie 235
Astrophysik 108
Atavismen 36, 160, 189
– beim Menschen 175
–, spontane 39, 160
– des Verhaltens 207
Atemwege 191
Atheismus 294, 305
Atmosphäre 109, 110, **124, 125, 142**
Atome 108, 114–116
–, nackte 106
–, Werden der 106
Atomismus 308
Atomkerne 107, 108
–, Entstehung der 106
Attrappe 203
Aufbau durch Degradierung 116
Aufbaumuster 189
Aufbauprodukte 116
Aufbaustörung 189

Augen 74
Augenbecher 190
Augenblase 160, 161, 190
Augenkompensation 201
Auslachen 207, 255
Auslösemechanismen, angeborene
  (AAM) 202, 203
Auslöser, überoptimale 203, 219
Auslöseschwelle 206
Ausschlußvorschriften 161
Ausstoßreaktion 254, 255
Austernfischer 203
Australopithecus 242
Ausweichreaktion 200
Außenbedingungen 74, 75, 77, 78, 94,
  98, 133, 134, 136, 139–141, 146, 260,
  282, 302
Außenfaktoren 162
Außenfunktionen 278
Außenmilieu 187
Außenseiter 253–255
Außensysteme 127, 128, 130, 131, 133,
  135, 159, 166, 197, 213
–, Reduktion der 283
Außenursachen 183
–, identische 75
Auto, erstes 277
Autokatalyse 126, 128
Automat(en) 92, 150
Automat Mensch 202
Automobilfabrik 188
Autorität 254, 266, 269, 272, 273, 291
– und Lebensalter 264
Autoritäten 264, 268
–, Delegierung der 268
Axiome 80, 229

Bäckerschupfen 258
Bahnen der Evolution 321
Bakterien 75, 87, 114, 169
Balz 203, 206, 278
Bandscheibenschwäche 191
Bank 131–133, 151
– und Spieler 129 ff.
–, Spieltrend der 139
Barbaros 280
Bärenkult 294
Baryonen 105, 122
Basensequenzen 145
Basis und Überbau 246
Baumfrösche 222
Baupläne 34, 173 ff., 185
Begeisterung 249
Behaviourismus 25, 205, 214, 234, 274,
  309

Bergziegen 210
Beschreibbarkeit des Lebendigen 34, 162
– der Welt 307
Beschwörungen 254
Bestimmung 119, 255, 316
– des Wir 255
Bestimmungsvorteil der Gruppe 253
Betriebsbedingungen 189
Betriebsorganisation 258
Betriebsselektion 140, 158, 162, 189, 246
Betriebssoziologie 246
Betriebstüchtigkeit 162
Betriebswirtschaftslehre 257
Beutelwolf 162
Bevölkerungsexplosion 308
Bewegungs-Stereotypien 205
Bewußtsein 70, 143, 191, 192, 197, 215, 220, 224, 225, 228, 241, 242, 286, 305, 308, 316
– und Gesellschaft 245
–, Problem des 225
Bewußtwerden 221
Biberbau 57
Bienen 228, 231
Bienenstaat 248
Bildungstrieb 193
Billard, ideales 121, 317
Binär-Code 134
Binärentscheidungen 82, 86
binary digits (bit) 27, 82, 112, 115, 116, 257
Bindungsgesetze 125
Binnenbedingungen 74, 75, 77, 78, 94, 98, 133, 140, 277, 282, 302
– und Außenbedingungen, gleichgerichtete 78
Binnenfunktionen 278
Binnenmilieu 187
Binnenstrukturen 134
Binnensysteme 127, 130, 131, 133 bis 135, 141, 159, 166, 197, 260, 283
Binnenursachen 74, 95, 183
Biogenesegesetz 35, 157, 161, 189
Biophysik 316
Biosphäre 19, 118, 165, 210, 242, 319
–, Betrieb der 117
Bithorax-Mutante 155
Blaualgen 75, 169
Blaue Mauritius 114
Blende 74
Blinddarm 36
Blumentiere 79
Blutdruck 201

Blutkreisläufe 120
Bodenbiologe 209
Bodenorganismen 209
Böse, das sogenannte 282
–, das wirklich 282, 283
Boten-RNS 145, 152
Brandente 278
Bräuche 75, 284, 293
Bronzezeitrad 188
Brückenkonstruktion 18, 191
Brunnenmolch 161
Bünde 266
Bürde 179, 180, 184, 264
–, funktionelle 174, 219
Buttersäure 201

Caenogenese 160
Caroticus-Nerv 201
Cartesische Transformation 176
Cäsaren 239, 270
Causa efficiens 93, 257, 308
– finalis 93, 306
– formalis 93, 95, 306, 311, 319
– materialis 93, 95, 308, 311
Chaos 22, 83, 89, 103
–, Gefolgschaft des 20
–, Memorieren des 20
chemische Evolution 124, 125 ff., 130, 144
Chorda 169, 185, 190
Chordatiere 64
Chromosomen 153, 167, 169
Ciliar-Körper 74
Cilium 169, 170, 187
Cistron 145
Cliquen 266
Code, genetischer 143
Codices 202
Codierung 133
– und Redundanz 134
Cogito ergo sum 307
Colibakterium 214, 225
Comic Strips 203
Computer 298
– und Gestalt 70
Computer-Musik 297
Computer-Sprache 82
Contre-Tänze 297
Cornea 73, 74
Counterdependenz 266
Cro-Magnon 297
Cytochrom-c, Stammbaum des 148
Cytosin 145

Darwinismus 24, 32, 315

Daumen-Hauptarterie 179
Debakel der Tüchtigkeit 28 ff.
Decodierung 145
Degradierung 110, 111, 115–117, 125
– von Ordnung 84, 115
Delphine 17, 73, 76, 174, 189, 222
Demagogie 196, 204, 307
Demiurgen 21, 305
Demokratie 245, 252, 255
Demutstellung des Hundes 239
Denken 196, 210, 215, 216, 220–222, 224–226, 232, 239, 244, 271, 300, 302, 307, 311, 318, 320
–, begriffliches 289
– und Bewußtsein 225
–, magisches 303
– und Materie 49
– als Probehandlung 225
– und Realität 81
–, reflektierendes 241
–, Spaltung des 300, 305
–, spekulatives 96
–, unbenanntes 216
–, Wurzeln des 215, 221, 222
–, Zufallskomponenten des 301
Denkentwicklung 43
Denkkanäle 224
Denkmuster 230
–, älteste 226
– und Naturmuster 35, 154
Denkvoraussetzung 43, 81
Denkvorgang 318
Denkvorschriften 236
Dependenz 224, 265
– und funktionelle Bürde 174
–, gesicherte 291
–, individuelle 263, 269
– und Redundanz 151
Dependenzhypothesen 79, 200
Dependenzmuster 226
Desindividualisation 65, 248, 260
Desoxyribonucleinsäure (DNS) 120, 143, 144, 199
Deszendenz 23
– des Menschen 35
Determination 53, 83, 85, 88, 116, 128, 155, 163
Determinations-Entscheidungen 82, 87
Determinationsgehalt (bit$_D$) 82, 85, 87, 112, 114–116, 118
Determinierungsspiel 138
Determinismus 44, 313 ff.
–, doppelter 27
– und Indeterminismus 44
–, materialistischer 27

Deuten, gestaltendes 297
Deuterium 106
Dialektik 58, 296, 307
dialektischer Prozeß 246
Diamant 114
dichotome Verzweigung 79
Dichotomhierarchie 178, 230, 269
Differenzierung, Erfolge der 147
– und Individualisation 171
Differenzierungsspiel 134, 136, 147, 148
Differenzierungs-Spielregel 131
Differenzierungswert 114
Diktat des Normativen 259
Dilettantismus 267
Diplomatie 293
Dissonanz 298
Disymmetrie 168
DNS-Abschrift 145
DNS-Basen 145–147
DNS-Kopierung 146
DNS-Matrize 145
DNS-Original 145
DNS-Übersetzung 145
Dogma 155, 192, 309
–, zentrales der Genetik 17, 150, 151
dogmatische Genetik 274, 309
Dohlen 219, 220, 264
Doktrin 192, 294, 309
– und Dogma 150
Doppelbildungen 176
Doppel-Helix 145
Dottersack 160
Drahtkanten-Würfel 233, 250
Drehkasten 218
Drift und Trend 134
Druckfehler 148
– und Evolution 33
Dualität der Materie 196, 225
Dummheit, kollektive 252
Durchbrüche, die raschen 167

Effektor-Organ 200
Ehe 293
Ei und Henne 157 ff., 191, 300, 307, 309
– und Nest 71
Eichämter 258
Eichhörnchen 222
Eidechse 156
Eigenbrötler 235
Eigengesetzlichkeit 298, 318
Eigentum 293
Eingebung und Kanon 297

361

Einhorn 22
Einigungszeremonie 207
Einsamkeit 245, 249, 265
Einsätze und Spiel 129 ff.
Einschüchterung 253
Einsicht 214, 318
Einstellungen 234, 235
Einzeller 75, 114, 169
Einzelwohl 29
Einzigartiges 114
Eiroll-Bewegung 207
Eisenbahnwaggon, erster 279, 280
Eiweiß 145
Elektronen 106, 107, 125
Elektronenrechner 134, 147
Elektronenschalen 125
elektronische Schildkröte 211
Elementarteilchen-Physik 105
Elemente 108, 109, 313
–, Entstehung der 106
– im Kosmos 109
Elephanten 73
Elternbindung, Störung der 204
Emanzipation 266
Emanzipationsprozeß des Menschen 292
Embryonalentwicklung 160, 189
Embryonalorgane 190
Empfindung und Vernunft 41
Empirismus 210, 211, 234
Energie 260, 290, 320
– und Macht 28
Energiedurchzug, Vergrößerung des 28
Energiespeicher 143
Energieversorgung 142
Entelechie 26, 32, 39, 193
Entenmuscheln 57
Entenvögel 68, 69, 278
Entfaltung 307
Entflechtung des Genoms 159
– der Schaltung 171
Enthemmungsschäden 239
Entmassung 172
Entritualisierung 279
Entropie 32, 83, 193, 210, 219, 238, 242, 247, 273
– und Kosmos 32
Entropiesatz 16, 22, 32, 33, 103, 116, 117, 196
Entscheidung(en) 82, 86, 87, 113, 115, 135, 152, 153, 158, 205, 206, 234, 256
– und Ereignis 90 ff.
–, kämpferische 20
–, Rangfolge von 151

–, Überzähligwerden von 151
Entscheidungsfindung 127, 188, 198, 221, 227, 230, 245, 265
–, Chancen erfolgreicher 127
–, Kosten der 166
–, Wahrscheinlichkeit der 132
Entscheidungsraum 279
– des Menschen 260
Entwicklung, adaptive 36
Entwicklungschance, Imitation der 137
Entwicklungsphysiologie 154, 189, 190
epigenetische Dialekte 161
epigenetisches System 154–156, 159, 160, 188
Epithel 187
Epithelmilieu 187
Epithel-Zellen 170
Epizyklus 321
Epos 113, 121, 262
Erbarmen mit der Kreatur 16 ff.
Erbinformation 199
–, Wachsen der 147
Erbkoordination 204, 206, 207, 218
–, Baustufen der 200
–, Systemstrukturen der 204
Ereignisse 113, 153, 158, 205
–, Freiheit der 151
Erfahrung 70
–, Fundamente der 43
–, Quellen der 70
–, vermeintliche 88
– oder Vernunft 300 ff.
Erfindergeist 287
Erfindungen 277
Erfolgschancen 128, 172, 198, 207
Erfolgsgesellschaft 25, 282
Erfolgsmuster 133, 137
Erfolgsschäden 30, 282
Erfolgssymbole 284
Erfolgszivilisation 26, 259, 290, 303, 305
Erhaltungsbedingungen 98, 318
Erhaltungschancen 319
Erhaltungssatz 115
Erhaltungszweck 320
Erkennen 49 ff., 101
– und Erklären 89 ff., 98
Erkenntnis, Baum der 285, 286
Erkenntnisapparat 247
Erkenntnisgewinn und Wiederholungen 60
Erkenntnishypothese 100
Erkenntnislehre, evolutionistische 88, 320
–, kybernetische 320

Erkenntnisprozeß 211
Erkenntnistheorie, biologische 300
–, evolutionistische 51
Erkenntnisvorgang, Leben als 196
–, urtümlicher 199
Erkenntnisweg 99, 100
Erklärung 79, 99, 100
– des Unerklärlichen 235, 279, 295
Erklärungshypothese 100
Erklärungsweg 99, 100
Erlebnis des Schönen 226
Erleuchtung 294
Ersetzbarkeit 65
Erwartung 80, 88
–, Abweichung von der 223
–, bestätigte 68
–, hypothetische 81
–, Revision der 69
Erwartungsfehler 253
Erwartungshorizont 276
Erwerbssinn 92
Erythrozyten 167
Erziehung 253
Eskimos 292, 302
esoterisches Prinzip 155, 306
Essigsäure 125
ethische Ziele 316
Ethologie 214
Eulen 222
Eustachische Röhre 170, 187
Evolution, Kritik der 16
–, Rückweg der 284
– der Systembedingungen 9
–, zweite 275, 320
evolutionistische Erkenntnistheorie 51
Evolutionsgrad 114
Evolutionstheoreme 16
Evolutionstheorie, Unvollständigkeit der 192
Exekution 241
–, Macht der 239
Exekutiv-Hypothese 91, 92, 96
Exekutiv-Ordnung 239
Exekutivschäden 238
Existentialismus 10, 226, 315
Expansion 107
– des Universums 106
Expertise 252
Extremorgane 222, 242, 244

Fabeldichtung 296
Fahnen 220, 293
Fakultäten, Trennung der 288
Fatalismus 314, 316
Faustkeil 57

Feder 169
Fehlkonstruktionen 18
Feind 254, 255
– zur Gruppeneinigung 255
Feindbild 220
Feindschaft 280
Feld von Ähnlichkeiten 57, 68, 69
Fernsinnesorgane 200
Festkörperphysik 110
Feuerstein 142
Fibrillen 168
Filamente 168
Filter-Auslöser-System 202
Finalität 313, 320
–, Entwicklung von 321
–, kausale 321
– im nachhinein 141
–, Naturgeschichte der 318
Finalursache 97, 163, 193, 320
Fische 161, 217, 225
Fischschwärme 263
Fixierungsgrade 185
Fledermaus 73, 169
Fließband 189
Fließbandarbeiter 267
Flügel 155
Flughörnchen 169
Flugsäuger 306
Flugsaurier 173
Folter 242, 296
Form, eo ipso 122
Formaldehyd 125, 126
formale Redundanz 114
Formalnormen 168
Formalursachen 97, 98, 101, 227
Formbedingungen 306, 319, 320
– und Außenbedingungen 98
Formenkenntnis 181
Formgesetze 155
Formtoleranzen 184
Formursache 10, 93, 94, 150, 154, 164, 177, 186, 190, 193, 195, 221, 230, 231, 246, 258, 262, 265, 267, 268, 270, 276, 282, 287, 306, 311, 320
Forschen 83, 86
Fortschrittsglauben, materieller 310
Fortschrittszivilisationen 286
Fossil namens Behringer 100
Freiheit 45, 163, 245, 249, 322
–, Beschränkung von 218, 290
– und Individualität 238
–, Naturgeschichte der 316 ff.
– für Sicherheit 283
– ohne Sinn 322
– und Strenge 298

- der Vereinfachung 190
-, Wandlung der 121
- der Wissenschaft 309
Freiheitsgrade 184
Freude am Häßlichen 284
Freundschaft 266, 280
-, Genesis der 263
Friedmann-Modell 105
Frösche 156
Führer 266, 268
Fulguration 307
Funktion und Geschichte 277
Funktionsähnlichkeiten, Feld von 76
Funktionsanalogie 75–77, 174
Funktionsmuster 175, 179, 180
Funktionsrichtung, Umkehrung der 77
Fütterungssignal 202

Galaxien 317
-, Verteilung der 108
Gänse 173
Garten Eden 15, 16, 46, 290
Gas-Turbulenzen 110
Gattungen 184
Geborgenheit 245
Geburt 18, 191
Gedächtnis 224, 225
- und Codices 225
-, molekulares 166
- und Reproduktion 126
- und Selbstreproduktion, Vorläufer von 126
-, Vorläufer des 135
- der Zivilisation 275
Gedächtnisinhalte 213
Gedränge 265
Gegenselektion 141, 189
Gehirn 185, 190, 242, 317
Gehirnwäsche 254
Gehörknöchel 73, 190
Geist 305
- und Natur 43, 304
-, der stets verneint 27
Geister 295
Geistes- und Naturwissenschaften 40
Geistigkeit 245
Geld 292
Gelenk 156, 174
Gelenkflächen 174, 175, 179
Gemeinplatz 114
Gemeinwohl 29
Gemsen 215
Gene 145, 153, 167, 180, 238
Genesis der Sonne 109
-, Verheißungen der 45

Genetik, molekulare 315
Genkarten 150
Genom 145, 152, 153, 158, 159, 164, 172, 178, 213
Geotaxis 209
Gerechtigkeit der Evolution 19
Gerichtsbarkeit 253, 272
Geschichte 272, 281
- nachgeahmter Funktionen 159
geschlechtliche Fortpflanzung 188
Geschlechtschromosomen 153
Gesellschaft 193, 296, 304, 322
Gesetz(e) mal Anwendung 85, 86
-, Exekutive unserer 293
- und seine Fälle 99
-, fiktive 235
- und Freiheit 290
-, Legislative unserer 292
- und Ordnung, Information über 81 ff.
- und Redundanz in der Natur 114
Gesetzesgehalt (bit $_G$) 85, 107, 112–114, 172, 256, 260, 261
- und Näherungsvorgang 113
- und Ordnungsart, Wachsen von 112
Gesetzeskanon 121
Gesetzgeber, esoterische 268
Gesetzlichkeit, Wachsen von 121
Gesetzlosigkeit, Maximum an 21
Gesetzmäßigkeit, neue 112
Gesinnung 234, 236
Gespensterschrecke 76
Gestalt 61, 62 ff., 223, 224, 299
- als Gleichnis 164
Gestalt-Empfinden 64
Gestaltpsychologie 62, 223
Gestalttheorie 62
Gestaltung des Zufälligen 235
Geweihe 185
Gewerbe 292
Gewerkschafter 268
Gewicht eines Merkmals 183
Gewißheit(en) 54, 276
-, soziale 250
Gewißheitsansprüche 296
Gewißheitsgrad 88
Gezeiten 92
Giraffen 23
Glaskörper 74
Glasperlenspiel 147
-, Erfolg des 144 ff.
- der Moleküle 133
Glaube 292, 293 ff., 296
- als ungefähre Wahrheit 300
Glauben, Deuten und Wissen 291 ff.

– reinen Unsinns 241
Glaubenssätze 49
Gleichgewichtsempfindung 170
Gleichheit der Menschen 238, 263
Gleichheitsschäden 238
Gleichschaltung 175
–, Vorteil der 152
Gleichschritt 114
Gletschermühle 97
Globulen 108
Glomus caroticum 201
Glycin 125
Goldmünze 238
Gonade 283
Gorilla 78
Gott und die Welt 32, 58
Gott, der nie würfelt 122
Gott würfelt 53, 111, 122, 123, 282
Götter 268, 294, 295
Götterfurcht 296
Gottesbeweis, teleologischer 163
–, wissenschaftlicher 245
Göttlicher Funke 114, 302
Grabbeigaben 293
Gravitation 99, 108
Greisenasyle 18
Grenzhypothesen 99
Grille 202
Großhirn 191, 222
Gruppe 248–250, 267, 268, 271, 279, 280, 294
– als Instanz 252
– als Maßstab 250
Gruppendynamik 266
gruppeneinende Funktion 236
Gruppengröße und Kommunikation 266
Gruppenmeinung 250
–, Entstehung von 251
Gruppenschlüssel 178
Gruppenstruktur 267
Gruppen-Verteidigungsverhalten 249
Guanin 145
Gut und Böse 36, 123, 291

Haar 169
Hackordnung 264
Hadronen 105
Hadronenzeit 106, 120, 121
Haie 76, 179
Halsberge 278, 279
Halsfistel 175
Halsschlagader 201
Halswirbel 179, 185
Halswirbelsäule 182

Haltere 155
Haltungsnormen 251
Häm-Gruppe 140
Hammer 73, 174
Hände 191
Hantelform 72
–, Qualität der 65
Harmonie 11, 64, 86, 160, 176, 192, 260, 262, 298, 299, 307, 319
– zwischen Natur und Kultur 40
–, poststabilisierte 40, 141, 156, 192, 321
–, prästabilisierte 40, 141, 155, 314
–, Rätsel der 155, 175
– des Werdens 192
Harmonie-Empfinden 64
Hassen 216
Haubentaucher 278
Häuptling 293
Hauptsatz, erster 116
–, dritter 118
–, nullter 115
–, zweiter 22, 116, 117
Hauptschalter 156
Haushalt der Natur 17, 19
Haustiere 283
Heere 268, 269
Heereszüge 209
Helium 106, 108, 109, 116
Helme 278, 279
Hemmung(en) 206, 239
–, Verlust der 239
Hemmungs-Mechanismen 206
Hemmungsschäden 29
Herde 249
Herrenbewußtsein 292
Herrscher 272
Herz 181, 185
Herzschlag 201
Heteromorphose 38, 156
Heuschrecken 37, 76
hexagonale Bauweise 79
Hierarchie 63, 87, 114, 154, 178, 189, 204, 205, 211, 229, 230, 263, 268, 270, 271, 273, 279, 280, 283, 289, 295, 302, 305, 306, 319
–, Altern der 269
– der Begriffe 63
–, Formen der 178
– der Gefäße 179
– der Gesellschaft 263
– der Gruppen 269
– der Handlungen 214
– der Homologa 182
– der Instinkte 206

365

- von Lagestrukturen 63
-, das Muster der 177
- einer Paviangruppe 264
- der Persönlichkeit 230
- der Sprache 229 ff.
-, universelle 177
- in der Zivilisation 268
Hierarchiehypothese 80
- Lernmatrix 213
- Produktion 270
- Programme 206
- Schaltung 205
- Systeme 209
- Verdrahtung 212
hierarchische Kanalisierung 269
hierarchisches Welttheater 267
Hieroglyphen 57
Himmels-Hemisphären 108
Himmelsmechanik 110
Hintergrundstrahlung, kosmische 117
Hirnnerven 181
Hirnrinde 167
Hirnvolumen 222, 242
Hirsche 207
Hochkulturen 290, 292
Hoden 170
hohle Kurven der Evolution 176
Höhlenbären 294
Höhlenfische 161
Holismus 214
Homo erectus 242, 292
-, Gattung, 222, 321
- sapiens 222, 241, 242, 294, 305, 321
- socialis 279
Homodynamie 35, 161
-, Rätsel der 161
-, Spannweite der 161
Homoiologie 78
Homologa 34, 35, 75, 87, 182, 183
-, Gewicht der 183
-, Realität der 181
-, Wahrscheinlichkeit der 182
Homologie 77, 181, 182
- des Handskeletts 173
-, Spannweite der 174
Homologie-Theorem 85, 174, 180 ff.
Homonoma 168
Homöosen 38, 175
Homöostasen 304
Honigbienen 257
Honorierung durch die Bank 132, 136, 167
Hörner 185
Hornhaut 160
House of Commons 278

Humanisierung der Kunst 299
- der Metaphysik 296
- der Wissenschaft 304
Humanität 193, 238, 242, 321, 322
-, Manipulation der 29
Hunde 211, 212, 239, 240
Hundemensch 175
Huhn, vaginaloses 162
Hühner 219, 254, 264
Hyäne 78
Hyomandibulare 174
Hypothese oder Beobachtung 300
- der Dependenz 79, 239
- der Exekutierung 91
- der Hierarchie 80
- der Identität 56, 65, 227, 238, 310
- der Interdependenz 80
- der Kausalität 71, 79, 210, 238, 274, 310
-, kognitive 237
- aus dem Normalbereich 90
- der Normen 80
- des scheinbar Wahren 53 ff., 56, 67, 89, 200
-, synthetische 86
- der Tradierung 80, 276
- des Vergleichs 55, 67
- der Wahrscheinlichkeit 88
- des Zwecks 96
Hypothesenbildung, rationale 232
hypothetischer Realismus 68, 195, 223
Hyracotherium 176

Ich, Entdeckung des 217, 305
Idealismus 9, 10, 11, 24, 27, 32, 43, 50, 98, 101, 226, 272, 296, 304 ff.
- als Beschränkung 307
- und Materialismus 43
-, das Natürliche des 305
-, philosophischer 314, 322
-, skeptischer 50
Idee 289, 306, 320
Ideismus 101, 235, 267
Identität 42, 66, 70, 72
-, Erwartung von 71
-, hypothetische 63
Identitätshypothese 56, 57, 65, 95, 200, 223
Ideologie 11, 36, 37, 44, 101, 220, 239, 240, 244, 250, 268, 272, 281, 283, 293, 296, 299, 303, 307, 310, 314, 315, 322
-, absolutistische 272
-, Systembedingungen der 295
Ideologieschäden 30, 281

Igelstachel 170
Imponieren 206
Independenz 265, 266
Indetermination 10, 128, 316
Indeterminations-Entscheidungen 82
Indeterminations-Gehalt (bit 1) 82, 115, 116, 118
Indeterminismus 44, 314 ff.
–, biologischer 315
Individualbedürfnis 270
Individualerfahrung 67
Individualisierung 169, 171, 172, 226, 248
Individualismus 292
Individualität 63, 173, 210, 213, 220, 238, 246, 256
–, Entstehung von 248
– und Schicksal 248
Individualordnung 171, 261
Induktion 190
–, Bahnen der 190
Induktionsmuster 160
Induktionsproblem 301
Induktionswirkungen 190
induktive Methode 88
Induktor-Moleküle 152
Industrialisierung 259, 271
Industrie 259, 268, 269, 273, 274, 292
Industriegesellschaft 283
Informatik 257
Information 83, 84, 103, 117, 196, 197, 203, 269, 271
–, die wir nicht haben können 82
–, Einsparung von 203
–, Menge der 61
Informationsgehalt 82–84, 172, 257
Informationsgewinn 199
Informationsmaß 27
Informationstheorie 82
Informationszustand und Bewegung 118
Innenohr 187
innere Gesetze, Voraussicht der 184
inneres Ziel 161 ff.
Insekten 213
Insektenstaat 264
Instanzen, oberste 267
Instinkt(e) 240, 265, 283, 300, 304
–, funktionsanaloge 78
–, Mangel an 252
Instinktbewegungen 205
Instinkthandlungen 206
Instinkthierarchie 208
Instinktkoordinationen 206
Intellekt 301

Interdependenz 153, 154, 174, 229, 230
–, die universelle 175
Interdependenz-Hypothese 80
Interdependenz-Lücken 230, 231
Intuition oder Vernunft 42
Involution 282
Iris 73
Irrationalismus 50
Irrtum und Einsicht 214
– statt Wahrheit 209
Isospin 122
Isotope 106

Jagdkulte 293
Jägerstämme 292
Jargon 251
Jupiter 110
Jupitermonde 69

Kabinette 178
Kambrium 181
Kamele 173
Kammerherren 178
Kampf und Chaos 16 ff.
– ums Dasein 16, 162
– der Klassen 272
Kampfdrohung 208
Kanalisierung 141, 176, 191, 197, 199
– möglichen Erfolges 207, 218
– der Gelehrsamkeit 303
– der Vernunft 232 ff.
Kannibalismus 294
Kanon 297
Kapital 238, 239, 284, 290, 299, 306
Kapitalismus 32, 193, 273, 282
Katastrophentheorie 22, 24
Katze 217
Kausalhypothese 98
Kausalität 92 ff., 98, 224, 233, 274, 311, 320
– als A-priori 93
–, Einbahnvorstellung der 91
–, exekutive 91, 214, 233
–, finale 103
–, funktionale 214
– der übergeordneten Schichten 97
– als System 91 ff.
– als Vorstellung 92
Kausalitätsempfinden 93
Kausalitätshypothese 71, 93, 96, 100, 210
Kausalitätskonzept, exekutives 311
Kausalketten 45, 92
–, Begegnung von 159
–, lange 317

367

–, Wiederbegegnung langer 140
Kehlkopf 191, 292
Keimbahn 19
Keimesentwicklung 157, 191, 278
Keimzelle 172
Kenntnis 116
Kern der Sache 113, 134, 151
Kernmembran 169
Kernreaktionen 105
Kettenereignisse 121
Ketzer 251
Kibbuzim 270
Kieferlose 161
Kiemen 190
Kiemengefäße 39
Kiemenporen 175, 189
– beim Menschen 39
Kiemenspalten 160
Kindchenschema 203
Kinese 200
Kirchen 270
Kleingruppen 268
Kleinkind 220
Kniescheibe 201
Knopflochausnähung 279
kognitive Theorie 214
Kohlendioxid 110
Kohlenstoff 106
Koinzidenzen 59, 60, 76, 183
–, Produkt der 67
–, Schichten der 99
–, zufällige 317
Koinzidenz-Lücke 60, 67, 76, 183
– und Anti-Koinzidenz 61
Koinzidenz-Mängel 77
Kolkraben 217
Kollektiv 169–171, 177, 178
– für Individualität 247 ff.
Kollektivbedürfnis 270
Kollektivbefehle 169
Kollektivbürde 169
kollektive Bestimmungen 254
Kollektiveffekt 170, 258
Kollektivität 246
Kollektivleistung 170
Kolonialisierung 281
Kolonien 249
Kommerz 114
Kommunikation 267
Kommunismus 23, 32, 193, 282
Kompartments 271
Kompetenz 266, 269
Komplexität 317, 318
König Kunde 259, 274
Könige 293

Konkurrenz 164, 263
Konquistadoren 281
Konsens, Suchen des 251
Konstanzgesetz 223
Konstrukteure, zwei planlose 24
Konstruktion(en) 83, 86, 112
– für gestern 18
Konstruktionsaufwand 85
Konstruktionsfehler 191
Konsument 274
Konten des Zufalls 138 ff., 141, 191, 208, 217, 219, 236, 281, 290, 295, 302
Kontrapunkt 121
Kontrolle, soziale 254
Kontrolleure, Kontrolle für 263 ff.
Konvergenz 76
Konzerne 270, 282, 283, 293
Kopf u. Adler 53, 54, 61, 67, 85, 132, 182
Kopfhöhlen und Sprache 292
Kopfneiger 179
Kopfwender 179, 182
Koppelung 136, 137
Körper und Geist 288
Körperbemalung 297
Kosmogonie 21, 305
Kosmologie 32, 97, 105, 115
Kosmos, determinierter 120
– und Ordnung 105 ff.
Krabben 206
Krankheiten, konstitutionelle 18
Krebse 213
Kreuzigung 242
Krieg 196, 293
–, kalter 281
Kriegshetze 255
Kryptotypus 160, 175
Kultur 286 ff., 304, 305, 307, 313, 318, 321, 322
–, Erosionen der 303
–, Prämissen der 292
–, Spaltung der 305
–, Systembedingungen der 290
Kulturen, funktionsanaloge 78
Kulturentwicklung 289
Kulturgedächtnis 293
Kulturparasitismus 282
Kultur-Wissenschaften 288
Kunst 114, 262, 284, 290, 292, 297 ff.
Kunst des Systematikers 181
–, Systembedingungen der 298
Kunstkritik 298
Kuß 208, 278
Kutsche 278

Lachen 207, 209

Lac-Operon 199, 214
Lactose 199
Lactose-Operon 225
Ladung 122
Lagebeziehungen 63
Lagenormen 168, 227, 233
Lagestrukturen 63, 64
Lamarckismus 23, 24, 32, 38
Landtierwerdung 18
Laplacescher Geist 120, 121, 163, 186, 221, 245, 290, 313, 317
Laster 219
laterale Arabeske 269
Lautsprache 228
Leben und Erkenntnis 289
– als kognitiver Prozeß 206, 299
– und Vernunft 50
Lebensansprüche 280
Lebensformtypen 77
Lebenszwecke, Pyramide der 319
Leerlauf 206
Legitimierung 250
– des Handelns 279, 280
Leib und Seele 32, 58, 288
Leistungsnormen 253
Leistungsvorteil der Gruppe 252
Lemminge 308
Lernen 60, 83, 84, 206, 212, 216, 218
– des Genoms 217
–, Geschichte des 213
–, individuelles 212, 217
– der Moleküle 199, 201
– der Schaltungen 217
–, unbewußtes 240
Lernkanäle, schutzlose 220
Lernmatrices 218
Lerntheorien, Kontroverse der 214
Letalfaktoren 162
Leuchtkäfer 203
Linse 73, 74, 160, 190
Linsenaugen 74
Linsenmuskel 73
Lipizzaner 205
Logik 42, 43, 49, 50, 69, 70, 80, 193, 210, 223, 227, 301
–, axiomatische 88
–, induktive 69–71
– als Kind des Denkens 301
– als Konsequenz 211
– des Lebendigen 38, 42
– und Wahrscheinlichkeit 69, 301
Lotterie 129
Lungengefäß 120
Lynchjustiz 255
Lyrik 113

Macht 28, 30, 239, 246, 260, 262, 273, 281, 282, 284, 290, 304
– und Recht 272
–, Spielform der 20
–, Wissen als 303
Machtgesellschaft 282, 283
Machtinteressen 281
Machtunterschiede 281
Machtwillen 28
Magie 300
– des Einfachen 303
– der Spezialisation 303
Magnaten 239
Makaken 207, 217
Manipulation des Menschen 282, 310
Manipulationsschäden 30, 282
Märchen 81, 231
Markt 258, 259
Marktforschung 274
Marktselektion 140, 158, 169, 246
Mars 110
Marxismus 245
Maschine 87, 256, 277
Massen 30, 36, 114, 122, 171–173, 246–248, 259, 261, 266, 272, 273, 283, 284
–, anonyme 267, 274
–, deterministische 139
–, Erfolg der 166 ff., 258
– und Klassen 272
Massenbauteile 66, 168
Massengesellschaft 260
Massengüter 259
Massenhierarchie 178, 269
Massenmedien 20
Massennormen 213, 266
Massenordnung 168, 171, 172, 261
Massenproduktion 261
Massen-Systeme 66
Materialbestimmung 229
Materialismus 9–11, 20, 26, 32, 43, 50, 97, 98, 193, 272, 296, 304 ff.
– als Beschränkung 308
– versus Idealismus 288
–, das Natürliche des 308
–, philosophischer 311
Materialnormen 168
Materialtoleranzen 184
Materialursache 10, 93, 94, 98, 101, 115, 150, 154, 164, 177, 186, 193, 196, 221, 227, 231, 246, 251, 256, 259, 262, 265, 268, 270, 276, 282, 287, 308, 311, 320
– und Formursache, Unterscheidung von 94

Materie 103, 313
– und Denken 49
–, entartete 33
–, erste 121
Materiegesetze 308
materielle Redundanz 113
Mathematik 101, 227
Matrize 145, 146
– für Strukturen 126
Maulwurf 73
Mäuse 263
Maxime 251
mechanische Puppen 163
Mechanismen 25, 98, 294, 313
–, richtende 162
Mehrfachbildungen 37, 156
Meinungsnormen 251
Mensch, Ersetzbarkeit des 267
– und Maschine 259, 310
– und Masse 36
– und Natur 32
–, der redundante 256
– als Zufallsprodukt 44
Menschenaffen 216, 225
Menschensilos 282
Menschenverstand, gesunder 69
Menschlichkeit 20
Menschwerdung, Voraussetzungen der 222
–, Zufälle der 221
Merkmale, historische 277
Merkmalsarmut 77
Merkmalsreichtum, Wirkung des 61
Merkur 110
Merychippus 160, 176
Mesohippus 176
Mesonen 105
Metamorphose 184, 231
Metaphysik 73, 129, 313, 319
– als Prämisse 294
Meteorologie 110
Methan 109, 110, 124, 125, 142
Mikrophysik 314
Milchleiste 175, 189
Milchstraße 108, 120
Milieu 187, 195, 244, 275, 277, 282, 283, 306, 317, 322
– des Humanen 45
Milieu-Anpassung 184
Milieubedingungen 159, 199, 237
Milieureduktion 283
Milieuschichten 187
Milieuselektion 24, 269
Milieutheorie 29, 193
–, östliche 23

–, westliche 25
Mimikry 76, 203, 217
Minimum-Einzelsysteme 66
Minoritäten 253, 255, 309
missing link 243, 285
Mitmensch und Milieu 245
Mittelfinger 174
Mode 240, 251
Molch 156, 161
Molch-Larve 176
Molekularbiologie 309
Molekulargenetik 316
Moleküle 114–116, 128, 144
–, Wettstreit der 149 ff.
Mönchszelle 172
Mondbahn 92
Moneren 75, 169
Monist 294
Monotheismus der Macht 260
Monotonie 298
Moostiere 79
Moral 45, 239, 240, 292, 293, 296, 314, 318
Moral, Gradienten der 293
Moral-Behaviourismus 26
Morphologie 34, 42, 180–182, 309
Morse-Code 134
Moschustier 207
Motorisierung 238
Muntjak 207
Münzentscheidung 53
Musik 262, 284
Muskel 168
Muskelfaser 168
Mutanten 170
Mutation(en) 24, 164, 178, 179, 189, 199, 208, 275, 289, 315, 316
–, homöotische 38
Mutationslehre 33
Mutationsrate 132, 148, 149, 152, 166
Mutationstheorie 23
Mutationswahrscheinlichkeit 175, 178
Myoglobin 140
Myosin-Moleküle 168
Mysterien 73
Mythen 73, 294

Nabelschnur 160
Nachahmung 217
Nachrichten 197, 198, 201
– über Nachrichten 195
Nachrichtengehalt 112, 135
Nahrungs-Filtrieren 77
Nandu 207
Narrenwelt 15

Nashornsaurier 242
Nasobem 176
Nationalgefühl 251
Nationen, Beurteilung von 255
Natur und Geist 40, 58, 303, 308
– und Kultur 32, 40, 288
– oder System 35
Naturgeschichte der Kultur 288
– des Menschen 289
Natürliches System 180, 307
Natur- und Denkmuster 230
Naturordnung, Nachbildung der 67
Neandertaler 254, 294
Nebelchaos 21
Nebenhöhlen 170
Negentropie 83
Negentropiegesetz 33
Neodarwinismus 16, 17, 24, 25, 29, 34, 35, 38, 192, 193, 247, 274, 309
Neolamarckismus 24, 29, 34, 192, 193
Neptun 110
Nestbau 209
Nestbaubewegung 207
Netzhaut 73
Neugier 216, 217, 287
Neugier-Verhalten 221
Neurophysiologie 223
Neutron 106, 122
Nexus organicus 39, 155, 156, 175, 311
Nichtumkehrbarkeit der Evolution 39
Nick-Lese-Versuch 201
Nihilismus 284, 315
– des Zwecklosen 315
Nisten 206
Norm(en) 154, 170, 173, 213, 251, 253, 254, 258, 261, 262, 266, 279
– als Sachverhalte 251
– und Standards 168 ff.
–, Toleranz der 202, 227
– des Verhaltens 280
–, Welt der 147
Normalbereich der Selektion 81, 98, 232, 280
normative Auflösung 255
– Selektion 171, 262
– Überselektion 169, 227, 258
normatives Denken 226 ff.
Normenbüros 258
Normen-Hypothese 80
normierendes Kollektiv 253
normierte Individuen 250
Normierung 202, 227, 245, 256
Normierungsbedürfnis 251
Normierungsprozeß 255
Normteile 258, 259

–, Alter der 169
–, Hierarchie von 168
Normverhalten 255
notwendiger Zufall 10
Notwendigkeit, Gradient der 72
–, identische 64
–, politische 240
–, Schaffung von 186
–, zufällige 133
Nullpunkt, absoluter 117, 118
Nummer-Mensch 256
Nystagmus-Bewegungen 250

Oberbegriffe 229
Obersystem 178
Obstfliege 38
Octopus 74
Odyssee 34, 112, 148
öffentliche Meinung 240, 250
öffentlicher Wille 281
Öffnung geschlossener Programme 212
Ökonomie 164
– des Erfolges 127
– der Erklärung 233
– der Seele 251, 290
– der Trefferwahrscheinlichkeit 79
– der Vermutungen 101
– des Vorstellens 56
– und Wahrscheinlichkeit 127
ökonomischer Determinismus 310
Operator 153
Operator-Gen 152, 178, 199
Operon 152, 153, 178
Operon-Regulator-System 152, 153
Opiumkrieg 281
Optik 73, 74
optische Täuschungen 62, 223
Orbitale 107
Orchideen 76, 217
Ordnung 83–86, 88, 89, 103
–, Abbau von 117
–, Abfuhr degradierter 111
–, Abwertung von 115
–, Aufbau von 117
–, Aufwertung von 115
–, Degradierung von 32, 109
–, Erhaltung von 117
–, Fressen von 165, 247, 271
–, Gefälle von 115
– als Gesetz mal Anwendung 86, 112, 114
–, Herkunft und Wandel der 111 ff.
– des Lebendigen 9
– nur aus Ordnung 115, 188, 277
–, quantitativ und qualitativ 111

371

–, unordentliche 104
– und Unordnung, Summe an 84
–, Werden von 33
– als Zustandsgröße 115
Ordnungsart 112, 115, 118, 119
Ordnungs-Energie-Äquivalent 33, 115
Ordnungsformen 283
Ordnungsgehalt 85, 87, 104, 119, 172, 260
– des Kosmos 118
– in den Systemen 114
–, verdoppelter 86
Ordnungsgrad(e) 112, 115, 118, 119, 276
– und Ordnungsart 112 ff.
– und Temperatur 118
–, Verfall der 117
Ordnungspumpe 22
Ordnungschaffen 117
Ordnungsschichten 114
Ordnungswachstum 116
– nur in Ordnungsgefällen 116
Ordnungswert(e) 247, 260
–, Abbau von 282
Organellen 167, 168
Organisation, politische 292
Organisatoren 190
Organisiertheit oder Struktur 62
Organisierung 138
Organisierungsspiel 136, 139, 151, 153
Organisierungs-Spielregel 135, 209
Orion-Arm 108
Orthogenese 35
Ozon 142

Pädagogik 223
Paläolithikum 291
Palingenese 160
Pangenesis-Theorie 23
Panik 308
Pantheismus 305
Pantoffeltierchen 200–202, 225, 227
Paradoxon der billigen Ordnung 259
– von Recht und Toleranz 272
Parallel-Evolution 162
Parasitismus 185, 261, 283
Parteidisziplin 251
Parteien 270
Parteiführer 268
Partei-Ideologien 270
Patellar-Reflex 201
Paviane 264, 300
Pelz 168
Pelzgesicht 175
Perpetuum mobile 116, 129

Perseus-Arm 108
Persönlichkeit 230, 266, 284, 318
Perzeption 225
Pfau 279
Pfeil und Bogen 275
Pferde 73, 160, 173, 176, 205
Pflanzen 144, 148, 169
Phänokopie 38
Pharaonen 270
Philosophie 217, 295, 299, 314
–, antike 311
Phobie 200
Photonen 16, 107, 116, 117, 131, 271
Pilze 75, 144, 148, 169
Pinguintanz des Haubentauchers 278
Pläne, Bedeutung der 187
– im nachhinein 174
– ohne Planer 173
Planeten 109, 120
–, Maße der 110
Planetengesetze 99
Planloses, Planendes oder Geplantes 186 ff.
Plasma, hochionisiertes 106
Platz für das Leben schaffen 19
Pluralismus 296
Pluto 110
Polis 255
Politik 272
Politik-Wissenschaften 272
Polymere 125
–, Entstehung 125
Polypen 168
Polypeptidketten 145
Polyribosomen 147
Polysomen 147
Polytheismus 260
Population 167, 169, 181, 201, 238, 264
Populationsdynamik 24
Pornographie 203
Porphyrin-Ring 126
Positionseffekt 170, 259
Positivismus 70
potentielle Unsterblichkeit 289
Prädestination 313, 314, 322
Präformationstheorie 307
Prägnanz und Übertreibung 281
Prägnanzgesetz 223, 278
Prägung 204, 220, 240
Prägungsschäden 29, 240
Prämissen der Unterscheidung 59
Prästabilisation 314, 322
prästabilisierte Harmonie 26
Präzision der Replikation 146

Priesterstand 295
Primäratmosphäre 110
Problem der Wahrheit 300
Problemsituationen 234
Proconsulen 222
Programm(e) 207, 208
–, erbliche 201
–, geschlossene 199, 200, 208
–, hierarchische 205
programmierter Mensch 205
Programmierung 205
Programmlosigkeit 206
Projektion des Ordnungsbedürfnisses 181
Projektionen von Denkmustern 79
Prokaryoten 75
Proletariat 239, 259
Propaganda 220, 253
Propheten 268
Prosperität 30, 260, 282, 283
– und Redundanz 261
Proteine 125
Protisten 144, 169
Proto-Erde 110
Protonen 106, 122
Protoplaneten 109, 110
–, Genesis der 110
Pseudospeziation 289
Pseudospezies 256
ptolemäischer Kosmos 99
Pupille 74
Puppen, mechanische 186
Purine 145
Purkinjesche Zelle 317
Putenküken 209
Pyrimidine 145
Pyrrol 126

Qadratum 174
Qualität(en) 65, 66
–, hierarchische 65
–, Quantifizierung der 65
Quallen 168
Quanten 106, 107, 111, 114, 115, 116, 125
–, Anzahl der 105
Quantentheorie 314
Quantifizieren, Hang zum 67
Quantität 66
Quastenflosser 114, 152

Rachen 292
Rad 238
Rahmenbegriff 63
Rahmensysteme 64
Ramapithecus 222
Ränge 179, 265, 266, 269, 270
– und Individualisation 264
– versus Risiko 265
Ranggliederung 245
Rangstrukturen 264, 265
Rassen 248
– der Spieler 133, 136, 139
–, unspezialisiertere 139
ratiomorpher Apparat 54, 67, 68, 70, 71, 147, 183, 222 ff., 225, 232, 249, 250, 257, 274, 276
Rationalismus, erkenntnistheoretischer 50
Ratlosigkeit 68, 82–84, 88, 131, 217, 235, 258, 294
Rätsel des Erkennens 41 ff.
– des Gestaltens 32 ff., 192
– der Harmonie 37 ff.
Ratte 209, 218, 263
Raubtiere 222
Raum 42
–, stellvertretender 216
Raum-Repräsentanz 221
Raum-Zeit-Kontinuum 99
Reafferenz-Prinzip 215
Realisationswahrscheinlichkeit 153
Realismus, hypothetischer 51, 200
–, naiver 225, 300
–, tierischer 305
Realität 88
Realitätsglauben 50
Recht 245, 281
– und Risiko 264
Rechtsansprüche 309
Rechtschreibregeln 258
Rechtsempfinden, nationales 281
Rechtsordnung 101
Reduktionismus 25, 44, 205, 214, 234, 239, 271, 274, 288, 309
Redundanz 84, 112, 113, 133, 151, 177, 248, 260, 261, 298
– und Anwendung, Wachsen von 112
–, äußere im Kosmos 114
–, Ausmaß an 172
–, Formalseite der 113
–, Materialseite der 113
– der Menschen 256
– im Menschen 114
– der Produkte 256
– der Sprache 262
– und Voraussicht 84
Redundanzgehalt 247
– der Natur 113 ff.
– in den Systemen 114

Re-Etablierung 126, 130, 134, 167, 227, 256, 257, 270
–, Ökonomie der 145
Reflex 201
–, bedingter 211, 238
–, unbedingter 200
Reflexion 215
–, bewußte 41
Regelkreise 198–201, 208, 210–212, 311
– von Systembedingungen 94
–, Zunahme der 201 ff.
Regeltheorie, biologische 320
Regelung 198
Regeneration 38, 156, 176, 188
Regenwurm 206
Regierungen 284
Reglerorgan 201
Regreß, unendlicher 157, 300
Regulation 137, 176
Regulative 37, 161
Regulator-Gen 152, 199
Regulator-Repressor-System 152
Reiche 184
Reichtum 292
Reiz 211, 212, 225
–, identischer 200
– als Symbol 225
Reizbarkeit 198
Reiz-Reaktions-Antagonismus 25
Reiz-Reaktions-Psychologen 234
Reiz-Reaktions-Theorie 214
Reizschwellen 90
Rekruten 269
Relativitätstheorie 99
Religion 295, 296
–, Universalität der 294
Religionskriege 296
Repertoire 82, 127, 128, 132, 133, 139, 147, 149, 158, 167, 185, 187, 207, 208, 210, 214, 216, 217, 222, 234, 237, 252, 262, 266, 270, 277, 302, 313, 318
–, Abnahme des 212
– des Denkbaren 232
–, Einengung des 128, 247, 265, 279
– der Erbkoordinationen 216
– des Irrtums 129
–, Kehrwert des 58
– des Möglichen 245
– möglicher Urteile 249
– des Zufalls 128, 166, 175, 197, 202, 226
Repertoire-Bestimmung 59
Repertoire-Pflichten 267

Repertoireverlust 193
Replika, identische 168
Replikation, identische 158, 167, 169, 171
Repräsentation des Raumes 215
Repressor 152
Repressor-Molekül 199
Reptilien 161
Resozialisierung 254
Ressort 265
Retina 73, 74
Retorte der Urmeere 124
Revier 208
Revolte 196
Revolution 239, 270, 296, 307
Rhinogradentier 176
Rhinozeros 170
Ribonucleinsäure (RNS) 145, 213
Ribosomen 145
Ribosomen-RNS 145
Richtungshaftes 320
Richtungskomponente 189
Richtungssinn 98, 191, 321
Riechgrube 190
Riechschleimhaut 170
Riesenchromosomen 147, 167
Riesenhirsch, fossiler 242
Riesenmoleküle 114
Ringkragen 279
Ringnebel 109
Riten 293, 295
Ritterlichkeit 264
Rituale 78, 239, 274, 278 ff.
ritualisierter Angriff 278
Ritualisierung 73, 289, 297
–, stammesgeschichtliche 278
Rivalenkampf 217, 239
Rivalität 263
–, interne 255
Robben 39
Rollen 264–267
Rollen-Entscheidungen 267
rote Giganten 109
Rotwelsch 251
Roulette 82, 139, 147
Routine-Wirklichkeit 250
Rückenhaare, Sträuben der 36
Rückenmark 182, 190
Rückkoppelsysteme 246, 274, 290
Rückkoppelung 171, 177, 215, 321
Rückseite des Spiegels 200
Rückwirkung auf die Ursache 91, 92, 150, 259
Rudimentation 39, 160
– des Auges 161

Rundmäuler 161
Rüstung 278, 290

Säbelzahntiger 242
Saturn 110
Sätze, allgemeine 99
–, Alternativen oder 113
–, erforderliche 112
Sauerstoff 142
Säugetiere 169, 182, 216, 227, 263
Säuglingstötung 294
Saurier 174
Schach 130
Schachparabel 233
Schachtel-Hierarchie 178
Schachtelsystem 80
Schädel 187
Schädelkult 293, 294
Schäden des Wissens 302
Schaltgene 178
Schaltmuster 180
–, hierarchische 178
Schaltung der Motorik 204
–, übergeordnete 161
Scham 293
Schauer, heiliger 36
Scheitelbeinkämme 78
Scheiterhaufen 287
Scherbengericht 255
Schichten-Determinismus 128, 133, 139, 177
Schichten-Gesetzlichkeit 308
Schicksal 138
Schlachthäuser 17
Schließen 55, 56
– des Kindes 55
–, wissenschaftliches 55
Schlitzärmel 278–280
Schlüssel und Schloß 140
Schlüsselreiz 200, 202
Schmerz 21, 131, 197, 290
Schmetterling 174, 299
Scholastik 10, 300
Schönheit 319
Schöpferische, das 166, 287, 288, 298, 301, 302, 307
–, Ratlosigkeit des -n 287
Schraubendampfer, erster 277
Schuppenband 278, 279
Schwalbennest (Uniform) 278, 280
Schwämme 167
Schwänzchen beim Menschen 39
Schwanzmuskel 190
Schwanzwirbel 185
Schwarm 249

Schwefelwasserstoff 124
Schweine 173
Seelenheilung 254
Seeschildkröten 39
Seeschlangen 39
Seesterne 176
Segmente 168
Sehnerv 74, 161
Sehzelle 169
Sein 42
Seinsgrund 287
Seitenzehen des Hauspferdes 39
Sektierer 235, 294
Selbstbestimmung 320, 321
Selbstexploration 221
Selbstmord 242
Selbstordnung 155, 156, 321
Selbstplanung, System der 186 ff., 193
Selbstreproduktion 126
Selbst-Richtung 159
Selbststeuerung 155, 156
Selbstverständlichkeiten 232, 244, 250, 253, 254, 279, 283
Selektion 159–162, 164, 172, 187, 201, 202, 205, 208, 246, 247, 264, 271, 275, 276, 291, 296, 303, 308, 310, 318, 320
–, chemische 125
– des Gedachten 302
– im Normalbereich 89
–, normative 252
–, physikalische 125
–, soziale 236
–, zivilisatorische 281
Selektionsbereich 219, 237, 241
Selektionsdruck 167, 171
–, negativer 36
Selektionsprinzip 17
Selektionsvorteil 234, 289
selektive Bewertung 289
– Korrektive 301
Seltenheit 257
Seltenheitswert 114
Semantik 113
Sender und Empfänger 196
sensible Lebensphasen 204
Sensor, Beschränktheit des 202
Sexualregelung 293
Sicherheit 276
– für Freiheit 273 ff.
– und Freiheit 265
–, kanalisierte 279
– statt Ratlosigkeit 256
– statt Ungeordnetheit 251
– statt Verlassenheit 249

375

Signale 202
Silbe 94
Silokultur 261
Simplifikation des Komplexen 233
Simultanereignisse 182
Simultan-Koinzidenzen 59, 61, 67
Singvögel 202
Sinn 45, 98, 123, 186, 193, 290, 314, 316, 318, 322
– oder Freiheit 45
– ohne Freiheit 322
– und Freiheit 312 ff.
–, Gewinnen von 319
–, ein innerer 155
– der Kreatur 156
–, Naturgeschichte des 318 ff.
– einer Sache 96
– des Unbelebten 318
–, Würde des 320
Sinnesapparat 90
Sinnesorgane, höhere 202, 283
Sintflut 23, 24
Sippenhaftung, anatomische 171
Skeptiker 300
Sklavenhaltung bei Ameisen 204
Sklaverei 245, 281, 292
Skorpione 176
social engineering 310
Solipsismus 43, 50, 301
Sonne 110
Sonnensystem 108, 109
Sophisten 300
So-Sein 299
Sozialbedürfnis 252
soziale Bestimmung 249
Sozial-Darwinismus 25, 234, 247, 274, 288, 309
Sozialforschung, psychologische 249
Sozialisierung durch die Selektion 246
Sozialplanung 252
Sozialpsychologie 250, 265, 276
Sozialstrukturen 271, 280, 292, 321
–, Genesis der 244 ff.
Sozialsysteme 245, 269, 302
–, Durchsetzung der 245 ff.
–, Eigenleben der 274
Sozialverband, anonymer 263
Soziologie 246, 253, 272
Spaltung der Wissenschaften 288
Spanische Hofreitschule 205, 218
Speicheldrüse 212
Spermien 170
Spezialisierung 173, 267
Spezialisten 268
Spezielles und Allgemeines 70, 301

Spiegel, Schaffung des 196 ff.
Spiegelbildlichkeit der Bedingungen 94
Spiel 216, 297
–, zu leichtes 9, 310
Spieler 131–133
Spielhölle 129
Spielregel(n) 130, 135, 136, 140
– der Differenzierung 131 ff.
–, Drift der 131
– der Organisierung 135 ff.
Spielstrategien 133
Spieltheorie 124, 137
Spieltrend 139
Spinne und Tausendfuß 41, 69, 181
Spinnen 213
Spiral-Nebel 108
Sprache 220, 221, 228, 229, 231, 233, 262, 284, 289, 292, 298, 307, 316
– der Bienen 228
Staat 293, 295, 319
Staatsraison 281
Stammbaum der Organismen 75
Stammesentwicklung 157, 189, 191
Status 268
Steigbügel 73, 174
Steinwerkzeuge 257
Steinzeitrad 188, 189
stereospezifische Autokatalyten 130, 131, 135, 144, 146
– Flaschenpost 146
Stereospezifität 126
Stereotypien 283
– der Bewegung 205
Sterne 108
Sternenzeit 106
Stetigkeit statt Ratlosigkeit 276
Stile 277, 298
Stilelemente 75
Stilgesetze 297
Stochastik 124, 137
Stockente 278
Strahlung 107, 109, 116, 142
–, langwellige 117
Strahlungsdruck 109, 110
Strahlungszeit 106
Strahlungszeitalter 130
Streichelbedürfnis 203
Streß 265, 308
Stridulations-Organ 37
stripped atoms 106
Stromlinienform 76
Strudelwürmer 176
Struktur(en), Evolution der 164 ff.
–, spezielle 63

Strukturgedächtnis 130
Strukturgene 152, 153, 178, 199
Struktur-Koinzidenzen 100
Struktur-Konstanz 62
Strukturnormen 227, 233
Stützknochen 174
Sub-Einheiten 271
Subindividualität 63, 173
Subjekt und Objekt 288
Subkollektive 178
Subrahmenbegriffe 63
Substanz 42, 311
Subsysteme 95, 117, 174, 177, 179, 193, 196, 198, 221, 248, 273, 296, 319
Suchvorteil der Gruppe 252
Suggestion der Bedeutsamkeit 310
– der einfachsten Erklärung 310
Sukzedan-Ereignisse 182
Sukzedan-Koinzidenz 59–61, 67
Sündenböcke 253, 255
Supergiganten 109
Superhomologon 182
Superindividualität 173
Super-Operator 178
Supersystem 95, 177, 187, 193, 195, 221, 248, 319
Surrealismus 80, 230, 231
Symbiosen 319
Symbole 191, 202, 203, 274, 278 ff.
Symbolik 203
Symmetrie 80, 87, 98, 168, 177, 227, 233, 262
–, bilaterale 168
– von Fall und Gesetz 99
– von Material und Form 95
– der Quanten 122
–, radiäre 168
–, sphärische 168
– der Ursachen 94
Synapsen 211
Syndrome 60
Synorganisation 37, 155, 175
Syntax 113
Synthetische Theorie 24
System(e), Begegnung der 186
–, deduktive 101
–, geschlossenes 84, 116
– von Kausalität 45
–, Natürliches 35, 42, 69, 75, 101
–, Periodisches 75
– der Pläne 34
– der Ränge 178
– der Rückverrechnung 70
– aus Sinn und Freiheit 315 ff.

System-Anpassung 184
Systematik 34, 69, 180, 181, 183, 184
Systembedingungen 9, 217
– der Evolution 9
– des Lernens 215
Systemgruppen 306
System-Mutationen 155, 156

Tagesmütter 220
Tannen 168
Tänze 297
Tapir 173
Tausendfuß und Spinne 41, 69, 181
Taxie(n) 200
–, funktionsanaloge 78
Technokratie 26, 260, 274, 284, 303
Teil und Gegenteil 58
Teilabbildungen 197
Teleologie 163, 320
Teleonomie 313, 318, 321
telos 163
Tetramer 125
Teufels Küche 15 ff.
Teufelsaustreibung 254
Theologie 314, 322
Theorien, düstere 21 ff.
– der Manipulation 29
– der Sprachentstehung 228
Thermodynamik 116
–, Hauptsätze 114
  nullter Hauptsatz 115
  erster Hauptsatz 116
  zweiter Hauptsatz 22, 116, 117
  dritter Hauptsatz 118
– offener Systeme 22, 116
These und Antithese 58
Thymin 145
Tintenfisch-Auge 73
Tintenfische 174, 213, 228
Titius-Bodesches Gesetz 328
Tod 19, 21, 188, 290
–, somatischer 188
tödliches Getriebe 17
Toleranz 180, 202, 258
– der Dependenz 176
– und Kollektiv 169
– der Ränge 179, 180
Torpedo 76
Torpedo-Konstruktion 18
Töten 16
Tradierung 158, 217, 224, 228, 231, 253, 274, 276, 279, 289, 293, 295, 298
– und Formursache 190
–, Freiheit der 190

– und Funktion 190
– zum Gruppensymbol 280
– zum Komfortsymbol 280
– zum Rangsymbol 279
– zum Standessymbol 279
–, Toleranz der 189
– und zweite Evolution 275
Tradierungs-Hypothese 80
Tradition 231
Transformation des Pferdeschädels 176
Transkausalität 97
Transplantation 161
Transponierbarkeit 223
Trauma 204
Traumbuch 129
Trefferchance 179, 202, 207, 211, 213, 226, 227, 234, 236, 262, 318
– und Ökonomie 230
– und Repertoire 139
Treffer-Unwahrscheinlichkeit 166
Trefferwahrscheinlichkeit 175, 178, 180
Treffsicherheit 202
– und Repertoire 253
Trend(s) 35, 139, 140, 197
– der Anforderungen 137
– der Außensysteme 134
– der Milieubedingungen 158
– mit wechselnder Richtung 139 ff.
Trendrichtung, Umkehrung der 141
Trendwechsel 189
Trennung von Bau und Anleitung 143
Trickfilm 203, 223
Triplets 145
Tritium 106
Trivialität, Gradient der 72
Tüchtigere, der 28–30, 282
Tüchtigkeit 164
–, exekutive 239
Tutoren 268
Typus 306
– und Metamorphose 184
–, morphologischer 306
–, Realität des 184
– des Säugerschädels 184
Typusgesetze 184

Überbegriffe 80
Übergangsformen, Erfordernis der 64
Übergangskriterien 64
überoptimaler Auslöser 203
Überzeugungen 234, 241
Uhrmacherparabel 270
Ultrazyklus 321
Umstürzler 251
Umwege 160

Umweltproblem 233, 239
Unbelehrbarkeit des ratiomorphen Apparates 232
Unbestimmtheit und Mikrophysik 120
Unfreiheit funktioneller Entscheidungen 152
Unheil, Gefolgschaft des 20
Uniformen 279
–, Leistung der 240
Universalhypothese 81
Universitäten 303
Unkenntnis 82, 116
Unmanier 279
Unmündigkeit 273
Unordnung 116
Unschärferelation 317
Unsicherheit 266
Unsinn 50, 237, 301
Unsterblichkeit 188
Unterbegriffe 80, 229
Untersysteme 80, 178
Unterwerfung 203
Unverstandensein 249
Urabsichten 305
Uralternativen 122
Uranus 110
Uratmosphäre 125
Ureys heiße Suppe 124 ff., 142, 198
Urfische 191
Urimpuls 107
Urknall 49, 105, 106
–, Maße des 106
Urmaterie 107
Urmeer 110, 125
– in der Retorte 124
Urodelen 161
Urpferd 160, 175
Ursache(n) 74, 79
– und Erwartung 71
–, funktionelle 77
–, identische 73, 76
–, Ort der 74
–, die vier 93 ff.
–, wechselseitige 157
– und Wirkung 89 ff.
Ursache-Wirkungs-Verrechnung 93
Ur-Sonnen 109
Urteil(e) 196, 198
–, Ersatz für 208
– im voraus 211
Urteilsfindung 208, 249
Urzeugung 96, 124
Usurpatoren 28
Utopie 244, 247, 274
–, idealistische 308

Variable, spezifische 70
Venus 110
– von Lespugne 297
Verantwortung, Postulat der 314
Verbände, individualisierte 264, 266, 268
Verbote 253
– der Genetik 25
Verbürgung statt Strukturlosigkeit 267
– statt Unbestimmtheit 265
Verdoppelungen 156, 175, 176
Vererbung 254, 275
– erworbener Eigenschaften 23
Vergleich 57
Vergleichshypothese 55
Vergleichstheorem 85
–, allgemeines 174
Verhalten, programmiertes 205
Verhaltensatavismen 36, 207
Verhaltensforschung 204, 309
Verhaltenslehre 223
Verhaltensweisen, stereotype 256
Verhandlungen, ökumenische 254, 281, 284
Verlorenheit 249
Verlust der Mitte 272
Vermassung 65
Vermehrung, ungeschlechtliche 248
Vernetzungeffekt 170, 258
Vernunft 50, 101, 276, 286, 287, 295, 300, 321
– des Individuums 71
–, Lehrmeister der 69
–, Verehrung der 296
Verordnung 86
Verräter-Reaktion 255
Verrechnung der Sinnesorgane 218
Verrechnungsapparat, nicht-bewußter 53, 58, 61, 62
– als Selektionsprodukt 89
Verstärker-Kreisläufe 274
Versuch und Irrtum 199, 225, 275, 316
Verwandtschaftsgrade 180
Verwechselbarkeit 65
Verzweigung, dichotome 79
Vielzeller 114, 167
Viren 114
Vis vitalis 192
Vitalismus 11, 24, 26, 27, 39, 98, 155, 192, 314
– der Naturvölker 26
Vogel Greif 176
Vögel 161, 216, 217, 227, 231, 257, 263
Vogelkolonien 263
Vorausentscheidungen 87

Voraussicht 52, 87
– des Allgemeinen 100
–, bestätigte 68
–, Gehalt an 82
–, mögliche und unmögliche 119
–, Umfang möglicher 86
vorbewußter Verrechnungsapparat 86, 89, 98
Vorderextremitäten 73
Vorentscheidung 152, 153
Vorniere 190
Vorschaltung, Vorteile der 152
Vorschriften 253
Vorsokratiker 308
Vorstellung 301
Vorurteile 59, 196, 302
– von gestern 232
– als Hypothese 213
–, individuelle 213
–, Macht der 237
– der Moleküle 198 ff., 213
– der Schaltungen 210 ff.
– für Urteile 234
– der Vorstellung 220 ff., 225

Waffen 275
Waffenbesitz 239
Wägung 183
Wahl des Tüchtigeren 17
Wahrheit, Entdeckung der 299 ff.
–, manipulierbare 303
Wahrheiten, halbe 9, 11, 32, 45, 67, 193
–, letzte 280, 281
Wahrheitsansprüche 307, 309
Wahrheitsbestimmung 282
Wahrheitsschäden 30, 280
Wahrsagekünste 235
Wahrscheinlichkeit(en) 42
–, Abschätzung der 53
– als Begriff 88
– als Hypothese 88
–, induktive 88
–, logische 88
–, objektive 88
–, pragmatische 81
–, subjektive 88
–, Welt aus 87
Wahrscheinlichkeitshypothese 54
Wahrscheinlichkeitslogik 88
Wahrscheinlichkeitsrechnung 67
Wale 39, 40, 173
Wandelndes Blatt 17, 76
Wandelsterne 57
Wanderheuschrecken 308

Wangenschutz 278, 279
Wärme 116
Wärmebewegung 118
Wärmetod 22, 27
Wassersäuger 306
Wasserspitzmaus 218
Wasserstoff 106, 108–110, 116, 124, 125
Wasserstoff-Helium-Welt 108
Wasserstoffriesen 109
Wasserstoffwelt 107, 108
Wegwerfflasche 260
Wegwerfmensch 260
Weismann-Doktrin 17, 25, 150
weiße Zwerge 109
Welt ohne Ordnung 81
– der Systeme 311 ff.
Weltanschauungen 9, 246, 295, 313
Weltbildapparat 237, 242, 244, 300, 307
–, Ineffizienz des 240
Weltbilder 235, 236
–, Ansprüche der 236
–, mythologische 305
Weltdeutung 297
Weltgefühl 287
Weltkarte 233
Weltschöpfer 21, 96, 305
Weltspezialisten 267, 280
Weltwenden 20
Werbung 203, 220, 240, 283
Wert, Erfolg und Bilanz 123
Werte 15, 114, 130, 273, 297
–, unveräußerliche 287
Wert-Parasitismus 260
Wertung 96
Wertvorstellung 113, 260
Wesen der Sachen 70
Wesensähnlichkeiten 180, 183, 184
Wesensgleiches 183
Widersprüche, Hoffnung in den -n 31 ff.
Wiederholschalter 146
Wiederholspiel 146, 147
Wiederholung, Erfolg der 158
– und Voraussicht 60
–, Wirkung der 59
Willensfreiheit 314, 315
Willenshandlung 229
Willkürbewegung 215, 222
Wirbel 94
–, Differenzierung der 179
Wirbellose 169
Wirbelsäule 65, 94, 168, 178, 182, 185
Wirbeltier-Auge 73
Wirbeltiere 148, 169, 181, 187, 213
Wirklichkeit 200

–, Beschränkungen der 266
–, habitualisierte 251
–, hypothetische 280
Wirklichkeitsbestimmung 281
Wirkungskreisläufe 311
Wirkursache 177, 193
Wirtschafts-Behaviourismus 25, 275, 288, 309
Wirtschaftsorganisation 270
Wirtschaftssoziologie 246
Wirtschaftswissenschaften 274
Wissenschaft 290, 305
–, induktive 75
– von der Sache des Menschen 32
Wissenschafts-Behaviourismus 26
Wissenschaftslehre 88
Wissenskonstruktion 302
Wissenssoziologie 246
Witz 57, 226
Wohnsilos 261
Wolf 162
Wort 94
Wunder 295, 296
Würde des Menschen 310
– eines Zweckes 96
Wurmfortsatz 36, 39, 160
Wurzelkrebs 261

Zahl 227
Zärtlichkeitsverhalten 278
Zauberer 231
Zauberlehrling der Evolution 11, 29, 244, 286, 302, 304
Zecken 201
Zeichnungen, Phantasien der 185
Zeitalter der Atmosphären 110
– der Hadronen 105
– der Kernreaktionen 105, 106
– der Protoplaneten 109
– der Sterne 107
– der Strahlung 106
zentrales Dogma 25
Zeremonien 278
Ziel der Evolution 163
Zielbildendes 320
Zielfeld des Erreichbaren 321
Zielrasse 136, 137
Zielstrebigkeit 163
Zirkusdressur 218
Zivilisation 271, 273, 275–277, 279–281, 287, 292
– und Kultur 288
Zucker-Phosphat-Kette 145
Zuckerverdauung 199

Zufall oder Absicht 59
- und Beschreibbarkeit 34
- und Bestimmung 119 ff.
- und Eingebung 297
-, Erhaltung des 186, 316
- als Erklärung 53
- und Koinzidenz 59
-, mikrophysikalischer 52, 316, 317
-, Minimum-Repertoire des 64
-, notwendiger 133
- und Notwendigkeit 33, 52 ff., 108, 163, 172, 185, 186, 193, 221, 297, 315
- und Notwendigkeit, Gehalt an 82
- in Notwendigkeit überführt 83
-, Repertoire des 53, 58, 139
- oder Vernunft 37
-, Vertrauen auf den 58
- und Wahrscheinlichkeit 54
zufällige Notwendigkeit 10
Zufallsanalogie 75, 174
Zufallsgenerator 289
Zufallshypothese 54
Zufallskomponente des Denkens 226

Zufallsprämissen der Kultur 292
Zufallsraum des Suchens 226
Zufallsrechte des Stärkeren 315
Zufallstheorie 29
Zufalls-Unwahrscheinlichkeit 54, 64, 172
Zufallswahrscheinlichkeit 54, 59, 64, 85, 182
Zusammentreffen von Mutationen 152
Zustandsgröße des Informationsgehaltes 115, 116
Zwangsvorstellungen 232, 233
Zweck 96, 98, 101, 164, 313, 314, 316, 318, 319
- und Funktion 97
- und seine Grenzen 97, 98
Zweckhypothese 96
Zweckmäßigkeit 97, 319
Zweckursache 10, 93, 97, 164, 177, 306, 319
Zweckvolles und Zweckloses 96
Zweck-Vorstellung 96
Zweitatmosphäre 124
Zwillinge, eineiige 248

# Naturwissenschaften bei Piper

Norbert Bischof
**Das Rätsel Ödipus**
Die biologischen Wurzeln des Urkonflikts von Intimität und Autonomie.
1985. 624 Seiten. Leinen

Francis Crick
**Das Leben selbst**
Sein Ursprung, seine Natur. Aus dem Englischen von Friedrich Griese.
1983. 225 Seiten. Geb.

John C. Eccles
**Das Gehirn des Menschen**
Sechs Vorlesungen für Hörer aller Fakultäten. Aus dem Amerikanischen von Angela Hartung. Völlig überarbeitete und erweiterte Neuausgabe, 5. Aufl., 24 Tsd. 1984. 304 Seiten mit 105 Abbildungen. Kt.

John C. Eccles / Daniel N. Robinson
**Das Wunder des Menschseins**
Gehirn und Geist. Aus dem Englischen von Agnes und Peter Löns. 1985. 243 Seiten. Geb.

Manfred Eigen / Ruthild Winkler
**Das Spiel**
Naturgesetze steuern den Zufall. 7. Aufl., 61. Tsd. 1985. 404 Seiten mit zahlreichen Abbildungen.
Serie Piper 410

Heinrich Erben
**Intelligenzen im Kosmos**
Die Antwort der Evolutionsbiologie. 1984. 287 Seiten mit 15 schwarzweißen Abbildungen und 8 Farbfotos. Geb.

Harald Fritzsch
**Quarks**
Urstoff unserer Welt. Vorwort von Herwig Schopper. 9. Aufl., 54. Tsd. 1985. 320 Seiten mit 91 Abbildungen. Serie Piper 332

PIPER

# Naturwissenschaften bei Piper

Harald Fritzsch
**Vom Urknall zum Zerfall**
Die Welt zwischen Anfang und Ende. 3., überarbeitete Aufl., 35. Tsd. 1983. 351 Seiten mit 55 Abbildungen. Geb.

Alfred Gierer
**Die Physik, das Leben und die Seele**
2. Aufl., 8. Tsd. 1985. 310 Seiten. Geb.

Morton Hunt
**Das Universum in uns**
Neues Wissen vom menschlichen Denken. Aus dem Amerikanischen von Juliane Gräbener. 1984. 478 Seiten mit 78 Abbildungen. Geb.

François Jacob
**Das Spiel der Möglichkeiten**
Von der offenen Geschichte des Lebens. 2. Aufl., 8. Tsd. 1984. 96 Seiten. Serie Piper 249

Bernd-Olaf Küppers
**Der Ursprung biologischer Information**
Zur Naturphilsophie der Lebensentstehung. Vorwort von Carl Friedrich von Weizsäcker. 312 Seiten mit 26 Abbildungen und 5 Tabellen. Geb.

Charles J. Lumsden / Edward O. Wilson
**Das Feuer des Prometheus**
Wie das menschliche Denken entstand. Aus dem Amerikanischen von Hans Jürgen von Koskull. Vorwort von Wolfgang Wickler. 1984. 299 Seiten mit zahlreichen Abbildungen. Geb.

Jacques Monod
**Zufall und Notwendigkeit**
Philosophische Fragen der modernen Biologie. Aus dem Französischen von Friedrich Griese. Vorwort zur deutschen Ausgabe von Manfred Eigen. 6. Aufl., 76 Tsd. 1983. XVI, 238 Seiten. Geb.

**PIPER**

# Naturwissenschaften bei Piper

Karl R. Popper/John C. Eccles
## Das Ich und sein Gehirn
Aus dem Englischen von Angela Hartung und Willy Hochkeppel, unter wissenschaftlicher Mitarbeit von Otto Creutzfeldt. 5. Aufl., 35. Tsd. 1985. 699 Seiten mit 66 Abbildungen. Geb.

Ilya Prigogine/Isabelle Stengers
## Dialog mit der Natur
Neue Wege wissenschaftlichen Denkens. Aus dem Englischen von Friedrich Griese. 5. Aufl., 28. Tsd. 1986. 314 Seiten mit 26 Zeichnungen. Geb.

Ilya Prigogine
## Vom Sein zum Werden
Zeit und Komplexität in den Naturwissenschaften. Aus dem Englischen von Friedrich Griese. 4., überarbeitete Aufl., 11. Tsd. 1985. 288 Seiten mit zahlreichen Abbildungen. Kart.

Hans Queisser
## Kristallene Krisen
Mikroelektronik – Wege der Forschung, Kampf um Märkte. 1985. 350 Seiten mit farbigen und schwarzweißen Abbildungen. Geb.

Rupert Riedl
## Evolution und Erkenntnis
Antworten auf die Fragen aus unserer Zeit. 2. Aufl., 12. Tsd. 1984. 360 Seiten. Serie Piper 378

Roger Sperry
## Naturwissenschaft und Wertentscheidung
Aus dem Englischen von Juliane Gräbener. 1985. 193 Seiten. Geb.

Wolfgang Wickler
## Die Biologie der zehn Gebote
Warum die Natur für uns kein Vorbild ist. 6. Aufl., 31 Tsd. 1985. 181 Seiten. Serie Piper 296

Wolfgang Wickler/Uta Seibt
## männlich weiblich
Der große Unterschied und seine Folgen. 2. Aufl., 9. Tsd 1984. 182 Seiten. Serie Piper 285

# PIPER